流域污染防控与治理关键技术及应用实践

杨珊珊　丁　杰　庞继伟　孙汉钧　著

科学出版社
北　京

内 容 简 介

全书共分5章。第1章论述了面源污染控制技术，包括渗透、滞蓄、面源截污等关键技术理论、工艺及应用实践等概述；第2章论述了点源污染控制技术，包括低污染水深度处理、分散式点源污染处理、截污纳管等关键技术理论、工艺及应用实践等概述；第3章论述了内源污染控制技术，包括清淤疏浚、底泥修复、固化稳定化等关键技术理论、工艺及应用实践等概述；第4章论述了水体净化技术，包括人工曝气、原位生物生态修复等关键技术理论、工艺及应用实践等概述；第5章论述了水体自净技术，包括河道平面改造、河底微地形改造等关键技术理论、工艺及应用实践等概述。本书既是对流域污染防控与治理技术及理论的有益补充，又是指导流域生态保护和高质量发展关键技术筛选及应用实践的有效途径，可以有效地促进环境生态治理与修复科学与工程技术的研究开发与应用。

本书适合从事流域污染治理与生态修复的科研人员和技术人员阅读，也可供大专院校环境科学与工程专业的师生参考。

图书在版编目（CIP）数据

流域污染防控与治理关键技术及应用实践 / 杨珊珊等著. -- 北京 ：科学出版社，2024. 10. -- ISBN 978-7-03-079348-5

Ⅰ. X52

中国国家版本馆CIP数据核字第2024B0N054号

责任编辑：杨新改　李　洁 / 责任校对：郝璐璐

责任印制：吴兆东 / 封面设计：东方人华

科学出版社出版

北京东黄城根北街16号

邮政编码：100717

http://www.sciencep.com

北京中科印刷有限公司印刷

科学出版社发行　各地新华书店经销

*

2024年10月第　一　版　开本：720×1000　1/16

2025年 1 月第二次印刷　印张：23 1/2

字数：460 000

定价：138.00元

（如有印装质量问题，我社负责调换）

前　言

水资源在人类的日常生活中扮演着至关重要的作用，而大型流域作为水资源的主要载体，其污染防控、治理与修复问题一直是环境科学与工程领域备受关注的话题，如何实现流域绿色生态、高效低碳的污染治理与水质提升至关重要。

随着社会经济的快速发展，人类对自然的改造能力越来越强，同时对生态环境的需求和期望也越来越高。为解决危害人民健康、经济和社会发展的水环境污染问题，党中央、国务院高度重视流域生态保护和高质量发展，持续出台重要指示批示。为满足人民日益增长的优美生态环境需要，应积极开展流域污染治理及生态修复关键技术研究工作，力求有效解决流域水质污染、水质提升及河道生态治理问题。

本书是一部专门论述流域污染防控与治理关键技术及应用实践的专著，是国内外相关领域的优秀成果以及笔者课题组多年来在流域水质提升与生态治理在理论、机理机制和技术等方面的关键/新技术、新发展和新成果的总结。本书从面源污染控制技术、点源污染控制技术、内源污染控制技术、水体净化技术、水体自净技术的五大类流域污染防控与治理关键技术理论及工程应用研究进展等方向全面地、综合地介绍和阐述百余项关键技术的机理机制、技术优缺点和应用实例。本书内容结合国内外相关领域的优秀成果，内容新颖、信息量大、理论体系和脉络完整严谨。这既是对传统流域污染防控与治理关键技术的有益补充，又是指导城市河道污染治理与生态修复技术提高的有效途径，可以有效地提升新技术、新方法、新工艺研究与开发的理论水平与能力。

本书的撰写，力图做到理论与实践、基本原理与应用的有机结合，聚焦流域污染防控与治理关键技术及应用实践前沿，研究成果为实现流域水质提升与污染治理及生态修复提供了关键技术支撑和工程应用指导，符合绿色发展理念，对推进流域生态保护和高质量发展具有重要意义。本书共 5 章，具体撰写分工是：第 1 章，哈尔滨工业大学杨珊珊、丁杰；第 2 章，哈尔滨工业大学杨珊珊、哈尔滨凯纳科技股份有限公司庞继伟；第 3 章，哈尔滨工业大学杨珊珊、丁杰、孙汉钧；

第 4 章，哈尔滨工业大学杨珊珊、丁杰，哈尔滨凯纳科技股份有限公司庞继伟；第 5 章，哈尔滨工业大学杨珊珊、丁杰，哈尔滨凯纳科技股份有限公司庞继伟。在本书即将付梓之际，诚挚感谢赵翌琳、禄梅云、吴桐、钟乐、鲍美伊、王博远、严鑫、赵先、王佳懿、张振英、张安然等学生的研究工作以及对有关资料的收集和整理，他们在本书的统稿工作中给予了大力协助。全书由杨珊珊、丁杰、庞继伟、孙汉钧统稿和审定。

诚挚感谢黄河流域生态保护和高质量发展联合研究项目（2022-YRUC-01-0204）对本书出版的资助。

作　者

2024 年 10 月

目　　录

第 1 章　面源污染控制技术

1.1　渗 透 技 术

1.1.1　透水铺装

透水铺装是一种在道路、广场和停车场等场地铺设的绿色铺装技术[1]，它让雨水能渗透到地下，而不是像传统的硬质铺装那样将水迅速排走。透水铺装设计是以渗水性强的材质进行铺装，包括沙砾、植草沟和透水混凝土等，可将直接降落到其表面的雨水过滤净化，并渗透补充到地下水中，从而削减由本区域产生的径流量和污染物（图 1-1）。因此，它可以有效地减少地表径流，缓解城市排水系统的压力，以达到控制面源污染的目的。透水铺装在地基的透水能力有限时，应在透水铺装的透水基层内设置排水板或排水管；另外，可在透水铺装对道路稳定性或路基强度有一定潜在风险时使用半透水铺装结构；当透水铺装顶板覆土厚度大于 6m 或设置在地下室上顶板时，应布设排水层（图 1-2）[2]。

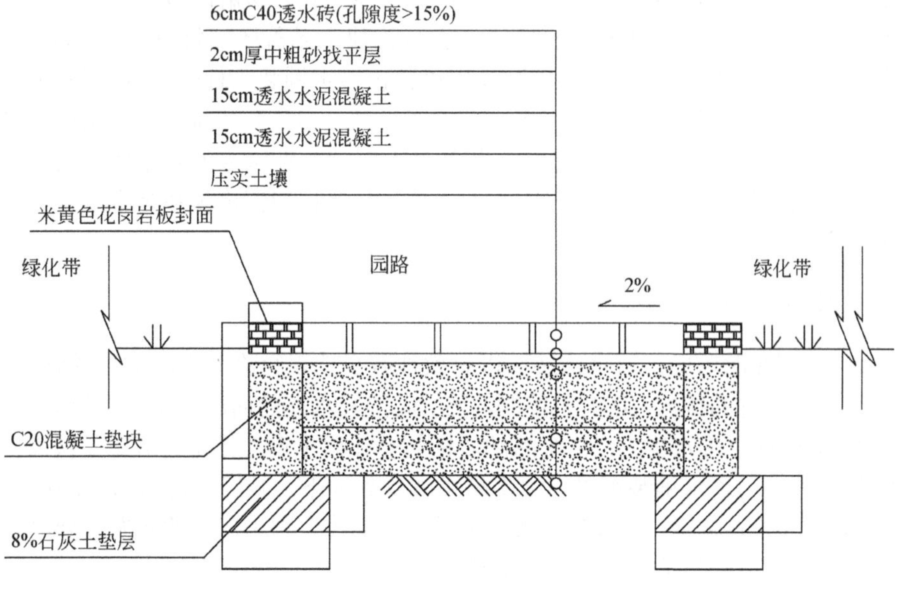

图 1-1　透水铺装工作原理示意图[3]

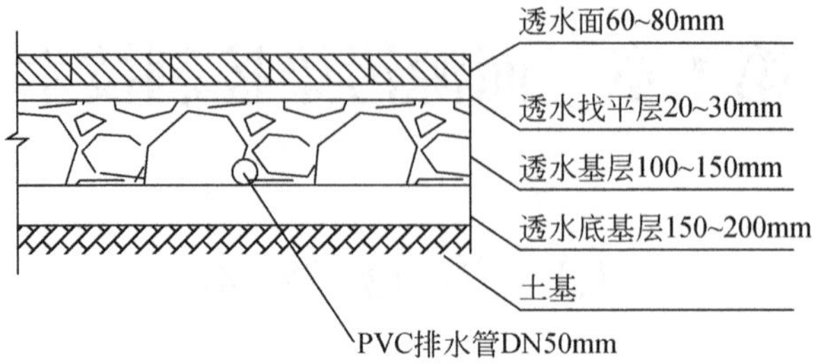

图 1-2 透水砖铺装典型结构图示[3]

从透水铺装的主要功能来看，透水铺装的效益有雨洪管理、面源污染物削减、补充地下水 3 个主要效益[4]，目前对透水铺装效益的研究也集中在这 3 个主要效益量化研究。但由于不同区域降水量、降雨时空分布不均匀以及土壤渗透率不同等因素，对径流削减量与削减率的研究结果也存在差异[5]。因此，对径流削减效益的定量是目前透水铺装效益研究的重点之一。此外，不同区域污染物特性与沉积量不同，且受气候、降雨、下垫面特点等的影响，污染物的去除率和去除量也有较大差异[6]，而如何定量面源污染物削减量也是目前透水铺装效益研究的重点与难点之一。除了上述两种效益以及补给地下水效益外，还有研究发现，由于水分蒸发以及空气能量的交换等因素，被透水铺装覆盖的浅层土壤温度较一般水泥覆盖低 5℃左右[7]，这一特征表明透水铺装可能还具有缓解区域城市热岛效应的效益。刘成成[8]基于灰色直觉模糊综合评价构建了涵盖环境效益、经济效益、社会效益 3 个维度的综合效益评价模型，用以评价透水铺装工程的综合效益。刘璐[9]利用系统层级分析法分析透水性路面的经济、生态和社会效益，构建出透水性路面效益评价指标体系，但是部分效益指标难以量化。在未来的科学研究及工程应用中，全面科学地评价并建立合理的透水铺装效益识别评价体系是未来工作的重点方向之一。

1. 技术优点

1）控制面源污染：透水铺装可以有效地减少地表径流，将雨水渗透到地下，从而减少污染物的排放。这对于控制河流、湖泊等水体的面源污染具有重要意义。

2）降低城市排水压力：传统的硬质铺装会让雨水迅速排走，增加了城市排水系统的压力。而透水铺装可以让雨水缓慢渗透到地下，减轻了排水系统的压力。

3）调节地表温度：透水铺装可以调节地表温度，因为水分的蒸发需要吸收热量，所以它可以降低地表温度，缓解城市热岛效应。

4）提高地下水位：透水铺装可以补充地下水，这对于一些地下水位下降的城市来说是非常有益的。

5）美化环境：透水铺装可以与景观设计相结合，形成美丽的景观效果，美化城市环境。

2. 技术缺点

1）易受堵塞：透水铺装可能会因为细小的颗粒物而被堵塞，导致渗透能力下降。因此，需要定期清理和维护。

2）施工难度较大：透水铺装的施工要求比传统的硬质铺装更高，需要专业的技术和设备。

3）成本较高：透水铺装的成本比传统的硬质铺装要高，包括材料、施工、维护等方面的费用。

4）可能影响地基稳定性：如果透水铺装下面的土壤渗透性不好，可能会导致地基不稳定，影响使用。

3. 透水铺装设计应用实例

曹灿景团队[10]在济南市章丘区绣源河经十东路至世纪大道段进行透水铺装设计实践中，整体铺装以弹性、透水性的材料为主，一级道路地面铺装以混凝透水沥青为主，次要园路的铺装以木制、青砖为主。南京林业大学吴东蕾教授团队[11]研究了低影响开发理念下青岛虹字河季节性河流景观设计研究，在他们的研究中，通过调整绿地的竖向建设以及使用透水性铺装材料，如人行道和景观园路等，将雨水截留在源头处，通过透水铺装“渗透”，从而避免地表径流，减轻下游市政管网的压力，同时保持地下水的涵养，补充不足的地下水，并通过土壤净化水质，完善城市微气候。在该设计案例中，通过采用植草沟、下凹式绿地、透水铺装等海绵措施净化初期雨水径流，去除径流中悬浮物（SS）、N、P 和重金属等污染物。面源污染物主要为路面沉积物、行人和汽车产生的污染物等，雨水中较高的 SS 易污染水体，引起水体黑臭。结合道路开口及绿篱设计，每隔 60～150m 设置路缘石开口，路面雨水进入通槽绿篱带内的弃流井。弃流井收集满后雨水溢流至溢流井，经溢流进入道路雨水管道。通过增加雨水在通槽绿篱带内径流时间，利用下凹空间蓄集雨水，延长径流时间，减少地表径流污染。从透水铺装的研究和应用案例中可以看到，各功能区采用透水砖、彩色塑胶、大理石铺装、木铺装等材料可以兼顾游览和美观性。部分区域如停车场等采用植草砖与植被相结合的方式，可以很好地提升场地铺装的透水能力，不仅提升场地的弹性，同时保持景观场地的美观、生态（图 1-3）[10]。

(a)透水铺装
(b)木制铺装
(c)大理石铺装

图 1-3 透水铺装示意图[10,11]

1.1.2 植草沟

植草沟是一种在土地表面种植植被的沟渠[12]，主要用于引导和输送雨水和污水（图 1-4）。它是一种有效的渗透技术，通过植草沟可以将雨水渗透到地下，减少地表径流，同时通过植被的过滤和分解作用净化水质。植草沟可以设置在城市园林、道路两侧、停车场等地方，是一种生态友好的排水设施。

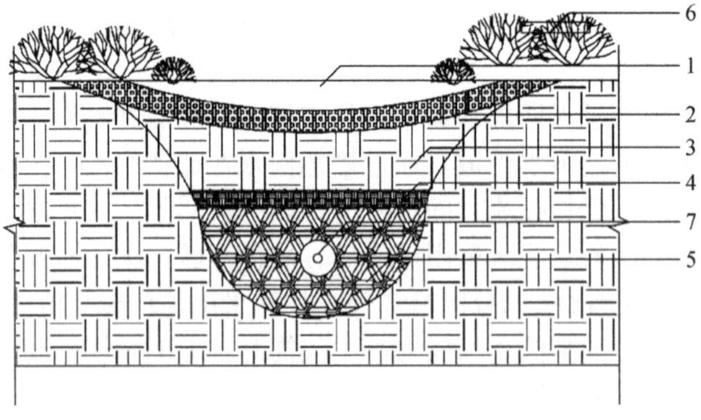

图 1-4 植草沟坡面示意图[12]

1. 蓄水层；2. 覆盖层；3. 种植土壤层；4. 砂层；5. 砾石层；6. 种植层；7. 穿孔层

植草沟按类型可分为传输型植草沟、干植草沟和湿植草沟 3 种[13]。传输型植草沟是指具有景观性的沟渠，其上覆盖植物，构造简单，被广泛应用于国内海绵城市改造工程［图 1-5（a）］。传输型植草沟通常作为低影响开发设施的预处理设施，是集成高适应性低影响开发-最佳流域管理措施（LID-BMPs）控制的关键技术之一。它通过与城市雨水排放系统衔接，在实现传输功能的同时，满足收集径流的要求。干植草沟主要有传输、过滤、吸附和滞留作用，可用于坡度小于 1%的地区，如居民区［图 1-5（b）］。干植草沟对雨水径流的处理以渗蓄为主，通过透水性强的土壤过滤层和排水层中渗排管的协同作用，及时有效地将雨水径流排放至下一处理措施。与标准输送型植草沟相比，干植草沟不仅具备传输雨水径流的能力，而且增强了其对雨水径流的渗透、滞留以及净化能力[14]。湿植草沟的结构与传输型植草沟基本一致，多应用于公路旁［图 1-5（c）］，其结构通常设计成湿式沼泽状态，在沟底铺设不透水层，通过增加水力停留时间来增强对雨水径流中污染物的处理效果。由于沟内常处于潮湿状态，因此其对选用的植被要求较高，通常种植一些耐淹的湿地植物[15]。

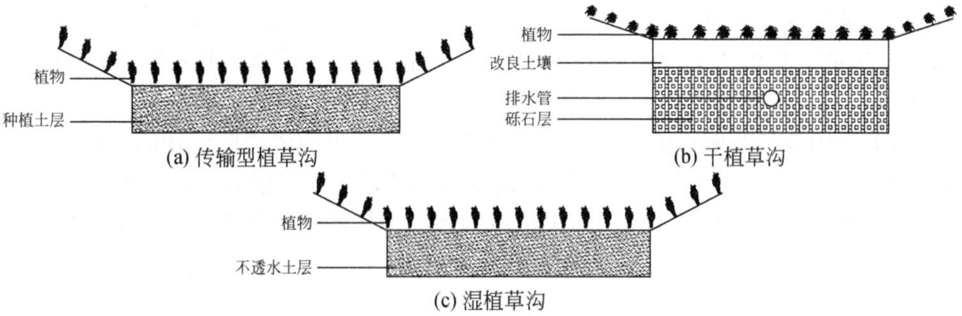

图 1-5　植草沟 3 种类型[13]

从植草沟的效能来看，可以分为地表径流的控制和雨水中污染物的削减两大作用。目前的研究基本围绕这两点展开。张辰[16]在武汉市实地考察了植草沟对雨水径流的调控效果，确定多种因素均产生一定影响。郭凤[17]采用了实验加模拟的方式，从填料的理化特征对比 10 种填料，证实了填料种类对透水性的影响。方大转等[18]为缓解植草沟的积水现象，提高其渗透效率，在植草沟下设计了一种高透水性滤芯渗井，并将其应用于合肥的一条生态廊道建设，使得植草沟在原有生态效应的基础上，其渗水功能得到了大幅度提高。Davis 等[19]在美国马里兰州一条公路附近评估了在数十场降雨下两种植草沟的表现，结果显示降水量的多少对植草沟的功能起主导作用。后续他们针对污染物削减效果进行实际测量，认为沉淀和过滤是污染物处理的主要机制[20]。在未来的研究中，可以利用模型模拟来提出更高效的植草沟结构、长度、断面形式、纵向坡度和草种，以实现对径流的削减和净化作用的目标。另外，研究人员也应该关注如何解决植草沟垫层堵塞问题，这是未来研究的重点之一。

1. 技术优点

1）控制面源污染：植草沟可以有效地减少地表径流，将雨水渗透到地下，从而减少污染物的排放。这对于控制河流、湖泊等水体的面源污染具有重要意义。

2）提高水质：植草沟中的植被可以过滤和分解水中的污染物，提高水质。同时，雨水通过植草沟渗透到地下，可以补给地下水，增加地下水资源。

3）美化环境：植草沟可以与景观设计相结合，形成美丽的景观效果，美化城市环境。同时，植被可以增加城市绿地面积，改善城市生态环境。

4）降低城市排水压力：植草沟可以截留和储存雨水，延缓雨水的排放速度，从而减轻城市排水系统的压力。

2. 技术缺点

1）维护和管理难度较大：植草沟需要定期维护和管理，如清理沟渠、修剪植被等，需要一定的人力物力投入。如果采用的填料发生堵塞，将影响下渗和净化效果。

2）适用范围有限：植草沟适用于降水量较少、土地渗透性较好的地区。在降水量较多、土地渗透性较差的地区，植草沟的渗透效果可能会受到影响。

3）可能影响地基稳定性：如果植草沟下面土壤的渗透性不好，可能会导致地基不稳定，影响使用。因此，需要在设计时充分考虑地质条件。

3. 植草沟设计应用实例

陕西省西咸新区秦皇大道位于沣西新城的核心区，是一条南北向的城市主干道。吕新波[15]通过在此原地试验，研究了不同类型植草沟在湿陷性黄土场地中的雨水入渗路径、影响范围及土体增湿沉降。设计了3种类型植草沟（图1-6）。传输型植草沟的土体增湿沉降最小，两种滞渗型植草沟的土体增湿沉降较大。建议在滞渗型植草沟建造过程中采取消除黄土湿陷性的措施，防止因土体增湿产生沉降而导致植草沟损坏、功能失效。

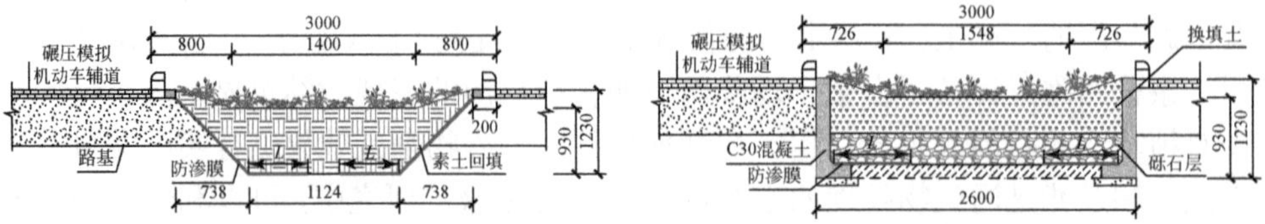

(a) 传输型植草沟构造　　(b) 滞渗1型植草沟构造

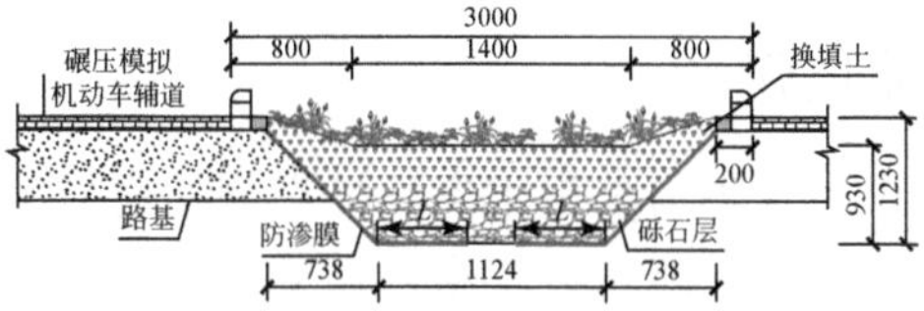

(c) 滞渗2型植草沟构造

图 1-6　不同类型植草沟构造[15]

标注尺寸单位均为 mm

朱洁等[21]在北沿公路的改建工程中，采用了低影响开发的理念，构建了生态排水系统。在公路段两侧，用植草沟取代了传统的钢筋混凝土边沟，以排放路面雨水径流。这种植草沟的设计使得雨水能够就近汇流到道路两侧的河道、浜塘。纵坡控制在≤0.3%，最大排放距离不超过 300m，如图 1-7 所示。道路红线宽度为 26m，单幅机动车道宽度为 8m。由于道路红线宽度和两侧土路肩放坡的限制，植草沟采用了梯形断面，顶宽仅 1.2m，底宽 0.4m，设计最大水深 0.4m。植草沟面积与道路不透水面面积的比率为 0.15，边坡 $L:H$ 为 1∶1。在 2021 年 6～9 月的监测期间，共发生了 11 场≥10mm 的降雨，总降水量为 113.1mm。在此期间，对植草沟的进出水量和水质进行了监测。监测结果显示，植草沟对道路径流量的削减率变化范围为 13.2%～42.2%，平均为 24.0%，径流量削减较为显著。此外，由于目前花博大道的车流量很低，几次降雨期间植草沟进水中总悬浮物（TSS）、化学需氧量（COD）、氨氮（NH_3-N）和总磷（TP）含量均较低，但植草沟对其仍具有较好的净化作用，其去除率分别达到 49.5%、35.1%、33.4%和 41.0%。植草沟出水水质总体达到了地表水Ⅳ类水的标准。可以认为随着植草沟系统的日益完善，其对道路径流量的控制和污染物的削减效果将会更为明显。

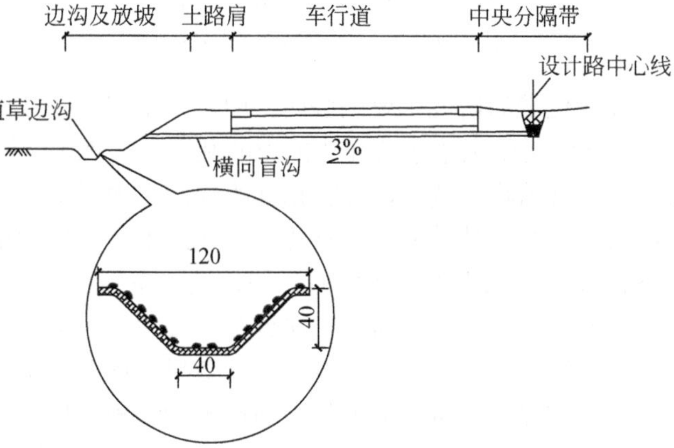

图 1-7　公路段排水系统设计示意图[21]

标注尺寸单位均为 mm

1.1.3　河岸植被绿化带

河岸植被绿化带作为水生与陆生生态环境之间的交界地带，因其独特的边缘效应，具备极为重要的生态功能。近年来，国外已十分注重河道整治中河岸驳坎的生态化设计，国内对河岸驳坎的生态化设计也正在认识与尝试中。目前真正的河岸生态化设计技术主要有：笼石结构生态型护岸和土工网复合植被技术。该类技术使改造后的河岸具有天然河岸的多孔性，坡面可生长水生或亲水高等植物，能为水生高等动物（如鱼虾类）、水生微生物（含细菌、藻类、原生动物）提供非常适宜且多样的栖息场所。河岸植被绿化带是通过在河岸两侧种植适宜的植物形成一道绿化带[22]，从而起到保护河岸的作用（图 1-8）。这些植物的根系可以牢固地固定土壤，防止水土流失和河岸侵蚀。植物的茎和叶部分可以起到遮阴作用，减缓水流速度，降低水流对河岸的冲击力。河岸植被绿化带还可以提供栖息地和食物源，促进河岸生物多样性的增加。同时对于面源污染具有缓冲作用，降低入河污染。

图 1-8　河岸植被绿化带示意图

引自 https://www.sgss8.net/tpdq/7995471/

针对河岸植被绿化带的研究主要围绕两方面，一是河岸植被绿化带绿化景观设计，二是河岸植被绿化带土壤渗透净化能力的利用[22]。邹晨曦[23]利用了层次分析法（AHP）来进行植物的选择，并根据红水河沿岸地形地貌进行针对性的植物配置，以提高石山地区的植被质量，优化或美化红水河流域的植被景观，形成结构稳定、生态良好、山水秀美和特色明显的植被生态体系。白莹莹[24]选择不同配置类型河岸植被绿化带为研究对象，研究配置类型对污染物的去除效果，探讨污染物去除的最佳配置类型、最小宽度及景观效果。针对污染物的去除效果，结果显示随着河岸植被绿化带宽度的增加，河岸植物物种多样性也随之增加。物种多样性与污染物的去除效果间存在显著相关性（$P<0.05$），同时河岸植被绿化带中存在一定的微生物群落，随着河岸植被绿化带的增加，与微生物群落作用时

间越长，对污染物的截留也就越充分。Zhou 等[25]从城市降温的视角研究了河岸植被绿化带的优势，结果表明河岸的宽度、河水与河岸绿地的接触程度与降温效果呈显著正相关，为可持续城市规划提供了启示。方晓等[26]以贾鲁河郑州段的河岸植被绿化带为对象，采用多指标评价分析法，建立河岸植被绿化带完整性评价体系，并对贾鲁河河岸植被完整性进行评价。未来具有景观价值和环境价值的综合性河岸植被绿化带设计是研究的重点。

1. 技术优点

1）保护河岸：河岸植被绿化带可以有效固定土壤，防止水土流失和河岸侵蚀。植物的根系能够牢固地固定土壤，减少河岸的崩塌和塌陷。

2）减缓水流速度：植物的茎和叶部分可以起到遮阴作用，减缓水流速度，降低水流对河岸的冲击力。这有助于减少河岸的侵蚀和冲刷，保护河道的稳定性。

3）减缓面源污染：植物根系和叶片可以吸收营养物质和有机物，减少污染物的浓度，起到净化水质的作用。

4）提供景观与生态服务：为河岸生物提供了栖息地和食物源，促进生物多样性的增加，具有较好的景观价值。

5）缓解城市热岛效应：增加水循环，缓解气候变化。

2. 技术缺点

1）建设时间长：河岸植被绿化带的建设需要一定的时间，植物的生长和发育需要较长的周期，不能立即见效。

2）需要定期维护：需要定期修剪、除草和管理，需要一定的人力和物力投入。

3）占用土地资源：需要占用一定的土地资源，特别是在城市等土地紧缺的地区，建设难度大。

3. 河岸植被绿化带设计应用实例

田虹等[27]通过对秃尾河河岸景观植物的调查，从垂直结构、水平结构、季相结构阐述了秃尾河河岸植被的分布情况以及城市河道植物景观为城市带来的生态效益。秃尾河从主城区穿城而过，是云南省昭通市昭阳区河流污染治理的重点。秃尾河两岸共有 38 种植物。河岸种植以高大的乔木和灌木丛为主，灌木丛以常绿的品种为主（图 1-9）。在该案例中，田虹等认为该河岸植被绿化带仍需要增加植被覆盖率，并应该考虑种植植物的周期性变化，以提供更好的景观价值。

江苏省靖江市为了加强长江沿岸湿地和动植物资源的保护，以缓冲区为重点，将长江流域河岸植被绿化带作为靖江长江沿岸生态系统的重要组成部分，南京理

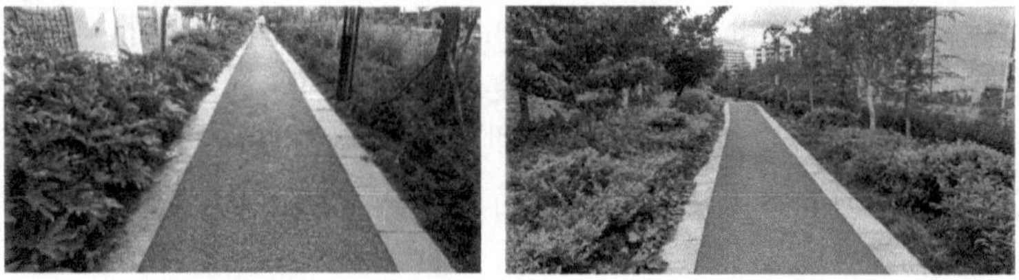

(a)　　(b)

图 1-9　骋宇驾校段植物景观（夏季）(a)、骋宇驾校段植物景观垂直结构图（b）[27]

工大学孟一凡等[28]开展了修复设计策略研究。在水文方面，通过组织与重塑水系统，使用植物、过水坝、阻水坝、跌水等手法配合不同形式的驳岸梳理，使水系更加完整合理，形成具有生态效益的游憩基底。在地形方面，通过改田还江、改渔还江过程中以现有鱼塘为基地，挖出湿地过滤池，增加多重湿地生境，通过沉积、曝气和生物过程去除污染物，还为含水层的补给提供了保障，引导水流途径（图 1-10）。在植物选择方面，尊重原有的组群差异，兼顾美学、规划和生态学等理念。优先种植本地乡土植被，重建多样化的本土植被群落，并吸引野生动物栖息。以某芦苇滩涂为例，在 2020 年 4 月～2021 年 5 月的河岸植物绿化带项目施工中，为避免其他优势物种入侵破坏原有优势物种芦苇群落以及杜绝水葫芦、空心莲子草等外来入侵物种对沿江水体生态的影响，植物配置上选用了当地原生芦苇群落中的伴生植物如茭白、水葱、菱角等，既可维持现有芦苇群落的完整性又可丰富现有芦苇群落的动植物生境。在生境结构上按照芦苇群落、挺水植物、植物浮岛（其他芦苇群落）、浮水和沉水植物的递进关系设计河岸植被绿化带。利用多种植物构成复合种群，加强生物多样性保护。项目完工至今经历了 2021 年的汛水期与 2022 年的枯水期数次长江潮汐变化，除江边前线芦苇群落被水生生物啃食略有荒秃外，其他缓冲带地区已基本恢复湿地生境。

(a)流动湿地

(b)河岸湿地

图 1-10　废弃鱼塘改建湿地过滤池设计模拟图[28]

1.1.4　地下渗渠

随着我国城市化进程的加快，城市面源污染和排水压力逐渐加大，如何有效利用和管理城市雨水成为一个亟待解决的问题。为此，地下渗渠作为一种创新的渗透设施应运而生，其通过将雨水或污水引导至地下，实现缓慢渗透到周围土壤中的目的，以实现水资源的利用和储存[29,30]。地下渗渠主要应用于雨水收集和利用、污水处理和河道治理等领域。它是一种将排水管道设置在地下的渗透设施，由填充砂砾的渠道组成。在城市道路两侧，地下渗渠可以吸纳周围不渗透路面的径流，有效缓解道路积水问题（图 1-11）。然而，在我国城市化建设进程中，随着土地利用模式的变化，天然植被减少，不透水地面比例增加，地表径流特征发生了较大变化，洪峰流量与雨洪总量不断增加，峰现历时也大幅缩短。因此，城区内涝问题也日益频发。面对这一问题，地下渗渠技术成为一种重要的解决方案。通过将雨水引导至地下渗渠，让其缓慢渗透至周围土壤层，不仅能够减少地表径流，还能够补充地下水资源。这不仅能够有效地缓解城区内涝问题，还能够提高水资源的利用效率。

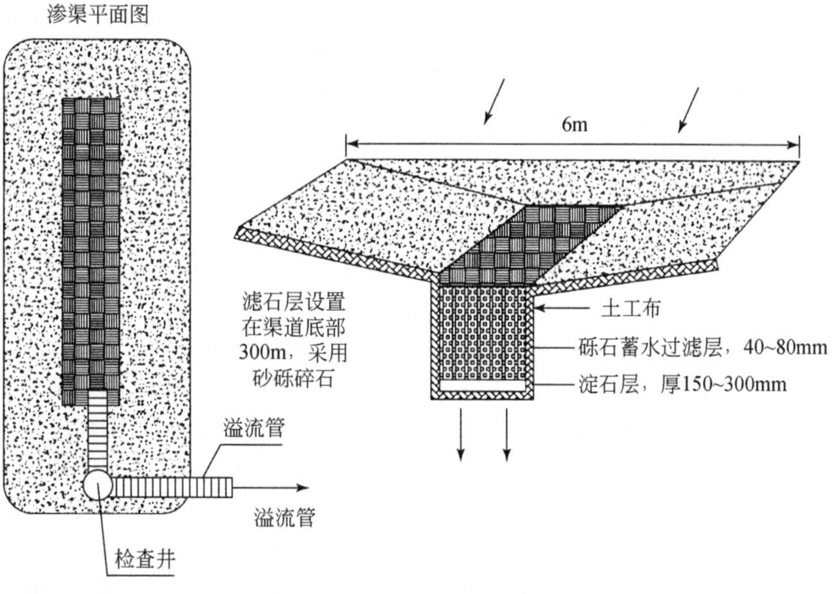

图 1-11　地下渗渠示意图

深圳市时之洁生态环境科技集团有限公司的戚敬楠[31]设计了一种具有过滤功能的雨水渗透渠，采用环保聚丙烯材料通过注塑工艺一次性成型，它是为满足海绵城市建设的需要，即在排水的同时具有渗透的功能，作为渗排水管道应用在市政管网中的塑料成品。中国电建集团华东勘测设计研究院有限公司黄璁等[32]

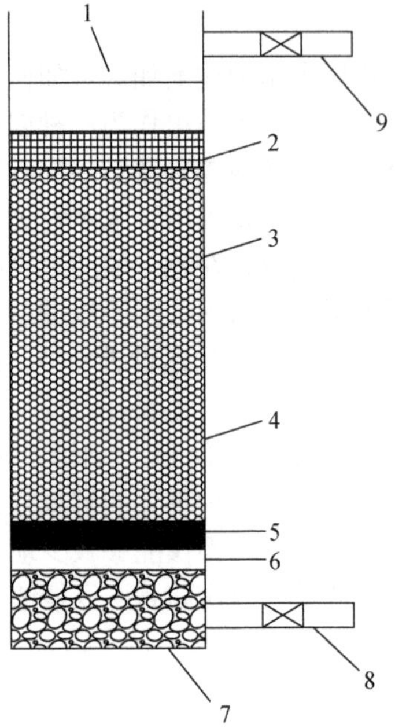

图 1-12 雨水渗透管渠垫层示意图[32]

1. 土壤垫层区；2. 细沙垫层区；3. 中粗沙垫层区；4. 粗沙垫层区；5. 沸石垫层区；6. 高炉渣垫层区；7. 过渡垫层区；8. 出水管；9. 溢水管

开发了一种用于未来社区的雨水渗透管渠。该管渠具有高效经济、施工方便、占地面积小、填料寿命长的特点。采用多级填料和渗透效应相结合的方法，能够有效去除初期雨水中的污染物，从而解决了现有技术中施工难度大、成本高的问题。该新型雨水渗透管渠具有渗透滤料垫层，用于处理汇流进来的屋面径流雨水和直接降雨雨水。渗透滤料垫层底部连接有出水管，用于将处理后的水排出（图 1-12）。在缺水地区，地下渗渠常作为一种输水装置（图 1-13）。地下渗渠是指通过埋设在地下含水层中的钢制滤水管、钢筋混凝土滤水管或由砖、卵砾石等材料砌筑成边壁具有滤水作用的廊道，以及在管、壁外层设置反滤层集取地下水的地下集水构筑物形式[33]。这类地下渗渠具有结构简单，施工、维修管理方便，运行费用低以及不需要净化设备等优点，因此被广泛地用于目前集水流量及引水规模较大的工农业生产和日常生活中，在我国东北和西北地区应用较为广泛。

国外相关的研究也不在少数。根据 Martin 等[34]的研究，对不同的雨水管理措施进行了评价，并采用多个标准对其进行排序。研究结果显示，按照工程排序，入渗渠、渗水塘、透水路面、屋顶蓄水、湿地、地面拦蓄塘、地下蓄水塘和地表旱溪等措施较为有效。而对于居民区来说，工程排序为入渗渠、渗水塘、透水路面、洼地、地表旱溪和湿地、屋顶蓄水和地下蓄水池。Akan[35]则运用改正推理法对不同入渗渠设计进行研究，发现一场暴雨的最大径流和关键历时受流域特征和降雨强度历时关系的影响。研究认为，雨洪滞蓄区的最大入流量取决于汇流历时和时段暴雨量。在城市化进程中，地下渗渠的应用前景非常广阔。它不仅能够改善城市环境质量，减少洪水灾害的发生，还能够实现水资源的可持续利用和保护。因此，地下渗渠技术在城市规划和建设中具有重要的地位和作用。

1. 技术优点

1）渗透效果明显：地下渗渠能够将水缓慢地渗透到周围土壤中，有利于提高水资源的利用效率，同时减少对地表水资源的占用。

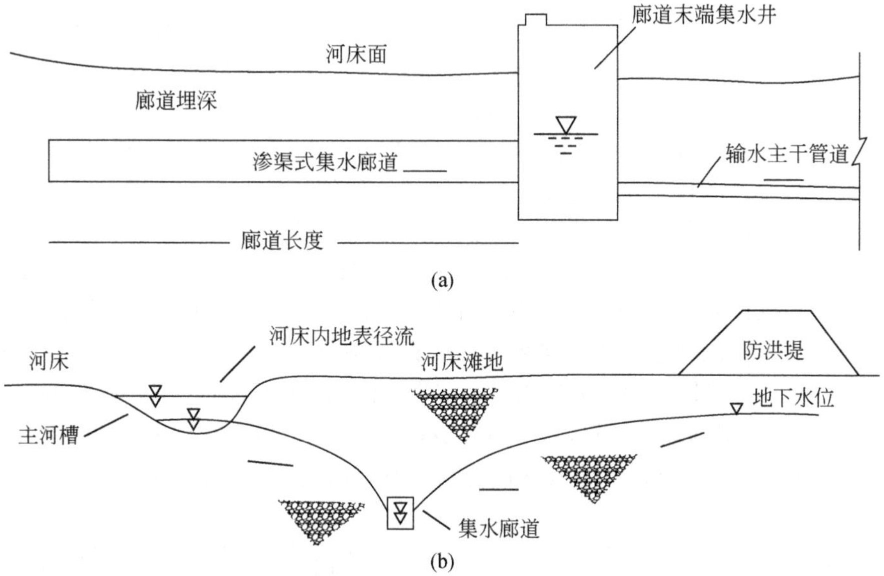

图 1-13　水源首部渗渠式取水示意图（a）及渗渠式集水廊道横剖面图（b）[33]

2）减少面源污染：通过将雨水渗透到地下，可以减少雨水对河流、湖泊等水体的面源污染，改善水质。

3）存储和利用水资源：地下渗渠可以作为雨水收集和利用设施，将雨水存储在地下，在需要时进行抽取和利用，减轻城市排水系统的压力。

4）美化环境：地下渗渠可以与景观设计相结合，形成美丽的景观效果，美化城市环境。

2. 技术缺点

1）施工难度较大：地下渗渠需要在地下挖掘沟渠，施工难度较大，需要较高的技术和管理水平。

2）维护和管理难度较高：地下渗渠需要定期清理和维护，否则容易堵塞和损坏，需要较高的人力、物力投入。

3）对土壤要求较高：地下渗渠的效果受土壤质地的影响，如果土壤渗透性不好，可能会影响渗渠的渗透效果。

4）投资成本较高：地下渗渠的建设需要较高的投资成本，包括土地购置、施工、材料、设备等方面的费用。

3. 地下渗渠设计应用实例

卿小飞等[36]首次进行了港口工程中雨水渗透设施的研究及应用。将“雨水渗透排放”引入港口工程建设中，将自然途径充分应用于港口的排水系统中，既可再次回补地下水促进生态环境保护，又可节约造价、降低对市政管网的负荷。港口工程位于阿布扎比哈里发港工业区内。结合该工程背景条件和市政雨水系统接口要求，并考虑当地降水量较少、降雨次数较少，雨水资源循环利用意义不大，因此采用渗透排放作为排水方案，雨水经渗透设施回补地下水。该工程采用雨水渗透管沟、渗透井和渗透明渠相结合的雨水渗透系统。其中雨水口和雨水井之间通过渗透管相连，并均设置沉砂室，渗透管两端设置格栅网罩，如图 1-14（a）和（b）所示。渗透井和渗透明渠均为具有集水和渗透功能的钢筋混凝土构筑物，四周为碎石层，并用透水土工布包裹，井壁设置预留孔。井和明渠通过格栅盖板收集雨水，同时可阻挡大块杂质进入，底部设置深为 0.5m 的沉砂室，如图 1-14（c）和（d）所示。根据理论计算，在港口工程项目中，在降水量≤91mm/h 和渗透系数≥0.5mm/s 的情况下，渗透设施在雨水排放方面具有明显的优势。

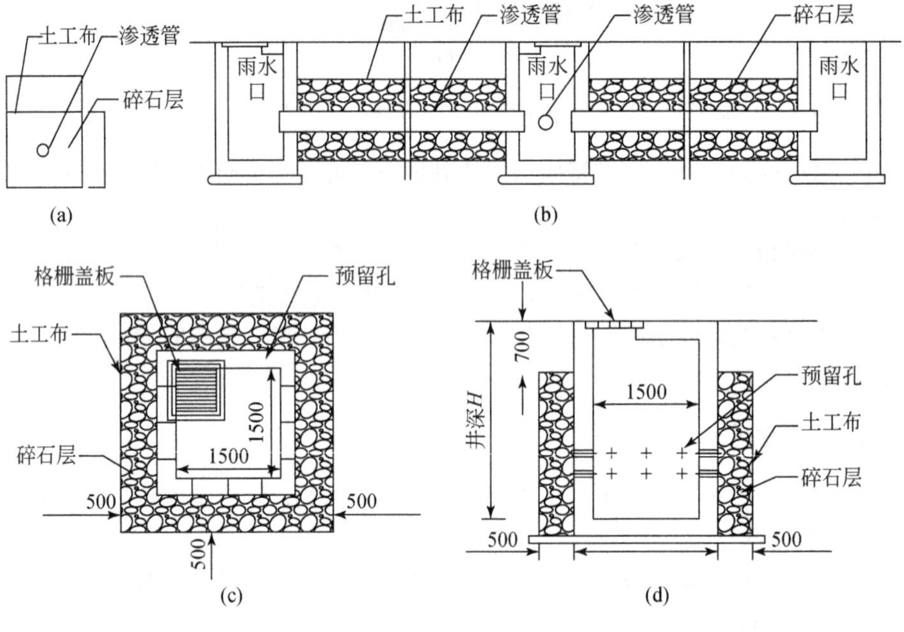

图 1-14　渗透管断面（a）、雨水口及雨水井断面（b）、渗透井设计平面和断面图［(c)、(d)］[36]

标注尺寸单位均为 mm

扬州德道市政设计院有限公司卢涛和石智如[37]在研究中发现，为了加强扬州市新建工程对城市雨水的储滞利用，减少面源污染，减轻排水压力，提高污水处理出水水质，扬州市实施了雨污分流工程，其常见的形式有两种：一种形式是在南阳台下方设置绿化带，通过下凹式绿地收集、蓄积和净化南阳台屋面的雨水，以尽可能改善雨水水质，减轻排水管的排水压力。另一种形式是在南阳台下方设置人行路面，且南侧有绿化景观带。在绿化带下，存在一种绿化带下渗设施，即渗透式盲管。如果建筑周边是道路，雨水将直接排入小区道路下的雨水管道，然后延伸到绿化带内，雨水排入绿化带内的盲管。在雨水检查井中设置溢流雨水口。屋顶雨水通过绿化带下的穿孔排管下渗，超过绿化带承受能力的雨水通过溢流雨水口排入检查井内。这样，绿化带能够在暴雨时承受雨水径流的冲击负荷，起到补充地下水、减少径流污染物的作用。

1.1.5　绿化公园

中国自改革开放以来，城市化速度显著提高，城市化率持续增长[38]。随着城市化进程的加速，城市的雨水问题逐渐引起人们的关注。城市下垫面硬质化比例增加、雨水下渗减少以及城市热岛效应等因素导致城市雨水问题日益突出。在这样的背景下，绿化公园作为一种利用植物材料进行公园景观绿化的技术，扮演着重要的角色（图 1-15）。

图 1-15　绿化公园示意图

引自 https://www.nipic.com/

绿化公园通过选择和配置各种植物，创造出自然、生态、美丽的公园环境[39]。它不仅提供给人们休闲娱乐的场所，还起到了净化城市废水、减轻环境污染的作用。特别是在采用“海绵城市”概念进行城市公园开发时，绿化公园能够保持和拓展湿地的保护范围，同时维护区域生态环境的稳定性。按照“海绵”概念进行的城市公园规划，能够形成雨水滞蓄区，实现雨水的滞留、排泄和净化，从而显著减少城市内涝的发生，并提高雨水的利用效率[40]。

绿化公园的建设涵盖了植物选择、植物配置、园路设计、水景设计、地形处理和养护管理等多方面。福州市规划设计研究院集团有限公司张敏雪[41]从植物营造、树种选择等方面探讨滨水绿带的绿化设计方向，根据不同的整治策略，采用不同的植物配置形式，以便有效地达到设计目的，形成不同特色的景观绿地空间，烘托环境氛围。周虹谷和石广[42]以林阴树种为基调，通过片植和阵列式的种植方式，沿河种植垂柳，形成绿树成荫、林下空间丰富的生态绿化景观。南京农业大学苏丹[43]强调植物配置做到疏密有致，在视线聚焦处点缀大乔木或者孤赏树，并结合景观雕塑或景石组合。福建农林大学徐蕾[44]通过营造微地形，形成地表起伏变化，再利用植物原本的高低形态之美来丰富绿化空间。通过紧密结合工程实践，加强对绿化公园设计思路的掌握，能够促进设计水平的提高，进一步满足城市快速发展下对园林绿化不断提升的需求。

1. 技术优点

1）生态效益：绿化公园可以改善环境质量，吸收空气中的污染物净化空气，同时促进水循环，涵养水源，保持水土。

2）美学价值：绿化公园可以营造出优美的景观，提高城市的审美价值，通过合理的植物配置和园路设计，让公园更加自然、舒适、和谐，为城市居民提供宜人的休闲场所。

3）社会效益：不仅满足人们对自然、生态、健康的需求，还促进社会交流和互动。公园里的植物和景观可以成为人们聊天、交流、娱乐的场所，促进人际交往和社会和谐。

4）经济价值：打造居民区绿化公园，可以提升区域地产经济价值，吸引人员入住、促进人员流通。

2. 技术缺点

1）维护成本高：绿化公园需要定期养护和管理，包括浇水、施肥、修剪、除草等方面的工作。如果缺乏必要的养护管理，植物生长会受到影响，甚至死亡，需要花费大量的人力和物力来维护。

2）季节性限制：植物受到季节性限制，不同的植物在不同季节生长和开花的结果不同。因此，在设计和配置植物时需要考虑季节性因素，以保证公园的景观效果。

3）资金投入大：需要投入大量的资金进行建设和管理，包括植物材料的选购到园路、水景等基础设施建设等均需要资金投入。

4）设计难度高：需要针对当地的实际情况，进行合理设计，考虑的因素较多，如植物搭配、美学设计、建筑设计、雨水设计等。

3. 绿化公园设计应用实例

以海绵城市为指导理念建设城市综合公园，河北农业大学张子琪[45]将景观设计元素设计方法以及海绵城市雨水管理相关措施融入河北省廊坊市万庄公园景观设计中，将万庄公园打造为以休闲、游憩、娱乐为主，同时兼具雨水管理功能的城市综合公园。张凯[46]在武汉南湖幸福湾水上公园绿化工程研究中对技术进行了探析，公园的总绿化面积约为 60000m^2，涵盖了 25 种乔木、20 种灌木、16 种地被植物、9 种水生花卉和 13000m^2 草坪。为了满足使用者的需求，根据场地形状、地形特征和绿化设计原则，将公园划分为 5 个设计分区。在主入口区两侧，采取地形结合绿色植物屏障的方式，以隔离来自道路的噪声污染。草坪台地区设有石梯花阶和观湖草坡，提供了舒适宜人的休憩场所，供人们欣赏湖景。滨水广场位于水边，设有近水台阶和临水眺台，是观赏南湖湖光天色的理想场所。

基于雨洪管理的景观设计要素，南京林业大学朱启未[40]对南京河西新城滨江公园规划进行了设计。该工程系统包括五大部分：①要构建防洪道和 15m 堤坝退让线，有效预防洪水来袭。②通过缓坡蓄积雨水，在园路两侧置石，采用植草沟收集园路坡面上的径流，或者直接穿过市政的灰色基础设施，进入雨水花园；采用植物、微生物和厌氧环境对雨水花园进行曝气、沉淀、净化，逐步进入城市污水管道。③在场地设计中进行了沉降绿化，形成了雨水滞留塘，作为天然水体的补充，作为雨水渠道的调节水池。④通过雨水管道的末端开放，形成一个风景湖泊，在这里，雨水在植物和微生物的生态作用下，得到了净化。⑤在一般绿化中的植草沟、雨水花园中，设置雨水管，这些雨水管道与蓄水池或透水铺装的蓄水组件相连，雨水经蓄水池或蓄水组件汇入城市排水系统。水库的雨水被用来作为园林景观和灌溉用水。滨江公园的效果图如图 1-16 所示。该绿化公园设计从景观和生态的观点，结合雨洪治理的理论和技术手段，将雨水治理与园林景观结合起来，以丰富雨洪景观的功能，最大限度地减轻了雨水问题的负面影响，为今后城市园林雨洪景观的规划提供了有益的借鉴。

图 1-16　滨江公园设计自绘效果图[40]

1.2　滞蓄技术

1.2.1　生物滞留带

生物滞留带是一种环保技术，主要利用植物、土壤和微生物的协同作用，拦截和净化雨水径流中的污染物，从而达到控制面源污染的目的[47]。这种技术起源于 20 世纪 90 年代的美国马里兰州乔治亚王子郡，主要应用于处理高频率的小雨以及小概率暴雨事件的初期雨水[48]。

生物滞留带通常沿着河岸设置，通过种植具有净化作用的植物，如水生植物、草本植物等，结合土壤和微生物的作用，拦截和净化雨水径流中的污染物。这种技术能够有效地去除径流中的悬浮物、有机物和氮磷等污染物，同时能够补充地下水或通过系统底部的穿孔收集管输送到市政系统或后续处理设施。生物滞留带的构造因建设复杂程度和应用位置不同而有所差异，但通常包括蓄水层、植物层、种植土壤层、填料层和砾石层等组成部分。当其有回用要求或要排入水体时，需在砾石层中埋设集水穿孔管，以收集处理后的雨水，常见的构造如图 1-17 所示。同时，为了防止颗粒物堵塞穿孔收集管，可在填料层和砾石层之间铺设砂层或细砾石。生物滞留带具有建造费用低、运行管理简单、自然美观等优点，因此被广泛应用于城市雨水管理和河道治理中。同时，生物滞留带的应用能够有效地改善城市水环境和生态环境，促进城市的可持续发展[49]。

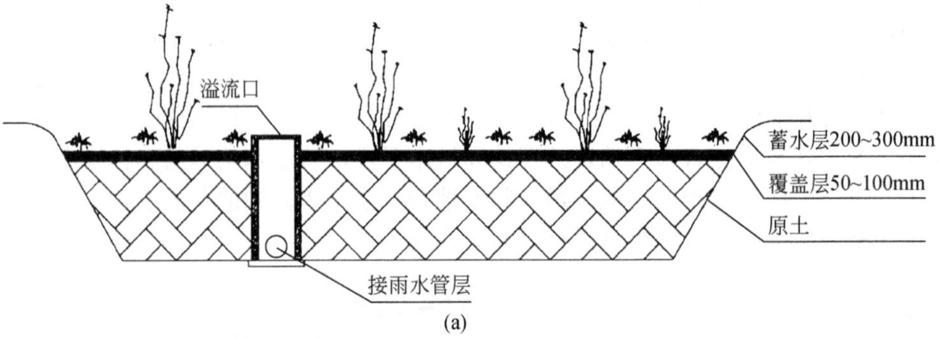

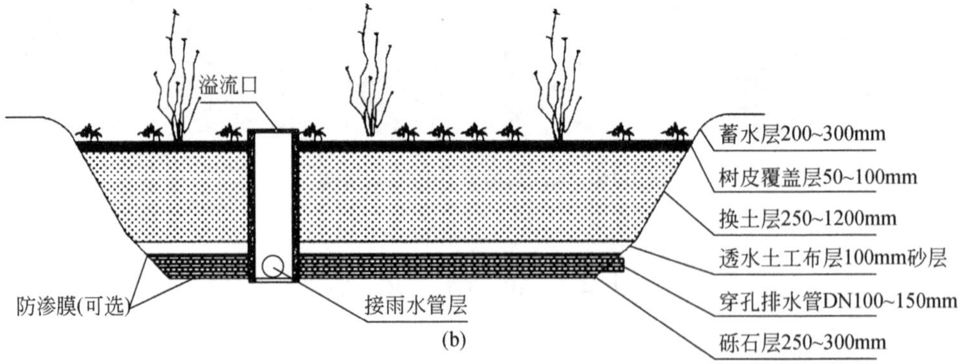

图 1-17　生物滞留带典型构造示意图（a）及复杂型生物滞留带典型构造示意图（b）[48]

虽然生物滞留带已经发展了多年，但在施工和实际运行的过程中仍面临诸多问题[50]，例如，现有道路生物滞留带存在下沉过深、进水口设置欠合理、景观效果欠佳、施工错误及运行维护不及时等问题（图 1-18）。因此针对生物滞留带的研究具有实际价值。利用软件模拟是常见的研究方法。郑骁奇等[51]针对坡度对生物滞留带水文性能以及海绵城市设施面积的影响，通过暴雨洪水管理模型（SWMM），分别在 4 种不透水比例下，研究了 20 种不同道路纵坡的径流产流过程，确定了每种不透水比例下的海绵城市设施面积。马蜀等[52]发现重庆市自 2015 年开始已建设大量生物滞留设施，其经过几年运行，存在易板结、易堵塞、污染物去除效果不稳定、渗透速率降低等问题，采用不同填料对本地土壤进行改良，为类似土壤填料的生物滞留设施提供改进方案。重庆交通大学陈茜[49]以重庆市某海绵城市试点的生物滞留系统为研究对象，分析不同季节生物滞留系统中不同形态的氮、磷分布特征及其在不同雨水径流情势下的脱氮除磷效率，探讨影响氮、磷转化和分布的主要因素，为海绵城市建设及生物滞留系统的运营管理提供参考。Peng 等[53]认为需要更多地了解影响生物滤池中微生物去除的因素，才能有效地设计和采用生物滤池以改善微生物水质，分析了过滤介质、植被、淹没区和水力停留时间等因素对微生物去除的影响。除了针对生物滞留带功效的研究，这类海绵城市设施的布局及经济效益等研究也是重要的研究方向[54]。

图 1-18　生物滞留带在实际工程中的问题[50]

1. 技术优点

1）净化效果好：生物滞留带能够有效地去除雨水径流中的污染物，包括重金属、营养物、有机物等，净化效果显著。

2）生态效益高：生物滞留带不仅具有拦截和净化污染物的作用，还可以改善生态环境，增加生物多样性。

3）维护和管理方便：生物滞留带需要定期进行简单的维护和管理，包括修剪植物、清理枯叶等，相对于其他面源污染控制技术来说，生物滞留带的维护和管理相对简单。

4）美化环境：生物滞留带可以与景观设计相结合，形成美丽的景观效果，美化城市环境。

2. 技术缺点

1）占地面积大：生物滞留带需要较大的土地面积，对于土地资源紧张的地区来说，可能难以实施。

2）对植物和土壤要求较高：生物滞留带的净化效果和生态效益主要依赖于植物和土壤的作用，如果植物选择不当或土壤质量不好，可能会影响其效果。

3）受气候和环境影响较大：生物滞留带的效果受气候和环境的影响较大，例如干旱气候或寒冷气候可能会影响植物的生长和污染物的降解。

4）投资成本较高：生物滞留带的建设需要一定的投资成本，包括土地购置、植物种植、土壤改良等方面的费用。

3. 生物滞留带设计应用实例

中国市政工程华北设计研究总院有限公司张伟和王翔[55]在宁波慈城新城进行了海绵城市建设。科学构建了慈城新城排水防涝系统，实现了源头径流削峰减量和超标径流蓄-排平衡。在建设前，该区域为稻田平原，河道蜿蜒，灌溉河道和小溪密布。为保留河网特色，规划水系布局，保障径流行泄通畅。同时，在新城中心建设中心湖，通过竖向合理控制，将水系与中心湖连接，实现雨水蓄存利用和发挥蓄洪功能。场地生态建设采用源头海绵城市建设理念，通过分散、绿色的海绵设施使源头雨水径流得到进一步控制。在建设过程中，坚持“径流产蓄平衡，安全景观兼顾”的原则，实现了城市排水安全的可持续发展。这种建设方法（图1-19）为其他城市提供了可借鉴的经验，可以推动中国海绵城市建设的进程。

梁行行等[56]在陕西省西咸新区开发建设管理委员会科研项目中对近市政道路生物滞留带雨水入渗优化进行了分析，针对海绵型市政道路中生物滞留带的防渗膜铺设方式、防渗效果评价及雨水入渗影响范围的研究还存在较多不足，运用GeoStudio 软件中的渗流分析模块（SEEP/W）和应力应变分析模块（SIGMA/W）进行流固耦合分析，对于雨水入渗作用下的两种不同类型生物滞留带，分析滞留带底部防渗膜外伸不同长度条件下地基土含水量及路面沉降的变化规律，在确保雨水入渗不对路面产生致灾影响的前提下，对防渗膜外伸长度进行优化。该研究所选取的研究平台在西咸新区沣西新城连接咸阳与西安的主干道路上，设计长度为

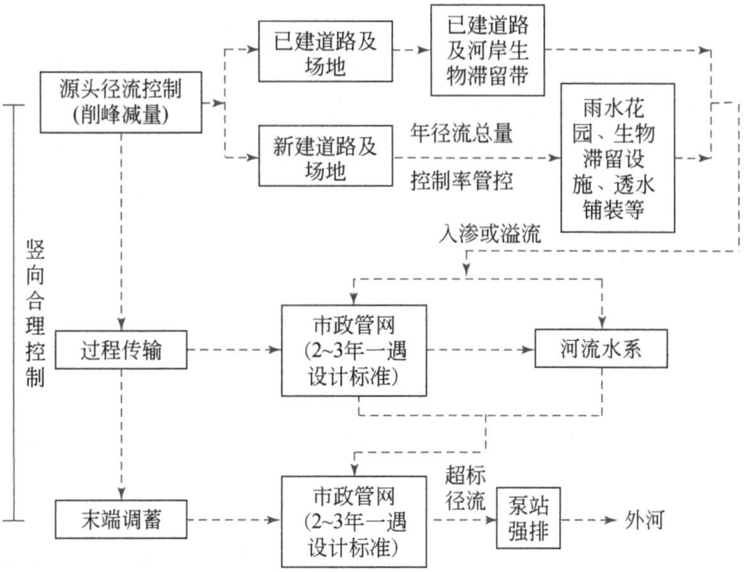

图 1-19　慈城新城排水系统构建[55]

4.29km，采用四幅路形式，中央分隔带宽 12.0m，机动车道各宽 16.0m，两侧分隔带各宽 3.0m，辅道各宽 8.0m。地勘资料显示，沿线地基土分为 4 个工程地质层，地质剖面见图 1-20（a）。两侧分隔带中的生物滞留带剖面见图 1-20（b），滞留带

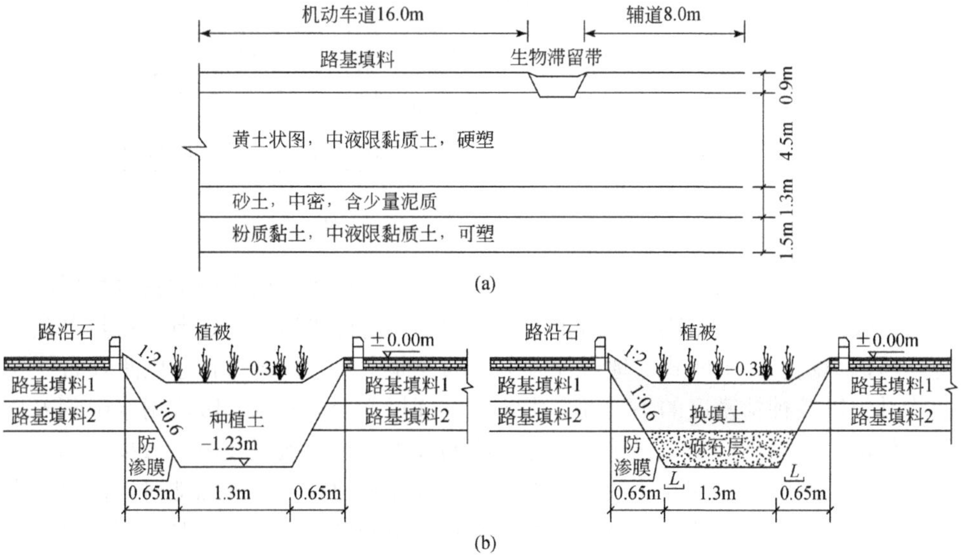

图 1-20　地质剖面图（a）及生物滞留带剖面图（b）[56]

深为 1.23m，底部宽度均为 1.3m。滞留带侧面铺设防渗膜。传输型生物滞留带土质为种植土，作表面下凹；入渗型生物滞留带下部铺设 0.3m 厚的砾石层，并在砾石层中铺设 DN100mm 穿孔排水管，上部为雨水下渗能力较强的换填土。实际工程中，在满足滞留设施雨水滞蓄容积及施工方便的条件下，可将放坡型滞留设施的坡度适当减缓，以减小雨水入渗对地基土含水量变化及路面沉降的影响。

1.2.2　下凹式绿地

下凹式绿地是一种利用绿地滞留雨水的技术，通过将绿地设计成低于道路或地面的形式，在雨水径流过程中截留和净化雨水（图 1-21）[57]。它是海绵城市建设中重要的低影响开发技术之一，具有调节地表径流、削减径流污染物、补充地下水等作用。广义的下凹式绿地包括雨水花园、植草沟、生物滞留池等措施[58]。

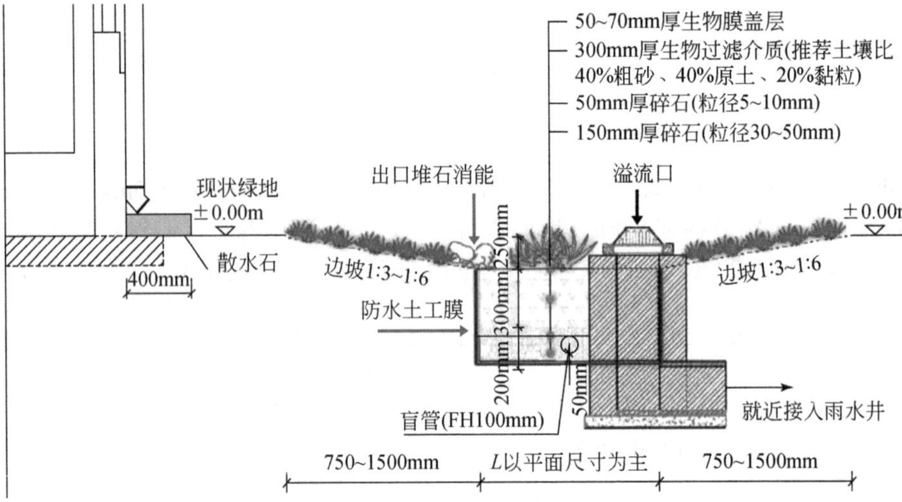

图 1-21　下凹式绿地剖面示意图

下凹式绿地由植物和填料两部分组成，植物可以吸收雨水中的营养物质，填料可以吸附和过滤污染物，同时下凹式绿地还具有滞尘减噪、遏制城市热岛效应等环境调节功能。下凹式绿地对径流雨水的控制主要包括蓄滞和净化两方面[59]。植物种类以及种植密度的不同都会影响其发挥拦截径流雨水和吸收雨水中营养物质的作用；由于不同的填料基质对污染物的吸附、过滤效果及渗透效果不同，因此对径流雨水的蓄滞和净化效果也不同。在设计和建设下凹式绿地时，需要考虑绿地的位置、面积、填料类型、植物种类和种植密度等因素。同时，需要全面考察下凹式绿地各组成部分在雨水调控中发挥的作用和效果，才能合理设计绿地的相关参数、准确选择效果最佳的植物、填料等，以实现设计参数的最优化[58]。

在雨水蓄滞方面，西安建筑科技大学王社平等[60]基于 HYDRUS-2D 软件平台建立实际降雨情景下的下凹式绿地模型，选定最不利降雨情景，对设置不同厚度垂直土壤夹砂层的下凹式绿地的导向性渗水过程进行了模拟，并根据模拟结果，提出了下凹式绿地设置垂直土壤夹砂层防渗的具体实施意见。从地下水补给角度，下凹式绿地在储蓄雨水和削减峰值的同时，可以增加周边地区地下水的补给量，影响地下水动态变化特征，因此合肥工业大学杜新龙等[61]探究了下凹式绿地对周边地下水动态的影响。上海市金山区公路管理所张国庆[62]通过自制装置模拟降雨，研究了下凹式绿地对地表径流的调控效果和污染物的削减效果，并从下凹深度和基质种类两方面研究了下凹式绿地对径流调节效果的影响。

针对污染物控制，Hunt 等[63]对美国北卡罗来纳州 3 个生物滞留场进行了污染物去除能力和水文性能测试。结果表明，生物滞留场对铜、锌、铅的质量去除率分别为 99%、98%、81%，去除效果较好。Li 和 Davis[64]研究了生物滞留设施对水质的改善效果，结果表明，径流量的减少会促进污染物的去除。东南大学吴建等[65]进行了一维降雨入渗下凹式绿地土柱的实验，结果显示，在污染路面径流统计最大浓度下，铅、铜、锌均未检出，表明下凹式绿地对重金属路面径流污染的去除效果显著。总之，下凹式绿地具有广泛的应用前景，可以应用于城市道路、公园、居民小区、学校等众多场景。通过合理设计和建设下凹式绿地，可以有效地提高城市的雨水管理水平，减少雨水资源的浪费，同时改善城市生态环境。

1. 技术优点

1）雨水滞留效果好：下凹式绿地能够有效地滞留雨水，减少雨水径流量，从而减轻对河道的压力。

2）净化作用强：下凹式绿地中的植物和土壤具有净化作用，能够吸附、过滤和降解污染物，有效去除雨水中的有害物质。

3）补充地下水：下凹式绿地可以作为地下水补给源，通过渗透作用补充地下水，减轻对河道的补水压力。

4）美化环境：下凹式绿地可以作为城市绿化的一部分，增加城市绿化覆盖率，改善城市环境。

2. 技术缺点

1）占地面积大：下凹式绿地需要较大的土地面积，对于土地资源紧张的地区来说，可能难以实施。

2）设计难度大：下凹式绿地的设计需要考虑当地的气候、地形、植物选择等多种因素，设计难度较大。

3）维护和管理难度大：下凹式绿地的维护和管理需要一定的专业技能和设备，

如果管理不当，可能会导致植物死亡、土壤污染等问题。

4）经济成本高：下凹式绿地的建设和维护需要一定的经济成本，包括土地购置、绿地设计、植物种植、设备购置等方面的费用。

3.下凹式绿地设计应用实例

下凹式绿地结构形式多样，选取调蓄能力最强的生物滞留设施作为改进对象，其传统模型结构如图 1-22（a）所示，在竖向上一般为积水层、植被层、土壤基质层、过滤砂层和砾石调蓄层。哈尔滨工业大学邱舒鸿[66]针对海绵城市理念中的“渗”“滞”“蓄”“用”，在保证渗透效果不受影响的前提下，对传统下凹式绿地结构进行优化，以提升滞水、蓄水和回用三方面的效果，新型下凹式绿地结构示意图如图 1-22（b）所示。传统下凹式绿地的调蓄层为砾石，具有支撑上部土体和储存雨水的作用，但砾石占据了大部分储水空间。新型下凹式绿地将调蓄层的砾石清空以增大储水空间，设置隔板和空心柱作为上部土体的支撑。空心柱贯入上部土壤基质层中，管壁下部开孔，内部填充吸水性材料，在起支撑作用的同时还具备将雨水从调蓄层供给上部植物生长的自吸回用功能。过滤砂层和调蓄层中间的隔板开大孔，让吸水柱通过，开小孔让上部雨水能够自然下渗。下部调蓄层的空间大于传统结构，能存储更多的雨水。实地实验效果显示新型下凹式绿地对雨水回用的效果好。

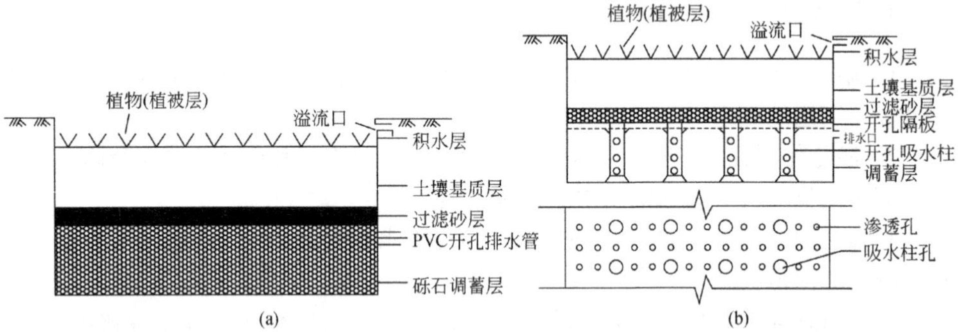

图 1-22　传统下凹式绿地结构示意图（a）及新型下凹式绿地结构示意图（b）[66]

中国水利水电第十四工程局颜凡新等[67]基于杭州市某市政道路工程实例对海绵城市道路侧分带下凹式绿地施工技术进行总结。该道路工程项目位于钱塘区，车行道雨水通过路缘石开口进入初期雨水处理设施，过滤后溢流至下凹式绿地，通过溢流井汇集雨水后，排入市政雨水管道。侧分带下凹式绿地大样图见图 1-23。初期雨水处理设施设置在每个路缘石开口位置，对应接收车行道路面雨水，初期雨水处理设施由树脂混凝土井体、树脂混凝土井盖、304 不锈钢截污挂篮、级配碎石、外包透水土工布等组成。进入下凹式绿地的雨水若来不及入渗，则通过溢流井排入市政雨水管道系统。该海绵城市道路侧分带下凹式绿地施工项目，通过路缘石开口、初期雨水处理设施、溢流井、透水铺装等灰色措施与下凹式绿地等绿色措施相结合，有效地控制面源污染，达到海绵城市建设的要求。

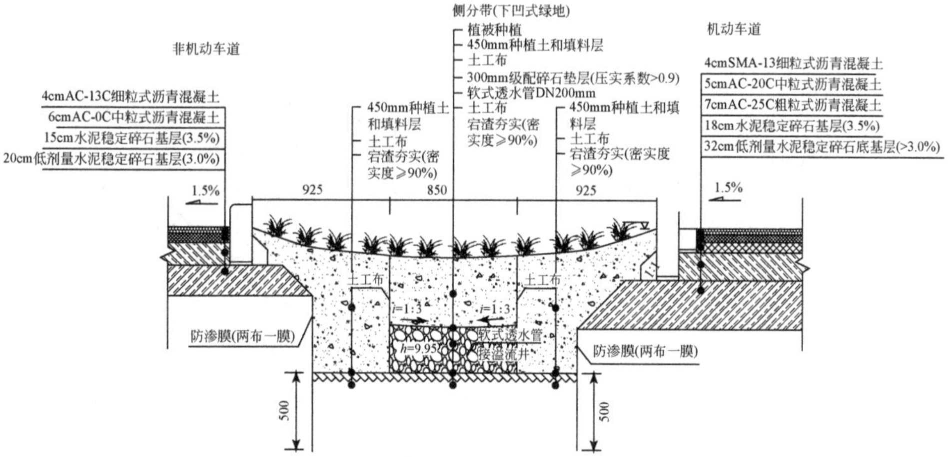

图 1-23　侧分带下凹式绿地大样图[67]

标注尺寸单位均为 mm

1.2.3　雨水花园

雨水花园是一种自然形成或人工挖掘的浅凹状绿地，用于集聚和吸收来自屋顶或地面的雨水（图 1-24）[68]。通过植物和沙土的综合作用，雨水得以净化并渗入土壤，通过下凹结构进行过滤和下渗，有效地解决雨水污染和径流控制的问题。雨水花园与普通设施的不同之处在于雨水花园主要依赖植物配置和土地条件的适宜性，需要具备高渗水性的土壤以及植物对耐旱、洪涝等自然条件的适应性。作为一种生态型的雨洪控制与利用设施，雨水花园广泛应用于公共建筑、城市住宅区、商业区和工业区的建筑、停车场和道路等地方，也适用于分散的别墅、旅游生态村和新建村镇。雨水花园是一种工程设施，在低洼区域种植有灌木、花草甚至树木，通过土壤和植物的过滤作用，净化雨水并通过滞留和渗入土壤来减少径流量。它是一种最佳流域管理措施（BMPs），在许多发达国家被广泛应用于雨洪控制和径流污染控制系统，同时也是一种生态型雨水间接利用设施[69]。

雨水花园（图 1-25）在我国的发展已有一段时间，早在 2008 年，北京建筑工程学院的罗红梅等[69]就分析了雨水花园在雨洪控制与利用中的应用，并敏锐地指出随着城市的快速发展，不透水下垫面的扩张严重阻碍了雨水的下渗，并导致洪涝灾害、非点源污染、地下水位下降和雨水资源流失等一系列城市环境与生态

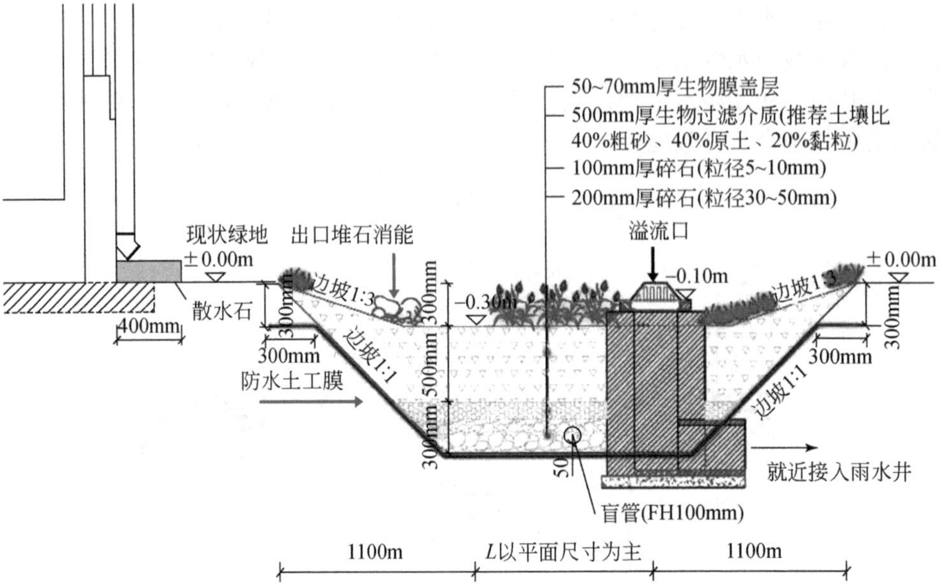

图 1-24　雨水花园剖面图

问题。雨水花园作为一种分散式的雨洪控制与利用措施在我国具有很广阔的应用前景。雨水花园通过植物和微生物的协同作用来实现净化功能。植物的根系可以吸附和降解地表径流中的污染物以及土壤中的污染物。被吸附的污染物通过植物的内部输送组织被传输到植物顶端，在此经过后续处理。植物可以在春季持续生长，通过收割、生长和再次收割的循环方式处理污染物[70]。微生物在雨水花园中扮演着降解地表径流污染物的主要角色。土壤或植物根系通常作为微生物的载体，为微生物提供生存空间，防止其流失，并且较大的比表面积可以增加微生物与污染物的接触，从而提高污染物降解效率[71]。Sharma 和 Malaviya[72]在一项绿色基础设施的研究中指出雨水花园作为一种绿色基础设施，在减少雨水体积和流量、防止资产破坏、去除城市径流中的污染物和补充地下水方面发挥着关键作用。雨水花园可以通过多种机制从雨水中去除沉积物、重金属、病原体、营养物质和烃类物质。土壤介质中的各种改良措施有助于延迟饱和、降低吸附能力、限制污染物迁移，并在雨水花园中进行金属/有机化合物的生物积累/转化。徐州市水利建筑设计研究院有限公司张孝忠和韦学玉[73]以频受台风影响的东南沿海某水库为研究对象，定性分析低影响开发（LID）设施对水质的影响效果。结果显示雨水花园对淋出液中以浊度为代表的污染物进行了有效截流，TSS 浓度降低约 40mg/L。表明雨水花园可以有效截流台风降雨冲刷土壤释放的污染物，有利于减轻污染负荷。扬州大学的刘敏等[74]以扬州市一高校某校区为研究区，以地下水位实测资料和污染物浓度监测数据为研究基础，结合研究区实际水文地质情况，运用 Visual MODFLOW 软件构建了地下水数值模型和溶质运移模型，模拟了研究区建立雨水花园前后地下水变化情况及经雨水花园集中入渗后浅层地下水中总磷、硝态氮、氨氮的运移过程。模拟结果显示雨水花园能够增加对地下水的补给并改善地下水水质。针对雨水花园的植被选择，池州职业技术学院徐洪武等[75]对国家海绵城市池州市的 12 处雨水花园进行现状调查，采用层次分析法，构建雨水花园植物综合选择与评价的模型，结果表明指标中植物的耐水性、耐旱性、净化水质能力以及可观赏性是最重要的 4 个指标。

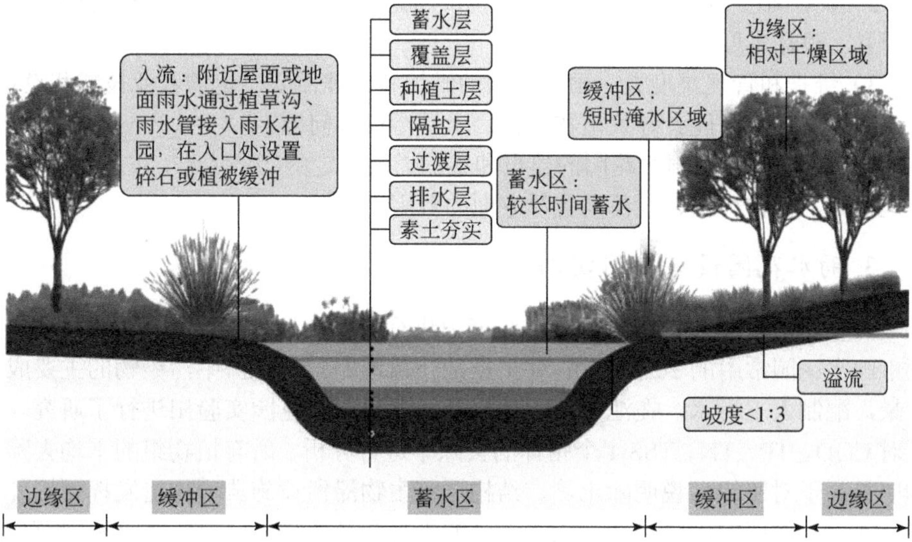

图 1-25　雨水花园的结构示意图[69]

总之，雨水花园的引入有助于解决城市暴雨管理和径流污染控制的问题，为建设生态友好型城市提供了一种可行的技术手段。通过有效利用植物和土壤的自然功能，雨水花园在提供美化空间的同时，还能促进雨水的循环利用，为城市生态系统的健康发展贡献力量。

1. 技术优点

1）雨水滞留：雨水花园能够有效地滞留雨水，减少雨水径流量，从而减轻对河道的压力。

2）自然净化：雨水花园中的植物、土壤和微生物具有自然净化的作用，能够吸附、过滤和降解污染物，有效去除雨水中的有害物质。

3）补充地下水：雨水花园通过渗透作用补充地下水，减轻对河道的补水压力。

4）美化环境：雨水花园可以作为城市绿化的一部分，增加城市绿化覆盖率，改善城市环境。

5）改善气候：雨水花园蓄积雨水的蒸发吸热及植物的蒸腾作用可以调节空气湿度和温度，减轻热岛效应。

2. 技术缺点

1）占地面积大：雨水花园需要较大的土地面积，对于土地资源紧张的地区来说，可能难以实施。

2）设计难度大：雨水花园的设计需要考虑当地的气候、地形、植物选择等多种因素，设计难度较大。

3）维护和管理难度大：雨水花园的维护和管理需要一定的专业技能和设备，如果管理不当，可能会导致植物死亡、土壤污染等问题。

4）经济成本高：雨水花园的建设和维护需要一定的经济成本，包括土地购置、土地设计、植物种植、设备购置等方面的费用。

3. 雨水花园设计应用实例

为了对雨水花园常用植物的去污能力进行分析和比较，文萍芳等[76]选取池州市雨水花园常用的20种植物，并根据池州市道路雨水径流中污染物的主要成分含量，配制人工污水，在池州市园林局基地建设雨水花园实验田进行了研究。通过对COD、TP、TN、TSS 4个指标的去除率进行分析，所有植物组的平均去除率均明显高于对照组，说明除土壤、结构层等生物滞留设施典型构造发挥作用外，植物本身对这四类污染物在去除过程中的吸附和净化作用凸显。并且发现草本类植物整体效果优于灌木地被类。因此在雨水花园的植物配置中，需结合植物特性，优选去污能力强的植物，兼顾景观效果好，注意合理搭配，使雨水花园的植物配置更加科学合理。

东南大学邢安琪[77]对南京栖霞区的南京金港科技创业中心园区的雨水花园设施进行了详细的评估。从雨水管控设计入手，分析雨水流向［图 1-26（a）］，在此基础上，进行了雨水花园的设计，雨水花园的剖面及结构如图 1-26（b）、（c）所示。在雨水花园的具体设计方面，雨水花园的植物选择秉承着以下原则：①优先选用乡土植物。由于乡土植物对本地区的土壤条件、水分条件、气候条件等有着良好的适应性，且乡土树种本身长势较好，有更强的可塑性。②因地制宜原则。在雨水花园中，由于对雨水的管理与利用，场地往往会存在雨季储水形成水洼、水沟的状态，以及枯水期场地完全在干燥环境的状态，这要求不同竖向区域的植物对耐水湿的习性有所差异。③观赏性原则。雨水花园不仅是一种调控雨水资源的绿色基础设施，同时也是产业园区内一个重要的景观节点，也承担着满足园区户外休闲、休憩及户外景观营造的作用。④多样性原则。多种植物的合理配置，可以使得景观富有季相变化，同时也能促进各个季节净化的配合。最终形成的雨水花园效果如图 1-27 所示。在项目建成后，场地通过绿色基础设施的调蓄，在之后几年内均未出现内涝及积水的情况。园区打造的自然景观优美，雨水花园等绿色设施的落实效果良好。

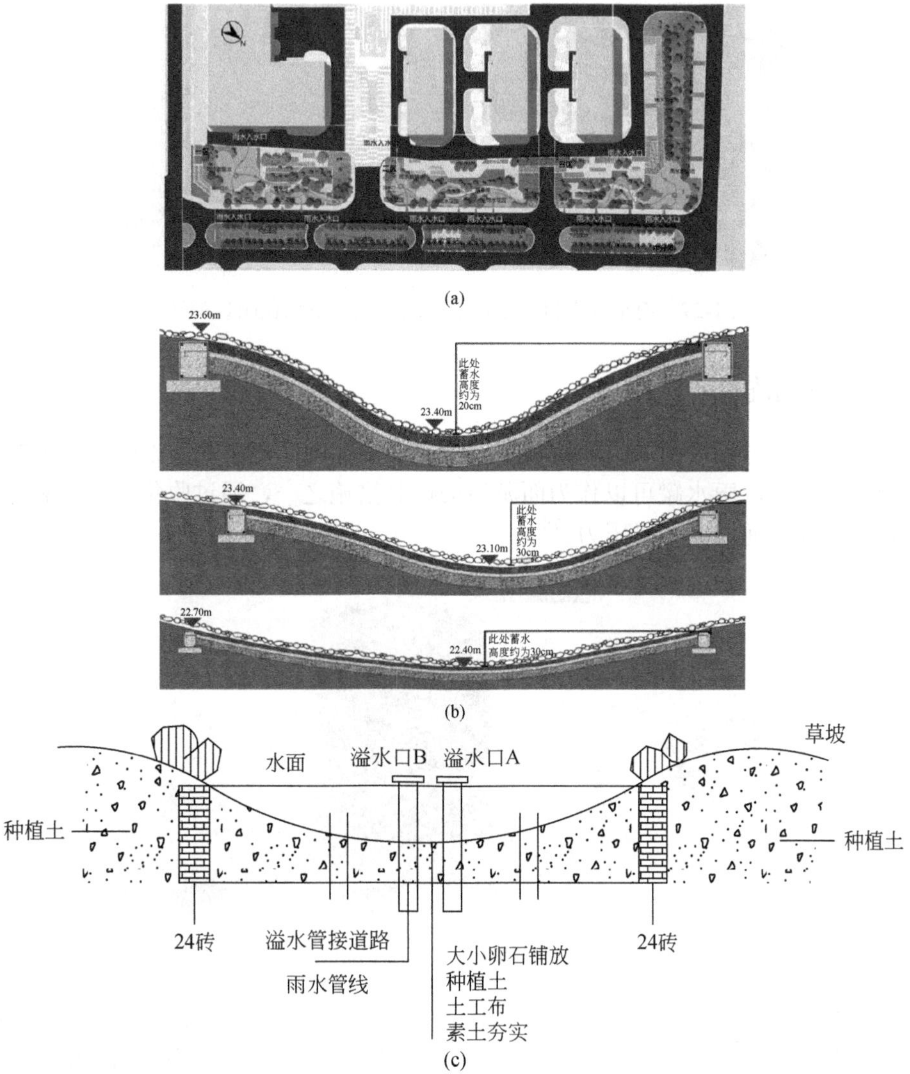

图 1-26　雨水流向图（a）、雨水花园不同断面剖面图（b）、雨水花园剖面结构图（c）[77]

图 1-27　南京金港科技创业中心园区二期雨水花园景观[77]

1.2.4　雨水罐

雨水罐是一种在地面或建筑物顶部收集、储存和净化雨水的设施（图 1-28）。在河道治理中，雨水罐可以作为面源污染控制措施之一，通过收集、滞蓄和净化雨水，减轻对河道的污染压力[78]。

图 1-28　雨水罐实体图

雨水罐本身的设计结构简单，相关的研究集中于其使用价值和成本分析。河海大学李朋等[79]在中国东南部的山区城市使用 SWMM 模拟了不同比例雨水罐布置在不同设计降雨情境下的区域产流和淹水情况，雨水罐布置比例的增加对径流系数、峰值流量和淹水量等削减程度增大，对径流系数削减效果更为明显。为了更清晰地评估雨水罐等雨水收集系统的雨水回收及径流控制能力，衡水水文勘测研究中心陈浩[80]在衡水市某场地进行了试验研究，采用节水效率和雨水溢流率评估系统性能，采用雨水径流峰值和雨水体积减少率评估系统的水文性能，结果表明雨水收集系统对雨水排水管网抵抗 10 年一遇降雨的水文性能是显著的。雨水罐也具有一定的污染物降解作用，主要是通过静置沉淀去除颗粒污染物[81]，另外，即使不直接利用雨水罐储存的初期雨水，也可以达到降低雨水污染物浓度峰值的作用，减少污水处理厂的冲击负荷。安徽理工大学的戎贵文等[82, 83]构建了 5 种 LID 设施组合方案，结果显示，雨水罐在对径流量和污染物的削减效果、洪峰流量的削减效果和成本投资回报比方面均表现优异。与国内对雨水罐的研究成果类似，Yang 等[84]在德国德累斯顿的一个校园内进行了 2001～2015 年的长期水文建模以及成本效益分析，选择了包括雨水罐在内的 7 种 LID 设施组合方案，通过计算 LID 实践的生命周期成本和径流去除率，进行了成本效益分析。渗透沟、透水路面和雨桶的组合达到了最佳的径流控制能力，去除率在 23.2%～27.4%。雨水罐是最具成本效益的 LID 设施方案，成本效益比（C/E）在 0.34～0.41。21 世纪初美国开始鼓励各州进行雨水集蓄利用[85]，雨水罐作为一种比较简易的雨水收集利用装置，尤其值得在缺水地区广泛推广。

1. 技术优点

1）雨水收集：雨水罐能够有效地收集雨水，减少雨水径流量，从而减轻对河道的压力。

2）污染控制：雨水罐中的植物、土壤和微生物具有自然净化的作用，能够吸附、过滤和降解污染物，有效去除雨水中的有害物质。

3）储存和利用：雨水罐可以储存和利用雨水，用于灌溉、冲刷道路、洗车等，从而减少对公共供水系统的依赖。

4）易安装和管理：雨水罐的安装和管理相对简单，不需要太多的专业技能和设备。

2. 技术缺点

1）占地面积大：雨水罐需要较大的土地面积，对于土地资源紧张的地区来说，可能难以实施。

2）设计难度大：雨水罐的设计需要考虑当地的气候、地形、植物选择等多种因素，设计难度较大。

3）投资成本高：雨水罐的建设需要一定的投资成本，包括土地购置、设备购置、施工等方面的费用。

4）维护和管理难度大：虽然雨水罐的维护和管理相对简单，但仍需要一定的专业技能和设备，如果管理不当，可能会导致设备损坏、水质污染等问题。

3. 雨水罐设计应用实例

根据初期弃流、周期曝气和活性炭过滤技术，河海大学陈志远等[86]针对雨水罐内长时间存放后出现黑臭现象的问题，设计了一种新型曝气自净式雨水罐（图1-29）。相比传统雨水罐，新型曝气自净式雨水罐增加了水体的流动性，提高了对污染物的去除和吸附程度。通过使用南京市2017年9月和10月收集的屋顶雨水作为试验水样，进行了周期对比试验，分析了传统雨水罐和新型曝气自净式雨水罐内雨水的水质情况。试验结果显示，与传统雨水罐相比，新型曝气自净式雨水罐能够显著提高水质。浊度去除率提升了87.4%，氨氮含量降低了71.89%，BOD_5减少了70.1%，溶解氧（DO）含量增长了47.82%，COD降低了39.51%，pH提高了32.46%，总磷含量降低了13.48%，总氮含量降低了39.76%。这些结果表明，新型曝气自净式雨水罐在提高雨水质量方面表现出良好的效果。通过增加水体的流动性和采用先进的过滤技术，该设计能够有效去除雨水中的污染物，提高水质的清洁度和可使用性。这对于解决雨水罐长时间存放导致的黑臭问题具有重要意义。雨水罐虽然成本较低，对污染控制、径流控制的效果明显，但由于其设计缺少美感，运行时期清洗不方便等，对雨水罐的研究大多停留于理论层面，在实际工程案例中的应用较少。

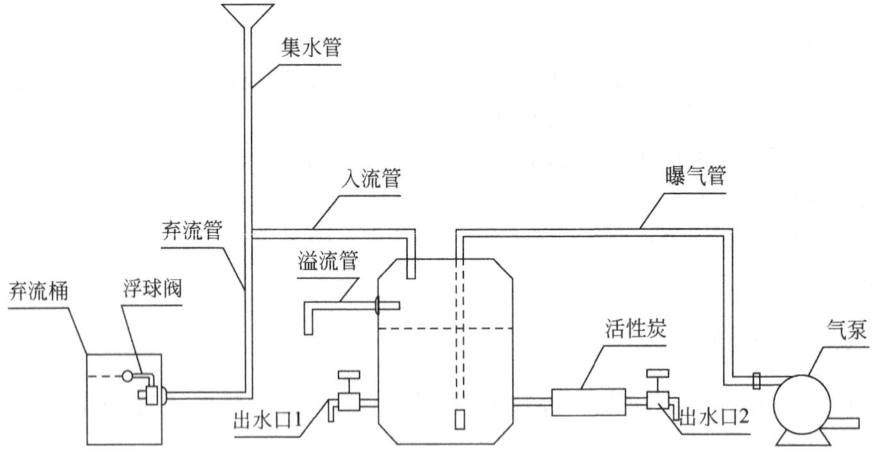

图1-29　新型曝气自净式雨水罐整体结构[86]

1.2.5　调蓄池

调蓄池是一种在暴雨期间用来暂时储存和缓解雨水的设施（图1-30），在河道治理中，调蓄池能够有效地减少暴雨径流量，减轻河道的水负荷，从而控制面源污染[87]。控制初期雨水，是调蓄池的主要作用之一，且通常与泵站结合，强化源头控制[88]。我国多地保有大量的合流制管网，当雨水进入管网后，易发生溢流现象，导致污染物外泄。同时初期雨水冲刷地表，导致雨水中的污染物浓度较高，调蓄池是解决合流制溢流（CSOs）污染的重要工程措施[89]。袁尚等[90]以武汉市机场河 CSOs 调蓄池工程为例，分析了全地下调蓄池的工艺设计，包含平面布置、竖向处理、除臭、通风等各环节，其技术路线如图 1-31 所示。有关雨水调蓄池的结构和预计效果的研究以模拟为主。早在 2006 年，上海市水务（海洋）规划设计研究院徐贵泉等[91]就利用苏州河沿岸排水系统的雨季溢流水量水质监测数据，

图 1-30　地下调蓄池示意图

引自 https://www.sohu.com/a/506445464_120090955

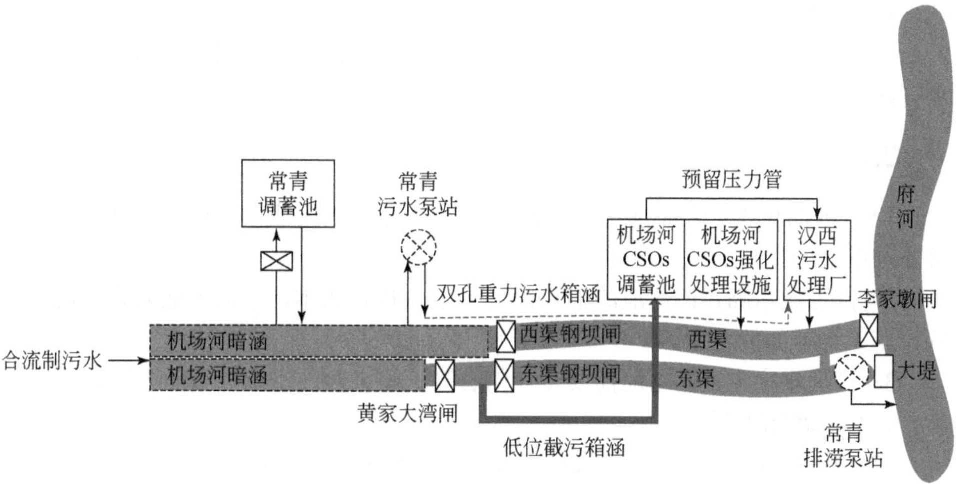

图 1-31　机场河 CSOs 污染治理技术路线图[90]

以及调蓄池处理技术的实验研究成果，与数学模型研究结合，建立了苏州河水系水量水质模型和排水系统概化管网水力模型。如今调蓄池的设计研究已不局限于简单的水力计算，Szelag 等[92]开发了一种相对快速和准确的调蓄池尺寸确定方法：一种利用图形分析法设计管道调蓄池的方法。在假设的方法中，考虑了使用机器学习来获得更精确的预测。

调蓄池在一定程度上也具有减少污染物的作用。西安建筑科技大学林家鑫[93]在新建的污水管道-调蓄池联动调控的中试试验系统中，模拟了实际不同降雨强度下的管道溢流及调蓄池对溢流污染物的控制过程，利用模拟仿真的方法构建了调蓄池的流态模型，分析了流态变化对污染物浓度的影响，探究了强化调蓄的控制机制。Matej-Lukowicz 等[94]重点分析了从市政调蓄池中收集的底部沉积物中的稳定碳同位素和氮同位素，以验证在暴雨洪水之后沉积的污染物的来源，分析表明，调蓄池底部的碳和氮主要来源于城市区域的雨水径流。蓄水池的防渗设计也是研究方向之一[95]，防渗工程旨在有效地阻止水体渗漏，保障水资源的储存和调配功能。

1. 技术优点

1）削减洪峰流量：调蓄池能够在暴雨期间储存雨水，减少洪峰流量，减轻河道的排水压力。

2）改善水质：调蓄池内部设置生物处理设施，如曝气池、沉淀池等，能够有效地去除雨水中的污染物，改善水质。

3）储存和利用：调蓄池可以储存和利用雨水，用于灌溉、冲刷道路、洗车等，减少对公共供水系统的依赖。

4）降低排水管网负荷：调蓄池能够有效地分担排水管网的排水压力，减轻排水管网的负荷。

2. 技术缺点

1）占地面积大：调蓄池需要较大的土地面积，对于土地资源紧张的地区来说，可能难以实施。

2）投资成本高：调蓄池的建设需要一定的投资成本，包括土地购置、设备购置、施工等方面的费用。

3）管理难度大：调蓄池需要专业的管理，如果管理不当，可能会导致调蓄池淤积、水质恶化等问题。

4）设计难度大：调蓄池的设计需要考虑当地的气候、地形、水文等多种因素，如果设计不当，可能会影响调蓄池的使用效果。

3. 调蓄池设计应用实例

在20世纪末，为了解决旱季污水排入苏州河的问题，上海提出了一系列污染控制管理和工程措施。针对合流制排水系统，在苏州河的二期治理过程中，上海建立了江苏路、梦清园、昌平、成都路和芙蓉江调蓄池，总服务面积为306hm^2，总容积达到7.26万m^3。其中，成都路雨水调蓄池容积为7400m^3；梦清园调蓄池总容积为30000m^3，有效调节容积为25000m^3；昌平调蓄池的有效容积为15000m^3，调蓄时间为1h，可容纳服务片区内6mm雨水量。这些措施的实施产生了积极影响，显著降低了苏州河的污染负荷，降幅基本达到了50%。作为国内首个投入运行的雨水调蓄池，苏州河成都路雨水调蓄池发挥了重要作用，同时为其他地区解决类似问题提供了典范。随后，包括上海市桃浦污水处理厂在内的其他地区也采用了调蓄池，对初期雨水污染控制产生了显著效果[96]。

上海市政工程设计研究总院（集团）有限公司叶宁[97]分析了一个调蓄池项目工程，该调蓄池的设计规模为10700m^3，位于一个雨水泵站西侧。调蓄池主体工程为地下式，除臭设备设置于地下夹层内，通风设备设置于地上暖通机房内。新建调蓄池进水泵房如图1-32（a）所示，调蓄池平面设计见图1-32（b）。从经济效益的角度采用重力与泵提升协同进水的方式。针对该调蓄池的应用场景及运行工况，该工程设置一套光储直柔一体化智能系统，该系统集市电、光伏、储能、能量转换装置、直流配电、柔性控制器于一体，通过750V直流母线为调蓄池放

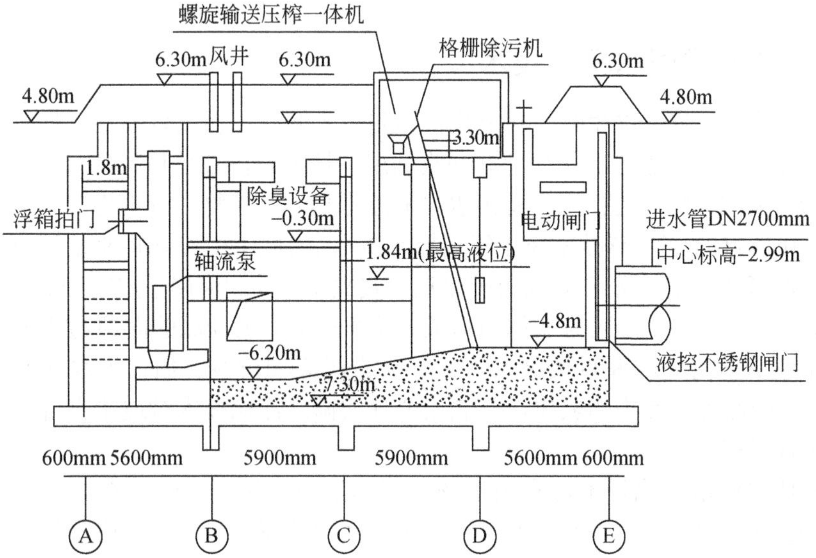

(a)

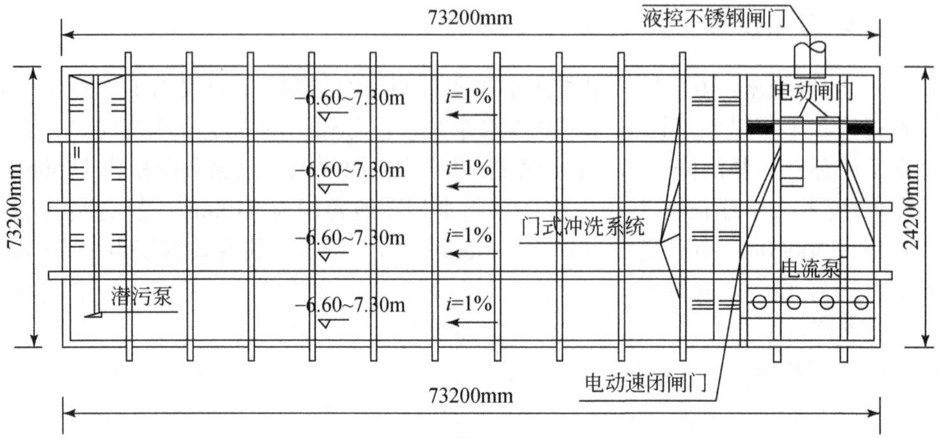

(b)

图 1-32 进水泵房剖面设计图（a）、调蓄池平面设计图（b）[97]

空泵以及直流负荷供电，同时根据天气情况及系统调度指令对调蓄池不同运行工况下的能量消耗进行调节控制，优先高效利用光伏可再生能源，实现系统性的节能降碳，可进一步减少污染，降低成本，改善综合效益。

1.3 面源截污技术

1.3.1 壁挂式雨水净化技术

壁挂式雨水净化技术是一种利用高效过滤、超滤、微滤以及不同植物配置等净化原理，将雨水进行净化处理并回收利用的技术，核心是利用具有高过滤精度的滤芯、膜或植物过滤作用，将雨水中的悬浮物、颗粒物、有机物等杂质去除，达到净化的目的[98]。该技术属于终端控制技术中的一种，终端控制是城市面源污染最后入河的控制技术[99]，利用硬化直立式驳岸空间和河岸下层空间。硬质护坡限制了植被生长，使陆地与水体间形成一道屏障，降雨径流的面源污染没有经过河滨湿地的截留和渗漏直接进入水体，夹带污染物较多，加重了水体的污染负荷[100]。因此针对此类的驳岸，常利用壁挂式雨水净化技术对道路直排入河的污染物进行拦截。

壁挂式雨水净化技术可利用植物配置和生态竹排等手段将水泥质驳岸局部“软”化处理[101]。对于岸边水较浅、岸脚有底泥的岸段可采用滨岸栽植芦苇等植株高大的挺水植物改善生境特征，同时辅以藤本植物对硬质驳岸进行覆盖。而对于岸边水较深的岸段可采用壁挂式竹床进行植被恢复（图 1-33）。壁挂式初期雨水处理装置[102]在直立河岸安装，装置为长方形，类似抽屉，由支撑架通过膨胀螺丝固定在河堤上。支撑架采用金属材料结构，结构呈“E”字形，每层箱体呈抽屉式形状放置在支撑架上（图 1-34）。箱体共分为三层，每层形状均为方形，长宽尺寸一致，最上层箱体设置布水槽。每层箱体均在底部开孔，雨水通过净化后从底部出水；最上层设计一层垃圾过滤网，便于垃圾清理。最上层又作为绿化格层，可以种植植物，植物种类以爬山虎、常春藤、络石、凌霄等爬藤类植物为主；三层箱体内放置一种或多种快滤填料，用于初期雨水快速净化。壁挂式雨水净化技术可广泛应用于环境面源污染控制以及建筑、道路、园林等领域的雨水利用中。

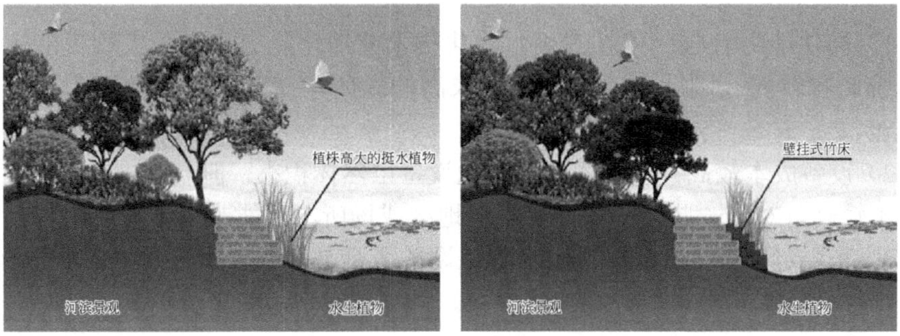

图 1-33　壁挂式竹床[101]

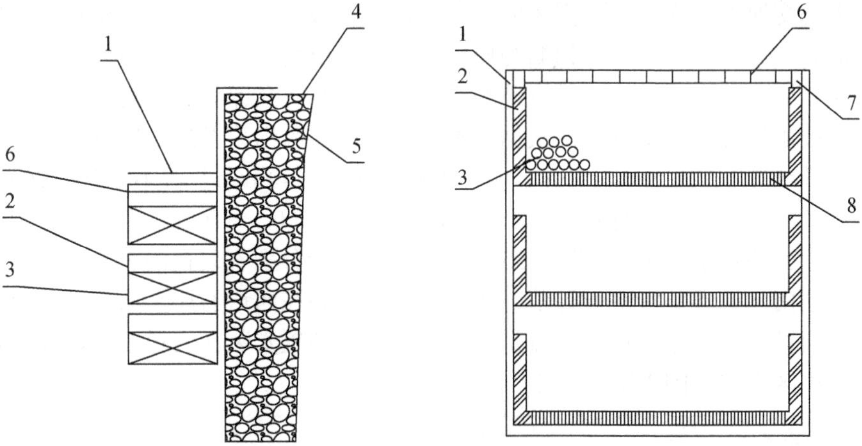

图 1-34　支撑架结构示意图[102]

1.支撑架；2.箱体；3.填料；4.河堤；5.固定螺丝；6.植草层；7.溢流孔；8.底部穿孔

1. 技术优点

1）节能环保：壁挂式雨水净化技术能够有效地将雨水回收利用，减少对水资源的浪费，同时减轻了排水系统的负担，具有节能和环保的双重效益。

2）安装简便：壁挂式雨水净化设备的体积相对较小，安装简便，可直接挂在建筑物的外墙或道路两侧，不需要占用太大的空间。

3）使用方便：壁挂式雨水净化设备具有自动控制功能，可实现智能化管理。在使用过程中，只需定期更换滤芯或膜即可，使用方便，易维护。

4）适用范围广：壁挂式雨水净化技术可广泛应用于各种类型的建筑物、道路、园林等，适用范围广泛。

2. 技术缺点

1）净化能力有限：壁挂式雨水净化技术的净化能力相对于大规模的污水处理系统而言较弱。因此，对于净化要求高的场所，需要采用其他更为复杂的净化工艺。

2）设备成本较高：壁挂式雨水净化设备虽然体积小，但制造工艺要求高，导致成本较高。对于一些经济条件有限的地区或场所，可能难以推广应用。

3）需要定期维护：壁挂式雨水净化设备需要定期更换滤芯或膜，如果不及时进行维护，会影响净化效果和使用寿命。

3. 壁挂式雨水净化技术设计应用实例

上海交通大学周保学教授团队[102]在滇池流域复合型污染河流治理技术研究中，对新宝象河进行了问题诊断与研究。该河流所处区域位于城市面源污染较重的区域[103]，在针对下游城区河道水质改善技术的研究评估中，对壁挂式初期雨水拦截技术进行了效果分析。根据谷唯实[104]的实验结果及现场实际情况，选择了改性纤维球［密度为 1.5g/cm^3，球径为 40～50（±4）mm］、陶粒（10～20mm）、石英砂（2～4mm）、矿石滤料（2～4mm）、水洗砂（0.5～1mm）等填料作为壁挂式雨水净化装置填充填料［图 1-35（a）］。选取两套分别安装在河道左右两岸的壁挂式初期雨水处理装置进行评估。第一组装置安装在河道右岸，右岸有建材城、酒店、商铺等，河岸边道路车流量较大；第二组装置安装在河道左岸，左岸片区以居民小区为主［图 1-35（b）］。

(a)

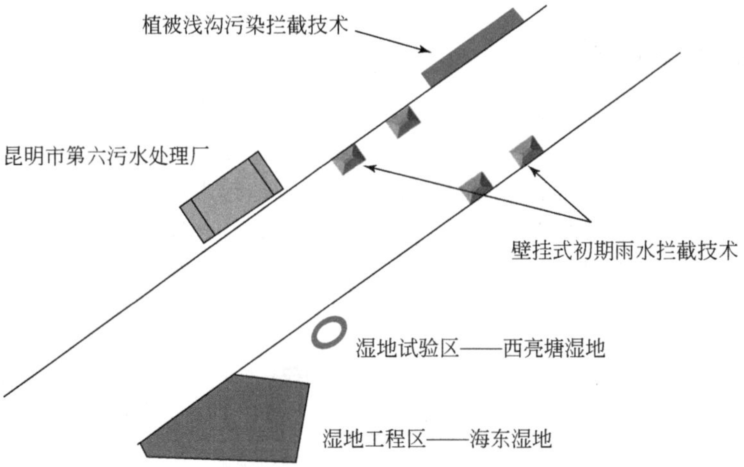

(b)

图 1-35　壁挂式雨水装置图（a）及装置安装位置示意图（b）[102]

该研究就不同降雨情况下壁挂式雨水净化装置对地表径流污染的拦截效果进行分析评估，研究结果显示两组壁挂装置对地表径流中 COD、BOD_5 和 SS 的去除效果十分显著。第一组装置对 COD 和 BOD_5 的平均去除率分别为 48.2%和 54.4%，第二组装置对 COD 和 BOD_5 的平均去除率分别为 37.3%和 44.1%，第一组对 SS 有机污染物的去除率高于第二组装置。第一组装置对 SS 的平均去除率为 49.8%，第二组装置对 SS 的平均去除率为 55.8%，第一组装置对 SS 的平均去除率略低于第二组装置，这是由于两组装置安装位置不同，两岸地表径流污染组成有所差异。两组装置对 TP 的平均去除率分别为 30.0%和 44.9%，总体而言也是十分显著的，仅有第一组装置在一次降雨情况下出现去除率为负值，第二组装置在一次降雨情况下去除率为 0%。两组装置对氮的拦截效果显示出比较复杂的特征，两组装置对 TN 的平均去除率分别为 27.8%和 30.4%，具有一定的拦截效果，仅有第二组装置在一次降雨情况下出现负值。而对 NH_3 的净化效果两组装置都有多次出现负值的情况。这种情况的出现，主要是由于壁挂式雨水净化装置以快速过滤的方式来拦截地表径流中的污染物，能够有效拦截颗粒态的污染物。地表径流中许多污染物都以颗粒态的形式存在，例如在 SS 浓度高的情况下，装置对 COD 和 TP 的去除效果好，都是与污染物在地表径流中的形态息息相关的。NH_3 多以溶解态的形式存在，壁挂式雨水净化装置对 NH_3 的净化效果表现出了复杂的情况。总体来说，两组壁挂式的雨水净化装置对颗粒态的污染物具有显著的拦截效果，对 COD、TN、TP 和 SS 的拦截效率分别大于 37.3%、27.8%、30.0%和 49.8%，表明壁挂式初期雨水拦截技术能够应用于城市面源污染治理，在面源入河的终端进行污染控制。

1.3.2　植被缓冲带

植被缓冲带是一种生态工程技术，是指利用植被拦截污染物或有害物质的条带状保护区域（图 1-36），是河塘、农田生态系统的重要载体[105, 106]。它利用自然生态系统的自我调节和净化功能，在河溪、湖泊等水体周边设置一种由特定植被组成的缓冲带，位于陆生生态系统与水生生态系统之间，在维护河流完整性和生物多样性、地表径流水质净化、增强河岸稳定性和景观美学等方面具有重要作用（图 1-37）。

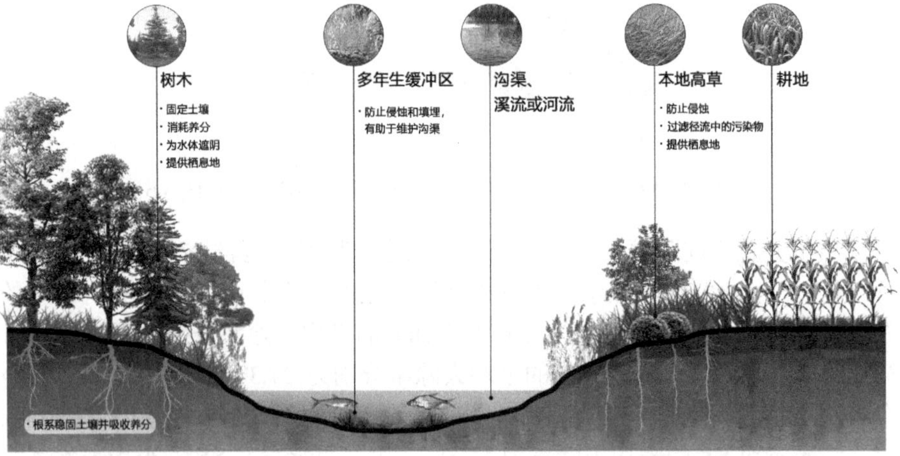

图 1-36　植被缓冲带示意图

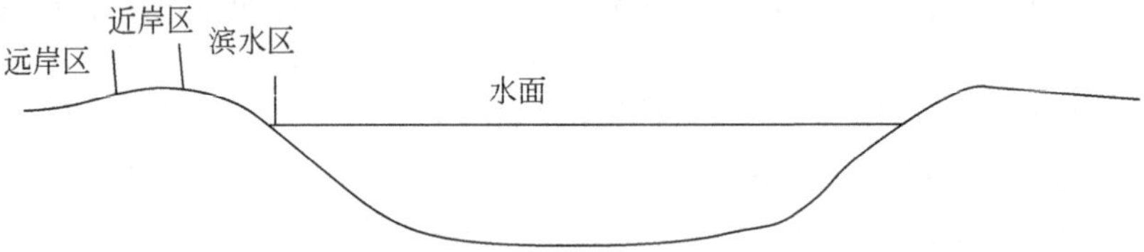

图 1-37　植被缓冲带地形示意图[107]

其中，河岸植被缓冲带对地表径流中的多种污染物可以起到拦截和降解的净化作用[108]，它主要通过吸收、沉积、过滤等作用阻止坡面径流中的沉积物、有机质、营养物质以及农业杀虫剂等污染物质进入水体（图 1-38）。河岸植被缓冲带对污染物净化功能的发挥受到多种因素的制约，主要包括植被、微生物、土壤特性以及水文效应等一系列因素，这些因素又综合体现在缓冲带的植被构成与宽度方面[109]。因此在河岸带生态系统管理过程中，确定河岸植被缓冲带植被类型及其相应的最适缓冲带宽度，成为优化生态服务功能的一个关键问题。首先河岸植被缓冲带宽度是决定河岸植被缓冲带氮素截留率的一个重要因素。福建农林大学王芳等[110]发现河岸植被缓冲带的宽度决定了其是否能够充分发挥生态服务功能。一般认为河岸植被缓冲带拦截氮的能力与宽度呈正相关[111]。5m 宽的河岸植被缓冲带从地表径流中截留总氮和硝态氮的速率分别为 40.2%和 37.2%[112]。9.1m 和 13m 宽的林草河岸植被缓冲带可分别截留 78%和 85%地表径流中的悬浮颗粒物[113]。中国巢湖流域 23m 的草本和木本混合的河岸植被缓冲带对总氮的截留率达到 50%[114]。有研究表明，12～15m 宽的河岸植被缓冲带是截留农田地表径流中氮素的最佳宽度[115]。目前，许多研究就河岸植被缓冲带最佳宽度问题并未达成一致意见。在地表径流输入河岸植被缓冲带的过程中，河岸植被缓冲带能够有效地截留地表径流中的氮污染物，而最重要的截留机制之一就是植物拦截截留，河岸植被缓冲带的大型植物可以从地表径流中吸收氮污染物[116]。其中河岸植被缓冲带截留污染物的效果很大程度上取决于植物种类，因此在未来的研究及工程应用中，如何确定河岸植被缓冲带的最佳植被类型尤为重要[117]。

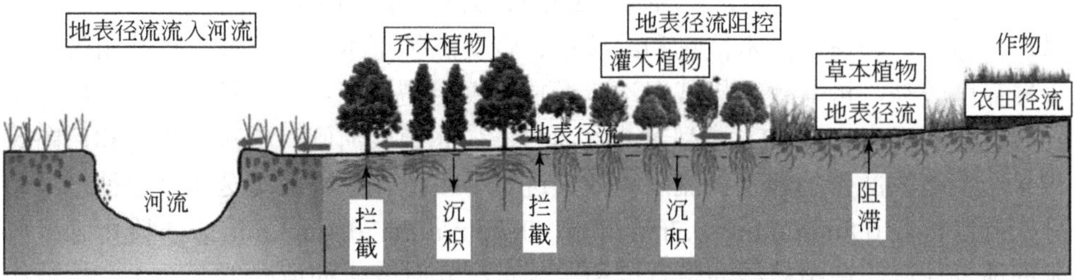

图 1-38　植被缓冲带对地表径流阻控过程[118]

1. 技术优点

1）净化水质：植被缓冲带中的植物可以吸收和降解水中的污染物，如营养物质、重金属等，从而降低水体的富营养化程度，改善水质。

2）减缓水流：植被缓冲带可以有效地减缓水流速度，从而促进水体悬浮物的沉积。这有助于减少水体中的悬浮物和浊度，提高水体的透明度。

3）增加生物多样性：植被缓冲带中的植物、昆虫和其他生物物种可以形成自然生态系统，增加生物多样性，改善水域生态平衡。

4）美化环境：植被缓冲带中的植物可以美化环境，提高生态景观效果。它们在改善水质的同时，也为周边居民提供了休闲和娱乐的场所。

2. 技术缺点

1）植被缓冲带维护成本高：植被缓冲带需要定期进行维护和管理，包括植物的修剪、除草、施肥等，以保证其正常运转。然而，这些维护和管理措施需要投入人力和财力，增加了运营成本。

2）植被缓冲带受环境影响大：植被缓冲带的效果受当地气候、土壤等环境因素的影响较大。在一些恶劣环境下，植被缓冲带可能会出现植被退化、污染等问题，影响其净化效果。

3）植被缓冲带设计要求高：植被缓冲带的设计需要考虑多种因素，如水体污染程度、当地气候和土壤条件、植被缓冲带宽度和高度等。设计不当可能会导致植被缓冲带无法充分发挥净化作用。

3. 植被缓冲带技术设计应用实例

青岛农业大学张禹洋等[118]为了定量分析和评价植被缓冲带对地表径流的阻控效果，对大沽河流域两岸典型植被进行了现场调查及取样，并利用 VFSMOD 模型初步探讨了植被缓冲带的作用。根据实地调查，获得了大沽河 8 个典型位置的缓冲带参数。结果表明，大沽河流域植被缓冲带主要由杨树、松树等高大乔木，以及罗布麻、碱蓬等灌木植物和结缕草、野艾蒿等草本植物组成；这些植被对地表覆盖度较高，可有效地拦截泥沙、增加地表粗糙度，对地表径流具有良好的阻控效果。利用 VFSMOD 模型对北岔河村、仁兆镇拦河闸、程家小里村和后路家村 4 个植被缓冲带的地表径流阻控效果进行了模拟，结果表明这 4 个植被缓冲带分别可以拦截 0.8mm/min、0.7mm/min、0.7mm/min、0.4mm/min 以下降雨强度产生的地表径流；在植被缓冲带宽度和源区宽度同时变化的情况下，这 4 个植被缓冲带宽度分别达到 8m、20m、1m、5m 时，对泥沙的拦截率达到 0.95 以上，大沽河流域两岸现存植被缓冲带可以对泥沙起到较好的阻控作用（图 1-39）。

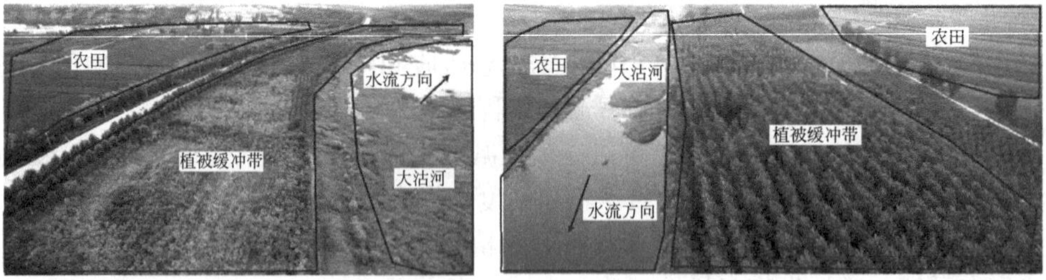

(a)茂芝场村附近(拍摄于2010年8月5日)　(b)后路家村附近(拍摄于2020年8月13日)

图 1-39　大沽河流域典型植被缓冲带[118]

黑龙江大学韩旭等[119]在松花江一级支流何家沟设计了 5 种不同宽度、3 种东北常见阔叶林树木类型的河岸植被缓冲带（图 1-40），研究各类河岸植被缓冲带对地下径流铵态氮、硝态氮和总氮的截留效果。结果表明，20m 宽度河岸植被缓冲带能很好地截留各种形态的氮素。30m 宽度下，河岸植被缓冲带对径流铵态氮、硝态氮和总氮的截留率最高，分别为 70.4%、67.7%和 69.1%。在不同植物种类缓冲带比较中，杨树可显著降低径流铵态氮和总氮浓度，水曲柳可显著降低径流硝态氮浓度。在宽度与不同植物种类的交互关系中，20m 宽度杨树缓冲带对铵态氮和硝态氮的截留率最高，30m 宽度杨树缓冲带对总氮的截留率最高，为 62.1%。该研究结果可为东北地区中小型河流河岸缓冲设计最大化截留径流氮污染物提供参考。

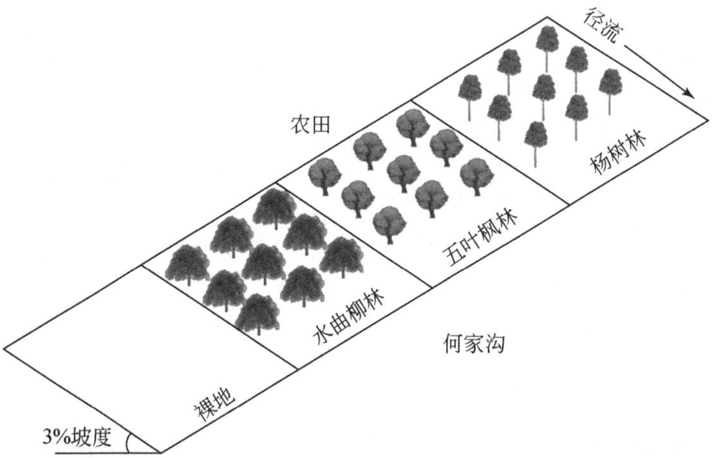

图 1-40　试验地示意图[118]

1.3.3　初期雨水弃流技术

初期雨水弃流技术是一种用于处理城市雨水的技术，主要目的是去除雨水中的高污染物质[120]。初期雨水通常指降雨初期在地面形成的地表径流，其在沉降和冲刷过程中将挟带大量污染物排入水体，严重威胁受纳水体的质量[121]。因此作为初期雨水污染防控技术之一，该技术的基本原理是初期雨水的污染物浓度较高，将这部分雨水暂时舍弃，而将之后的雨水收集和处理（图 1-41）。应对弃流后的雨水进行处理，例如将其排入市政污水管网（或雨污合流管网），由污水处理厂进行集中处理等。

在实际操作中，初期雨水弃流技术通常通过雨水分流装置来实现。初期雨水弃流装置作为一种分流手段，能有效地分离初期雨水和后期雨水，控制雨水径流中大部分污染物[122]。不同类型弃流装置的弃流原理及控制方式不同，在弃流量控制精确性及灵活性上也存在一定差异[123]。例如，容积式考虑了弃流体积，但占地面积大；半容积式既考虑了弃流体积，又考虑了降雨过程的流量变化，但控制方式较为复杂，且运行维护频率较高；旋流式及跳跃井式在降雨过程中存在一直处于弃流状态、弃流量控制不精确的弊端；翻板式及切换式在运行过程中可能存在部分初期雨水进入后续雨水收集池，而后期雨水弃流的问题；电控型结构复杂、造价昂贵、运行维护烦琐[124]。常见的初期雨水弃流技术包括容积法弃流、小管弃流井（水流切换法）等，弃流形式包括自控弃流、渗透弃流、弃流池、雨落管弃流等。

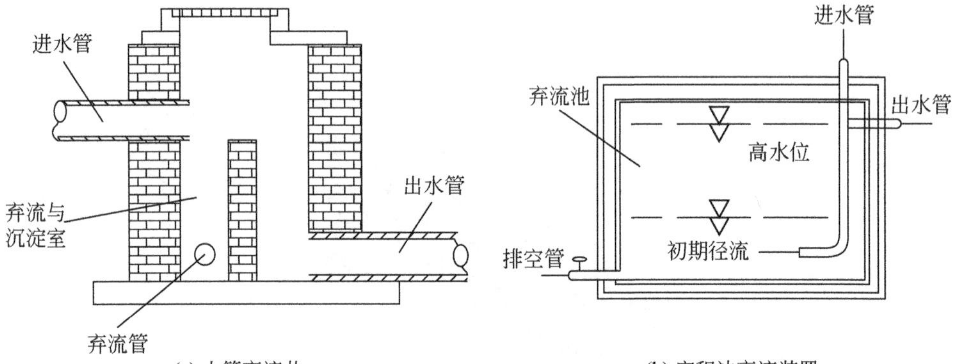

(a) 小管弃流井　(b) 容积法弃流装置

图 1-41　初期雨水弃流技术示意图

关于初期雨水的收集或弃流量的探讨及弃流装置的设计，已有部分学者开展了相关研究，有学者就初期雨水弃流量进行了理论分析，提出综合考虑环境效益和经济效益情况下，初期雨水截流量的大小与几个因素息息相关，包括冲刷理论下的截流污染物负荷率、径流初始浓度、冲刷时间、降雨强度[125]。还有学者提出初期雨水弃流量应从多方面综合考虑，包括项目现场条件、汇水面特性、管渠系统大小、污染状况、控制目的（雨水利用或污染控制）和设计的工艺系统等要素[126]。初期雨水弃流装置主要有典型的容积法弃流装置、小管弃流井，针对弃流装置设计，该学者进行了总结和创新研究，提出新型的可仅用 $1/n$ 的初期雨水量来实施对全部初期雨水弃流量的控制并可自动运行的高效弃流装置，还有学者设计提出兼具自动控制雨水的流向和人工手动闸阀功能的雨水截（弃）流检查井[127]。有学者系统性地提出一种不需电气控制或人工操作即可实现初期雨水自动弃流的初期雨水自动弃流系统[128]。目前随着海绵城市的进行，雨水资源化利用工程日益增多，雨水资源化利用日益受重视，但大部分工程对初期雨水的弃流考虑不足。因此，从初期雨水弃流后集中处理的经济性和处理效率角度看，在今后的雨水资源化利用工程中要通过初期雨水弃流，继续大力推动雨水资源化利用，以期更好地应对城市水资源短缺、城市内涝频发及城市水污染问题。

1. 技术优点

1）去除污染物：初期雨水弃流技术可以有效去除雨水中的高污染物质，包括重金属、有机物、细菌等。这有助于减轻对环境的污染，并提高水质。

2）费用低：占地面积小，建设费用低，可降低雨水储存及雨水净化设施的维护和管理费用。

3）节约水资源：通过初期雨水弃流技术，可以减少污水对水资源的占用，从而节约水资源。

2. 技术缺点

1）流量控制难：径流污染的流量一般不易控制。

2）需定期维护：虽然不需要人员进行雨后管理，但需要相关人员定期维护，避免管道堵塞等问题。

3. 初期雨水弃流技术设计应用实例

天津大学侯文硕等[129]在天津市滨海新区雨水管理实践中，在分析已有弃流装置特点的基础上提出了一种新型容积-流量型雨水弃流装置，核心构件为自动弃流装置，主要包括浮球、连接杆及滑动装置三部分，其结构示意见图 1-42（a）。该弃流装置的运行原理主要是利用浮球可随装置内水位上下浮动，并通过连接杆带动滑动装置滑动，进而自动控制弃流口的开闭。其中，滑动装置由滑片和滑轨组成，滑轨设置于弃流口上方侧壁上，连接杆与滑片相连并带动滑片在滑轨中滑动。为保证降雨结束后装置内蓄存的雨水能从弃流口流出，滑片与弃流口间不完全闭合。在降雨过程中，弃流装置将一部分初期雨水通过弃流口排至污水管网，另一部分暂时存储在装置内，这样既确保了弃流容积，又考虑了降雨的流量过程。装置尺寸参考中新天津生态城道路两侧雨水箅子设计［图 1-42（b）］，弃流过程如图 1-42（c）所示。该研究结果表明弃流装置的弃流过程与降雨过程有关，选定弃流标准为考虑 2mm 路面填洼损失量后 30min 降雨产生的径流量；在试验条件下，满足弃流标准的弃流管直径与降雨强度呈对数关系；弃流装置对 SS 的弃流效果最好，而对氨氮、硝态氮、TP 及 COD 的弃流率相对较低，且装置的弃流效果与相关研究中其他类型弃流装置的效果基本一致。

翁芸黎[130]在台州职业技术学院课题中研究了一种新型的基于雨水弃流系统的初期雨水自控系统和远程控制系统的设计，分为雨水弃流系统、初期雨水自控系统和远程控制系统（图 1-43）。并且认为推广工业企业或居住小区初期雨水收集可以将受污染的初期雨水收集处理后将清洁的雨水加以利用，提高水资源的利用率，有效减轻环境污染，具有良好的环境效益。做好雨水收集利用，可用于消防、

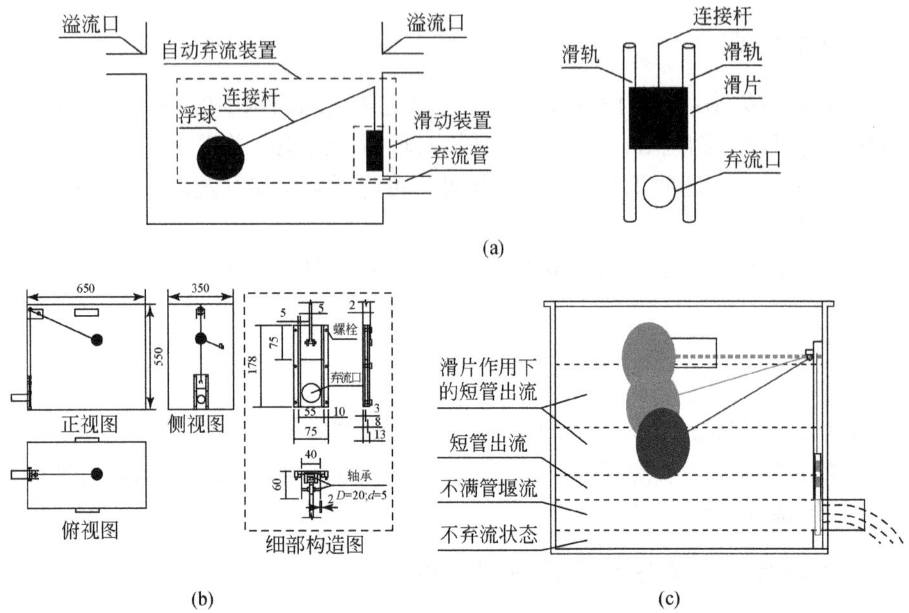

图 1-42　新型容积-流量型雨水弃流装置示意图（正视示意图、侧视示意图）(a)；中新天津生态城道路两侧雨水箅子设计（b）；弃流过程示意图（c）[129]

标注尺寸单位均为 mm

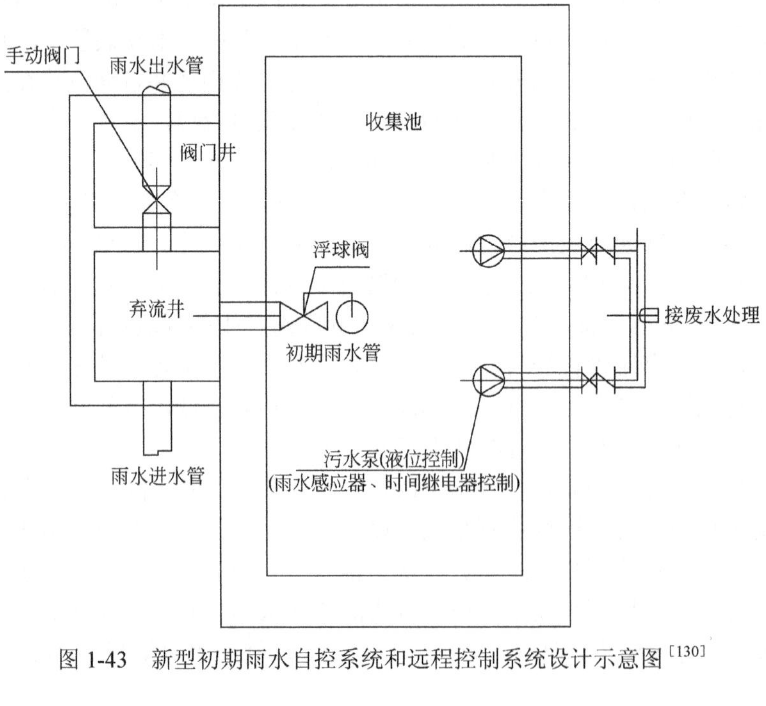

图 1-43　新型初期雨水自控系统和远程控制系统设计示意图[130]

绿化、冲厕、洗地等，既减少污染又提高水资源利用效率，具有一定的经济效益。合理及高效、先进的雨水收集控制系统可以保证系统的正常运行，提高管理水平，减少人工成本，方便管理部门和相关业务单位管理监控，对节能减排的开展起到重要作用。

1.3.4　合流制管网溢流雨水拦截分流控制技术

合流制管网溢流雨水拦截分流控制技术是一种在城市排水系统中应用的技术，旨在减少溢流污染和提高污水收集效率[131]。该技术的核心是在合流制管网中设置溢流堰和分流井，以拦截和分流雨水（图1-44）。当雨水流量较大时，溢流堰能够将多余的雨水拦截，避免污水溢流。拦截的雨水通过分流井进入雨水处理系统，而污水则通过合流管道进入污水处理厂。

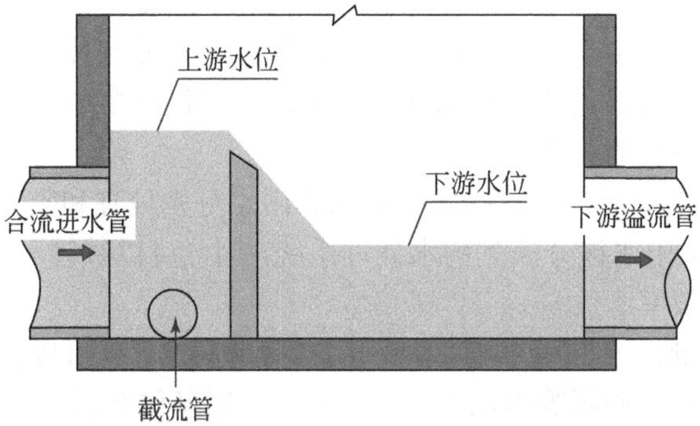

图1-44　合流制管网溢流雨水拦截分流控制技术示意图

目前我国不少地区采用合流制排水体制，由于其建设年限已久，管道内部沉积物淤积占据了管道大量空间，雨季时降雨径流超过合流管网输水能力会产生溢流；并存在由管网错接导致的旱季时污水直排、雨季时混合出流的弊端[132]。将合流制排水系统改为分流制是一种减少溢流污染的方法。但城镇建成区改造完全分流制涉及大量的拆迁工作，导致施工困难和投资造价上升，实施可操作性差，因此可对现状排水能力完好的合流制管网选择保留，对存在严重错接、乱接问题的管网进行改建[133]。可供选择的措施之一是沿城区周围敷设截流干管，并在合流制排水管网出口处装置污水截流井，对合流雨污水实施拦截分流，初步完成截流式合流制排水体制改建[134]。

合流制排水系统所采用的截流设施是控制溢流污染的关键。一是确定合理的截流倍数，可利用模型或暴雨强度拟合法通过溢流次数与时长的变化选择旱季合流制污水量的最优截流倍数[135]，有学者基于MIKE11模型、InfoWorks CS模型等定量研究截流设施规模、截流倍数等关键因素对截流效果的影响[136]，或是考虑单位成本截流污染物、溢流造成环境经济损失和工程建设总费用等经济因素确定截流倍数[137]，有国内外学者基于 SWMM 以最小的工程成本实现最大的污染物去除效率，或以工程费用与环境污染损失最小为目标函数，分析不同截流倍数下系统改造费用的变化[138]。上述不同目标函数对应不同的优化方案，不能同时满足各项目标间的平衡[139]，可根据受纳水体水质目标和水环境容量，确定溢流污染控制目标来确定控制手段；管网终端修建截流干管设置调蓄池、截污闸阀、截流井等，可通过实际截流量和设计截流量的关系从堰式、槽堰结合式和槽式 3 种截流井形式中来选择合适的设施[140]，例如有学者针对北京、重庆等城市合流制地区建立排水管网数值模型分析雨季截流井的截流量，为溢流治理工作提供了参考价值[141]。

1. 技术优点

1）减少溢流污染：合流制管网溢流雨水拦截分流控制技术可以有效减少溢流污染，提高水质。通过设置溢流堰和分流井，可以拦截多余的雨水，避免污水溢流，从而减少对环境的污染。

2）提高污水收集效率：该技术将雨水和污水分别处理和收集，可以提高污水收集的效率。由于雨水被分流到雨水处理系统，因此可以减轻污水处理厂的压力，提高污水处理的效率。

3）节约水资源：如果能够有效地利用拦截的雨水，就可以节约水资源。这部分水可以用于绿化、冲厕等用水方面，从而减少对新鲜水源的需求。

2. 技术缺点

1）工程复杂：合流制管网溢流雨水拦截分流控制技术的工程较为复杂，需要对现有的排水系统进行改造和升级。这需要专业的技术人员进行设计和施工，增加了工程难度和成本。

2）可能影响污水处理效率：由于该技术将雨水和污水分别处理和收集，可能会对污水处理厂的效率产生一定的影响。如果雨水收集和处理不及时，可能会对污水处理设备产生额外的负担。

3）需要对环境进行全面评估：应用该技术需要对环境进行全面评估和调查，以确定适合的工程方案。

3. 合流制管网溢流雨水拦截分流控制技术设计应用实例

华中农业大学赵建伟等[142]发明公开了一种合流制管网溢流雨水拦截分流控制装置（图 1-45），包括合流制管网和沉砂池，所述合流制管网和沉砂池之间还设有跃流井和分流井，所述合流制管网、跃流井、分流井和沉砂池的底面由高到低依地势设置，所述合流制管网的输出口与跃流井的输入口相连，所述跃流井和分流井的雨水输出口分别与分流井和沉砂池的雨水输入口相连，所述跃流井的污水输出口与市政污水管道相连。晴天时，合流制管网中的污水流入跃流井中，并通过跃流井流入市政污水管道。降雨初期混合了生活污水的小流量重污染径流流入跃流井，并通过跃流井进入市政污水管道得到处理。降雨中期大流量径流通过跃流井进入分流井，再经分流井流入沉砂池。该发明能够将生活污水和雨天径流分流、将雨天中期径流和后期径流分流、对污水和雨天径流的处理更有效、对环境影响小、结合地形地势工艺简单、建设及维护成本低，可以广泛应用于面源污染治理领域。

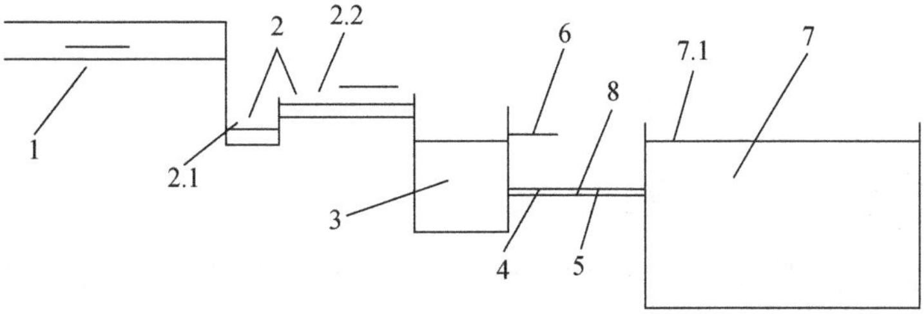

图 1-45　合流制管网溢流雨水拦截分流控制装置示意图[142]

1. 合流制管网；2. 跃流井；3. 分流井；4. 止回阀；5. 手动阀；6. 溢流管；7. 沉砂池；8. 输送管；2.1. 污水排放沟；2.2. 雨水排放沟；7.1. 溢流水位

中机国际工程设计研究院有限责任公司杨淼等[143]开展了城镇污水处理提质增效排口治理工程中的智能分流系统研究，智能分流系统是传统截流系统的升级版，相比于传统截流系统，不仅有晴天截污功能，能测定雨量，还可以自行判断不同雨量，自动开启或关闭闸门，真正实现“晴天污水不下河，汛期雨水少溢流”的目标。该系统主要分为智能分流井和智能柔性分流井，起初用于黑臭水体治理的相关项目，目前被大量应用于污水处理提质增效项目排口的治理中。与传统截流系统相比，智能分流系统的优点比较突出，智能分流系统截污管前装有液动控制闸门或以压缩空气为动力源的柔性控制套筒，可以防止污水回流，而普通的截流井截污管流量没有控制，且无法防止污水回流。

北京建筑大学曹秀芹等[144]对不同形式截流设施的截流能力进行了研究，中试实验装置由蓄水池、水力循环池、截流井、可调堰、合流管、截流管、溢流管及水泵构成，如图 1-46 所示。流体运动分析结果表明，过流断面缩小的束窄作用使得截流管内出现不同水流特征，可划分为宽顶堰流阶段、闸孔自由出流阶段、闸孔淹没出流阶段和满管有压力流阶段。堰的阻水和水流转弯使得堰式截流设施在远离截流管一侧出现易淤积点。槽式截流设施受槽的跌水影响，发生水流破碎并大量掺气，增大水损；槽堰式截流设施在堰槽比小于 1.2 时主要受槽的影响，在堰槽比大于 1.4 时堰的影响占据主导地位。

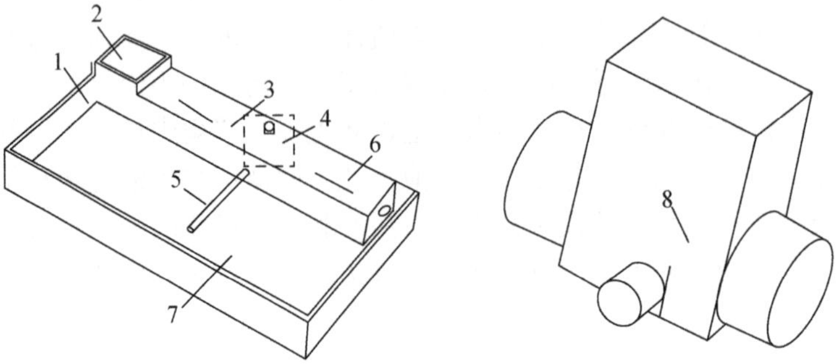

图 1-46 中试实验装置示意图[144]

1. 水泵；2. 蓄水池；3. 合流管；4. 截流井；5. 截流管；6. 溢流管；7. 水力循环池；8. 可调堰

1.3.5 降雨原位自动膜滤系统

降雨原位自动膜滤系统（图 1-47）主要是指能够应用超低压过滤膜来过滤水中污染物的治理技术[145]。在该系统的实际运行中，首先应用折叠式滤膜来对水体中的污染物进行过滤分离，然后将过滤后的部分水体排入蓄水池中，提高水资源的利用率。在系统处于长时间运行的状态下，需要定期对滤膜中的滤芯进行清洗，在能够延长滤芯寿命的同时，能够提升污染过滤分离的效果[146]。

图 1-47 降雨原位自动膜滤系统

降雨原位自动膜滤系统通常作为河道治理方面多方位生态修复技术中的一个环节参与到技术应用中。针对雨水污染治理，在多方位生态修复体系中采用了雨水原位自动膜滤系统，对雨水进行工程化处理[147]。例如，秦皇岛市洋河水库运行中心胡浩[148]提出了在外源污染物与内源污染物有效控制的基础上，实施人工净化与水体自净强化结合的水环境治理方法，先利用土工膜（图 1-48）过滤装置对随降雨流入水体的外源污染物进行清除，并去除因长期污水处理不佳而形成的沉积底泥，而后安装超微净化装置实现人工净化，再通过栽种水生生物、投放水生动物与微生物的方式，实现水环境的综合治理。经过此项研究验证，表明此种方法对水质提升具有明显成效，取得了良好的水质净化效果，未来在水环境保护过程中，可通过此种方法有效利用生态修复技术，从而实现水质科学治理、水环境有效保护的目标。其中针对暴雨天气环境下，初降雨水会冲刷地表，地表附着污染物汇同雨水一同流入河道，因此需要将此部分污染控制作为河道水环境治理的首要环节。以生态修复原理为基础，设置了雨水原位自动膜滤系统，利用此系统实现对外源污染物的有效控制。降雨原位自动膜滤系统应用时共有两个环节，一是前处理，二是膜过滤，此系统应用的是超低压膜过滤技术，可将雨水中的污染物有效去除。降雨原位自动膜滤系统可安装可折叠滤芯，同时需要在降雨原位自动膜滤系统后加设水体存储区，以便及时冲洗滤芯，延长系统的使用时限。此种设计能够增大外源污染物截留面积，同时过水能力也不会受到影响。

图 1-48　土工膜实物图

引自 https://zhuanlan.zhihu.com/p/515490782

1. 技术优点

1）高效截污：降雨原位自动膜滤系统能够有效地截留雨水中的污染物，包括悬浮物、重金属离子、有机物等，截污效率较高。

2）原位处理：该技术不需要对降雨进行额外的处理，而是在降雨过程中直接进行过滤，实现了原位处理，减少了处理成本。

3）自动化程度高：降雨原位自动膜滤系统的设备采用自动化设计，能够实现自动过滤、自动排污等功能，减少了人工干预的频率。

2. 技术缺点

1）设备成本高：降雨原位自动膜滤系统需要使用专业的过滤膜和设备，因此设备成本较高，对于一些经济条件有限的地区可能难以推广。

2）维护和管理难度大：虽然该系统的设备自动化程度较高，但仍然需要进行定期的维护和管理，如更换过滤膜、清洗设备等，这增加了管理难度。

3）对降水量有要求：降雨原位自动膜滤系统在降水量较少或无雨时无法发挥截污作用，因此对于一些降水量较少的地区可能效果不佳。

3. 降雨原位自动膜滤系统设计应用实例

李倩[149]在河池市宜州区水环境治理工程研究中，应用了多方位生态修复技术，其中外源污染物的控制主要通过降雨原位自动膜滤系统等复合技术。首先，降雨原位自动膜滤系统主要是通过低压过滤膜对雨水进行处理，将径流雨水中的污染物去除。系统选取的过滤膜为折叠式，并设置相应的存储池，便于持续性暴雨时节对通滤芯进行自动清洗，减少沉淀物对其损坏，延长过滤使用年限。同时，在河道末端安设相应的雨水管网，当河道内污染物较多时，将过滤之后的水体排入水管网中，减少水体对河道直接污染。其次，驳岸生态滞留系统主要是针对暴雨时未能及时排入水管网中的水体，增强河道纳污能力。该系统将水面、驳岸及陆地构成整体，通过植被间隙实现物质交换和转移，从而提升水体中的溶氧量，达到水质改善目的[150]。

中国水利水电第十一工程局有限公司鲁斌[151]在河道岸坡水环境综合治理中[图 1-49（a）]，针对河网的水动力特点，建立河网水动力-水质模型，指导生态修复技术的实施。根据河流健康评估指标，诊断河道岸坡水环境状态。根据水环境

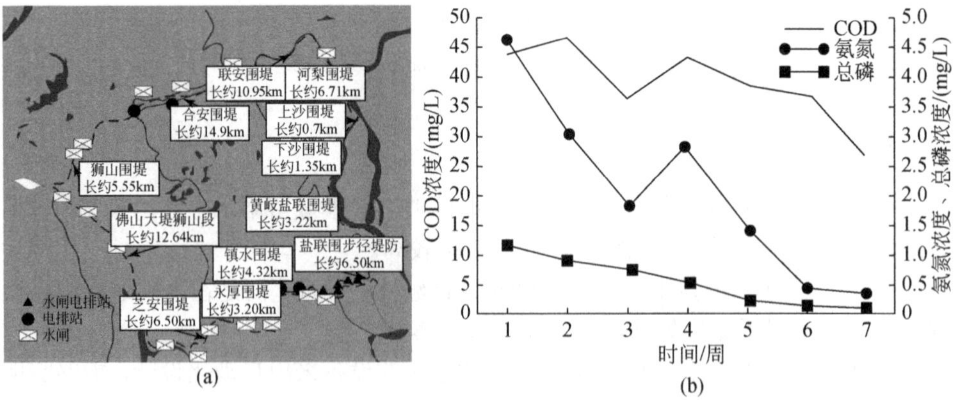

图 1-49　河道岸坡水环境综合治理（a）及治理效果（b）[151]

当前状态，从外源污染物控制、内源污染物控制及人工净化三方面入手，设计多方位水环境生态修复技术。其中，外源污染物控制本质上是通过控制暴雨初期雨水中挟带的污染物质，从根本上改善河道水环境质量[152]，按照生态修复原理，设计了雨水原位自动膜滤系统控制面源污染。基于上述综合治理方案，所提方法应用 7 周后，河道岸坡水环境的 COD、氨氮和总磷浓度分别降低 50.11%、96.487% 与 90.91%［图 1-49（b）］，有效降低了水环境中 COD、氨氮和总磷浓度，提升了河道水质。

1.4　生态处理技术

1.4.1　多介质土壤层系统

多介质土壤层（MSL）系统是一种在河道治理中应用的生态处理技术[153]。该技术主要利用不同介质（如土壤、石头、沙子等）的物理、化学和生物特性，构建一个多层次的生态系统，以实现对污水的自然净化（图 1-50）。多介质土壤层系统通常包括多种不同介质，如粗砂层、细砂层、粉砂层和黏土层等。这些层次由下至上逐渐过渡，不同的层次对应不同的污染物去除功能。污水经过这种多介质土壤层系统的自然净化，可以达到一定的水质改善效果。

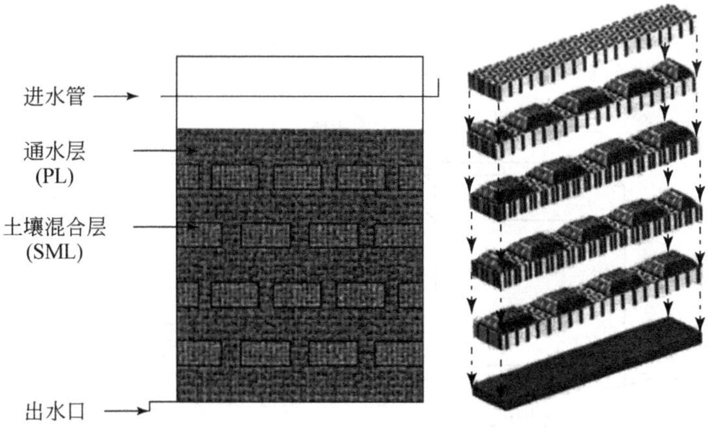

图 1-50　多介质土壤层（MSL）系统的平面及立体结构原理图[153]

传统的土地处理方法水力负荷低且易堵塞[154]，而 Wakatsuki 研发的多介质土壤层系统具有投资少、运行费用低、负荷高及不需外加碳源等优点，而且从空间结构上克服了以往土壤渗滤易堵塞的缺陷。多介质土壤层系统由通水层（PL）和土壤混合层（SML）组成。通水层具有较高的空隙率，这有助于有效防止土壤通水中的堵塞问题并同时形成良好的氧化环境，有利于有机物降解及好氧硝化反应的发生；土壤混合层的空隙率小，从而形成厌氧环境，促进反硝化脱氮的进行[155]。多介质土壤层系统对污水的处理效果与表面负荷有着十分密切的关系，这是因为表面负荷决定了污水与微生物接触时间的长短，影响系统内微生物的生长、增殖和更新，也影响系统内部污染物的运移和氧环境[156]，进而影响工艺处理效果。Masunaga 等[157]研究了负荷对多介质土壤层系统处理效果的影响，结果表明表面负荷对去除 COD 和 TN 的影响不大，但高负荷会引起系统堵塞，而低负荷更有利于去除总磷。

在进行多介质土壤层系统设计时，在负荷允许的条件下，加大水力负荷可在一定程度上节约工程占地面积。例如，生态环境部南京环境科学研究所叶海等[158]采用多介质土壤层系统（图 1-51）处理受污染的入滇河水，研究不同表面负荷对系统处理效果的影响。4 个月的运行结果表明，表面负荷对多介质土壤层系统去除污染物的影响显著。表面负荷减小、水力停留时间延长可显著提高对 COD、NH_3-N、TN、TP 的去除效果，在 800L/（m^2·d）的表面负荷下，出水 COD、NH_3-N、TP 浓度达到《地表水环境质量标准》（GB 3838—2002）的Ⅳ类标准。各污染指标受表面负荷影响的强弱程度排序为 NH_3-N＞TP＞COD＞TN。综合考虑对主要污染物的去除效果、削减负荷及经济效益，该多介质土壤层系统适宜采用的表面负荷为 1000～1500L/(m^2·d)。

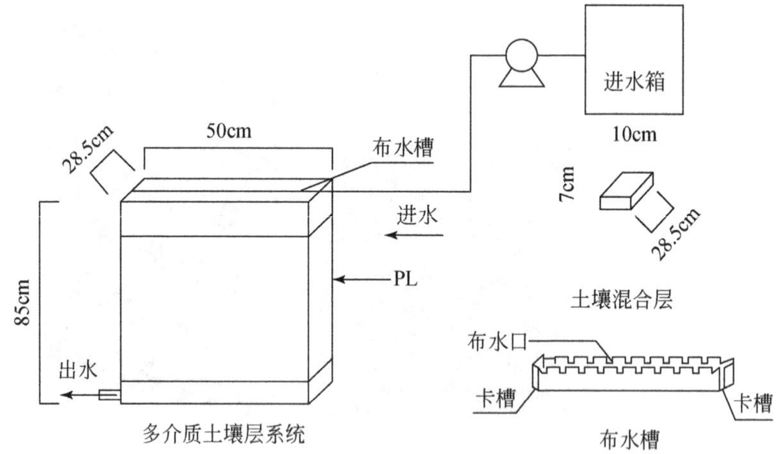

图 1-51 实验装置示意图[158]

1. 技术优点

1）自然净化：多介质土壤层系统利用生态学的原理，实现污水的自然净化，不需要额外的化学药剂和机械设备，运行成本低。

2）可持续性强：多介质土壤层系统可以长期稳定运行，不需要频繁维护和更换，具有较强的可持续性。

3）环境友好：多介质土壤层系统不会产生二次污染，对环境友好，且在改善水环境的同时，也能够促进周边生态环境的改善。

4）适应性强：多介质土壤层系统具有较强的适应性，可以在不同的地理、气候条件下运行，对于不同类型的污水也有一定的适应性。

2. 技术缺点

1）处理效率不稳定：多介质土壤层系统的处理效率受到多种因素的影响，如气候、介质类型和污水性质等，导致处理效率不够稳定。

2）占地面积大：多介质土壤层系统占据较大的土地面积，对于城市地区来说，可能难以实施。

3）设计与施工难度大：多介质土壤层系统的设计需要考虑污水的水质、流量等多个因素，同时需要选择合适的介质类型和配比，施工难度较大。

4）维护和管理难度大：多介质土壤层系统需要定期进行维护和管理，如清洗、更换介质等，如果管理不当，可能会导致系统失效或处理效率下降。

3. 多介质土壤层系统设计应用实例

金竹静等[159]在滇池流域河道综合整治工程研究中采用城区河道污染治理技术对滇池流域新运粮河城区段逐步开展了工程应用。其中终端控制工程主要针对河岸有组织排放雨水口，采用自主研发的多介质土壤层系统[160]，利用河岸下层空间对溢流雨水进行处理。示范工程占地面积为400m^2，深约3m，处理汇水区面积为10990m^2，最大处理雨量一年一遇情况下达304m^3。示范工程充分利用岸堤下层空间，建设了地埋式的面源处理系统，具有占地面积小、处理效果好、运行管理简单的特点，对TN、TP、NH_3-N、COD和SS的去除率分别达到54%、57%、72%、40%和71%，如图1-52所示。结果表明，该技术体系能够很好地指导不同情况下城区河道的修复，可为今后其他城区河道的治理提供有力的技术支撑。

上海交通大学黄可等[161]进行入湖河流治污新技术体系构建研究，其中针对面源污染问题的治理技术中提到多介质土壤层处理技术。多介质土壤层系统投资少、运行费用低、处理水量负荷高，克服了传统土地处理系统占地面积大、处理负荷低、效果差等缺点，是一种新型、高效的人工强化土壤渗滤系统，多介质土壤层系统适用于在河岸狭长的地下岸带的面源污染治理，处理工艺流程如图1-53所示。该技术可应用于其他入滇河流的治理，针对不同类型河流的特点，通过优化该技术的系统空间、填料材料及表面负荷等因素，可使该技术得到更好地应用与推广。

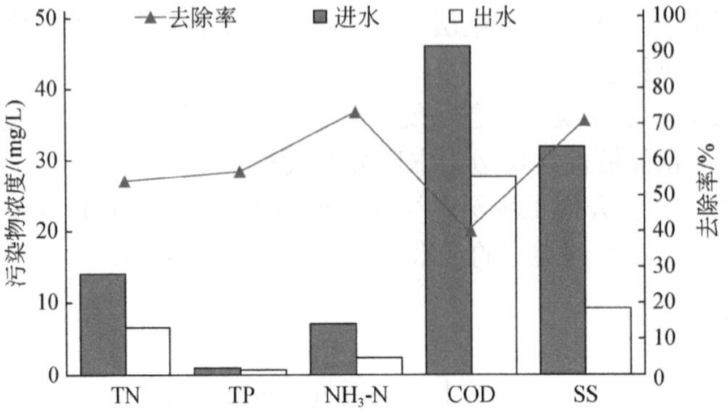

图 1-52 示范工程效果分析[158]

图 1-53 多介质土壤层系统处理工艺流程[161]

1.4.2 人工湿地

人工湿地是一种模拟自然湿地生态系统的生态处理技术，通过人工建造和运营湿地，利用湿地的自然净化能力，实现对污水的高效净化[162]。人工湿地通常由人工建造的基质和植物组成。污水经过人工湿地时，污水中的污染物通过基质和植物吸附、吸收、分解等作用，从而达到净化水质的目的（图 1-54）。就当前而言，人工湿地依照整体水流的实际方向，可进一步细化为潜流湿地、地表流湿地以及垂直流湿地等，在各类湿地之中潜流湿地及地表流湿地的应用较为广泛。

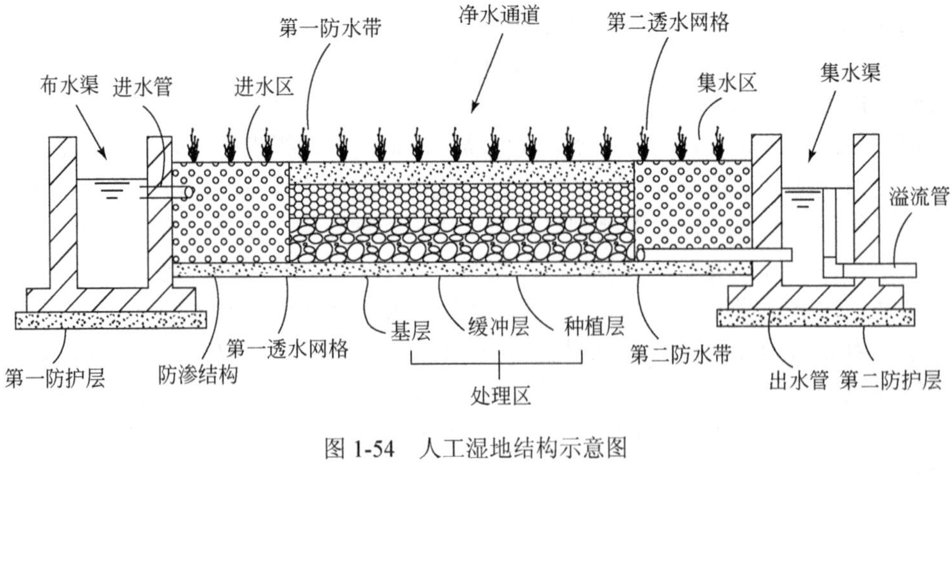

图 1-54 人工湿地结构示意图

人工湿地研究始于20世纪50年代，Seidel等[163]发现芦苇能够去除大量有机污染物和无机污染物，认识到湿地具有净化水质的功能，并随后构建了栽种挺水植物的并联净水池，形成人工湿地的雏形。20世纪70年代，Seidel与Kickuth合作并由Kickuth博士[164]提出了“根区法”理论，极大地促进了人工湿地的研究与应用，标志着人工湿地作为一种新型污水生态处理技术正式进入水污染控制领域。20世纪80年代后期，人工湿地逐步发展成为以人工建造为主、以不同粒径的砂石为基质的处理系统，并由试验阶段进入大规模工程应用阶段，在欧洲、美国、加拿大、澳大利亚、日本等国家或地区得到广泛应用。此后，通过对各国人工湿地污水处理效果的调查和经验总结，科学家提出相关机理、设计规范和参考数据，推进了该技术的发展和可靠运行。至20世纪90年代后期，人工湿地的应用拓展到面源污染、工业废水等多种污染水体的治理中，且人工湿地的类型向多样化和复合型方向发展，运行方式、植物与基质组成与结构等都出现了新的变化。人工湿地污水处理技术在我国的发展和应用起步较晚，但近30年来我国在相关技术与理论方面取得了大量科研成果，在人工湿地的应用领域与建设规模上发展迅速。处理的污水类型包括受污染河流和湖泊、农村生活污水、污水处理厂尾水、城区地表径流、工业废水、养殖废水、农田排水等多种类型。在人工湿地植物的选择上，北方地区以芦苇、香蒲、菖蒲、千屈菜等为主，而南方地区植物种类更加丰富，常见物种包括美人蕉、风车草、再力花、芦苇、纸莎草、菖蒲、梭鱼草、狐尾藻等[165]。

人工湿地系统的构建设计，需要运用科学的方式选择生物种类，同时需要设置规范的程序。具体而言，其程序及方法如下。其一，需要对沿岸水生群落的综合结构进行分析，并且对其进行合理调查，获取更为详细的资料，作为人工湿地系统在构建过程中的参考[166]。其二，详细调查水生生物对氮、磷等各种营养性污染物的处理能力，同时详细分析有关地区水生生物开发的实际利用情况。其三，详细比对各种类型水生生物，探究其优势及不足之处，在对比的基础上，确定人工系统建设中需要应用的种类。其四，湿地系统设施建设。根据设计方案进行湿地系统设施建设，包括挖掘湿地基底、种植植物、建设水体流动通道和控制结构等。其五，运营和管理。制定湿地系统的运营和管理计划，包括水质监测、植被管理、污泥清理和维护等；定期进行水质监测和评估，根据监测结果调整和优化湿地系统运营计划。其六，监测和评估。监测和评估湿地系统的效果，包括水质改善效果、植被生长状况和生态功能等；根据监测结果评估湿地系统的治理效果，并进行必要的调整和改进。在构建人工生态湿地系统的过程中，应综合考虑当地的水质特征、生态环境需求和技术可行性，结合合适的工程方法和管理手段，以实现面源污染的有效治理和生态恢复[167]。

1. 技术优点

1）自然净化：人工湿地利用湿地的自然净化能力，通过吸附、吸收、分解等作用，实现污水的净化，不需要额外的化学药剂和机械设备，运行成本低。

2）可持续性强：人工湿地可以长期稳定运行，植物和基质的生命力强，不需要频繁维护和更换，具有较强的可持续性。

3）环境友好：人工湿地可以改善水环境，吸收温室气体，改善气候条件，具有较强的环境友好性。

4）景观价值高：人工湿地可以成为城市景观的一部分，提高城市的绿化覆盖率和景观价值。

2. 技术缺点

1）处理效率不稳定：人工湿地的处理效率受到多种因素的影响，如气候、植物生长状况、污水性质等，导致处理效率不够稳定。

2）占地面积大：人工湿地需要较大的土地面积，对于城市地区来说，可能难以实施。

3）设计与施工难度大：人工湿地的设计需要考虑污水的水质、流量、气候条件等多个因素，同时需要选择合适的植物和基质，施工难度较大。

4）维护和管理难度大：人工湿地需要定期进行维护和管理，如清理杂草、更换植物等，如果管理不当，可能会导致系统失效或处理效率下降。

3. 人工湿地设计应用实例

周铖[168]在云南高原水库面源污染防治工程中，结合宝象河水库3处主要入水口的地形、水质、水量等条件进行人工湿地工程设计，确定了人工湿地工艺形式及各项设计参数，并提出了项目建成后的运行管理措施，以解决水库上游面源污染问题。水库管理部门统计，宝象河水库主要入水口为瓦窑箐、新复箐、岔河，进水流量分别为总进水量的70%、10%和10%。该项目入水口湿地地块区域均为狭长形，但可用面积有限，选用的湿地形式应具有较大的水力负荷，综合考虑项目特点，选择水平潜流湿地形式，进水从填料床内部缓慢流过湿地，为避免填料床堵塞，同时使处理水均匀进入湿地系统，在湿地处理池前端设置沉砂池（图1-55）。结果表明该项目工程投资及运行维护成本低，对宝象河水库水质提升具有现实意义，同时体现了人工湿地工程技术在云南高原水库面源污染防治建设中的显著优势，值得推广应用。

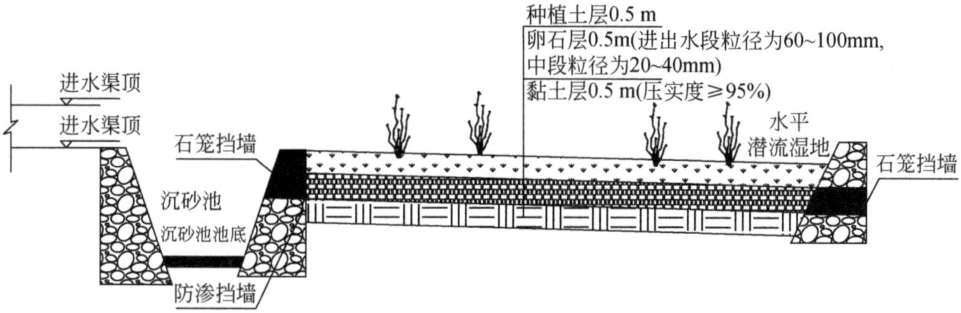

图 1-55　人工湿地设计工艺[168]

南京水利科学研究院葛秋易等[169]在吉林省公主岭市南山村、猴石村面源污染治理工程采用“表面流湿地+深度处理塘+潜流湿地”多级复合型人工湿地工艺，辅以生态底质-生态护坡-仿拟根系水岸消解-生态岛等河岸带及水力优化技术，对污染水体、受损河道进行改善修复。其中面源污染治理工程选址在南山村村口断桥墩处，利用天然地形优势，建造多级降解型人工湿地与景观生态结合的水体净化工程［图 1-56（a)］。人工湿地占地面积约 9464.34m^2，设计水量为 400m^3/d，水力停留时间为 3d，依据《人工湿地污水处理工程技术规范》(HJ 2005—2010)，控制进水污染物浓度，设计去除率＞20%，根据《吉林省地表水功能区》(DB 22/T388—2004）水功能区划，出水水质需达到《城镇污水处理厂污染物排放标准》(GB 18918—2002）一级 B 标准，工艺流程见图 1-56（b)。实际运行结果表明，湿地出水水质达到《城镇污水处理厂污染物排放标准》(GB 18918—2002）一级 A 标准，即使在冬季对污染物的有效去除率也维持在 20%以上。该工程对东北地区农村面源污染治理技术选择具有良好的借鉴作用。

1.4.3　氧化塘

氧化塘是一种利用坑塘的自然生态系统进行污水处理的生态处理技术。通过在氧化塘中种植各种水生植物和微生物，形成生态处理系统，从而去除污水中的污染物质[170]。氧化塘的构造通常包括池体、曝气装置、水生植物等组成部分。曝气装置可提高水体的溶解氧含量，促进微生物的分解作用，水生植物则可以吸收污水中的营养物质，并通过光合作用产生氧气，促进水体的自净（图 1-57)。氧化塘是最简单易行的氮磷污染处理措施，易推广，可利用天然池塘，也可以用人工修造的浅水池塘，塘深 0.5～1.5m。农田排水或径流水进入氧化塘后，固体物沉于池底，有机物进行兼氧分解，产生沼气和氨气，前者散入空气，后者溶于水中。溶于水中或悬浮于水中的有机物进行好氧和兼性分解，放出二氧化碳和氨气，以供藻类营养。藻类进行光合作用放氧，为微生物利用以分解污水中的有机物质。

通过上述一系列作用，达到自然净化的目的，在我国氧化塘技术应用于农田氮磷污染的防治具有较好的推广价值[171]。

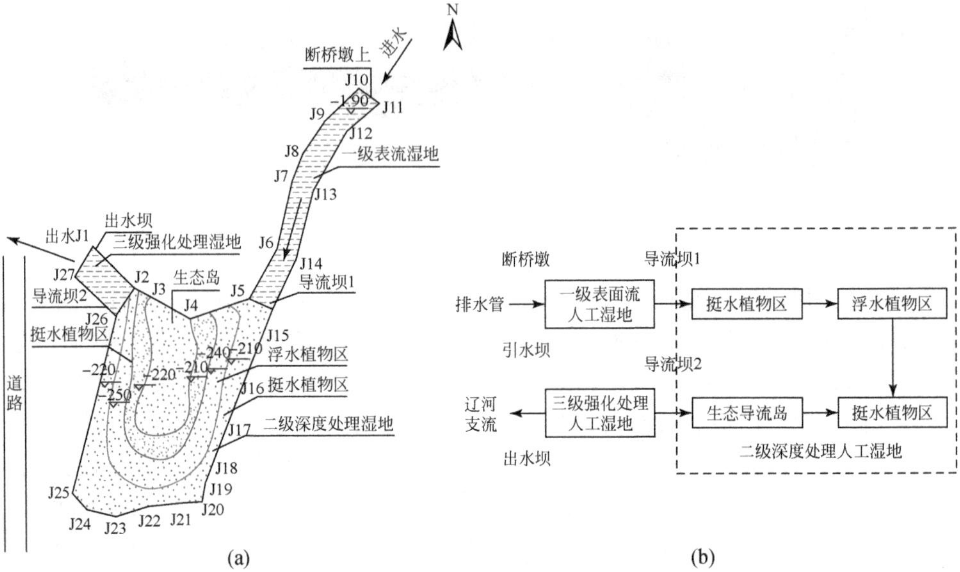

(a)　　　　　　　　　　　　　　　　(b)

图 1-56　工程各单元设计分布图（a）及工艺流程（b）[169]

水位标高单位为 m

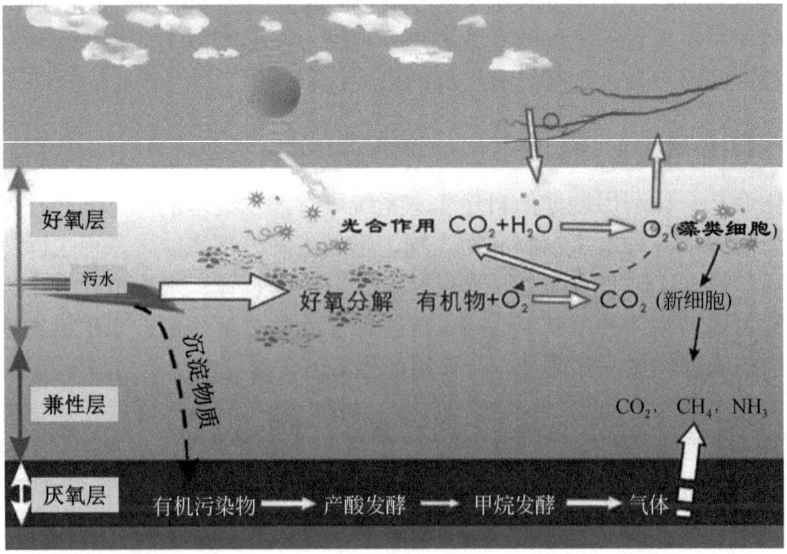

(a)

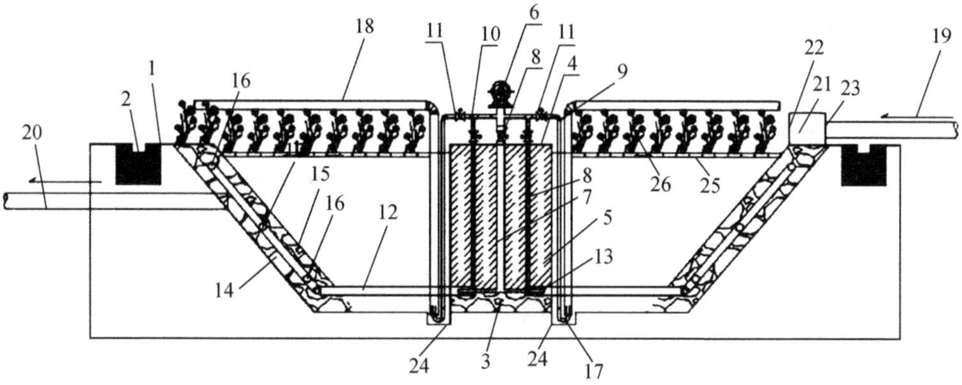

(b)

图 1-57　氧化塘工作原理示意图（a）及强化曝气装置的氧化塘示意图（b）

1. 防渗膜；2. 排水沟；3. 填料岛；4. 网格框；5. 轻质填料；6. 风机；7. 送风主管；8. 第一阀门；9. 污泥气提送气管；10. 第二阀门；11. 第三阀门；12. 污水提升管；13. 定向穿孔管；14. 生态石笼；15. 填料；16. 配水管；17. 反冲洗管；18. 污泥提升管；19. 进水管；20. 出水管；21. 格栅箱；22. 格栅板；23. 密实隔板；24. 集泥井；25. 生态浮块；26. 水生植物

氧化塘作为目前国内外常用的面源污染治理技术之一[172]，主要在农业面源治理方面有显著成效。例如，针对鄱阳湖区域农业面源污染的来源和特点，该技术是控制鄱阳湖区域农业面源污染行之有效且经济可行的技术方法，利用鄱阳湖区域大量存在天然池塘的特点，采用生态工程设计对农业面源污染物进行净化处理[173]；在合肥市长丰县龙门寺现代农业示范区治理项目中，项目区选择近期未治理的坑塘进行扩容清淤，增大库容，改造成氧化塘，承接周边农田弃水，经净化后回用。拟对未治理坑塘清淤，清淤深度在 0.5m 左右；在坑塘中种植沉水植物，以黑藻、眼子菜为主；边坡及浅水区种植挺水植物，以芦苇、茭白、香蒲为主；坑塘四周种植乔木、灌木，以柳树、杨树、水杉、冬青、红叶石楠为主，共整治坑塘 10 座，其占地面积为 22.9hm^2[174]。通过方案的实施，可一定程度修复水系生态环境，缓解水质恶化的趋势，在节水、治污、生态等方面获得良好的综合效益。

1. 技术优点

1）高效净化：氧化塘利用自然生态系统的净化能力，可以有效去除污水中的污染物质，包括重金属、有机物、氮磷等物质，净化效率较高。

2）运行简单：氧化塘不需要太多的运行和维护管理，只需定期更换植物和清理杂物即可，运行成本低，管理方便。

3）改善生态环境：氧化塘不仅可以净化污水，还可以改善生态环境，增加绿色空间，提高生态环境的质量。

4）景观美化：氧化塘可以与周围的环境相融合，形成美丽的景观，提高城市的绿化水平和景观价值。

2. 技术缺点

1）占地面积大：氧化塘需要较大的土地面积，对于城市地区来说，可能难以实施或需要合理的规划。

2）设计难度大：氧化塘的设计需要考虑污水的水质、流量、气候条件等多个因素，同时需要选择合适的植物和微生物，设计难度较大。

3）维护和管理难度大：虽然氧化塘的运行和维护管理相对简单，但也需要定期进行植物更换和清理杂物等管理工作，如果管理不当，可能会导致净化效率下降或生态环境遭到破坏。

3. 氧化塘设计应用实例

南昌大学汤爱萍等[175]提出了一种针对农村面源污染的“控源-截污-资源化（再利用）”模式［图 1-58（a）］，包括三方面：通过改变不良用水习惯及耕作方式等从源头上控制污染物排放；利用植物缓冲带、自然塘、沟渠湿地和表面流湿地等达到截污的目的；将畜禽养殖废水及生活黑水集中处理，产生沼气，变废为宝，在湿地内种植经济类水生植物，在兼性塘内进行水产养殖，最终实现废物资源化（再利用）。工艺流程如图 1-58（b）所示，各单元水流方向如图 1-58（c）所示，其中氧化塘在工艺中发挥重要作用，作为最后一级主要是为了保证整个系统的处理效果。通过废弃自然塘改造而成，处理效果与沟渠湿地相当。为加强处理效果

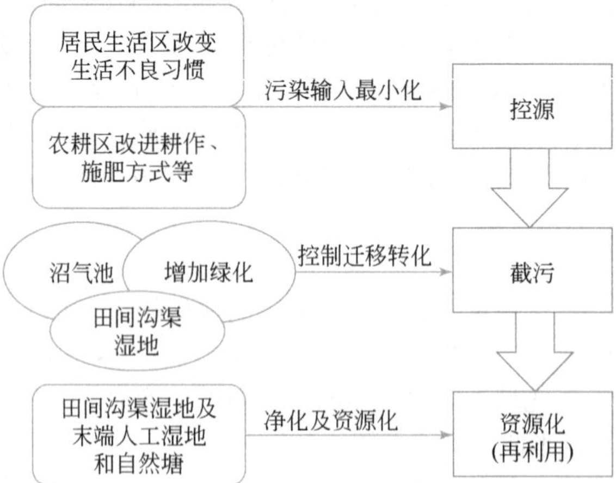

(a)

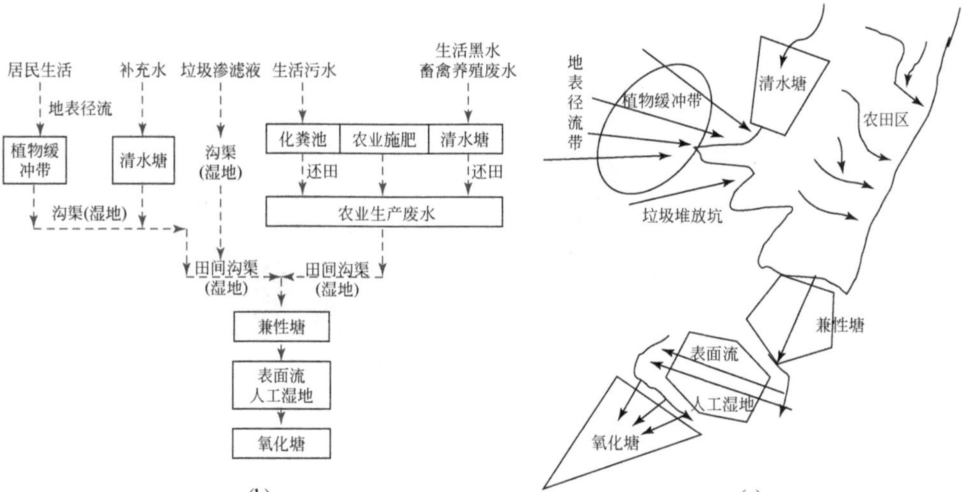

(b)　　(c)

图 1-58　“控源-截污-资源化”理论框架图（a）；“控源-截污-资源化”工艺流程图（b）；各单元水流方向（c）[175]

及废物资源化，塘内种植了菱角、浮萍等水生植物。整个模式 COD、SS、TP 和 TN 的总去除率分别为 78.1%、88.3%、75.97%和 65.96%，略小于张文艺等[176]于江苏省常州市武进区所建设的生物栅+接触氧化池+表面流人工湿地工艺处理效果，因为本示范区的各构筑物水力停留时间较小，污染物的去除率略低，但整个工艺系统出水已满足《城镇污水处理厂污染物排放标准》（GB 18918—2002）一级 B 标准。

天津市水利勘测设计院景金星和王幸福[177]根据库周村落面源污染治理方案，在水库北岸的三家店村实施了示范工程建设。三家店村属天津蓟州渔阳镇辖区，在于桥水库北岸距水库大坝约 5km，北靠邦均公路，南距水库库边（22m 高程）150m。村内现状环境卫生条件很差，道路两侧堆积了大量的人畜粪便和垃圾污染物，夏季蝇蛆丛生，降雨后地表径流挟带污染物直泻入库，严重污染水库水质。但村内水坑较多，现有坑塘 7 个，沟道长度为 1175m，经过连年干旱后现沟塘均无水，坑底较为平整，为治理村落污水提供了较为有利的条件。三家店村落沟塘系统工程布置如图 1-59 所示，沟塘系统工程的作用在于拦截、储存和过滤村庄径流，使径流中所挟带的氮磷等污染物在截污系统中沉积、吸附、生物吸收-转化及净化，有效降低入库污染物负荷量，达到保护于桥水库水源的目的。

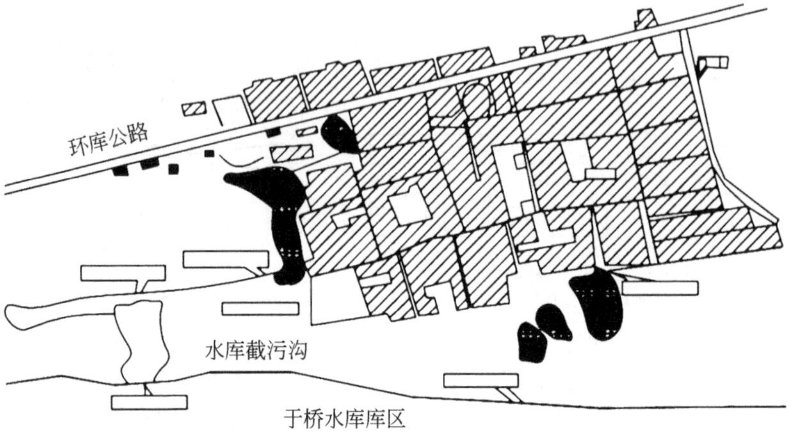

图 1-59　三家店村落径流污水治理沟塘系统工程[177]

1.4.4　生态沟渠

生态沟渠是一种在河道治理中应用的面源污染控制技术，它利用自然生态系统的原理，结合人工措施，对农田排水和雨污水进行净化处理（图 1-60）[178]。生态沟渠通常由沉砂段（水入口）、泥质或硬质生态沟渠框架和植物组成。沉砂段位于农田排水出口与生态沟渠连接处，用于收集农田径流颗粒物。农田排出的灌溉废水或雨水首先经过生态沟渠前段沉砂段，污水中的大颗粒悬浮物被拦截而沉淀。随着水流沿生态沟渠向下游流动，与植物不断接触，水中 N、P 等物质被生态沟渠中水生植物拦截吸附，出水水质得到提升。生态沟渠每隔一段距离设置排河的排口，影响排口距离的因素包括要保持适宜水位的沟内水量、保证应有的消减作用[179]。

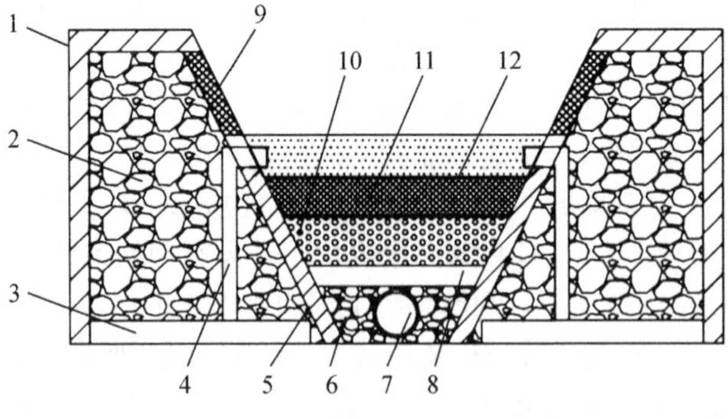

图 1-60　生态沟渠示意图

1. 主体；2. 蓄水槽；3. 吸水块；4. 输水条；5. 防渗水层；6. 碎石排水层；7. 排水管道；8. 渗水布；9. 过滤网；10. 细砂过滤层；11. 营养土；12. 有机覆盖物

近年来，生态沟渠已成为中国处理农田面源污染的研究热点。中国科学院张燕等[180]综述了生态沟渠对 P 的净化机理及影响因子，并探讨了增加其除 P 效果的控制措施，如蓄水、清淤、投加外源微生物等措施。Kumwimba 等[181]综述了生态沟渠中营养盐及有机物的去除机理、影响因子，并提出了构建低级堰以刺激反硝化作用，进而提高 N 的去除率。福建省农业科学院农业生态研究所钟珍梅等[182]综述了生态沟渠中常见植物及其治理效果，并指出可采取挺水植物、浮水植物和沉水植物的垂直搭配，实现去除 N、P 及农药的目的。这些综述研究集中于 N、P 的削减机理，而对农药去除效果的研究很少。同时，大多数研究所考虑的影响因子通常为单一因子，而生态沟渠对农田面源污染物的去除效果受到多重因子的复合影响。因此，后续扬州大学程浩淼等[183]对生态沟渠 N、P 及农药的削减机理及多种影响因子进行了研究，探索了 N、P 及农药去除率与多重影响因子之间的定量关系。

生态沟渠不仅具有沟渠应有的排灌功能，还能对沟渠水体中污染物进行拦截、吸附，从而达到净化水质的目的，且具备良好的景观效果[184]。由工程和植物两部分组成的生态拦截型沟渠系统，能够减缓水流速度，促进流水的颗粒物沉淀，有效防治水土流失[185]。另外，由于水生植物对 N、P 有很好的吸收能力，通过收割水生植物，能够大大降低水体中 N、P 含量，植物也可以被农民回收而产生经济效益，同时解决植物的二次污染问题[186]。生态沟渠对农业非点源 N、P 污染控制具有良好的效果，已被认为是农业非点源污染源头控制中的最佳管理措施，在实际中被广泛应用于污染水体净化和面源污染控制[187]。

1. 技术优点

1）高效净化：生态沟渠利用自然生态系统的净化能力，可以有效去除污水中的污染物，包括重金属、有机物、氮磷等营养物质，净化效率较高。

2）节能环保：生态沟渠不需要太多的能源和化学药剂，只需利用自然条件即可实现净化处理，对环境无污染，且能够改善生态环境。

3）景观美化：生态沟渠在净化污水的同时，还可以通过种植水生植物、增加景观小品等手段，实现景观美化。

4）促进生态修复：生态沟渠的建设可以促进当地生态环境的修复，提高水体的自净能力，改善水质。

2. 技术缺点

1）占地面积大：生态沟渠需要较大的土地面积，对于城市地区来说，可能难以实施或需要合理的规划。

2）设计难度大：生态沟渠的设计需要考虑污水的水质、流量、气候条件等多个因素，同时需要选择合适的植物和微生物，设计难度较大。

3）管理难度大：虽然生态沟渠的运行和维护管理相对简单，但也需要定期进行植物更换和清理杂物等管理工作，如果管理不当，可能会导致净化效率下降或生态环境遭到破坏。此外，如果污水流量过大或水质严重超标，可能对生态沟渠造成较大的影响，需要采取相应的措施进行处理。

3. 生态沟渠设计应用实例

江西省科学院游海林等[188]以赣南苏区“三江源”区域典型农村小流域为研究对象，针对小流域农业面源污染的实际情况，构建由工程部分和生物部分有机组合而成的生态拦截沟渠系统，开展水生植物、微生物及贝类和螺类等底栖动物对农业面源污染、农村生活污水及养殖废水等污染物的联合净化研究。生态沟渠是在试验区原农田排水沟基础上进行设计和建造的，其长约 150m，宽 0.5～3m，水深在 0.3～0.5m。利用竹竿、多孔水泥构件或浆砌片石进行生态沟渠建造，防止严重透水渗漏。护坡将采用竹竿或生态型水泥预制板。生态沟渠中间均匀设置 2 个生态塘，用来保持沟渠维持水位和污水处理：在其中 1 个生态塘种植当地的挺水植物，如旱伞草、美人蕉、香蒲和菖蒲等，称为挺水植物生态塘；在另外 1 个生态塘种植当地的沉水植物，如狐尾藻、菹草等，称为沉水植物生态塘。生态沟渠底部种植沉水植物，放置螺类和贝类等，在渠道周边种植挺水植物（图 1-61）。研究结果表明，经过为期近半年的运行处理，生态沟渠系统出水的 COD 浓度降至 19.63mg/L 以下，接近地表Ⅲ类水标准，DO 含量为 5.43mg/L，处于Ⅱ类和Ⅲ类水之间，TP 浓度降低至 2.03mg/L，NH_3-N 浓度下降至 5mg/L 以下，TN 浓度小于 7mg/L；COD、NH_3-N、TP 和 TN 的总去除率分别为 65.92%、90.38%、86.95%

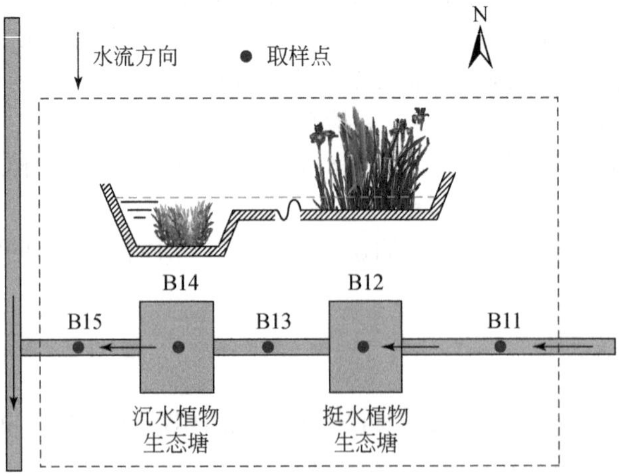

图 1-61 生态沟渠系统示意图及水质监测点[188]

和89.03%，生态沟渠系统对农村小流域面源污染物具有较高的去除率且运行效果良好；气温、水量和水生植物的生长期对生态沟渠污染物去除效果具有重要作用。

何凡等[189]在磷生态沟渠拦截关键技术研究与推广应用项目中，针对农田氮磷元素径流损失造成的农业面源污染，以浙江省某地块为例，采用生态沟渠+植草沟+生态浸没岛+雨水花园等组合式氮磷拦截技术对农业面源污染进行综合治理，处理工艺流程如图1-62（a）所示。治理前农田排水系统包括畦间土沟、田间次沟渠、主排水沟渠以及地块内天然河流。次沟渠为砼质薄板沟渠，主排水沟渠为钢砼质厚板沟渠。农田排水不经任何有效处理，直接由各地块农渠集中到主排水沟渠和自然河道后排出区域，该地块农田汇水见图1-62（b）。为改善这一情况，将原有农田灌溉沟渠改造为生态沟渠，总长为1100m，工程部分主要包括渠体、布水设施、功能性填料、辅助性拦截设施构造等，生物部分主要包括填料表面微生物培养和植物的筛选、种植。生态沟渠主体材料由生态多孔介质、卵石和移动床生物膜反应器（MBBR）载体过滤箱构成，其结构见图1-62（c）。以50m为1个单元，每个单元由一道MBBR载体过滤箱与填料区组成。过滤箱基础采用C25混凝土浇筑，箱体为不锈钢材质多孔结构，使水流与载体充分接触。填料区由卵石和生态多孔介质组成。生态多孔介质材料尺寸为190mm×190mm×115mm，多孔介质开孔位于长边，大小孔均匀分布，位于下层，共铺设两层，其孔洞朝上，厚度为230mm。卵石层厚度为150mm，鹅卵石规格为2～12cm，表面光滑圆润，无风化剥落层和裂纹。项目运行结果表明，水质由《地表水环境质量标准》（GB

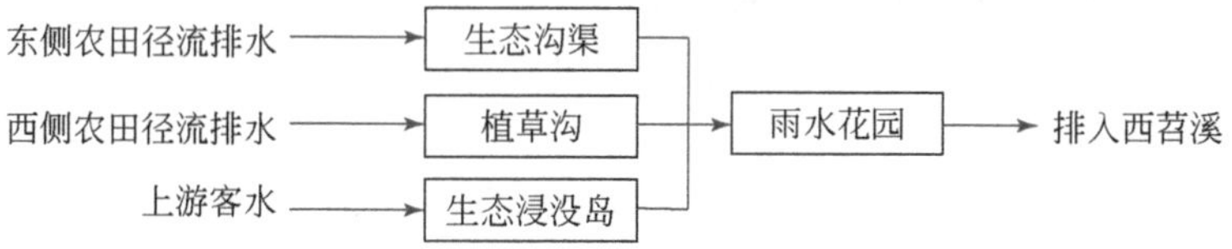

(a)

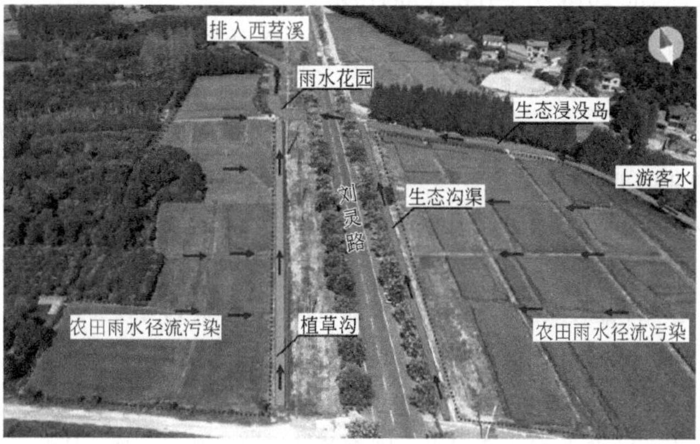

(b)

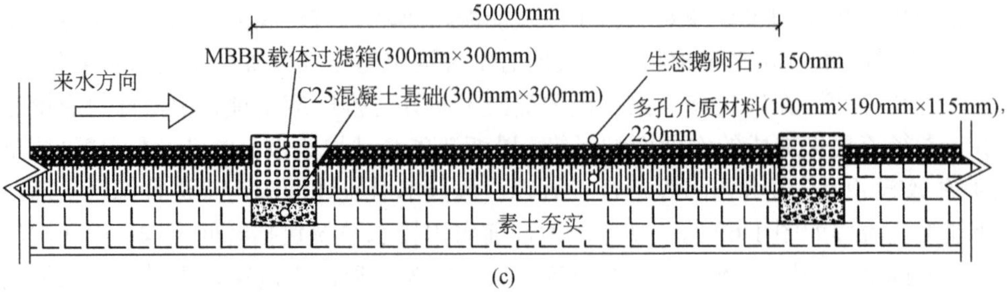

图 1-62 农业面源污染处理工艺流程（a）；项目地农田汇水示意图（b）；生态沟渠纵剖面图（c）[189]

3838—2002）中劣Ⅴ类稳定提升为Ⅲ类标准，且具有无能耗、低投资、高效率等优点，项目的成功实施为类似农业面源污染治理提供了参考。

参考文献

［1］路金霞, 彭帅, 孙坦, 等. 沈阳市满堂河黑臭水体治理典型案例分析[J]. 环境工程技术学报, 2020, 10(5): 711-718.

［2］袁晓文. 海绵城市建设理念下城市河道防洪截污综合治理分析[J]. 水利科学与寒区工程, 2022, (10): 29-32.

［3］许晓倩，陈展川，陈旭，等. 基于海绵城市理念的海口城市公园雨水管理调查［J］. 热带生物学报，2020，11（3）：353-360，367.

［4］李俊奇, 车武, 孟光辉, 等. 城市雨水利用方案设计与技术经济分析[J]. 给水排水, 2001(12): 25-28.

［5］Ma Y K, Gong M L Zhao H T, et al. Influence of low impact development construction on pollutant process of road-deposited sediments and associated heavy metals[J]. Science of the Total Environment, 2018, 613-614: 1130-1139.

［6］李阳, 刘颖华, 刘滋菁, 等. 基于LID理念的透水路面生态效益研究进展[J]. 中国给水排水, 2017, 33(2): 37-41.

［7］Drake J, Bradford A, van Seters T. Stormwater quality of spring-summer-fall effluent from three partial-infiltration permeable pavement systems and conventional asphalt pavement[J]. Journal of Environmental Management, 2014, 139: 69-79.

［8］刘成成. 基于海绵城市理论的透水铺装综合效益评价研究[D]. 福州: 福建农林大学, 2019.

［9］刘璐. 城市透水性铺装效益评价指标体系研究[J]. 水利规划与设计, 2015(3): 64-66, 92.

［10］赵梦杰. 弹性景观视角下防洪河道景观设计研究——以济南绣源河为例[D]. 济南: 山东工艺美术学院, 2023.

［11］马立铭. 低影响开发理念下青岛虹字河季节性河流景观设计研究[D]. 南京: 南京林业大

学, 2023.
［12］路金霞, 彭帅, 孙坦, 等. 沈阳市满堂河黑臭水体治理典型案例分析[J]. 环境工程技术学报, 2020, 10(5): 711-718.
［13］丁炜. 低影响开发(LID)植草沟技术研究进展[J]. 上海公路, 2023(2): 17-22, 188.
［14］余鑫. 强化干式植草沟土壤基质层对道路雨水径流渗透净化作用研究[D]. 南昌: 南昌大学, 2022.
［15］吕新波. 湿陷性黄土地区市政道路植草沟雨水入渗与路基沉降研究[D]. 西安: 长安大学, 2020.
［16］张辰. 植草沟对雨水径流量及径流污染控制研究[D]. 武汉: 华中科技大学, 2019.
［17］郭凤. 植草沟在道路地表径流传输入渗过程中的模拟研究[D]. 北京: 北京林业大学, 2014.
［18］方大转, 包义勇, 程学磊, 等. 基于滤芯渗井技术的植草沟渗透性能研究[J]. 工程与建设, 2023, 37(3): 801-803.
［19］Davis A P, Stagge J H, Jamil E, et al. Hydraulic performance of grass swales for managing highway runoff[J]. Water Research, 2012, 46(20): 6775-6786.
［20］Stagge J H, Davis A P, Jamil E, et al. Performance of grass swales for improving water quality from highway runoff[J]. Water Research, 2012, 46(20): 6731-6742.
［21］朱洁, 朋四海, 杨长明. 植草沟在控制崇明岛道路径流污染的适宜性评价及设计要点[J]. 中国市政工程, 2022(5): 112-115, 130.
［22］刘同岭. 浅析生态型河道治理的必要性[J]. 河南建材, 2013(4): 164-165.
［23］邹晨曦. 广西大化县红水河沿岸风景林植物选择与配置研究[D]. 南宁: 广西大学, 2013.
［24］白莹莹. 河岸带植被不同配置类型对面源污染的去除效应及景观效果分析[D]. 上海: 华东师范大学, 2015.
［25］Zhou W, Cao W, Wu T, et al. The win-win interaction between integrated blue and green space on urban cooling[J]. Science of the Total Environment, 2023, 863: 160712.
［26］方晓, 黄超, 郭二辉, 等. 郑州贾鲁河河岸植被缓冲带生态完整性评价[J]. 西北林学院学报, 2018, 33(5): 252-257.
［27］田虹, 保杭, 唐玉凤, 等. 昭通市昭阳区秃尾河河岸绿化情况调查[J]. 农业与技术, 2022, 42(2): 118-120.
［28］孟一凡, 刘卫, 刘佳. 河岸植物缓冲带修复设计研究——以靖江新桥镇长江沿岸湿地为例[J]. 特种经济动植物, 2023, 26(5): 189-191.
［29］路金霞, 彭帅, 孙坦, 等. 沈阳市满堂河黑臭水体治理典型案例分析[J]. 环境工程技术学报, 2020, 10(5): 711-718.
［30］徐苏容, 周科. 海绵城市雨洪入渗渠工程设计与管理研究[J]. 中国农村水利水电, 2018(4): 174-177, 189.

[31] 戚敬楠. 一种具有过滤功能的雨水渗透渠[P]: 中国专利, CN202222652017. 8. 2023-01-24.
[32] 黄璁, 李金, 沈晓荣, 等. 一种新型雨水渗透管渠[P]: 中国专利, CN202221904226. 0. 2023-03-24.
[33] 高强. 渗渠式地下集水技术在新疆农村饮水安全工程中的应用研究[D]. 乌鲁木齐: 新疆农业大学, 2012.
[34] Martin C, Ruperd Y, Legret M. Urban stormwater drainage management: the development of a multicriteria decision aid approach for best management practices[J]. European Journal of Operational Research, 2007, 181(1): 338-349.
[35] Akan A O. Modified rational method for sizing infiltration structures[J]. Canadian Journal of Civil Engineering, 2002, 29(4): 539-542.
[36] 卿小飞, 梁军波, 马辉. 雨水渗透设施在港口工程中的研究及应用[J]. 水运工程, 2019(7): 105-109, 135.
[37] 卢涛, 石智如. 扬州市雨水资源化利用的探索[J]. 工程与建设, 2023, 37(2): 420-422.
[38] 苏荇霄. 基于海绵城市视角的深圳市口袋公园提升模式与方法研究[D]. 哈尔滨: 哈尔滨工业大学, 2015.
[39] 张建国. 汾河临汾段治理经验浅谈[J]. 陕西水利, 2016(2): 34-35.
[40] 朱启未. 雨洪管理视角下的城市公园景观设计研究——以南京市河西新城滨江公园为例[D]. 南京: 南京林业大学, 2023.
[41] 张敏雪. 滨水绿带绿化设计研究——以福州市城市内河串珠公园为例[J]. 河南农业, 2019(11): 26-27.
[42] 周虹谷, 石广. 植物造景在现代城市滨水景观设计中的运用——以永州白萍江心洲为例[J]. 中国城市林业, 2018, 16(4): 75-79.
[43] 苏丹. 南京滨水区植物景观设计研究[J]. 现代园艺, 2018(13): 129-131.
[44] 徐蕾. 福州市城区主要滨水绿道植物群落分析与环境评价研究[D]. 福州: 福建农林大学, 2015.
[45] 张子琪. 海绵城市理念下廊坊万庄公园景观设计研究[D]. 保定: 河北农业大学, 2022.
[46] 张凯. 武汉市南湖幸福湾水上公园绿化施工技术探析[J]. 园艺与种苗, 2016(5): 38-40.
[47] 刘嘉伟. 石头河流域黑臭污染特征分析及系统治理方案研究[D]. 哈尔滨: 哈尔滨工业大学, 2020.
[48] 周龙, 姜应和. 生物滞留池净化雨水径流中氮磷的研究进展[J]. 山西建筑, 2020, 46(14): 146-149.
[49] 陈茜. 典型生物滞留系统氮磷季节分布特征研究[D]. 重庆: 重庆交通大学, 2021.
[50] 黄丽萍, 宋仁杰, 何越, 等. 海绵试点城市道路生物滞留带的问题分析及设计优化[J]. 中国给水排水, 2023, 39(8): 89-96.
[51] 郑骁奇, 邵知宇, 龚华凤. 基于 SWMM 的不同坡度路侧生物滞留带水文性能分析[J]. 城

市道桥与防洪, 2021(6): 258-264.
[52] 马蜀, 董晓霞, 牛佳伟, 等. 基于典型紫土的生物滞留带填料改良净化雨水径流效果研究[J]. 环境影响评价, 2022, 44(6): 71-75.
[53] Peng J, Cao Y P, Rippy M, et al. Indicator and pathogen removal by low impact development best management practices[J]. Water, 2016, 8(12): 600.
[54] 杨建. 海绵城市理念应用于地下空间综合体的效益分析[J]. 天津建设科技, 2020, 30(3): 56-59.
[55] 张伟, 王翔. 基于海绵城市理念的慈城新城排水安全系统构建[J]. 中国给水排水, 2020, 36(14): 12-17.
[56] 梁行行, 李小乐, 张勋, 等. 近市政道路生物滞留带雨水入渗优化分析[J]. 中国给水排水, 2020, 36(15): 107-112.
[57] 许卫卫, 贾立章. 基于海绵城市理念下的城区河道治理提升措施研究[J]. 绿色科技, 2022, 24(6): 54-56.
[58] 高天赐. 下凹式绿地人工滤层对初期雨水中重金属的截留实验研究[D]. 太原: 太原理工大学, 2020.
[59] 梁家辉. 城市降雨径流面源污染控制技术解析与工程应用绩效评估[D]. 北京: 北京林业大学, 2018.
[60] 王社平, 王子健, 张志强, 等. 下凹式绿地中垂直土壤夹砂层的侧向防渗效果研究[J]. 中国给水排水, 2021, 37(9): 116-121.
[61] 杜新龙, 刘佩贵, 马宗, 等. 下凹式绿地对周边地下水动态影响的试验研究[J]. 地下水, 2023, 45(6): 69-71.
[62] 张国庆. 下凹式绿地对雨水径流的控制效果研究[J]. 城市道桥与防洪, 2021(6): 154-156, 166.
[63] Hunt W F, Jarrett A R, Smith J T, et al. Evaluating bioretention hydrology and nutrient removal at three field sites in North Carolina[J]. Journal of Irrigation and Drainage Engineering, 2006, 132(6): 600-608.
[64] Li H, Davis A P. Water quality improvement through reductions of pollutant loads using bioretention[J]. Journal of Environmental Engineering, 2009, 135(8): 567-576.
[65] 吴建, 夏威夷, 顾兴宇, 等. 新型绿地填料对路面径流中重金属的去除效果试验研究[J]. 环境污染与防治, 2018, 40(1): 63-68, 74.
[66] 邱舒鸿. 新型下凹式绿地的雨水渗滞蓄及回用效果研究[D]. 哈尔滨: 哈尔滨工业大学, 2020.
[67] 颜凡新, 耿军, 章宵. 海绵城市道路侧分带下凹式绿地施工技术[J]. 云南水力发电, 2021, 37(10): 84-87.
[68] 夏琦, 彭嵘. 海绵城市中雨水花园的价值探究——以阿普贝思雨水花园为例[J]. 佛山陶瓷,

2023, 33(7): 159-161.

[69] 罗红梅, 车伍, 李俊奇, 等. 雨水花园在雨洪控制与利用中的应用[J]. 中国给水排水, 2008(6): 48-52.

[70] 雷佳恒. 海绵城市建设中雨水花园理念探究[J]. 城市开发, 2023(1): 122-123.

[71] 徐海洲. 透水设施和雨水花园在海绵城市建设中的应用探究[J]. 建筑与预算, 2023(9): 77-79.

[72] Sharma R, Malaviya P. Management of stormwater pollution using green infrastructure: the role of rain gardens[J]. Wiley Interdisciplinary Reviews: Water, 2021, 8(2).

[73] 张孝忠, 韦学玉. 雨水花园应对台风降雨冲刷山体土壤淋出液水质的处理效果[J]. 水利技术监督, 2023(10): 35-36, 40.

[74] 刘敏, 贾忠华, 唐双成, 等. 雨水花园集中入渗对地下水水位水质影响的动态过程模拟研究[J]. 水文, 2023, 43(6): 66-73.

[75] 徐洪武, 文萍芳, 方宇鹏, 等. 基于层次分析法的皖南地区雨水花园植物综合评价与选择[J]. 佳木斯大学学报(自然科学版), 2023, 41(5): 150-153, 162.

[76] 文萍芳, 徐洪武, 周小玟. 池州市雨水花园常用植物去污能力的分析与比较[J]. 贵阳学院学报(自然科学版), 2023, 18(3): 60-64.

[77] 邢安琪. 科技产业园中雨水花园设计实践研究——以南京金港科技创业中心园区二期为例[D]. 南京: 东南大学, 2020.

[78] 汪星, 戎贵文, 孙双科, 等. 基于低影响开发的校园雨水控制及效益分析[J]. 排灌机械工程学报, 2021, 39(12): 1223-1229.

[79] 李朋, 顾乐雨, 胡怀明, 等. 基于SWMM模型的城市化地区雨水桶应用研究[J]. 水电能源科学, 2015, 33(9): 4-7.

[80] 陈浩. 城市街区尺度住宅雨水收集系统对降雨径流消减的影响评估[J]. 地下水, 2023, 45(1): 221-224.

[81] 王思润. 基于 SWMM 的降雨径流模拟及 LID 组合方案分析[D]. 西安: 西安理工大学, 2020.

[82] 戎贵文, 李姗姗, 甘丹妮, 等. 不同 LID 组合对水质水量影响及成本效益分析[J]. 南水北调与水利科技(中英文), 2022, 20(1): 21-29.

[83] 李姗姗. 不同 LID 设施组合对工业区的雨洪控制效果及综合评价[D]. 淮南: 安徽理工大学, 2021.

[84] Yang W Y, Brüggemann K, Seguya K D, et al. Measuring performance of low impact development practices for the surface runoff management[J]. Environmental Science and Ecotechnology, 2020, 1: 100010.

[85] 姜昱丞, 李俊奇, 幺海博. 美国雨水集蓄利用财政补贴的激励措施综述[J]. 环境工程, 2020, 38(6): 159-165.

[86] 陈志远, 杨涛, 郑鑫, 等. 新型曝气自净式雨水桶设计与试验[J]. 水电能源科学, 2021, 39(9): 98-101.
[87] 张亭. 通惠河水环境综合治理工程技术探讨[J]. 中国水利, 2016(22): 33-34, 36.
[88] 钱露. 中心城某雨水泵站及初雨调蓄池提质增效探索[J]. 城市道桥与防洪, 2023(7): 19-20, 140-143.
[89] 张文胜, 孙巍. 武汉市黄孝河合流制溢流调蓄池工艺设计[J]. 给水排水, 2020, 56(2): 45-48.
[90] 袁尚, 廖华丰, 张碧波, 等. 武汉市机场河末端大型 CSO 调蓄池的工艺设计[J]. 中国建筑金属结构, 2023, 22(S2): 137-144.
[91] 徐贵泉, 陈长太, 张海燕. 苏州河初期雨水调蓄池控制溢流污染影响研究[J]. 水科学进展, 2006(5): 705-708.
[92] Szelag B, Kiczko A, Musz-Pomorska A, et al. Advanced graphical-analytical method of pipe tank design integrated with sensitivity analysis for sustainable stormwater management in urbanized catchments[J]. Water, 2021, 13(8): 1035.
[93] 林家鑫. 合流制管道溢流调蓄池的污染调控特性与机制研究[D]. 西安: 西安建筑科技大学, 2023.
[94] Matej-Lukowicz K, Wojciechowska E, Kolerski T, et al. Sources of contamination in sediments of retention tanks and the influence of precipitation type on the size of pollution load[J]. Scientific Reports, 2023, 13(1): 8884.
[95] 马积选. 调蓄池防渗工程的复合土工膜铺设标准化施工[J]. 建材发展导向, 2023, 21(16): 152-154.
[96] 黄鸣, 陈华, 程江, 等. 上海市成都路雨水调蓄池的设计和运行效能分析[J]. 中国给水排水, 2008, 24(18): 33-36.
[97] 叶宁. 初期雨水调蓄池进水方式比较及设计案例[J]. 城市道桥与防洪, 2023(9): 22, 193-197.
[98] 金竹静, 李金花, 张春敏, 等. 滇池流域城区河道污染治理技术体系建立及工程应用[J]. 中国给水排水, 2018, 34(6): 100-105.
[99] 倪艳芳. 城市面源污染的特征及其控制的研究进展[J]. 环境科学与管理, 2008, 33(2): 53-57.
[100] 范昕然, 王海琳. 植物型生态护坡在河道治理中的应用[J]. 水运工程, 2023(S02): 15-19.
[101] 李旭. 湿地生态廊道规划研究——以故黄河徐州段湿地生态廊道规划为例[D]. 南京: 南京林业大学, 2014.
[102] 金竹静. 滇池流域复合型河流污染成因诊断及治理技术研究与应用[D]. 上海: 上海交通大学, 2020.
[103] 刘永, 阳平坚, 盛虎, 等. 滇池流域水污染防治规划与富营养化控制战略研究[J]. 环境科

学学报, 2012, 32(8): 1962-1972.

[104] 谷唯实. 一种简易的新型雨水过滤装置的小试实验分析[J]. 环境科学导刊, 2015(6): 55-62.

[105] 赵笑研. 潮白河河道修复治理中植物生态修复技术的应用[J]. 新农民, 2022(14): 66-67.

[106] 张靖雨, 夏小林, 汪邦稳, 等. 不同配置乡村植被缓冲带阻控径流污染特征研究[J]. 农业资源与环境学报, 2024, 41(2): 383-391.

[107] 王荣嘉, 张建锋. 植被缓冲带在水源地面源污染治理中的作用[J]. 土壤通报, 2022, 53(4): 981-988.

[108] 吴尧. 河岸植被缓冲带植被类型与宽度对水质净化效益的影响[J]. 现代园艺, 2021, 44(13): 49-51.

[109] Wenger S. A review of the scientific literature on riparian buffer width, extent and vegetation[R]. Georgia: Institute of Ecology, University of Georgia, 1999.

[110] 王芳, 汪耀龙, 谢祥财. 生态学价值视角下的城市河流绿道宽度研究进展[J]. 中国城市林业, 2019, 17(1): 57-61.

[111] Lyu C J, Li X J, Yuan P, et al. Nitrogen retention effect of riparian zones in agricultural areas: a meta-analysis[J]. Journal of Cleaner Production, 2021, 315: 128143.

[112] 张鸿龄, 李天娇, 赵志芳, 等. 辽河河岸植被缓冲带构建及其对固体颗粒物和氮阻控能力[J]. 生态学杂志, 2020, 39(7): 2185-2192.

[113] 汤家喜, 何苗苗, 王道涵, 等. 河岸缓冲带对地表径流及悬浮颗粒物的阻控效应[J]. 环境工程学报, 2016, 10(5): 2747-2755.

[114] Cao X Y, Song C L, Xiao J, et al. The optimal width and mechanism of riparian buffers for storm water nutrient removal in the Chinese Eutrophic Lake Chaohu Watershed[J]. Water, 2018, 10(10): 1489.

[115] Kiffney P M, Richardson J S, Bull J P. Responses of periphyton and insects to experimental manipulation of riparian buffer width along forest streams[J]. Journal of Applied Ecology, 2003, 40(6): 1060-1076.

[116] Sargac J, Johnson R, Burdon F, et al. Forested riparian buffers change the taxonomic and functional composition of stream invertebrate communities in agricultural catchments[J]. Water, 2021, 13(8): 1028.

[117] 纪钦阳. 九龙江北溪河岸植被缓冲带构建实验区氮、磷削减研究[D]. 福州: 福建师范大学, 2016.

[118] 张禹洋, 聂世豪, 蔡国强, 等. 植被缓冲带对地表径流阻控效果调查及模拟[J]. 水土保持研究, 2022, 29(2): 36-42.

[119] 韩旭, 杜崇, 陈嘉硕, 等. 河岸缓冲带植被布局对氮流失的影响[J]. 农业工程学报, 2022, 38(16): 172-179.

［120］王旭, 王永刚, 孙长虹, 等. 再生水补给型城市河流水质改善效果模拟[J]. 环境科学与技术, 2017, 40(6): 54-60.
［121］刘晓丹, 詹翾, 文贤儿. 初期雨水污染常态化管控对策研究[J]. 环境保护, 2022, 50(19): 61-64.
［122］李亮, 康威, 谭松明, 等. 我国建筑小区雨水弃流技术与装置发展现状[J]. 中国给水排水, 2016, 32(4): 1-6.
［123］连庆堂, 郭秀忠, 王志超. 屋面雨水收集利用中弃流装置的改进[J]. 广州环境科学, 2011, 26(1): 20-22.
［124］侯文硕, 周国华, 葛铜岗, 等. 道路初期雨水界定及弃流装置研究进展[J]. 给水排水, 2022(2): 133-142.
［125］胡文力. 浅析初期雨水水质及弃水量[J]. 山西建筑, 2011, 37(25): 129-130.
［126］车伍, 张炜, 李俊奇, 等. 城市雨水径流污染的初期弃流控制[J]. 中国给水排水, 2007(6): 1-5.
［127］张翼鹏. 铝工业厂区初期雨水径流污染弃流量研究[J]. 轻金属, 2015(7): 57-60.
［128］姜利杰, 周焕, 周慧慧, 等. 初期雨水污染控制的弃流系统研究[J]. 低温建筑技术, 2016, 38(6): 131-133.
［129］侯文硕, 周国华, 葛铜岗等. 新型容积-流量型雨水弃流装置设计及效果评估[J]. 中国给水排水, 2023, 39(9): 103-108.
［130］翁荟黎. 雨水收集控制系统的设计[J]. 电子技术(上海), 2022, 51(8): 234-235.
［131］周洋. 城市面源污染控制技术集成和工程评估及技术指导[D]. 北京: 北京林业大学, 2019.
［132］邢玉坤. 我国排水管网点源污染问题分析及截流系统设计研究[D]. 北京: 北京建筑大学, 2020.
［133］周奕帆. 合流制排水管网雨污分流改造方法[J]. 四川建材, 2021, 47(9): 186-187.
［134］吴宇凡. 老城区合流制排水体制改造方案的选择及优化研究[D]. 长沙: 湖南大学, 2020.
［135］黄瑜琪. 合流制排水系统最优截流关系分析与研究[D]. 苏州: 苏州科技大学, 2017.
［136］熊鸿斌, 冯晨潇. 基于 MIKE11 的合流制截流倍数优化[J]. 合肥工业大学学报(自然科学版), 2023, 46(3): 371-377.
［137］孙全民, 胡湛波, 李志华, 等. 基于 SWMM 截流式合流制管网溢流水质水量模拟[J]. 给水排水, 2010, 46(7): 175-179.
［138］Jin X, Jiang Y H, Jin J H. Interception ratio optimal selection aided by micro-scope hydraulic and quality simulation[J]. Advanced Materials Research, 2010, 113-116: 119-125.
［139］王武, 钟江丽, 郜会彩. 基于双目标函数的合流制排水系统截流倍数优化[J]. 中国给水排水, 2022, 38(9): 133-138.
［140］洪国渊. 合流制改造策略与截流设施污染控制能力研究[D]. 北京: 北京建筑大学, 2022.

［141］李胜海，戴玉苗，张启友．不同污水截流井型式的设计比较与优化初探[J]．山西建筑，2008, 34(5): 221-222.
［142］赵建伟，段丙政，单保庆，等．一种合流制管网溢流雨水拦截分流控制装置[P]：中国专利, CN201310697747. 2. 2014-03-19.
［143］杨淼，高青荣，师小飞，等．城镇污水处理提质增效排口治理工程中的智能分流系统研究[J]．工程技术研究, 2023, 8(15): 195-197.
［144］曹秀芹，李松岳，杨超，等．不同型式截流设施截流能力的研究[EB/OL]. https://knshtbprolcnkihtbprolnet-p.libremote.hit.edu.cn/kcms/detail/11.2097.X.20230919.0930.002.html.[2023-11-23].
［145］常娜．生态修复技术在河道水环境治理工程中的应用[J]．资源节约与环保，2021(8): 19-20.
［146］裴东庆．水环境治理中多方位生态修复理论运用分析[J]．资源节约与环保，2023(2): 20-23.
［147］李爱华，王静静，张传兴．河道水环境治理中多方位生态修复技术应用分析[J]．清洗世界, 2023, 39(9): 175-177, 180.
［148］胡浩．生态修复技术在水环境保护中的应用[J]．科技资讯, 2023, 21(14): 108-111.
［149］李倩．生态修复技术在河道水环境治理中的应用[J]．山东水利, 2021(4): 18-19, 22.
［150］高国敬．生态修复在城市河道治理中的应用与研究[J]．生态环境与保护, 2019, 2(4): 5-6.
［151］鲁斌．生态修复技术在河道岸坡水环境综合治理中的应用[J]．水利科技与经济，2022, 28(6): 90-94, 98.
［152］杨娜，王趁义，徐园园，等．黑臭小微水体治理技术的研究现状与发展趋势[J]．工业水处理, 2021, 41(5): 15-21.
［153］宋沛．多介质土壤层系统处理农村分散式污水的性能分析与应用研究[D]．北京：华北电力大学, 2021.
［154］张建，邵长飞，黄霞，等．污水土地处理工艺中的土壤堵塞问题[J]．中国给水排水，2003, 19(3): 17-20.
［155］Luanmanee S, Attanandana T, Masunaga T, et al. The efficiency of a multi-soil-layering system on domestic wastewater treatment during the ninth and tenth years of operation[J]. Ecological Engineering, 2001, 18(2): 185-199.
［156］王鹏，董仁杰，吴树彪，等．水力负荷对潜流湿地净化效果和氧环境的影响[J]．水处理技术, 2009, 35(12): 48-52.
［157］Masunaga T, Sato K, Mori J, et al. Characteristics of wastewater treatment using a multi-soil-layering system in relation to wastewater contamination levels and hydraulic loading rates[J]. Soil Science and Plant Nutrition, 2007, 53(2): 215-223.
［158］叶海，李森，薛峰，等．表面负荷对多介质土壤层系统处理污染河水的影响[J]．中国给水

排水, 2012, 28(19): 74-77.

[159] 金竹静, 李金花, 张春敏, 等. 滇池流域城区河道污染治理技术体系建立及工程应用[J]. 中国给水排水, 2018, 34(6): 100-105.

[160] 李森, 叶海, 陈昕, 等. 改良多介质土壤层系统对污染 河水的脱氮效果[J]. 生态与农村环境学报, 2012, 28(5): 569-573.

[161] 黄可, 张先智, 张恒明, 等. 滇池入湖河流治污新技术体系构建及案例分析[J]. 环境科学与技术, 2016, 39(7): 64-70.

[162] 吴晓辉, 孟庆义, 周巧红, 等. 北运河中游重污染河段污染源控制及水质改善技术研究与应用[J]. 北京水务, 2013(S2): 36-42.

[163] Seidel K. Abbau von bacterium coli durch höhere wasserpflanzen[J]. Naturwiss, 1964,51:395.

[164] Seidel K, Happel H, Graue G. Contributions to revitalisation of waters[J]. Stiftung Limnologische Arbeitsgruppe, 1978: 1-62.

[165] 祝惠, 阎百兴, 王鑫壹. 我国人工湿地的研究与应用进展及未来发展建议[J]. 中国科学基金, 2022, 36(3): 391-397.

[166] 高巍, 胡浩云, 朱磊, 等. 邯郸地区沟渠人工湿地治理农业面源污染可行性研究[J]. 水利科技与经济, 2009, 15(12): 1066-1068.

[167] 窦文婧. 人工湿地在农业面源污染治理中的应用研究进展[J]. 农业灾害研究, 2023, 13(7): 239-241.

[168] 周铖. 云南高原水库面源污染防治中人工湿地工程技术应用探讨[J]. 绿色科技, 2021, 23(20): 84-87.

[169] 葛秋易, 梁冬梅, 肖尊东, 等. 人工湿地治理东北地区典型农村面源污染工程设计[J]. 中国给水排水, 2018, 34(24): 61-65.

[170] 周志华, 温明霞, 李广志. 物理-生物-生态技术相结合治理污染河道水体研究[J]. 北京水务, 2007(3): 28-31.

[171] 梁新强, 邢波, 陈英旭, 等. 流域农业面源污染生态工程调控措施[J]. 环境科学与技术, 2007(11): 55-57, 118.

[172] 贾璐颖, 毛国柱, 赵玉峰, 等. 面源污染治理技术的生命周期评价[J]. 水利水电技术, 2014, 45(9): 15-18.

[173] 向速林, 王全金, 徐刘凯. 鄱阳湖区域农业面源污染来源分析与控制探讨[J]. 河南理工大学学报(自然科学版), 2011, 30(3): 357-360.

[174] 李楠, 郑良勇, 马冰. 现代农业示范区水生态修复方案分析[J]. 山东水利, 2015(4): 56-57.

[175] 汤爱萍, 万金保, 李爽. “控源-截污-资源化”模式处理面源污染[J]. 环境工程学报, 2014, 8(5): 1761-1768.

[176] 张文艺, 刘明元, 罗鑫, 等. 苏南水网地区表面流人工湿地示范工程[J]. 中国农村水利水电, 2012(2): 78-80, 83.

[177] 景金星, 王幸福. 村落径流污水的生态处置方法沟塘系统技术介绍[J]. 海河水利, 2004(5): 46-48.

[178] 路金霞, 彭帅, 孙坦, 等. 沈阳市满堂河黑臭水体治理典型案例分析[J]. 环境工程技术学报, 2020, 10(5): 711-718.

[179] 马莉. 农业面源水环境污染治理思路[J]. 环境与发展, 2020, 32(8): 46-47.

[180] 张燕, 阎百兴, 刘秀奇, 等. 农田排水沟渠系统对磷面源污染的控制[J]. 土壤通报, 2012, 43(3): 745-750.

[181] Kumwimba M N, Meng F G, Iseyemi O, et al. Removal of non-point source pollutants from domestic sewage and agricultural runoff by vegetated drainage ditches (VDDs): design, mechanism, management strategies, and future directions[J]. Science of the Total Environment, 2018, 639: 742-759.

[182] 钟珍梅, 黄毅斌, 李艳春, 等. 我国农业面源污染现状及草类植物在污染治理中的应用[J]. 草业科学, 2017, 34(2): 428-435.

[183] 程浩淼, 季书, 葛恒军, 等. 生态沟渠对农田面源污染的消减机理及其影响因子分析[J]. 农业工程学报, 2022, 38(21): 42-52.

[184] Herzon I, Helenius J. Agricultural drainage ditches, their biological importance and functioning[J]. Biological Conservation, 2008, 141(5): 1171-1183.

[185] 付菊英, 高懋芳, 王晓燕. 生态工程技术在农业非点源污染控制中的应用[J]. 环境科学与技术, 2014, 37(5): 169-175.

[186] 张芳, 易能, 邸攀攀, 等. 不同水生植物的除氮效率及对生物脱氮过程的调节作用[J]. 生态与农村环境学报, 2017, 33(2): 174-180.

[187] Patterson L, Cooper D J. The use of hydrologic and Ecological indicators for the restoration of drainage ditches and water diversions in a Mountain Fen, Cascade Range, California[J]. Wetlands, 2007, 27(2): 290-304.

[188] 游海林, 吴永明, 刘丽贞, 等. 生态沟渠对农村小流域面源污染物的拦截效应研究[J]. 环境科学与技术, 2020, 43(4): 130-138.

[189] 何凡, 刘军, 周婷, 等. 组合式氮磷拦截技术应用于农业面源污染综合治理[J]. 农业灾害研究, 2023, 13(1): 137-139.

第 2 章　点源污染控制技术

2.1　低污染水深度处理技术

2.1.1　混凝沉淀

混凝沉淀是一种在低污染水深度处理中常用的技术，其主要通过投加混凝剂，使水中的微小颗粒、有机物、重金属离子等形成絮状物，再通过沉淀池进行固液分离，从而达到净化水质的目的[1]。混凝沉淀过程包括 3 个主要步骤：混合、反应和沉淀。在混合阶段，将原水和混凝剂充分混合；在反应阶段，混凝剂与水中的污染物发生絮凝反应；在沉淀阶段，絮状物在重力作用下沉淀，从而实现固液分离[2]。混凝法是诸多净水技术中应用最广、贡献最大的方法之一，因而受到给排水、环境工程、化学化工、石油冶金等行业和研究领域工作人员的重点关注[3]。作为自来水生产环节的首道工序，其处理效果对后续处理工艺的操作运行、出水水质和处理成本具有显著影响。

1. 技术优点

该工艺主要具有以下优点[4]：

1）应用范围广：混凝沉淀工艺技术适用于各种类型的水体，包括自来水、地下水、河水、湖水等。

2）处理效果好：混凝沉淀工艺技术可以有效地去除水中的悬浮物和溶解物，使水质得到明显的改善。

3）操作简单：混凝沉淀工艺技术的操作相对简单，不需要复杂的设备和技术，容易掌握。

4）成本低廉：相比其他水处理方法，混凝沉淀工艺技术的成本较低，适合一些经济条件较差的地区使用。

2. 技术缺点

1）处理速度慢：混凝沉淀工艺技术的处理速度相对较慢，需要一定的时间才能达到理想的处理效果。

2）对水质要求高：混凝沉淀工艺技术对水质的要求较高，如果水质较差，可能会影响处理效果。

3)处理后产生的污泥难以处理：混凝沉淀工艺技术处理后会产生大量的污泥，这些污泥难以处理，需要进行专门的处理。

4) 对环境有一定影响：混凝沉淀工艺技术处理过程中会产生一定的废水和废气，对环境有一定的影响。混凝沉淀工艺技术虽然有其优点和缺点，但是在实际应用中仍然是一种比较常见的水处理方法，可以根据具体情况选择使用。同时，为了更好地发挥其优点，需要在操作过程中注意一些细节问题，如控制处理时间、水质监测等。

3. 混凝沉淀设计应用实例

曾磊等[5]采用 A/RPIR+磁混凝沉淀工艺处理城镇污水，设计工艺流程图如图 2-1 所示。污水处理厂处理规模为 $1\times10^5 m^2/d$，运行结果表明主要水质指标（COD、TN、TP、SS）均能稳定达标，该污水厂稳定运行一年的吨水电耗为 0.196kW·h，吨水成本为 0.86 元/m^3，低于全国范围内相似规模或出水标准污水厂。该污水厂产出泥饼含水率相对稳定，平均为 79.5%，日泥饼产量为 74.1t，污泥产率为 $1.14\times10^4 TDS/m^3$，低于全国同等规模污水厂污泥产率（$1.73\times10^4 TDS/m^3$）。该研究表明磁混凝沉淀工艺与 A/RPIR 相结合可达到投资少、占地面积小、运行效果稳定、污泥产量低等特点，在投资规模小、用地受限的城镇污水厂设计建设中，具有一定的参考和借鉴意义。

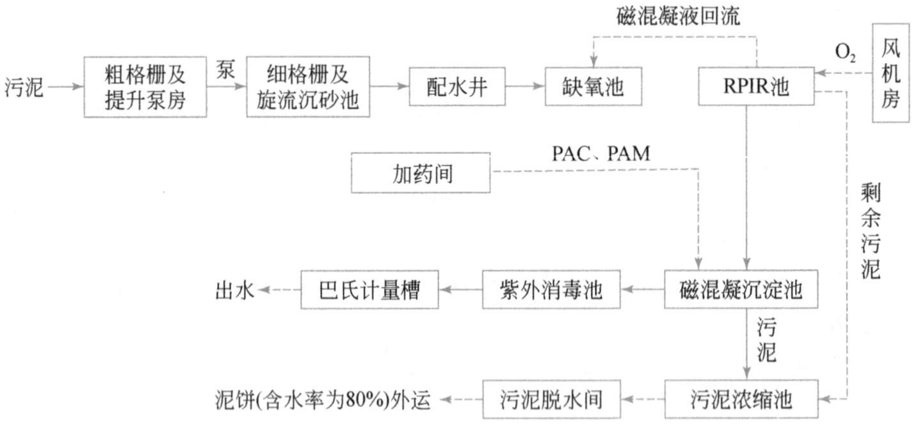

图 2-1　设计工艺流程图

董广标[6]针对化妆品废水，采用“混凝气浮+混凝沉淀+UASB+A/O+MBR”主体工艺技术，设计流程图如图 2-2 所示。不仅节省了工程建设成本，综合废水处理后可满足广东省《水污染物排放限值》（DB 44/26—2001）第二时段三级排放标准，处理效果好，出水稳定达标，经济效益显著，并有良好应用实践意义。

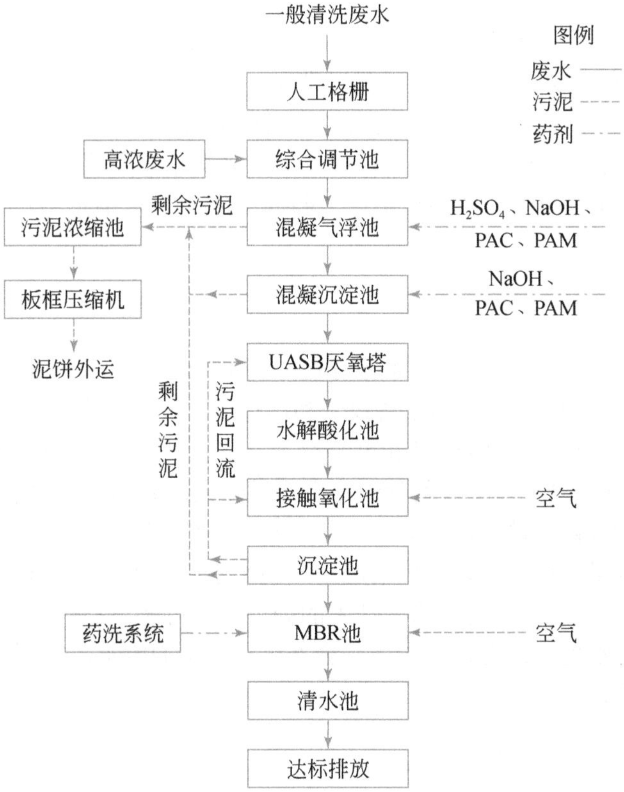

图 2-2　“混凝气浮+混凝沉淀+UASB+A/O+MBR”处理工艺

2.1.2　吸附

吸附是指利用固体或液体吸附剂的表面吸附水中的污染物，从而净化水质的过程[7]。在河道治理中，常用的吸附剂包括活性炭、焦炭、活性煤、生物质等。这些吸附剂具有较高的比表面积和吸附性能，能够有效地去除水中的有机物、重金属离子、氨氮等污染物[8]。吸附技术主要包括 3 个步骤：预处理、吸附和再生。在预处理阶段，对原水进行初步处理，如去除悬浮物、调节 pH 等；在吸附阶段，将预处理后的水通过吸附剂，污染物被吸附在吸附剂表面；在再生阶段，通过加热、化学药剂等方法将污染物从吸附剂表面脱附，以恢复吸附剂的吸附性能[9]。

1. 技术优点

1）适用范围广：吸附技术适用于多种水体，如河水、湖水、工业废水等，能够有效地去除有机物、重金属离子等污染物。

2）处理效率高：通过选择适当的吸附剂和工艺参数，可以显著提高污染物的去除效率，尤其对有机物、色度等指标的去除效果十分显著。

3）环保安全：吸附技术不使用化学药剂，对环境无污染，且不会对人体健康造成危害[10]。

2. 技术缺点

除了具有诸多优点外，该技术还存在一些不足之处[11]：

1）成本较高：吸附技术的设备投资和运行成本较高，尤其是对于大规模的河道治理项目，需要大量的吸附剂和再生设备，增加了运行成本和维护难度。

2）吸附剂损耗大：由于吸附剂的比表面积较大，容易被悬浮物和有机物堵塞，需要定期更换或再生吸附剂，增加了运行成本和维护难度。

3）处理效果不稳定：在某些情况下，由于水中污染物种类和浓度变化较大，或吸附剂的吸附性能不稳定，吸附技术的处理效果可能不够稳定。

4）再生废水处理：在再生阶段，会产生一定量的废水，需要进行妥善处理，以避免对环境造成二次污染。

3. 吸附设计应用实例

惠州市某线路板企业污水处理设施设计处理能力为 1280m^2/d，原出水执行广东省地方标准《电镀水污染物排放标准》（DB 44/1597—2015）中的“表 2 新建项目水污染物排放限值及单位产品基准排水量”标准。为满足广东省及惠州市更加严格的水质考核要求，陈伟昌和杨灼成[12]对处理设施进行提标改造，新增磷酸盐交换树脂、膜生物反应器和活性炭吸附工艺。改造后的工艺总流程图如图 2-3 所示。项目运行效果良好，出水 COD 值为 21～35mg/L，总磷浓度为 0.20～0.32mg/L，氨氮浓度为 1～2mg/L，石油类浓度为 0.4～0.6mg/L，达到地表水Ⅴ类标准，其他项目可以稳定达到 DB 44/1597—2015 表 2 标准。本工程新增的活性炭加药系统、磷酸盐交换树脂等总投资约 200 万元。此次改造后，取消原处理系统加氯单元，节省吨水运行费用为 4 元/m^3，新增工艺的吨水运行费用为 3.18 元/m^3。可见，此次工艺改造在出水标准提高的情况下，未增加运行费用，反而节省了吨水运行费用 0.82 元/m^3。

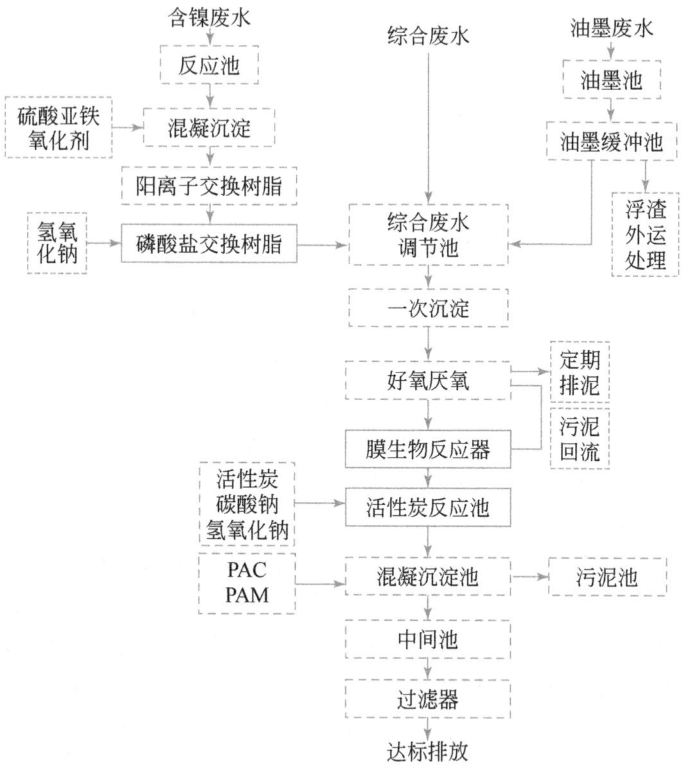

图 2-3　提标改造后的污水处理站工艺流程图

孙晓明和杨柳[13]首次将“生化+活性炭吸附”组合处理技术应用在稠油油田废水处理中，工艺流程图如图 2-4 所示。污水厂设计规模为 8000m^3/d，实际运行规模为 5000～6000m^3/d，吨水主要操作成本为 3.23 元/m^3，其中药剂费为 0.4 元/m^3，电费为 0.63 元/m^3，补充新炭+再生运行费为 2.20 元/m^3，项目投产一年多以来，显示出较好的效果，满足辽宁省《污水综合排放标准》和国家《污水综合排放标准》的要求，其中生化系统进水实际运行过程中 COD 值在 200mg/L 左右，生化系统出水 COD 值为 90mg/L，吸附装置出水 COD 值为 10～40mg/L，氨氮浓度低

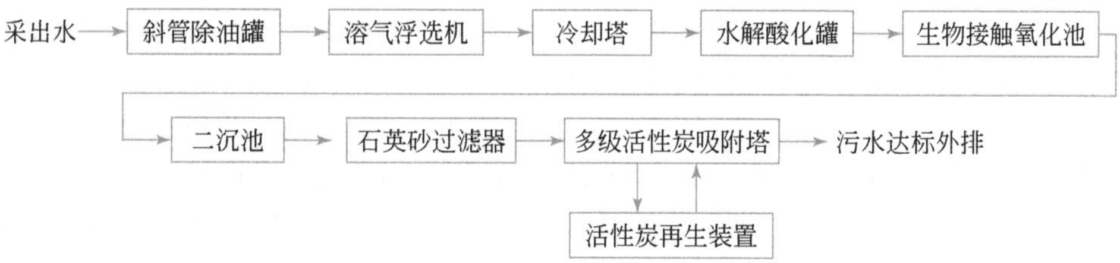

图 2-4　稠油油田废水处理工艺流程图

于 5mg/L，总磷浓度低于 0.5mg/L，稳定实现了稠油污水达标外排，有效地解决了辽河小洼油田水量平衡矛盾，为原油稳产上产保驾护航。

2.1.3 臭氧氧化

臭氧氧化技术是一种常见的低污染水深度处理技术，主要是通过臭氧发生器产生臭氧，然后将臭氧通入水中，与水中的污染物发生氧化反应，从而将污染物转化为无害或低害的物质，达到净化水质的目的[14]。臭氧氧化技术的主要氧化剂是臭氧，它具有很强的氧化能力，能够氧化水中的多种有机污染物和重金属离子。同时，臭氧还可以破坏细菌和病毒，提高水质的卫生安全性。臭氧，又名三原子氧，因其具有类似鱼腥味的臭味而得名。臭氧是氧气的同素异形体，分子式为 O_3，其是由氧分子携带一个氧原子形成的，决定了它只是一种暂存状态，携带的氧原子除氧化用掉外，剩余的又会组合成 O_2 而进入稳定状态，所以臭氧使用过程中不会发生二次污染，这也是臭氧氧化技术得以推广应用的最大优点[15]。用空气作气源的臭氧发生器所生产的臭氧化空气中，臭氧的体积比只有 0.6%～1.2%，再将此臭氧化空气通入水中，臭氧的溶解度只有 3～7mg/L。臭氧不仅具有优异的消毒作用，而且作为一种强氧化剂（氧化还原电位为 2.07V，仅次于氟），在水处理中同时具有去除水中色、臭、味和铁、锰、氰化物、硫化物及亚硝酸盐等作用，且消毒后水体中的消毒副产物等较少，已被广泛应用于给水和污水处理领域。臭氧氧化作为一种高级氧化技术，其在水体中主要有两个反应途径，一是臭氧分子的直接氧化反应，二是通过形成 ·OH 等活性氧自由基的间接氧化反应[16]。臭氧氧化机理如图 2-5 所示。

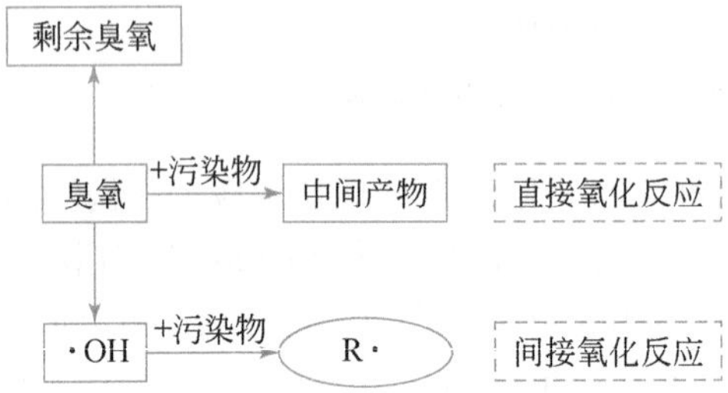

图 2-5 臭氧氧化机理

1）直接氧化反应中臭氧本身就具有很强的氧化能力，可直接与有机物反应。由于臭氧具有偶极性和亲电性，所以臭氧分子的直接氧化易选择攻击含有 C═C 和苯环的物质，如烯烃类、芳香环类化合物等。烯烃类物质被臭氧攻击后转化成羰基化合物，芳香环类化合物被臭氧攻击后芳香环会断裂开环转化成脂肪酸。

2）间接氧化反应中臭氧很不稳定，在水溶液中容易分解发生链式反应，生成氧化能力更强的活性氧自由基，如 ·OH。活性氧自由基可以无选择地与水中绝大多数有机物发生反应（R 表示待处理有机物），进而将其氧化降解，最终矿化成 CO_2、H_2O。

1. 技术优点

1）氧化能力强：臭氧具有很强的氧化能力，能够氧化水中的多种有机物和重金属离子，提高水质净化效果。

2）消毒效果显著：臭氧可以破坏细菌和病毒，提高水质的卫生安全性。

3）适应范围广：臭氧氧化技术适用于多种水体，如河水、湖水、工业废水等，能够有效地去除有机物、重金属离子等污染物。

4）处理效率高：通过控制适当的臭氧投加量和反应时间，可以显著提高污染物的去除率，尤其对有机物、色度等指标的处理效果十分显著[17]。

2. 技术缺点

1）成本较高：臭氧氧化技术的设备投资和运行成本较高，需要使用专门的臭氧发生器和水泵等设备，增加了运行成本和维护难度。

2）能耗较大：由于臭氧氧化技术需要使用电能来产生臭氧，因此能耗较大，增加了能源消耗成本。

3）副产物问题：在臭氧氧化过程中，会产生一定量的中间产物和副产物，如甲醛、乙醛等有机物和自由基等，需要进行妥善处理，以避免对环境造成二次污染[18]。

3. 臭氧氧化设计应用实例

杨晓波[19]为开发适用于呼和浩特某工业园区污废水和回用水的综合处理工艺，以现有污水处理厂出水为原水，考察了臭氧催化氧化工艺（图 2-6）对工业废水的深度处理效果，并系统探究了催化剂种类、臭氧投加量和反应时间对 COD 去除率的影响。结果表明，经生化处理后的反渗透浓水与一期和二期反硝化滤池出水混合后，在催化剂活性组分为锰、臭氧投加量为 75mg/L 条件下，COD 浓度可从 50～60mg/L 降至 25～35mg/L，出水水质满足《地表水环境质量标准》（GB 3838—2002）Ⅴ类标准。

图 2-6　臭氧催化氧化反应实物图

程明涛和张万里[20]按照《太湖地区城镇污水处理厂及重点工业行业主要水污染物排放限值》（DB 32/1072—2018）对苏南地区某保税区工业园污水厂进行提

标改造，该污水厂设计规模为 $4.5\times10^4 m^3/d$，面临着出水标准大幅提高、水质复杂、可选择工艺有限、用地紧张等难题。现状工艺流程图如图 2-7 所示，提标改造后的工艺流程图如图 2-8 所示。通过现状进、出水水质分析，结合验证性实验结果，对二沉池出水采用气浮+臭氧催化氧化进一步处理，出水水质稳定达到新标准。提标改造后工艺流程为粗格栅/进水泵房+细格栅/旋流沉砂池+匀质池+生化池+二沉池+高速气浮池+臭氧催化氧化池。该工程总投资为 6637.08 万元，处理成本比原来增加 0.552 元/m^3。

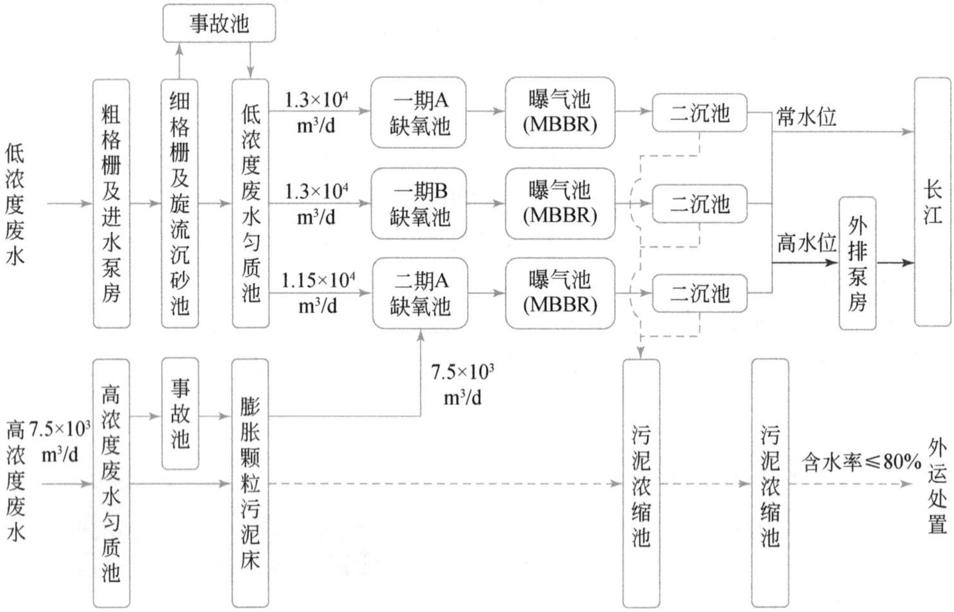

图 2-7　现状工艺流程图

2.1.4　膜分离

膜分离技术是一种利用膜的选择透过性，实现对液体或气体混合物中的不同组分进行分离或提纯的方法。在河道治理中，膜分离技术主要应用于低污染水深度处理，常见的膜分离技术有微滤（MF）、超滤（UF）、纳滤（NF）、反渗透（RO）、电渗析（ED）、膜生物反应器（MBR）等[21]。膜分离技术的基本原理是，当液体或气体混合物中的不同组分通过膜时，由于膜对不同组分的选择透过性不同，使得某些组分可以透过膜，而其他组分则被膜阻挡，从而实现分离[22]。

微滤属于精密过滤，又称筛网过滤，利用筛分原理及膜内外压差完成物质的分离。在 0.01～0.2MPa 静压下，过滤孔径范围一般在 0.1～10μm，小于膜孔径的

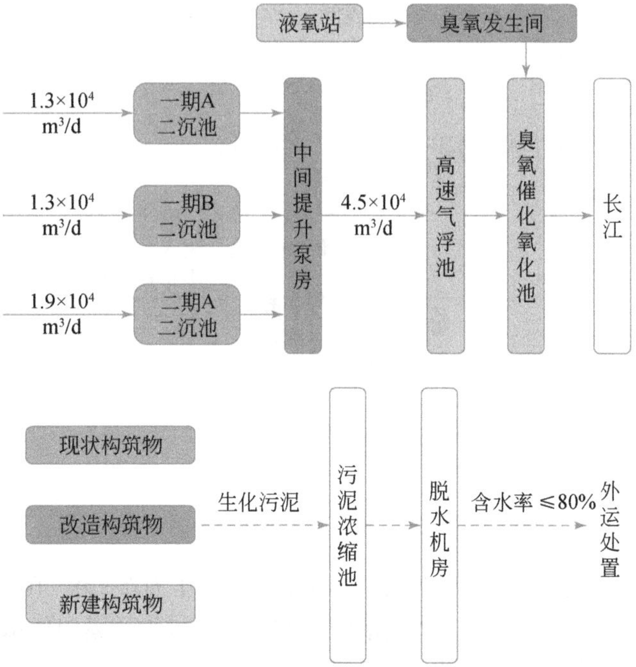

图 2-8　改造后的工艺流程图

大分子物质和溶解性固体等可通过膜孔，而大于膜孔径的细菌、悬浮物、大分子量胶体等物质将被膜截留。微滤膜是最早被开发应用的膜分离技术，因孔径较大、水通量大、能耗小，在分离大分子物质中十分适用[23]。

超滤膜一般具有非对称性膜结构，孔径范围在 0.001～0.1μm，利用筛分原理在 0.1～0.5MPa 压力推动下，分子量较小的溶剂或物质可以通过膜，而病毒、胶体、蛋白质、微生物、大分子有机物等有害物质则会被截留，从而达到分离效果，它主要用于含有大分子和胶体物质溶液的纯化和分离等[24]。超滤膜的过滤原理图如图 2-9 所示。

纳滤是超低压反渗透的发展分支，也属于压力驱动分离技术，纳滤膜的平均孔径约为 1nm，纳滤的截留性介于反渗透和超滤之间，与超滤和反渗透相比不同的是，纳滤膜具有超高的离子选择性，且膜上多带有电荷[25]。纳滤需在 0.5～2.5MPa 压力推动下进行，水、一价离子等物质将通过膜，而二价、三价等高价离子、糖、农药等物质将保留下来，以达到分离效果。纳滤膜具有很高的脱盐能力，对某些微生物、病毒的去除率可高达 95%，主要用于溶液中大分子物质的浓缩和提纯等，对原水水质要求较高。

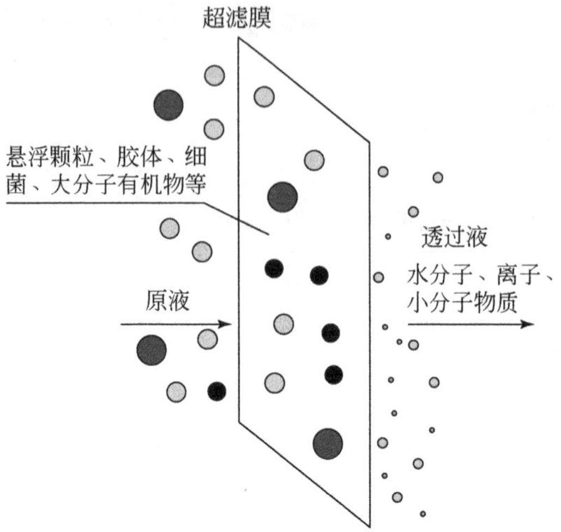

图 2-9　超滤膜的过滤原理图

反渗透膜的孔径范围通常在 0.1～0.7nm，操作压力在 1.0～10MPa，在高于溶液渗透压的压力作用下驱动高浓度溶液中的物质透过半透膜向低浓度溶液渗透完成分离任务，该过程称为反渗透。反渗透过程运行工作压力较大，能耗高，因其孔径极小，能够有效截留水中溶解性盐类、胶体、有机物等，广泛用于海水淡化、再生水利用等领域[26]。

电渗析使用的膜是一种离子交换膜，按电荷性质可分为阳膜和阴膜，是电化学过程和渗析扩散过程的结合，利用离子交换膜的选择透过性，以电位差为推动力，借助直流电使溶液中带电的粒子在电场力的作用下进行渗透并完成物质分离，阳离子能通过阳离子膜而无法通过阴离子膜。相反，阴离子能通过阴离子膜而无法透过阳离子膜，最终实现待处理废水的浓缩与淡化。这种离子交换膜价格较高，因此电渗析成本较高，现一般应用于苦咸水脱盐[27]。

MBR 是一种由膜分离技术和活性污泥法相结合的新型水处理技术，可完全取代传统污水处理厂二级处理的二沉池。该工艺将分离和生化设置在一个单元内，用超滤膜或微滤膜对二沉池的污泥混合液进行固液分离，取代传统二沉池的重力泥水沉降分离过程，使膜池中能保持很高的活性污泥浓度，生化程度高，出水水质优异，且氨氮、总磷去除效果好，也可用于污水处理的深度处理，实现中水回用。在 MBR 的应用方面，中国已成为世界上发展最快的国家，特别是自 2005 年以来，新建大中型 MBR 处理能力的年增长率已经超过 100%[28]。

1. 技术优点

1）高效分离：膜分离技术可以实现对液体或气体混合物中的不同组分进行高

效分离，特别适用于低浓度污染物的分离和提纯。

2）节能环保：膜分离技术操作压力低、能量消耗小，而且过程中不使用化学试剂，对环境友好。

3）易实现自动化：膜分离技术可以通过自动化设备实现连续生产，而且设备结构简单，操作方便，易实现自动化。

4）可持续性：膜分离技术可以实现废水的再生和循环使用，有助于水资源可持续利用[29]。

2. 技术缺点

1）膜污染：在膜分离过程中，污染物可能会在膜上积累，导致膜的堵塞和污染，需要定期清洗和维护。

2）选择合适的膜：膜分离效果的好坏在很大程度上取决于膜的选择，需要根据具体的水质和处理要求，选择合适的膜材料和孔径。

3）投资和维护成本高：膜分离技术需要的设备比较精密，制作成本高，同时需要定期清洗和维护，也需要一定的成本。

4）对高温和高压敏感：膜分离技术对温度和压力的变化比较敏感，可能会影响分离效果。在高温高压条件下，膜的寿命会缩短[30]。

3. 膜分离设计应用实例

MBR 在城镇污水工程应用中比较常见的有厌氧-缺氧-好氧-MBR（A^2O-MBR）工艺，某污水处理厂提标扩容工程因受用地的限制，为同时解决提标和扩建要求，采用“原厂减量+扩建 MBR 工艺”（图 2-10）。原厂处理规模为 16 万 m^3/d，在水厂不停工的情况下施工扩建总规模达 20 万 m^3/d，出水水质由一级 A 标准提升至准地表水Ⅴ类水质标准；通过 MBR 膜池工艺的处理过程，水中的 NH_4^+-N、TN、TP、BOD、COD 进一步降解，并最终达到出水标准；MBR 膜池作为该工程的核心部分，不仅具有出水水质优异、运动稳定程度高的特点，还能有效延长大分子物质的水力停留时间，加强难降解物质的去除效果[31]。山西省某污水处理厂存在进水指标超原设计值，出水标准需由原一级 A 提标至准地表水Ⅴ类水质标准，厂区内用地紧张改造工程只能在原用地上进行且改造过程不可停水等问题；为确保出水水质达到最终要求，污水厂因地制宜，根据实际情况合理比选改造方案，一期采用“AAOA+MBR 系统”提升改造，如图 2-11 所示。二期出水为了保证 SS 及总磷去除效果，在深度处理中采用占地少、出水水质好的外压式超滤系统，最终达到本次提标改造目标[32]。

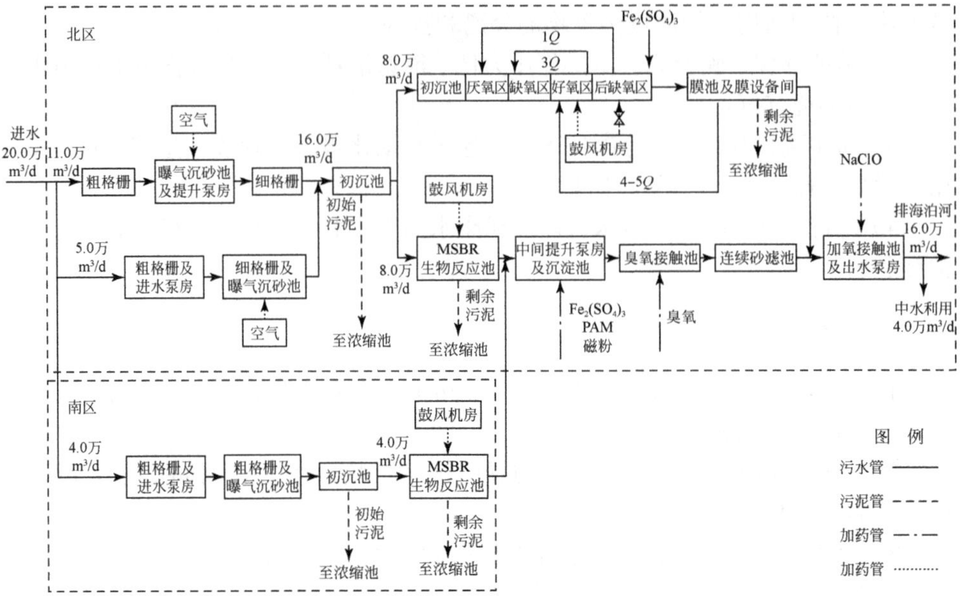

图 2-10　污水处理厂提标改造流程图

Q 为进水流量

2.1.5　曝气生物滤池

曝气生物滤池（BAF）是一种生物化学反应池，通过在池中填充颗粒状滤料，为微生物提供附着生长的环境[33]。曝气生物滤池主要用于处理低污染水，如河道治理中的点源污染控制[34]。在曝气生物滤池中，废水经过滤料层的过滤和微生物的吸附、降解等作用，实现污染物的去除和水的净化。曝气生物滤池的技术原理是利用微生物的新陈代谢作用，将废水中的有机物、氨氮等污染物转化为无害物质，如二氧化碳、水、硝酸盐等。曝气生物滤池的曝气过程为微生物提供了氧气，同时也使废水在池中均匀分布，提高了处理效率[35]。曝气生物滤池主要由以下四部分组成[36]。

第一部分，支持微生物生长的介质系统。这部分包括滤料和承托层。承托层一般由卵石组成，不仅对滤料提供支撑作用，同时对水流和反冲洗起着缓冲作用，避免水力过大造成滤料流失和滤头堵塞。介质一般由化学稳定性好、多孔、比表面积较大的球状或不规则颗粒物质组成，这样的滤料可以更好地为细菌、放线菌、真菌、原生动物及部分后生动物生长提供生长发育的适宜微生态环境。

第二部分，布水系统。布水系统由配水室和长柄滤头组成。污水从滤池底部或顶部进入，将滤料淹没于池中。根据污水进入滤池的方向，可以将曝气生物滤

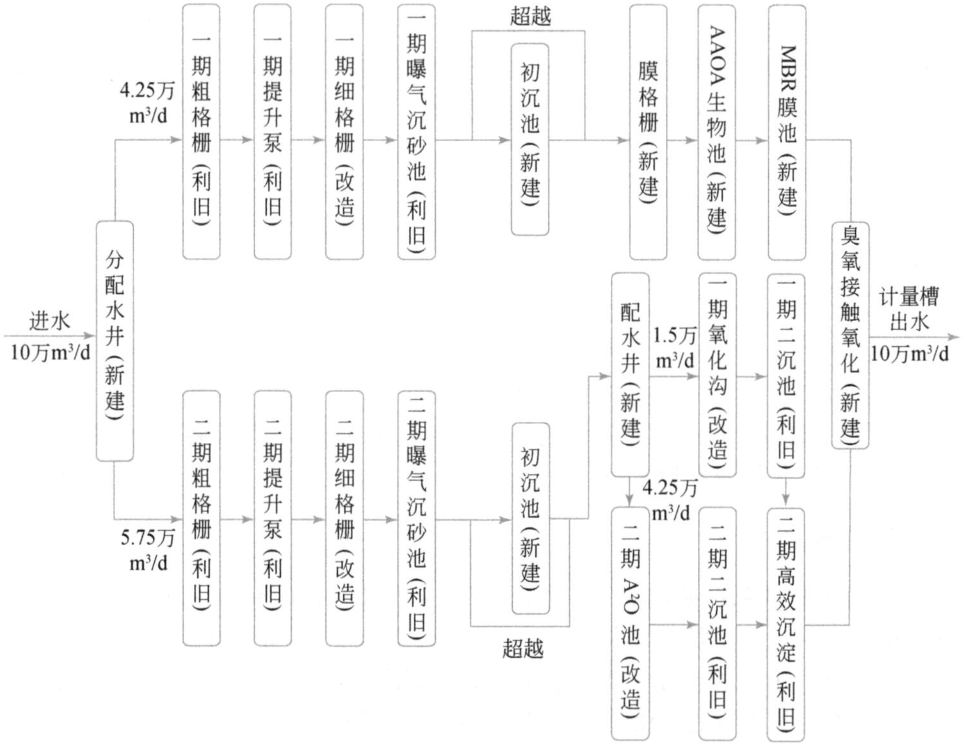

图 2-11　AAOA+MBR 系统工艺流程图

池分为上向流曝气生物滤池或下向流曝气生物滤池。污水流经滤料时，其上的生物膜对污水进行净化。

第三部分，布气系统。来自鼓风机或其他机械装置的空气经过设置在滤池中的空气管道、曝气器（主要为管式曝气），将空气鼓入污水中，为微生物的生长提供氧气，同时对污水起搅拌作用，也保持池内污水的水力学特征，有利于污染物和生物膜更好地接触，提高净化效率。

第四部分，反冲洗系统。滤池运行到一定时间后，滤料表面生物膜老化及滤料截留大量的悬浮物，致使滤料之间的间隙过小，滤池的过水能力下降，水头损失增大，滤池的净化污水能力降低，导致滤池功能下降，因此滤池需要经常进行反冲洗。反冲洗系统可以使滤池的功能得到及时更新。而反冲洗方式、反冲洗周期和反冲洗时间对曝气生物滤池的运行至关重要。在反冲洗方式的选择上有单水反冲洗和气水联合反冲洗两种。目前应用最多而效果又好的是气水联合反冲洗：先单气冲，后气水同时冲，最后单水冲。气水联合反冲洗过程中综合了空气剪切、摩擦和水流剪切以及滤料颗粒间碰撞摩擦的多重作用，因此不仅节省用水量，而且效果比单水反冲洗好。根据现有的曝气生物滤池运行的经验数据，气水反冲洗的气冲强度一般在 60～90m/h，水冲洗强度适中即可，而反冲洗时间一般在 15～50min。曝气生物滤池反冲洗后的净化功能恢复速度取决于滤料上活性生物膜层的存在与否，因此反冲洗时间的确定应以避免滤料生物膜层的脱落为准。

1. 技术优点

1）高效去除污染物：曝气生物滤池具有较高的污染物去除率，能够有效地去除废水中的有机物、氨氮等污染物，达到较高的水质标准。

2）无须添加化学药剂：曝气生物滤池处理废水时，不需要添加化学药剂，因此不会产生二次污染。

3）节能环保：曝气生物滤池能耗相对较低，操作简单，对环境友好。

4）易自动化：曝气生物滤池的处理过程可以通过自动化设备实现连续生产，降低了人工操作的成本和误差[37]。

2. 技术缺点

1）滤料堵塞和更换：曝气生物滤池的滤料使用一段时间后，会堵塞并需要更换。更换滤料时，需要停产维护，会对处理效率产生一定的影响。

2）对水质和水量波动敏感：曝气生物滤池对废水的水质和水量的波动比较敏感，如果水质和水量的变化过大，可能会影响处理效果。

3）需要合适的运行条件：曝气生物滤池的运行需要合适的温度、pH、溶解氧等条件，如果条件不合适，可能会影响微生物的生长和废水的处理效果[38]。

3. 曝气生物滤池设计应用实例

西北某精细化工园区集中式污水处理厂设计规模为 1.5 万 m^3/d，接纳的污水以生物化工和农药、医药中间体废水为主，水质特点呈现高浓度、可生化性差，且含有苯胺类、硝基苯类等有毒污染物。在高排放标准约束下，通过强化预处理单元对原水进行生物解毒，同时提高可生化性，进一步释放二级生物处理单元的处理潜力。唐章程等[39]采用铁碳微电解耦合芬顿（Fenton）氧化-水解酸化池-五段巴顿甫（Bardenpho）生物池-二沉池-磁混凝沉淀池-臭氧接触池-曝气生物滤池-反硝化深床滤池工艺（图 2-12），有效地解决了精细化工园区综合废水中含有生物毒性、难降解 COD 占比高以及各类污染物浓度高的问题。实际运行结果表明，组合工艺流程适用水质范围广，出水主要污染物指标稳定达到《地表水环境质量标准》（GB 3838—2002）准Ⅳ类水标准（TN 浓度 0.7mg/L），单位水处理总成本约 7.45 元。工业园区污水处理厂设计时应根据园区未来发展考虑安全设计容量，根据实际不同高、低负荷水质，安全运营，优化运维模式，做到精细化管理，这也是推动黄河流域污水处理高质量发展的方向。

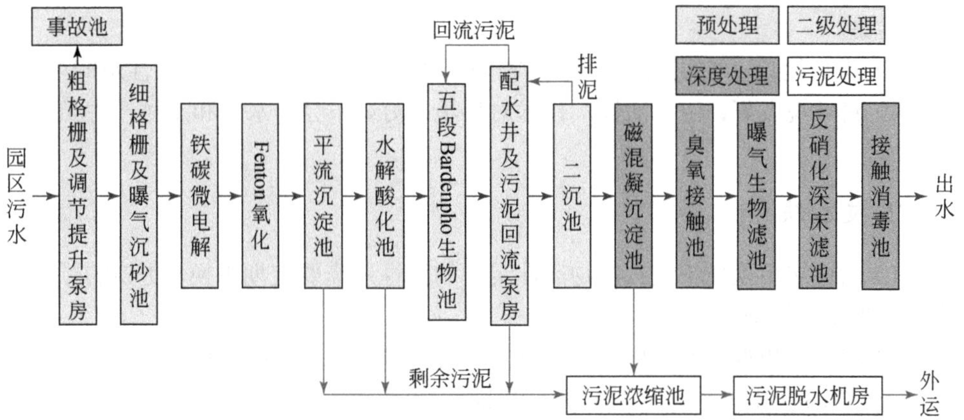

图 2-12　铁碳微电解耦合 Fenton 氧化-水解酸化池-五段 Bardenpho 生物池-二沉池-磁混凝沉淀池-臭氧接触池-曝气生物滤池-反硝化深床滤池工艺流程图

2.1.6　生物活性炭

生物活性炭是一种在活性炭中添加微生物的技术，它结合了活性炭的物理吸附和微生物的生物化学降解作用，用于处理低污染水，如河道治理中的点源污染控制[40]。在生物活性炭技术中，活性炭作为载体，为微生物提供了一个适宜的生长环境，同时也能有效地吸附和去除水中的有机污染物。生物活性炭的技术原理是利用活性炭的吸附作用，将废水中的有机污染物吸附在活性炭的表面，然后由附着在活性炭上的微生物进行生物化学降解，将污染物转化为无害物质，如二氧化碳和水，生物活性炭作为一种土壤改良剂的木炭，能帮助植物生长，可应用于农业用途与碳收集及储存使用，有别于一般用于燃料的传统木炭[41]。生物活性炭与一般的木炭一样，是生物质能原料经热裂解之后的产物，其主要成分是碳分子。对亚马孙黑土的研究，让科学家开始对生物炭产生兴趣。在日本，在农业中使用生物炭也有长久的历史。近年来，排放的二氧化碳、一氧化二氮及甲烷等温室气体造成气候变迁，让科学家开始重视生物炭的运用，因为生物炭可以吸附这些气体，捕捉与清除大气中的温室气体，将它转化成非常稳定的形式，并储存在土壤中达数千年之久。此外，使用生物活性炭，可以增加 20%的农业生产力，也可净化水质，并有助于减少化学肥料的使用[42]。

1. 技术优点

1）高效去除有机污染物：生物活性炭技术能够有效地去除水中的有机污染物，包括难以通过常规处理方法去除的微污染物质。

2）无须添加化学药剂：生物活性炭技术不需要添加化学药剂，因此不会产生二次污染。

3）操作简单：生物活性炭技术操作相对简单，只需定期更换活性炭即可。

4）对环境友好：生物活性炭技术对环境友好，不会对水体和土壤产生负面影响[43]。

2. 技术缺点

1）活性炭更换频率高：生物活性炭中的活性炭需要定期更换，更换的频率较高，增加了运行成本。

2）对水质和水量波动敏感：生物活性炭技术对废水的水质和水量的波动比较敏感，如果水质和水量的变化过大，可能会影响处理效果。

3）需要合适的运行条件：生物活性炭的运行需要合适的温度、pH 等条件，如果条件不合适，可能会影响微生物的生长和废水的处理效果[44]。

3. 生物活性炭设计应用实例

陈文超等[45]将制药、印染、造纸废水生化处理系统剩余污泥在厌氧条件下热解制备生物炭，探究有毒气体排放情况，表征多种污泥炭的理化性质，重点研究其对行业废水的深度处理行为，以及对水体生物的毒性作用。生物炭应用的工艺流程图如图 2-13 所示。结果表明，污泥炭产率为 53%～71%，随着热解温度的升高，CO_2 排放量降低，然而 CO、CH_4、H_2 有所上升。污泥炭 C 含量相对较低，含有 Fe、Mn、Cr、Pb 等重金属，其中印染污泥炭 Fe 含量高达 5540mg/kg。与低温、中温污泥炭相比，高温污泥炭条件下二沉池出水处理效果最佳，反应 24h 后，0.5g/L 制药污泥炭可去除 88.5%硫化物，但不能脱色；印染污泥炭处理可使废水 COD 浓度达标，对苯胺类去除效果较差；造纸污泥炭对废水中 COD、TN、色度均有去除作用。污泥炭去除污染物的同时会从自身释放少量金属离子；低剂量的污泥炭对水体生物的生长并不具有显著的影响，然而当污泥炭增至 2.0g/L 时，大肠埃希菌的菌落数降低 5.3%～11.2%，小球藻生长抑制率为 9.1%～12.3%。

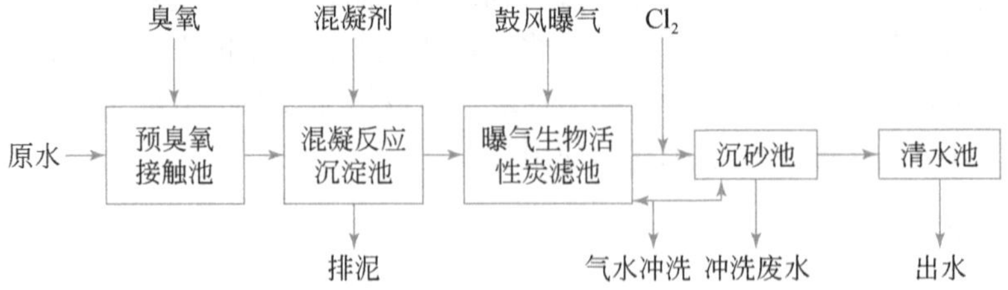

图 2-13　基于生物炭的污水处理工艺流程图

2.1.7　生物膜反应器

生物膜反应器（biological membrane reactors，BMR）是一种在污水处理中广泛应用的技术。在生物膜反应器中，微生物附着在一种固定或半固定的支持物表面，形成一层生物膜。当污水流经生物膜时，污水中的有机污染物被生物膜上的微生物氧化分解，从而达到净化水质的目的。生物膜反应器主要分为好氧和厌氧两种类型。在好氧生物膜反应器中，氧气作为电子受体，微生物将有机物作为能量来源，将有机物转化为二氧化碳和水。在厌氧生物膜反应器中，微生物将有机物作为电子受体，将有机物转化为甲烷和二氧化碳。填料是生物膜反应器的关键组成部分，其作为生物膜的载体能延长污泥停留时间（SRT）并与废水充分接触，强化微生物、废水和溶解氧三者间的传质，从而促进污染物的去除。目前采用的污水生物填料主要包括固定填料和悬浮填料，但其性能不一，从而影响污水的净化效果[46]。生物膜法有较高的处理负荷、剩余污泥量少，能够很好地处理高氨氮废水。因此生物膜法在实际处理高氨氮废水工程中有着非常广泛的应用。生物膜法又可以分为生物接触氧化法、生物滤池、生物转盘，以及生物流化床生物膜反应器（图 2-14）[47]和固定床生物膜反应器（图 2-15）[48, 49]。

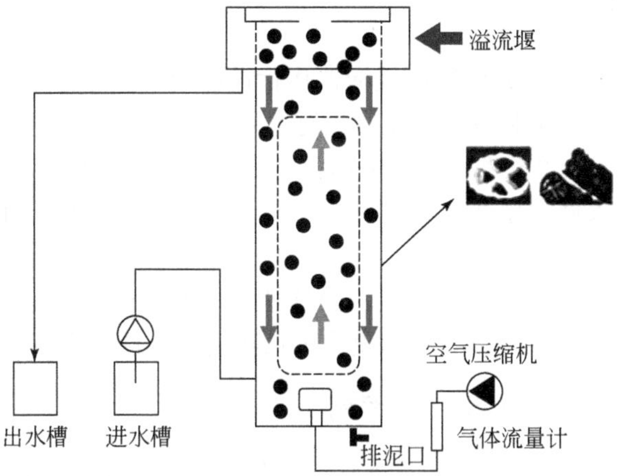

图 2-14　生物流化床生物膜反应器[47]

1. 技术优点

1）高污染物去除率：生物膜反应器具有较高的污染物去除率。由于微生物的特性和生物膜的物理化学性质，生物膜反应器能够有效地去除许多常规处理方法难以去除的有机污染物。

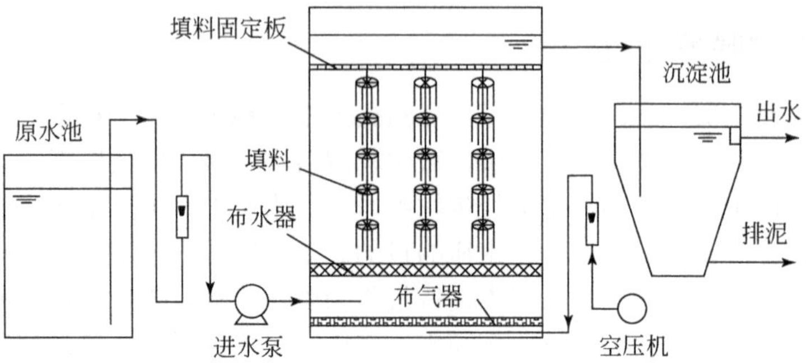

图 2-15 生物固定床生物膜反应器[49]

2）节能：与传统的活性污泥法相比，生物膜反应器的能耗较低，因为它不需要机械搅拌、曝气等能源密集型的操作。

3）抗冲击负荷能力强：生物膜反应器的微生物具有较高的适应性和灵活性，可以应对水质和水量的大幅度变化，抗冲击负荷能力强。

4）操作简单：生物膜反应器的运行和维护相对简单，不需要太多的专业知识和技能。

2. 技术缺点

1）生物膜脱落问题：生物膜反应器运行过程中，有时会出现生物膜脱落的问题，这会影响处理效果和设备的正常运行。

2）对温度、pH 等条件敏感：生物膜反应器的微生物对温度、pH 等环境条件较为敏感，这些条件发生变化，可能会影响微生物的生长和活性，从而影响处理效果。

3）需要合适的进水负荷：生物膜反应器对进水负荷有一定的要求，如果进水负荷过高或过低，可能会影响生物膜的生长和活性，从而影响处理效果。

3. 生物膜反应器技术应用案例

韦怀德等[50]分析了一体化多级厌氧好氧工艺法（anaerobic oxic，AO）生物膜反应器处理分散式农村生活污水的效果（图 2-16），探讨了反应器的可行性及沿程处理效果。结果表明，在平均水温为 15～28℃、硝化液回流比为 100%、水力停留时间为 10h 的运行条件下，该反应器出水 COD、氨氮、总氮的平均浓度分别为 30mg/L、5.74mg/L、31.55mg/L，出水 COD 和氨氮浓度满足河南省《农村生活污水处理设施水污染物排放标准》（DB 41/1820—2019）一级排放标准，反应器抗 COD、氨氮冲击负荷性能较好，且该一体化污水处理装置运行费用低，约为 0.30 元/m^3。

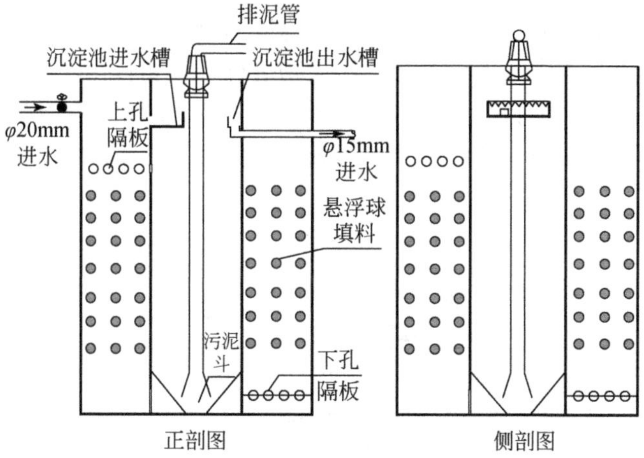

图 2-16　华水罐一体化反应器示意图

敬双怡等[51]采用厌氧/特异性移动床生物膜反应器（AMBBR/SMBBR）工艺对焦化废水进行生物降解（图 2-17），AMBBR 可通过厌氧消化有效降解酚类、喹啉和吲哚等有机物；SMBBR 中好氧曝气能够进一步降解 2,2,4,4,6,8,8-七甲基壬烷、丁酸乙酯、苯甲酸乙酯和苯酚等有机污染物。AMBBR/SMBBR 组合工艺为焦化废水的高效处理提供了新方案。

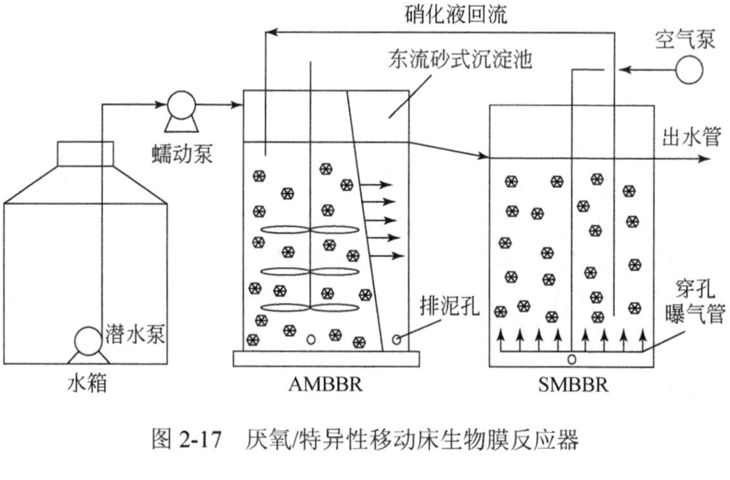

图 2-17　厌氧/特异性移动床生物膜反应器

2.1.8　稳定塘

稳定塘（stable lagoon）是一种在河道治理中常用的点源污染控制技术，也被称为氧化塘或生物塘。稳定塘是以太阳能为初始能量，通过在塘中种植水生植物，进行水产和水禽养殖，形成人工生态系统，在太阳能（日光辐射提供能量）作为初始能量的推动下，通过稳定塘中多条食物链的物质迁移、转化和能量的逐级传递、转化，将随污水进入塘中的有机污染物进行降解和转化，最后不仅去除了污染物，而且以水生植物和水产、水禽的形式作为资源回收，净化的污水也可作为再生资源予以回收再用，使污水处理与利用结合起来，实现污水处理资源化（图2-18）。

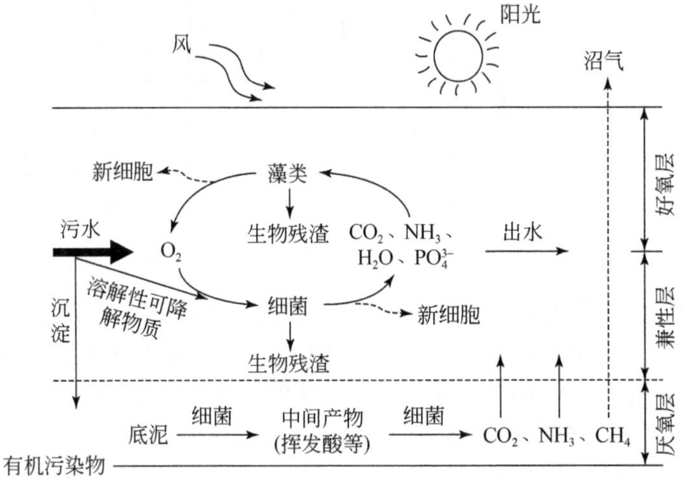

图 2-18　稳定塘工作原理示意图

人工生态系统利用种植水生植物及养鱼、鸭、鹅等形成多条食物链。其中，不仅有分解者生物即细菌和真菌，生产者生物即藻类和其他水生植物，还有消费者生物，如鱼、虾、贝、螺、鸭、鹅、野生水禽等，三者分工协作，对污水中的污染物进行更有效地处理与利用。如果在各营养级之间保持适宜的数量比和能量比，就可建立良好的多生态平衡系统。污水进入这种稳定塘，其挟带的有机污染物不仅被细菌和真菌降解净化，而且降解的最终产物中，一些无机化合物作为碳源、氮源和磷源，以太阳能为初始能量，参与食物网中的新陈代谢过程，并从低营养级到高营养级逐级迁移转化，最后转变成水生作物、鱼、虾、蚌、鹅、鸭等产物，从而获得可观的经济效益[52]。

1. 技术优点

1）低能耗：稳定塘是一种自然的污水处理系统，运行过程中只需要少量的机械通风或曝气，因此能耗较低。

2）污染物去除效果好：稳定塘中的微生物和植物可以有效地去除污水中的有机物、营养物质和重金属等污染物。同时，通过在稳定塘中种植具有吸收和净化功能的植物，可以进一步提高污染物的去除效果。

3）有利于生态修复：稳定塘不仅是一种污水处理技术，还有利于水生生态系统的恢复和重建。在稳定塘中种植的水生植物可以为水生生物提供栖息、繁殖和觅食的场所，促进水生生态系统的平衡和稳定[53]。

4）就地处理：稳定塘可以在原地处理污水，不需要大量的管道和泵站等设施，因此建设和运行成本较低。

2. 技术缺点

1）处理效率不稳定：稳定塘的处理效率受到多种因素的影响，如气温、季节、污水负荷等，因此可能会出现处理效率不稳定的情况。

2）占地面积大：稳定塘是一种大型的污水处理设施，需要占用较大的土地面积。在城市地区，土地资源有限，因此稳定塘的适用范围可能受到限制。

3）气味和苍蝇问题：稳定塘在夏季高温时可能会出现异味和苍蝇问题，这可能会对周围环境和居民的生活造成一定的影响。

4）维护和管理要求高：稳定塘需要定期维护和管理，包括清理底部淤泥、修剪植物、监测水质等，这需要一定的专业知识和技能。

3. 稳定塘技术应用案例

何凡等[54]采用三级稳定塘+人工湿地组合工艺（图 2-19）对尾水（20000m^3/d）进行深度处理。经过一年连续稳定运行，该组合工艺对污水处理厂尾水具有良好的净化效果，化学需氧量（COD_{Cr}）、NH_4^+-N 和 TP 的平均去除率分别为 53.91%、57.15%和 35.13%，出水水质稳定达到《地表水环境质量标准》（GB 3838—2002）的Ⅰ类水要求，有效削减入河污染物总量，保障国控断面水质稳定达标。出水可回用于农田浇灌、道路清扫和车辆清洗等，实现水资源可持续利用。

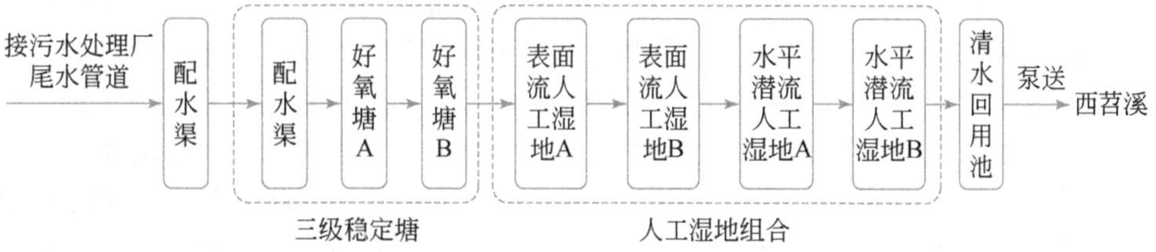

图 2-19　三级稳定塘+人工湿地组合工艺流程

刘汝鹏等[55]采用稳定塘等工艺处理实际生活污水，具体工艺见图 2-20，工艺中对 COD、BOD、SS 的去除效果明显，BOD、SS 的总去除率在 55%～80%；COD 的去除率在 50%～78%；NH_4^+-N、TP 的去除率受季节影响较大，在夏秋季水生植物生长期，去除率可达 40%～60%，而在冬春季去除率较低，其中 TP 在此工艺中去除率最低，除 11 月～次年 1 月出水浓度高于 1mg/L 外，其余时间均优于《污水综合排放标准》（GB 8978—1996）二级标准，达到设计要求。

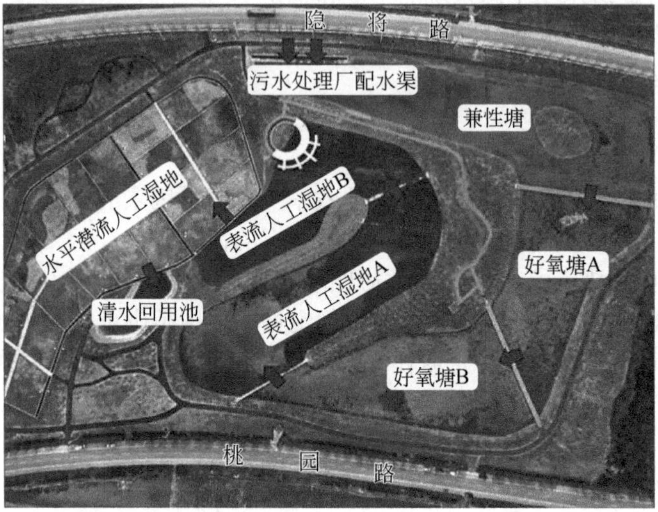

图 2-20　污水处理各个单元平面布置

2.1.9　人工湿地

人工湿地（constructed wetland）是自 20 世纪 70 年代发展起来的一种污水生态处理技术，以基质、植物及微生物协同通过物理、化学和生物作用进行污水处理的人工生态系统[56]。人工湿地技术是为处理污水而人为地在有一定长宽比和底面坡度的洼地上用土壤和填料（如砾石、第三代活性生物滤料等）混合组成填料床，使污水在床体的填料缝隙中流动或在床体表面流动，并在床体表面种植具有性能好、成活率高、抗水性强、生长周期长、美观及具有经济价值的水生植物（如芦苇、蒲草等），形成一个独特的动植物生态体系。通过自然生态系统的生物、物理和化学过程，对污水进行深度处理。人工湿地由人工建造的基质和植物组成，通过模拟自然湿地的生态功能，利用植物、微生物和基质的联合作用，对污水中的污染物进行吸收、分解和转化。人工湿地可以分为表面流湿地和潜流湿地两种类型。表面流湿地是污水在湿地表面流动，通过植物和微生物的作用净化水质；潜流湿地是污水在湿地内部流动，通过植物、微生物和基质的联合作用净化水质。人工湿地一般常根据布水方式和水流形态将其分为三类：表面流人工湿地[图 2-21（a)]、水平潜流人工湿地［图 2-21（b)］和垂直潜流人工湿地［图 2-21（c)］。

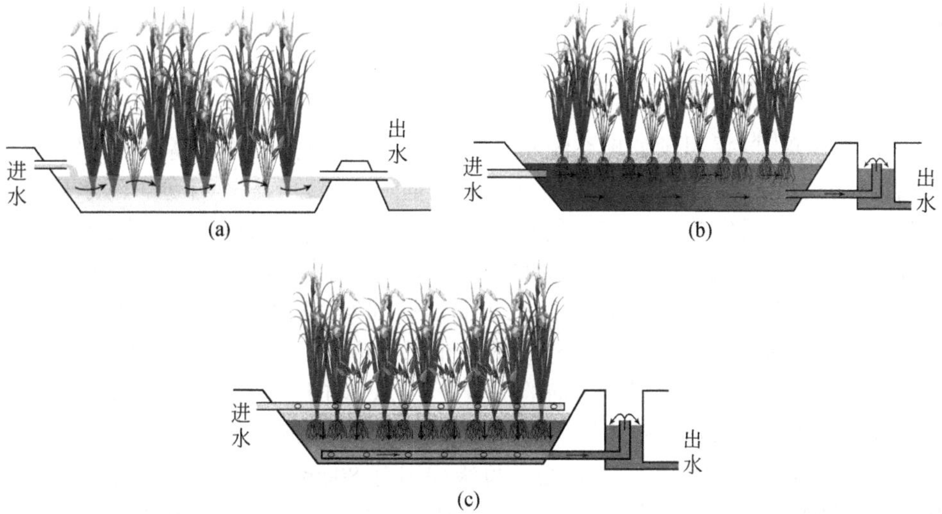

图 2-21　表面流人工湿地（a）、水平潜流人工湿地（b）、垂直潜流人工湿地（c）

1. 技术优点

1）节能环保：人工湿地是一种自然的污水处理技术，不需要大量的机械和设备，因此建设和运行成本较低，同时对环境的影响也较小。

2）污染物去除效果好：人工湿地通过自然生态系统的生物、物理和化学过程，可以有效地去除污水中的有机物、氮磷和重金属等污染物。同时，人工湿地中的植物和微生物种类与数量可以根据需要进行调整，进一步提高污染物的去除效果。

3）有利于生态修复：人工湿地不仅是一种污水处理技术，还有利于水生生态系统的恢复和重建。在人工湿地中种植的植物可以为水生生物提供栖息、繁殖和觅食的场所，促进水生生态系统的平衡和稳定。

4）提高水质：人工湿地不仅可以去除污染物，还可以通过吸附、沉淀和过滤等作用，提高水质[57]。

2. 技术缺点

1）受气候和环境影响较大：人工湿地的处理效率受到气候和环境的影响较大，如气温、季节、污水负荷等，因此可能会出现处理效率不稳定的情况。

2）占地面积大：人工湿地是一种大型的污水处理设施，需要占用较大的土地面积。在城市地区，土地资源有限，因此人工湿地的适用范围可能受到限制。

3）维护和管理要求高：人工湿地需要定期维护和管理，包括清理植物、更换基质、监测水质等，这需要一定的专业知识和技能。同时，人工湿地的运行管理也需要一定的人力资源。

3. 人工湿地技术应用案例

李怀正等[58]采用预处理系统和垂直潜流人工湿地组合处理系统处理上海市农村污水，其中垂直潜流人工湿地处理系统是污水处理的核心部分。污水处理工艺流程示意图见图 2-22。该工程设计污水处理规模为 3000m^3/d，服务面积为 358hm^2。污水处理量达到设计负荷的 96%时，出水水质整体可达到《城镇污水处理厂污染物排放标准》一级 B 标准（除表面活性剂外，其他指标达到一级 A 标准）。美舍河凤翔湿地公园是人工湿地建设的一个重要应用，该项目设计的目的是改善城市的生态环境，恢复昔日美舍河的美景[59]。总体布局分为人工梯田湿地区、自然湿地区、入口广场区、乔木区、河岸区、园路区、果园区等（图 2-23）。人工梯田湿地景观在设计上总共分为 8 级，每级梯田有 80cm 高，梯田上种植水中的絮状物和大颗粒污染物，能够对污染的水质达到一定的净化作用。8 级阶梯具有 3 个阶段的水质净化过程，第一个阶段运用了芦苇、梭鱼草、再力花、香蒲等水生植物，植物下面放置了细石子和粗石子两种不同类型的滤石，这些滤石能够吸附污染物，在这一阶段污水具有较强的净化能力。第二阶段是以慈姑、千屈菜、纸莎草、翠芦莉等水生植物种植的四级梯田。这一阶段主要用于净化水中的氮磷等污染元素。第三个阶段是种植水菜花、睡莲、荷花等植物的一级梯田，这一阶段种植的植物能够通过叶面与水接触，通过叶面的气孔吸收水中的二氧化碳。在人工梯田湿地中，通过微生物和水生植物及滤石等步骤的处理，能够对污水起到净化作用。汤青峰等[60]通过人工湿地来生物修复治理平原河网黑臭水体。经改造后新路圩河水质由《地表水环境质量标准》（GB 3838—2002）劣Ⅴ类提升至Ⅳ类，水体流速提升至 0.05m/s 以上，常规污染物的去除率最高达 90%，溶解氧含量和透明度提高 30%。分析结果可为新路圩河流域治理及其他同类工程提供依据和参考。

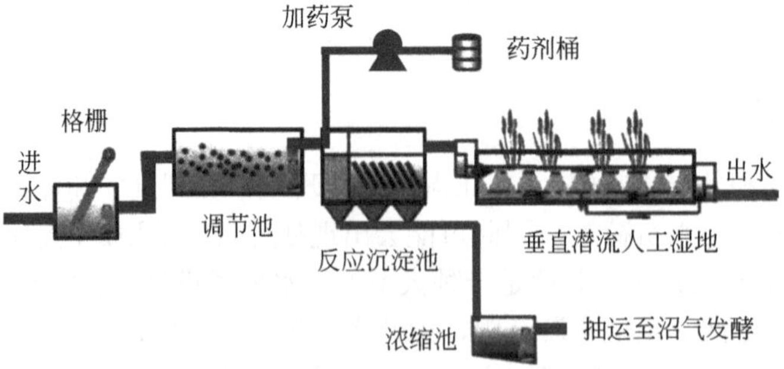

图 2-22　森林旅游园污水处理工艺流程示意图[58]

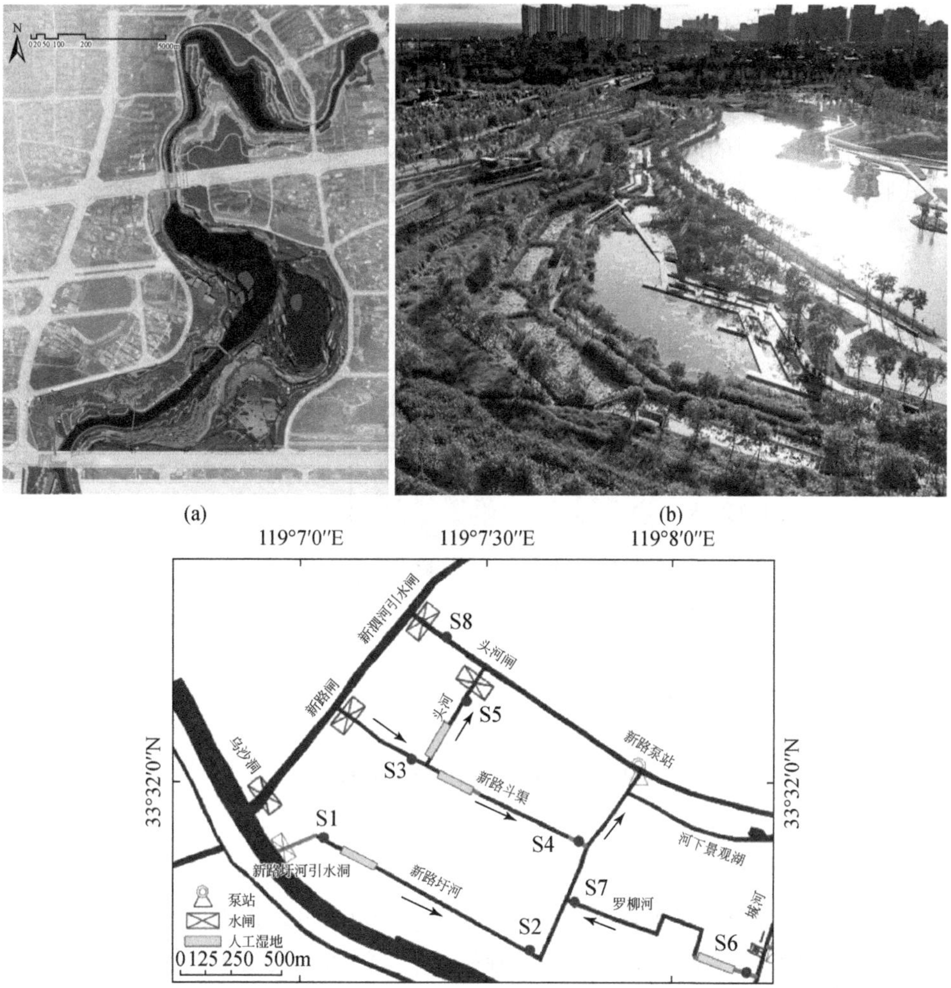

图 2-23　海口美舍河凤翔湿地公园设计平面图（a）；人工湿地梯田景观实景图（b）；平原河网水利设施、人工湿地分布示意图（c）[59]

2.2　分散式点源污染处理技术

2.2.1　膜生物反应器

膜生物反应器是一种分散式点源污染处理技术，它结合了活性污泥法和膜分离技术，以膜组件代替传统的沉淀池，直接将废水与污泥混合进入膜过滤器，污水中的污泥和微生物被截留，污水被过滤和排出[61]。膜生物反应器在污水处理过程中具有较高的有机负荷和污染物去除率，同时具有良好的出水水质。它既有膜分离技术的优势，又吸取了生物处理技术的优点。其凭借独特的污水处理优势，在环保治理领域中的应用越来越广泛。膜生物反应器主要有 3 种类型，分别为分离式膜生物反应器、无泡曝气膜生物反应器及重力流膜生物反应器（图 2-24）。

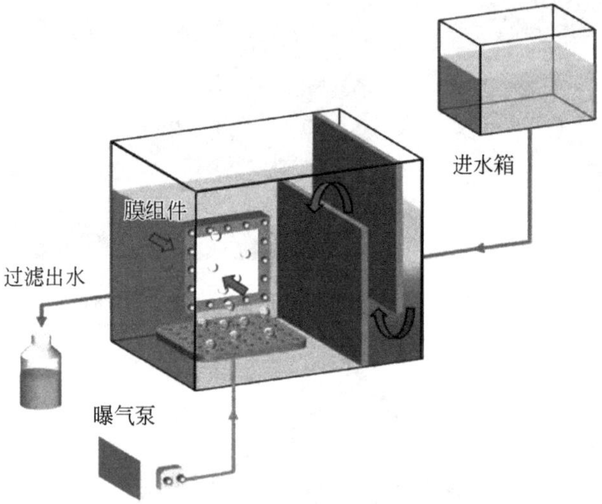

图 2-24　重力流膜生物反应器[62]

1. 技术优点

1）出水水质高：膜生物反应器的出水水质较高，可以作为再生水或优质排水用于农业、工业、生活等方面，同时避免了常规污水处理技术中的悬浮物、有机物等物质对环境造成的影响。

2）工艺简单：膜生物反应器工艺流程简单，操作方便，占地面积小，可实现自动化控制，运行稳定可靠。

3）去除效率高：膜生物反应器具有较高的污染物（包括有机物、氨氮、总氮、总磷等）去除率，特别适合处理高浓度有机废水。

4）可回收再利用：膜生物反应器可以回收废水中的有用物质，如水资源、能源等，实现废水的资源化利用。

2. 技术缺点

1）能耗高：膜生物反应器的运行需要较高的能耗，包括污水泵、膜过滤等过程都需要消耗大量能源，因此运行成本较高。

2）膜污染问题：由于膜过滤会截留污泥和微生物，长时间运行容易出现膜污染问题，需要定期清洗和维护，增加了运行成本和难度。

3）维护难度大：膜生物反应器的维护需要专业知识和技能，而且需要定期进行化学清洗和维护，对于一些大型污水处理厂来说，维护和管理难度较大。

3. 膜生物反应器技术应用案例

Spernal 污水处理厂位于英国，为大约 9.2 万人提供污水处理服务。工厂旱季每小时处理能力达到 1150t 污水，日处理量可达 27000t。其核心处理技术为厌氧 MBR 系统，并配备了初级沉淀池、活性污泥系统、固定膜滤池、腐殖质沉淀池和砂滤池。可实现在较低温度（18℃）的环境中稳定运行。Spernal 污水处理厂的厌氧 MBR 出水通过离子交换技术进一步处理，从而生产出具有重要农业应用价值的硫酸铵和羟基磷灰石。在硫酸铵的生产方面，该技术的成熟度已达到 6 级。该系统过程包括应用浓缩氨的离子交换器和中空纤维膜接触器，这些技术的氮回收率极高，超过 76%，能够从全规模系统中回收相当于 88%的污水处理厂氮负荷流入量。离子交换技术同样用于浓缩磷酸盐，以便在后续步骤中以羟基磷灰石的形式沉淀磷酸盐。这一技术的成熟度为 7 级，其磷回收率达到了全规模系统的 80%。这些磷以磷酸钙的形式进行试点回收，用于农业生产。相比英国传统市政污水处理厂，Spernal 污水处理厂利用厌氧 MBR 处理城市污水，在运营成本上更为经济（图 2-25）。所节约的能源和减少的污泥处理成本可以有效抵消任何额外的化学品或材料成本。此外，以磷酸钙形式进行的磷回收试点显示，土壤或地下水生态系统即便长期施用也不会受到重金属的高风险影响，这些重金属含量均低于检测限[63]。

图 2-25　Spernal 污水处理厂利用厌氧 MBR 处理城市污水[63]

ZeeWeed®膜生物反应器工艺是 GE 公司的专利技术，实现了活性污泥法与超滤膜技术的完美结合。该工艺利用 ZeeWeed®500 加强型中空纤维膜替代了传统活性污泥法的二沉池和三级处理中的多介质过滤或超滤膜，一步达到三级出水要求或反渗透系统的进水水质要求，具有强化营养物去除（ENR）和生物营养物去除（方向）功能的 ZeeWeed®膜生物反应器通过优化生化反应器的设计达到生物脱氮除磷的目的，以满足最严格的水质标准，该技术适用于市政和工业废水处理，以及采用更严格排放标准的新建处理厂、现有处理厂的改扩建。清河污水处理厂再生水回用工程就是采用 MBR 工艺，具体的工艺流程如图 2-26 所示。

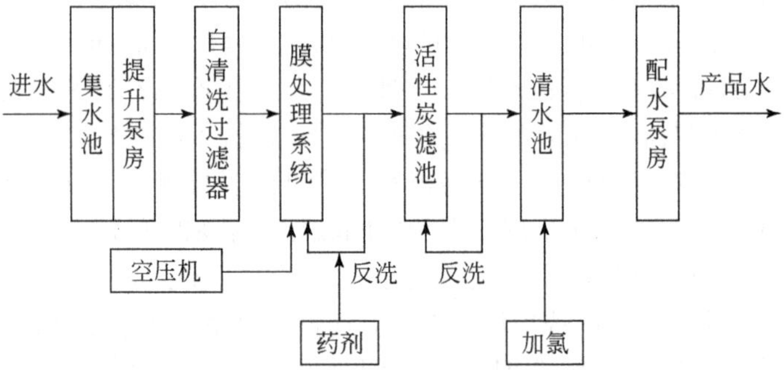

图 2-26 清河污水处理厂再生水回用工程的工艺流程[64]

2.2.2 生物接触氧化工艺

生物接触氧化工艺是一种兼有活性污泥法和生物膜法特点的新的好氧生物膜处理法。生物接触氧化工艺系统由浸没于污水中的填料、填料表面的生物膜、曝气系统和池体构成（图 2-27）。微生物主要以生物膜的状态附着在固体填料上[65]。在有氧条件下，污水与固着在填料表面的生物膜充分接触，通过生物降解作用去除污水中的有机物、营养盐等，使污水得到净化[66]。

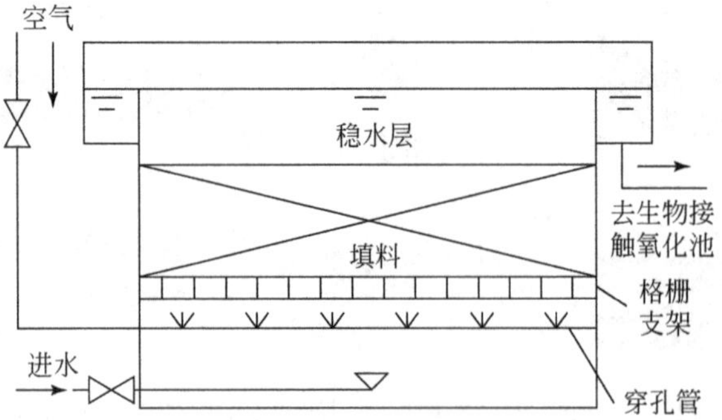

图 2-27 生物接触氧化池构造示意图

在该工艺中，生物填料是关键技术之一（图 2-28）。作为微生物载体，对污泥微生物的生长、繁殖和脱落有着较大的影响。微生物在其表面的附着状态与污水处理的效率、能耗、基建投资、稳定性及可靠性均有直接关系。随着材料合成相关科技的发展，各种类型的生物填料不断更新换代。根据发展历程，可以将填料划分为硬性填料、软性填料、半软性填料、组合填料、弹性立体填料、悬浮性填料、固定化微生物型填料等[67]。在未来，研究开发负载能力强、低成本、生物友好型填料，提高微生物中传质过程将成为重点研究方向[68]。

图 2-28　生物接触氧化池中的填料

1. 技术优点

1）比表面积大：由于有填料作为载体，且所投填料比表面积比一般生物膜法大，可形成稳定性好的高密度生态体系，挂膜周期相对缩短，在处理相同水量的情况下，水力停留时间短，所需设备体积小，场所占地面积小。

2）污泥浓度高、泥龄长：生物接触氧化工艺的污泥浓度比传统活性污泥法能高出4～6 倍，可以达到10～20g/L。在一般情况下体积负荷为 3～10kg $BOD_5/(m^3·d)$，是传统活性污泥法的 3～5 倍。

3）充氧条件良好：生物接触氧化工艺对氧的利用率是传统活性污泥法的 4～9 倍，会节省 20%～30%的动力消耗。

4）污泥产量少、无须污泥回流：相对传统活性污泥法来说，由于生物接触氧化法的污泥产量少，在操作过程中一般不会发生污泥膨胀，也无须频繁调整回流污泥量及 DO 含量。

5）设备简单，操作容易，维修方便，运行费用低，综合能耗低。

2. 技术缺点

填料上生物膜实际数量随 BOD 负荷而变。BOD 负荷高，则生物膜数量多；反之亦然；生物膜量随负荷增加而增加，负荷过高，则生物膜过厚，在某些填料中易堵塞；由于填料设置使氧化池的构造较为复杂，曝气设备的安装和维护不如活性污泥法方便。

另外，生物接触氧化工艺有时脱落一些细碎生物膜，沉淀性能较差，造成出水中的悬浮固体浓度稍高，其一般可达到 30mg/L 左右。

3. 生物接触氧化工艺设计应用实例

本案例选择了上海市奉贤区某河道边的排污口进行应急净化处理。该处理装置充分利用先进技术，包括集水导流系统、厌氧均质系统、太阳能曝气系统、生物接触氧化系统、湿地过滤系统和浮动连接系统（图 2-29），形成一套多功能的处理装置。太阳能曝气系统和浮动式槽体设计降低运维费用，提升经济性，并扩大了应用范围。

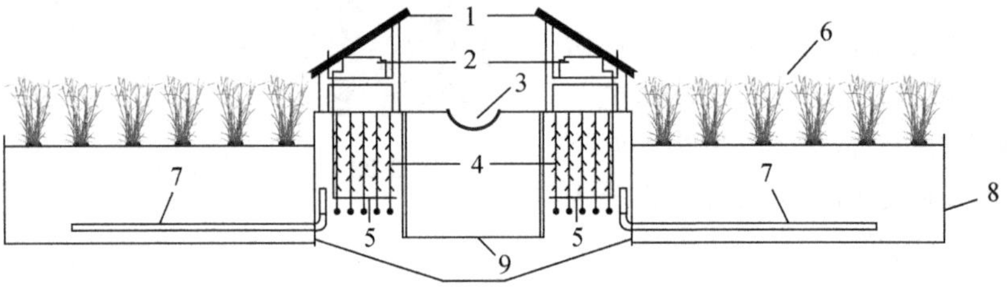

图 2-29　生物接触氧化净化槽平面图

1. 太阳能板；2. 曝气系统；3. 溢流口；4. 好氧填料；5. 曝气管；6. 水生植物；7. 配水管；8. 填料区；9. 提篮（含填料）

处理过程包括生活污水经过滤、厌氧处理、接触氧化、人工湿地过滤等单元，最终以溢流方式排入河道。在雨污混合排放口的处理中，通过导流堰减小冲击，实现更好的处理效果。接触氧化单元采用太阳能曝气系统，通过铺设不锈钢筛网和固定太阳能板，保障供氧效果。人工湿地选择火山石、陶粒、沸石等材料，并种植浮水植物和挺水植物，达到吸附和美化的双重效果。

整个处理装置通过过滤、微生物降解、填料吸附和植物同化等多重作用，实现了原位生物接触氧化的污水净化。排污口 COD、氨氮、TP 的平均去除率分别可达 53.7%、52.2%、72.9%。这套系统在处理雨污混合排放口和小型污水排放口污水时都表现出色，不仅净化水质，减轻入河污染，还与河道环境协调，具备良好的景观效果。

哈尔滨制药四厂是黑龙江省最大的固体制剂制药生产基地。其主要产品有乙酰螺旋霉素片、去痛片、解热止痛片、强力脑清素片、胃必治片、安乃近片、交沙霉素片、新速效感冒片等。产生的废水中含有大量难降解有机物及有害物质，主要为芳香族化合物，BOD/COD 约为 0.3。选择采用水解酸化-二级生物接触氧化工艺，废水处理工艺流程[69]如图 2-30 所示。

废水在厂内汇集，通过格栅去除较大的漂浮物、悬浮物后，自流至水解酸化调节池。水解酸化调节池内废水由潜污泵均匀打至竖流式初沉池，初沉池出水自流至第一级生物接触氧化池，再至第二级生物接触氧化池。废水经二级生物接触氧化反应后，自流至二沉池，二沉池清水外排。

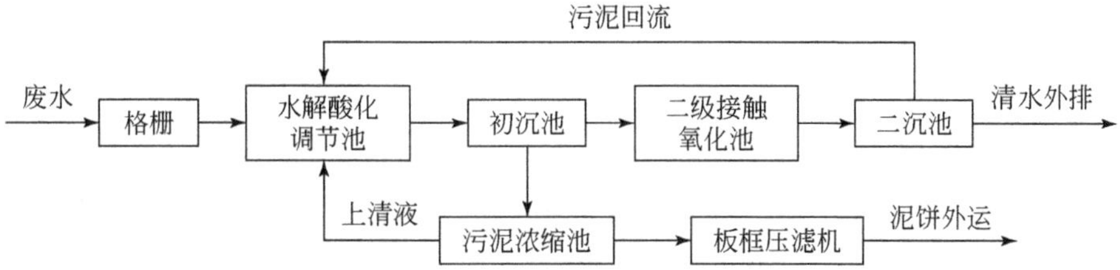

图 2-30　制药废水处理工艺流程

废水微生物处理中，根据不同限制条件利用不同微生物群体，实现不同处理目标，即分段处理原理。第一级高负荷运行削减污染物，第二级低负荷保证出水水质。氧化池采用二级接触氧化工艺，总水力停留时间为 12h，其中第一级为 4h，第二级为 8h。该工艺运行稳定，高效处理，适应原水水质变化，使出水水质趋于稳定。通过二级接触氧化工艺，生化效率提高，生物氧化时间缩短，整体处理效果显著。

2.2.3　一体化 A^2O 工艺

A^2O 是一种常见的二级污水处理工艺，可用于二级污水处理或者三级污水处理，以及中水回用，具有良好的脱氮除磷效果。在厌氧段，聚磷菌释放菌体内的多聚磷酸盐并吸收低级脂肪酸等易降解有机物；在缺氧区，反硝化细菌利用从好氧区中流入的大量硝酸盐及可降解有机物进行反硝化反应，达到去碳脱氮的目的；在好氧区，有机物被生化降解，其浓度继续下降；有机氮被氨化，继而被硝化，转化为硝酸盐[70]。

为了减小占地面积、降低建设和运行费用，通过将水解池、二沉池、提升泵池、沉淀池等与 A^2O 的 3 个反应池整合为一体形成生物处理一体池，示意图如图 2-31 所示。这对农村生活污水处理和工业园区小型污水厂具有较好的适用性。

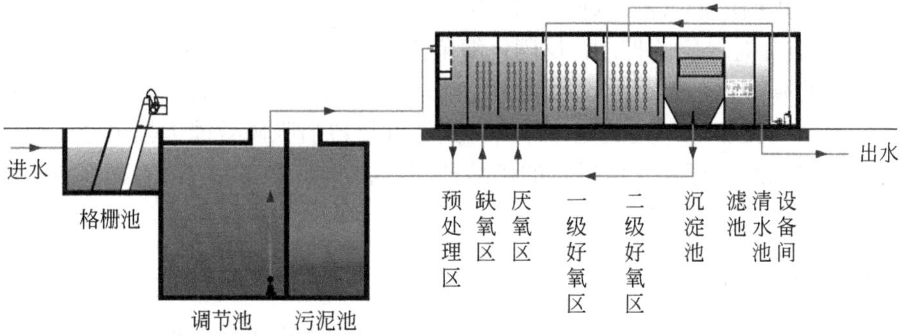

图 2-31　超级 A^2O 一体化处理设备内部构造

根据地区人员集散程度及水量特点，其规格型号可进行定制化设计。其上下游链条匹配较为简单，将污水集中收集后采用设备进行处理，出水可排放或进行回用，受地域、环境、资源能源等因素的限制较小。

1. 技术优点

1）厌氧、缺氧、好氧 3 种不同的环境条件和微生物菌群种类的有机配合，能同时具有去除有机物、脱氮除磷的功能。

2）本工艺在系统上可以称为最简单的同步脱氮除磷工艺，总的水力停留时间少于其他同类工艺。

3）在厌氧-缺氧-好氧交替的条件下运行，好氧丝状菌难以大量繁殖，活性污泥不易膨胀，污泥体积指数（SVI）＜100。

4）二沉池的剩余污泥含磷污泥一般较高，可作磷肥回收利用。

2. 技术缺点

1）污泥龄矛盾：硝化细菌为自养细菌，繁殖慢，短 SRT 可能使其在系统中无法繁殖，影响硝化效果。相关研究表明，过长的 SRT 会导致污泥老化，降低反硝化除磷效率。为实现较好的反硝化和除磷效果，需控制较短污泥龄。在 A^2O 系统中，硝化细菌与反硝化菌和聚磷菌的需求存在矛盾。典型控制 SRT 在 10～15d，这会使得有机物和磷去除率降低，以满足硝化细菌需求。

2）碳源竞争：在脱氮除磷系统中，释磷和反硝化都要消耗大量的碳源，因而生物脱氮除磷系统的释磷和反硝化之间存在着因碳源不足而引起的微生物之间的竞争。因此通常工艺中脱氮除磷二者无法兼顾，其出水中氮、磷的去除率也不会太高。

3）溶解氧残余干扰：进入沉淀池的处理水要保持一定浓度的溶解氧，减少水力停留时间，防止产生厌氧状态和污泥释放磷的现象出现，但溶解氧浓度也不宜过高，以防止循环混合液对缺氧反应器的干扰。

4）硝酸盐对释磷的抑制：反硝化细菌优先利用易降解碳源，导致聚磷菌难以获取足够的碳源，使反硝化速率高于释磷速率。在碳源不足时，若厌氧段存在硝酸盐，聚磷菌受影响，无法充分释磷，到达好氧段后吸磷效能大幅下降。尽管脱氮除磷需要硝酸盐存在，但过量的硝酸盐回流会严重影响聚磷菌的释磷效率，挑战系统脱氮效果的提升。

3. 一体化 A^2O 工艺技术应用案例

四会市大沙镇污水处理厂的生化处理工艺采用中山市环保设计院提供的一体化 A^2O 氧化沟工艺[71]。设计每天处理水量 15000m^3，工艺流程为进水—格栅—提升泵—旋流沉砂池——一体化 A^2O 氧化沟—滤布滤池—紫外消毒—出水。

一体化 A^2O 氧化沟生化段处理系统采用同心圆结构，分为厌氧区、缺氧区、好氧区和沉淀区，水力停留时间分别为 1.2h、2.2h、6.5h 和 6.5h。厌氧区通过底部进水管进入，混合液流向缺氧区和好氧区，通过可调和不可调堰门控制。好氧区底部配置微孔橡胶曝气头，通过鼓风机供氧。系统设计混合液悬浮固体（MLSS）浓度为 3000mg/L，污泥龄为 14d，好氧区溶解氧浓度维持在 2～3mg/L。沉淀区上清液流出，底部沉降污泥回流至好氧区。推流器安装于厌氧区、缺氧区和好氧区，以提高混合效果。整体设计合理，具有除磷和生物选择的功能，能够有效地处理污水。

一体化 A^2O 氧化沟工艺集厌氧、缺氧、好氧、沉淀于一体，所需用地较传统工艺少；较传统工艺少了一些设备和管道，较传统工艺投资较少；通过池壁之间的堰门调节内部回流，能够较好地控制生化运行环境，微生物脱氮除磷效果较好（图 2-32）。

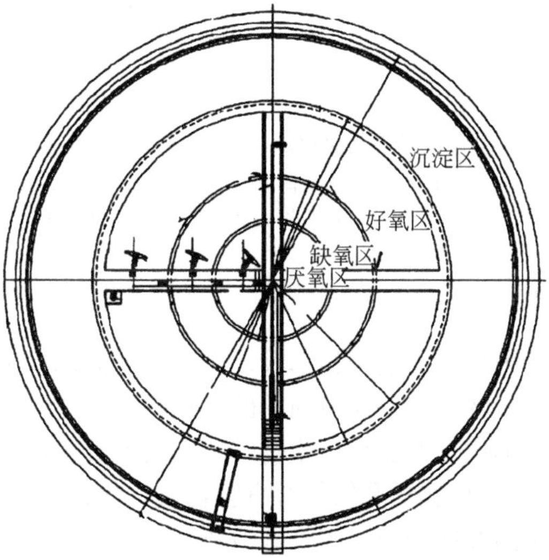

图 2-32　一体化 A^2O 氧化沟生化单元平面图

中山市环保产业有限公司设计了一套小型一体化 A^2O 工艺+高效人工湿地组合技术（图 2-33）。本技术采用组合工艺，污水首先进入一体化 A^2O 生化装置，通过厌氧、缺氧、好氧的多级处理过程，完成脱氮除磷，出水达到人工湿地进水标准后，进入预埋菌垂直流复合人工湿地，在新型填料、高效菌种、湿地植物等的多重作用下，水中的有机物、氨氮、总氮、总磷均被有效降解，水质得以深度净化，出水可达到地表水Ⅳ类及以上标准。

工程示范及应用情况包括北京市平谷区 2017 年农村治污工程（第一批）PPP 项目（第一标段）、广东省吴川市长岐镇污水处理项目和广东省吴川市兰石镇污水处理项目（首期），其出水效果均达到各自的地方水污染物排放限值。

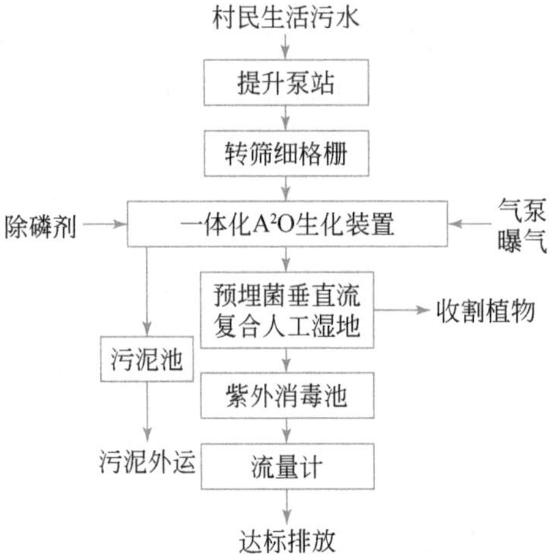

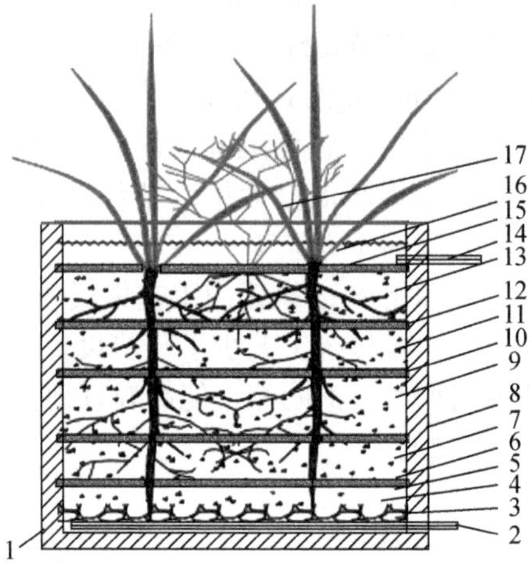

图 2-33　组合技术工艺流程图（a）及人工湿地示意图（b）

1. 人工池；2. 排水管；3. 大石层；4. 细石层；5. 砂滤层；6. 活性炭过滤层；7、9、11、13. 湿地填料；8. 第四菌层；10. 第三菌层；12. 第二菌层；14. 进水管；15. 第一菌层；16. 水层；17. 水生或湿生植物

2.2.4　生物滤池

生物滤池是生物膜反应器的最初形式，生物滤池的基本工作原理是利用微生物的活性将水中的有机物质分解为较简单的无机物质。这些微生物以生物膜的形式附着在滤材表面，形成一种被称为生物膜的生物附着层，生物膜中的微生物通过代谢作用，将水中的有机物质和氨氮等有害物质转化为较为稳定和无害的物质，生物滤池已有百余年的发展历史。由于滤池新介质的设计和采用，多种组合工艺的出现，以及对生物膜法工艺的深入理解，使生物滤池的经济性和可靠性得到改进，生物滤池得到更多应用。当前，生物滤池已成为许多用于碳氧化和氮硝化两者合并处理的一个可行的选择。

生物滤池一般由五部分组成：填料床、池壁、布水投配系统、排水系统和空气通风系统。填料床提供微生物附着生长所需表面。介质可以是砾石、木板条和新型滤池采用的各种类型和形状的合成塑料填料。由于填料的革新、工艺运行的改善，生物滤池由低负荷向高负荷发展，现有的主要类型为普通低负荷生物滤池（图 2-34）与高负荷生物滤池、塔式生物滤池以及曝气生物滤池（图 2-35）等。

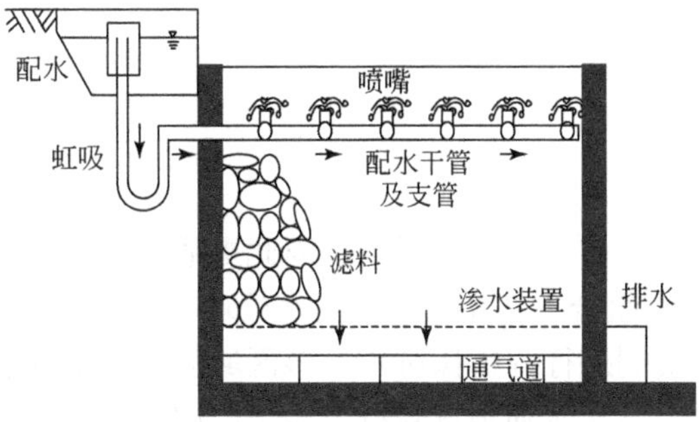

图 2-34 普通低负荷生物滤池示意图

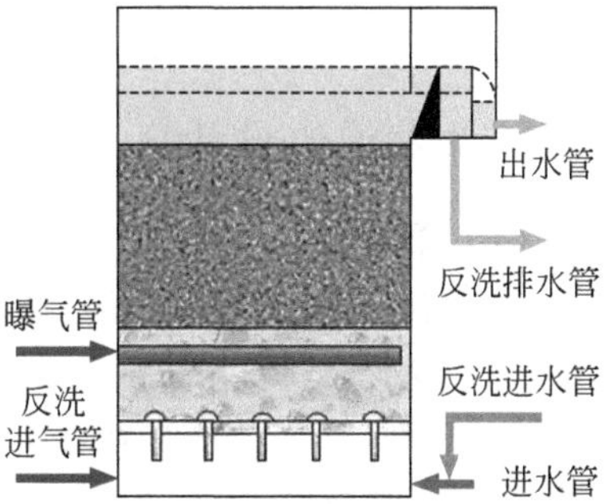

图 2-35 曝气生物滤池示意图

1. 技术优点

尽管生物滤池具有简单的表面结构，但其内部水力学以及微生物的生物学和生态学是复杂且多变的。这些特征赋予了该过程强大的稳健性。换句话说，该过程具有保持其性能或在无流动期、强烈使用、毒性冲击、介质反冲洗（高速生物过滤过程）等情况下迅速恢复到初始水平的能力。

生物膜的结构可以保护微生物免受恶劣环境条件的影响，并将生物质保留在过程中，即使条件不适合其生长。生物滤池具有以下优点。

1）由于微生物被保留在生物膜中，生物滤池允许相对较低比生长速率的微生物发展。

2）抗冲击负荷能力强，耐低温。国外运行经验表明，曝气生物滤池可在正常负荷 2～3 倍的短期冲击负荷下运行，而其出水水质变化很小。

3）运行成本低于活性污泥法，在普通生物滤池中，氧气通常是通过自然或机械方式供应，不需要大量的电力。而在曝气生物滤池中，氧的利用效率可达 20%～30%，曝气量也明显低于一般生物处理法。

4）生物滤池的池体采用组装式，便于运输和安装；在增加处理容量时只需添加组件，易实施；也便于气源分散条件下的分别处理。

5）出水水质高。由于填料本身截留及表面生物膜的生物絮凝作用，出水 SS 浓度很低，一般不超过 10mg/L。

2. 技术缺点

1）由于生物质的过滤和生长会导致过滤介质中物质的积累，因此这种类型的固定膜工艺容易受到生物堵塞和流道的影响。对进水的 SS 浓度要求较高，进水的 SS 浓度一般不超过 100mg/L，最好控制在 60mg/L 以下。

2）水头损失较大，水的总提升高度大。一般来说，水头损失根据具体情况，每级为 1～2m，这样就在整体上加大了水的总提升高度。

3. 生物滤池设计应用案例

（1）案例 1

上海农村地区经济发达、人口密度大、土地资源紧缺，因此更适宜采用占地面积小、污水处理效果良好的生物-生态组合工艺系统进行污水处理。结合上海市嘉定区某镇农村生活污水处理工程的实例进行分析探讨[72]。该区域受墅沟水闸引水影响大，水体置换充分，流动性强，常年水质情况较好。多个监测断面水质单因子评价为Ⅴ类水以上。除少数河道呈轻度污染外，大多数河道断面水质一般或较好。

流程图如图 2-36 所示，污水首先通过格栅池去除大悬浮物和漂浮物，随后进入调节池平衡水质和水量。调节后的污水通过提升泵进入生物滤池，生物滤池通过生物膜吸附、分解污染物，有效去除有机物、氨氮和磷。污水接着进入沉淀池实现泥水分离，其中部分出水回流至调节池，其余进入人工湿地系统。人工湿地是准生态系统，通过悬浮物的截留和微生物的降解作用，去除有机物、氮磷和重金属。整个基质-植物-微生物组合生态系统通过协同作用，综合去除了污水中的有机物、悬浮物、重金属、氮和磷等污染物。

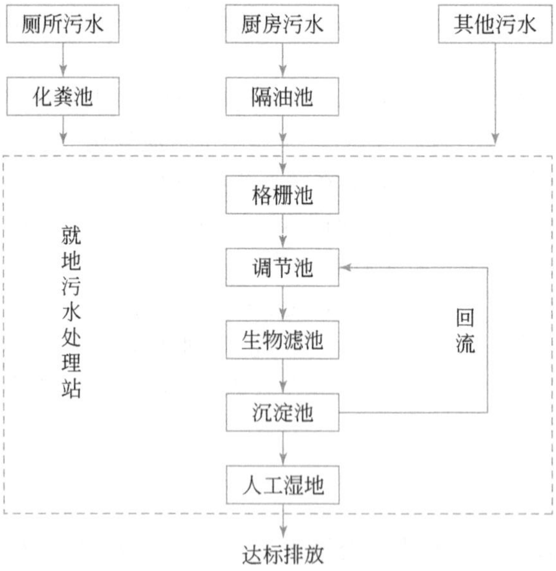

图 2-36　生物滤池-人工湿地组合工艺处理农村生活污水流程图

本工程于 2017 年 6 月建成并开始投入使用。污水处理系统运行中每吨水的处理成本为 1.35 元。系统出水中 COD_{Cr}、BOD_5、NH_4^+-N 和 TP 的平均浓度分别为（40.7±18.6）mg/L、（10.5±9.2）mg/L、（7.2±0.5）mg/L 和（0.9±0.2）mg/L，满足《城镇污水处理厂污染物排放标准》（GB 18918—2002）一级 B 排放标准。

（2）案例 2

厦门市第二污水厂原采用一级处理工艺，处理尾水深海排放，设计规模为 $1×10^5m^3/d$。自 2004 年开始对其进行改造，考虑到该污水厂位于市中心地段，占地受限，故采用得利满公司的 BIOFOR 曝气生物滤池（图 2-37）[73]。

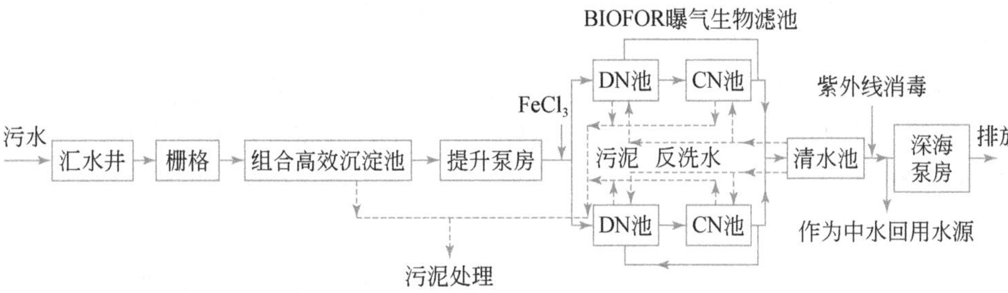

图 2-37 厦门市第二污水厂 BIOFOR 曝气生物滤池工艺流程

BIOFOR 曝气生物滤池采用了得利满公司专利的滤料 Biolite。该滤料是一种进口火山岩，其粒径为 2～6mm。整个滤池采用模块化设计，结构紧凑。中央 PLC 柜控制滤池的运行，实现了高度的自动化程度。

BIOFOR 曝气生物滤池采用前置反硝化工艺，反硝化（DN）池主要负责反硝化和有机物去除，而硝化（CN）池则负责控制出水水质，池内的硝化液回流到 DN 池中。连续监测 50 多天的数据显示，由于 DN 池设置在 CN 池的前面，DN 池接纳污水的能力较强，因此其整体效果略高于 CN 池。从整个曝气生物滤池的角度来看，出水水质良好。

采用 BIOFOR 曝气生物滤池处理城市污水，其出水水质可达到《城镇污水处理厂污染物排放标准》（GB 18918—2002）一级 B 标准。同时，满足了厦门市土地资源紧张的要求。然而，对总氮的去除仍有待改进，实际的运行经验值得推广。

2.2.5 地下渗滤

地下渗滤系统（subsurface wastewater infiltration system，SWIS）是一种基于生态学原理处理分散式生活污水的技术，将污水有控制地投配到具有一定构造、距地面一定深度的土层中，借助土壤的净化功能，达到污水处理要求的一种原位污水土地处理系统[74]。

近年来，通过从不同学科角度深入揭示污水地下渗滤系统的生物学过程、物化过程、水力学过程，一些基质层协同净化作用的微观机制逐渐明晰，该技术也从依赖经验设计逐渐过渡到标准化设计。整合对污水地下渗滤系统的多视角认知，可对该技术重新进行如下定义：污水在可控负荷（水力负荷与污染物负荷）条件下，被投配到具有一定垂直构造的复合土壤基质中，污水在基质层不同深度受毛细力、重力等各优势力作用而呈现独特的毛细散水爬升流动与重力控制下渗流动，污染物受不同流态区内微生物-基质-植物的协同作用而逐步得到净化。

按照系统的剖面结构与应用场合的不同，可将污水地下渗滤系统分为尼米槽型（niimisystem）、管腔型（chambersystem）、渗滤沟型（draintrenchsystem）、渗滤坑型（seepagepitsystem）和其他改进型。其中尼米槽型污水地下渗滤系统工程化应用最普遍，研究相对集中和深入。

通常地，图2-38可概括性地描述工程化的污水地下渗滤系统的基本工艺流程。预处理的目的是削减 90%以上的固体悬浮物（SS），并将进入系统的污染物负荷（COD、BOD、N、P）控制在一定范围内，保证地下渗滤系统安全稳定运行[75]。

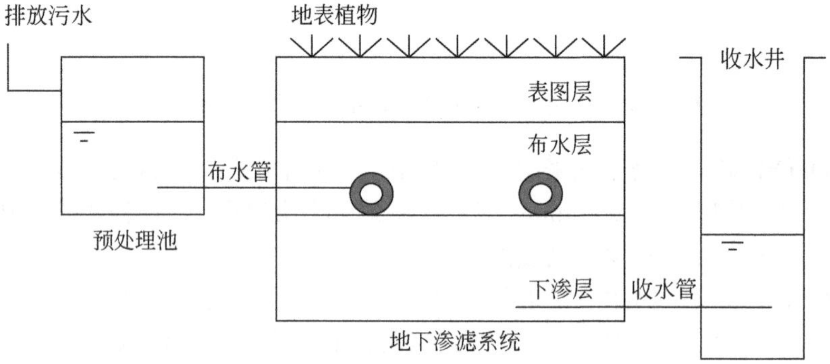

图 2-38　污水地下渗滤系统工艺流程概念图[75]

1. 技术优点

1）工艺流程简单，运行可靠，管理方便；
2）处理效果稳定，出水水质良好；
3）全部处理过程均在地下完成，对地面景观无影响；
4）对预处理要求低，满足一般化粪池出水即可。

2. 技术缺点

1）容易堵塞：土壤地下渗滤堵塞的原因较多，包括生物堵塞、物理堵塞和化学堵塞。生物堵塞是土壤地下渗滤系统处理生活污水的过程中，土壤基质中微生物量以及胞外聚合物逐渐增加，堵塞土壤基质中的孔隙通道，最后发生生物堵塞。由于生活污水进水系统的污染物浓度最高，上层土壤基质中微生物的碳源充足，因此生物堵塞通常发生在土壤地下渗滤系统处理层的上层。生物堵塞成为土壤地下渗滤系统堵塞的主要形式。物理堵塞由生活污水中的固体悬浮物以及生活污水进入土壤地下渗滤系统后的水力挟带作用使土壤中的微小颗粒向下运动堵塞土壤孔道引起。由于生活污水中的固体悬浮物通常在系统的处理层上层被截留，因此物理堵塞通常与生物堵塞发生在同一位置。化学堵塞是污水中的物质与土壤基质中的物质产生新的化学物质而堵塞土壤的孔道。土壤地下渗滤系统初始运行的 1～3 个月，渗透速率明显降低。土壤地下渗滤系统的水力负荷偏大时，发生堵塞的概率增加，甚至会出现污水溢流现象，造成环境污染。

2）占地面积大：生活污水渗流通过土壤地下渗滤系统时，污水中污染物得到截留或降解。由于污水在土壤地下渗滤系统中的渗流速度较慢，处理量有限；土壤地下渗滤系统的水力负荷通常在 5～13cm/d，即处理 $1m^3$ 生活污水占地面积通常大于 $8m^2$，因此土壤地下渗滤系统的占地面积大。对生态环境有一定影响：复式断面改造可能会破坏原有的河道生态环境，改变水生生物的栖息地和河流的自然形态，影响生态系统的平衡。同时，结构物工程的设置也可能会对河道周围的景观造成一定的影响。

3）长期除磷能力有限：土壤地下渗滤系统除磷过程主要依靠物理化学作用去除，形成难溶的含磷化合物被截留在土壤中。由于土壤基质的最大磷吸附量一定，运行一段时间后土壤地下渗滤系统出水出现磷穿透现象，其原因是土壤基质中的磷含量达到最大吸附量[74]。

4）维护管理难度大：复式断面改造需要更多维护和管理，如及时清理河道、定期检查结构物等。如果维护管理不到位，可能会影响河道治理的效果和生态环境的恢复。

3. 地下渗滤技术设计应用实例

上海交通大学朱南文团队[76]分析了上海市崇明区化粪池-土壤地下渗滤系统示范工程的运行效果（图 2-39），发现用聚氨酯泡沫等材料改良原位土壤的渗透性能后，该系统可以承受较大的水力负荷，动力费用低；土壤地下渗滤系统对化粪池出水的处理效果稳定，化粪池出水中污染物的去除率保持在 85%以上。而且，示范工程在连续运行的 27 个月中，无堵塞现象发生。

中国科学院广州地球化学研究所[77]开发了一种高负荷地下渗滤污水处理复合技术，原污水经过格栅、沉淀、厌氧预处理后，通过污水提升泵定时定量地进入高负荷地下渗滤系统，污水在高负荷地下渗滤系统内通过散水管网平均分配于整个散水层，当污水在滤料中横向和竖向渗滤的同时，污水中的污染物被滤料拦截、吸附，并最终被附着于滤料表面的微生物分解、转化而去除。为增加氧气供应量，在降落期间定时定量地对高负荷地下渗滤系统进行有效充氧。经过渗滤处理的污水再经过缺氧深度处理后达标排放。工艺流程如图 2-40 所示。2008 年以来，采用该技术在我国 15 个省（区、市）建成生活污水和市政污水处理设施 400 余座，单座设施处理规模为 15～3000m^3/d。

图 2-39　崇明岛试验的施工过程以及运行现状图

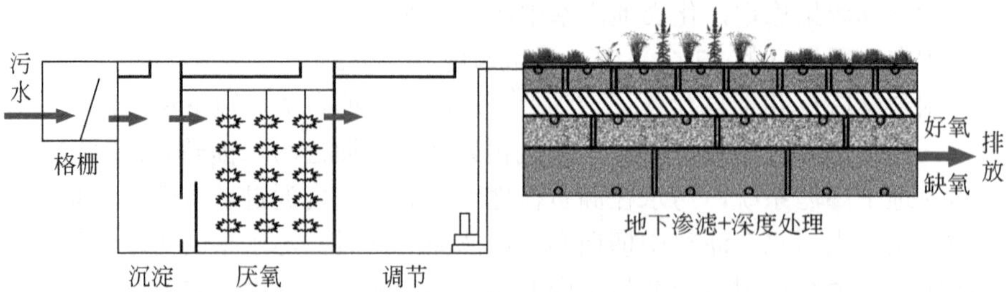

图 2-40　高负荷地下渗滤系统污水处理流程图

2.2.6　人工湿地

人工湿地是一种人工建造和监督控制的与自然湿地类似的地面，是 20 世纪 70 年代蓬勃兴起的一种废水处理新技术。其设计和建造是通过对湿地自然生态系统中的物理、化学和生物作用的优化组合来进行的，一般利用这三者的协同作用来处理废水。这种湿地系统是在一定长宽比及底面有坡度的洼地中，设置由土壤和填料（如砾石等）混合组成的填料床，废水可以在床体的填料缝隙中流动，或在床体的表面流动，并在床的表面种植具有处理性能好、成活率高、抗水性能强、生长周期长、美观且具有经济价值的水生植物（如芦苇等），形成一个独特的生态环境，对污水进行处理。人工湿地作为一种新型的污水处理技术，具有处理效果好、投资运行费用低、管理维护水平要求不高的特点，若选取适当植物，污水的处理还可以与绿化相结合，取得净化污水、美化绿化环境的综合效果，并能为野生动物提供栖息场所等诸多优点，因而逐渐受到人们的重视[78]。

人工湿地是土壤、植物和微生物 3 个互相依存要素的组合体。土壤层中的微生物在有机物的去除过程中发挥主要作用，湿地植物的根系将氧气带入周围的土壤，但远离根部的环境处于厌氧，形成处理环境的变化带，这就提高了人工湿地去除复杂污染物和难处理污染物的能力，大部分有机物的去除利用土壤微生物的作用，但某些污染物如重金属、硫、磷等可通过土壤和植物的作用降低浓度。人工湿地净化废水的机理复杂，迄今还不完全清楚。一般认为，人工湿地生态系统是通过物理、化学及生化反应三重协同作用对污水进行净化的。其中，物理作用主要是过滤、沉积作用，污水进入湿地，经过基质层及密集的植物茎叶和根系，可以过滤、截留污水中的悬浮物，并沉积在基质中；化学反应主要指化学沉淀、吸附、离子交换、氧化还原反应等，这些化学反应的发生主要取决于所选择的基质类型；生化反应主要指微生物在好氧、兼氧及厌氧状态下；通过开环、断键分解成简单分子、小分子，再被微生物利用等作用，实现对污染物的降解和去除。

1. 技术优点

1）节能环保：人工湿地是一种自然的生态处理技术，运行能耗低，而且可以充分利用太阳能、风能等自然能源，减少对环境的污染。

2）处理效果好：人工湿地对有机物、氨氮、总氮、总磷等污染物的去除率较高，特别适合处理低浓度污水和受污染的河流、湖泊等。

3）景观价值高：人工湿地不仅可以净化污水，还可以美化环境，成为生态景观的一部分。在人工湿地中种植植物，可以增加绿化面积，提高生态环境的质量。

2. 技术缺点

1）对设计要求高：人工湿地的设计需要具备一定的专业知识，需要经过精心设计才能确保其处理效果和稳定性。

2）受气候条件影响：人工湿地的运行和处理效果受到气候条件的影响较大，特别是在寒冷地区，可能会导致湿地的冻结和失效。

3）需要定期维护：人工湿地需要定期进行清理和维护，如果管理不当，可能会导致湿地的堵塞或污染物的积累，影响处理效果和稳定性。

3. 人工湿地实际应用案例

冀建平[79]针对成都农村地区的生活污水，采用厌氧-人工湿地组合工艺（图 2-41）对其进行处理。实验表明：该地区生活污水处理后其中的 COD、NH_4^+、TN 以及 TP 等的浓度达到了《城镇污水处理厂污染物排放标准》（GB 18918—2002）中规定的一级标准的要求。巫小云等[80]采用景观型人工湿地用于处理川西北生态示范区散户农村生活污水，以补充河道生态需水和减少农村环境污染(图 2-42)。选择在阿坝藏族自治州茂县十里沟村开展现场示范应用研究，底部曝气、美人蕉与西伯利亚鸢尾等搭配种植、冬季搭建保温棚等应用于本湿地。结果发现，COD、NH_4^+、TN 和 TP 夏季去除率分别为 85.07%±2.59%、97.21%±1.33%、82.30%±

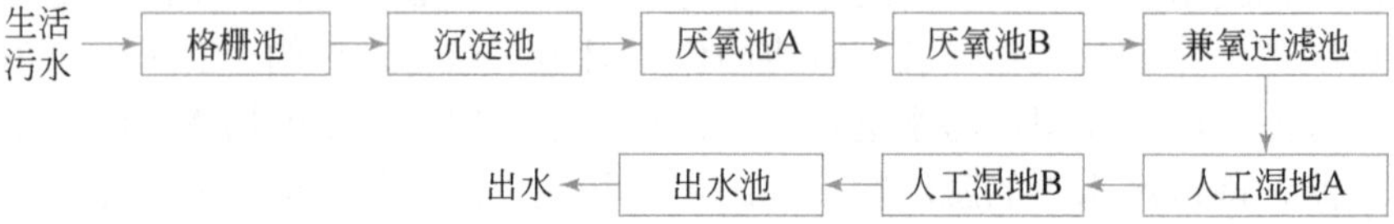

图 2-41　厌氧-人工湿地组合工艺生活污水处理流程图[79]

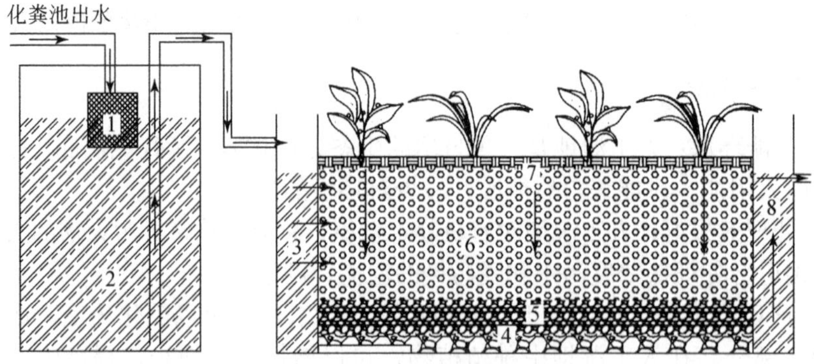

图 2-42　景观型人工湿地装置示意图[80]

1. 格栅；2. 调节池；3. 进水区；4. 卵石层；5. 砾石层；6. 沸石层；7. 土壤层；8. 出水区

3.37%和 65.78%±1.55%，冬季较夏季分别下降 18.57%、8.14%、11.35%和 7.55%。出水 COD、NH_4^+和 TP 基本能达到《地表水环境质量标准》（GB 3838—2002）的Ⅴ类水质标准。低温下（4～9℃），美人蕉表现出较高的根系活力和污染物去除潜力，更低温度下（-3～5℃），西伯利亚鸢尾适应性、根际脲酶和磷酸酶活性较高。连续 7 个月的实际污水处理效果验证了景观型人工湿地处理该区域散户农村生活污水的适用性，对该类地区农村生活污水处理具有指导意义和推广价值。

2.2.7 氧化沟

氧化沟污水处理技术首先发源于荷兰，由荷兰卫生工程研究所发明，于 1954 年正式投入工程应用[81]。氧化沟又称连续循环式反应器，属于延时曝气活性污泥工艺中的一种。利用介于完全混合与推流之间的独特流态使活性污泥发生凝聚作用，同时由于溶解氧梯度形成富氧区、缺氧区，完成脱氮除磷功能。曝气与推进装置是氧化沟工艺的主要设备之一，主要功能有保持混合液匀速向前流动；使混合液中的有机底物和微生物均匀混合；混合液能够不间断地得到氧气，满足微生物正常生长，其工艺流程如图 2-43 所示。

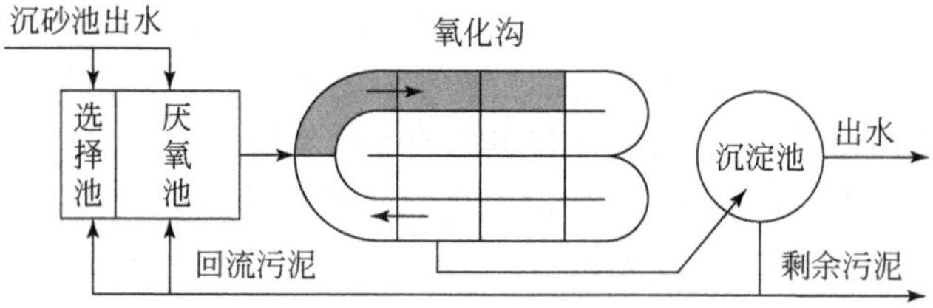

图 2-43　氧化沟工艺流程

阴影表示非曝气区，氧化沟内的曝气转刷用竖线表示

目前国内外应用较广泛的氧化沟类型主要有以下类别：交替工作式氧化沟、奥贝尔（Orbal）氧化沟（图 2-44）、一体化氧化沟和卡鲁塞尔（Carrousel）氧化沟。其中，Carrousel 氧化沟是历史最悠久，也是目前应用最广的氧化沟。

1. 技术优点

氧化沟工艺与其他生物处理技术相比有一些明显特征：氧化沟可以认为是一个完全混合曝气池，原水一进入就会被几十倍甚至上百倍的流量稀释，所以对沟中污染物浓度影响不大，承受水量、水质冲击负荷的能力强；工艺流程简单，构筑物少，对运行管理人员能力要求不高；由于氧化沟工艺省去初沉池和污泥厌氧消化系统，因此在投资方面比传统活性污泥法节省很多。氧化沟所采用的污泥龄一般长达 20～30d，污泥在沟内得到了好氧稳定，污泥的产生量少。

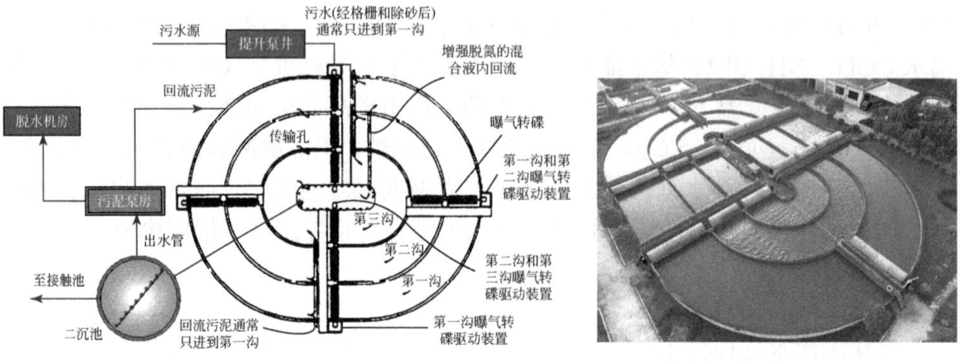

(a)　　　　(b)

图 2-44　Orbal 氧化沟污水处理工艺

2. 技术缺点

氧化沟工艺是一种常见的生物处理工艺，用于处理有机废水和污水。虽然具有一些优点，但也存在一些技术缺点。

1）对温度和氧气供应的敏感性：氧化沟工艺对温度和氧气供应的要求较高。过低或过高的温度会影响微生物的活性和生长速率，从而降低处理效果。此外，氧化沟需要充足的氧气供应来维持微生物的呼吸作用，否则会导致处理效果下降。

2）对负荷波动的敏感性：氧化沟工艺对水负荷的波动比较敏感。当水负荷突然增加或减少时，微生物可能无法适应这种变化，导致处理效果下降。因此，在实际运行中，需要确保稳定的水负荷以获得较好的处理效果。

3）对抗生物抑制物质的能力较弱：某些废水中含有抗生物抑制物质，如重金属离子、毒性有机物等，这些物质可能对微生物的生长和代谢产生不利影响，导致处理效果下降。氧化沟工艺在处理这些废水时可能表现出较弱的适应能力。

4）对氮和磷的去除效果有限：氧化沟工艺主要用于有机物的降解，对氮和磷的去除效果相对较弱。如果废水中含有较高浓度的氮和磷，可能需要额外的处理单元或工艺来实现更好的去除效果。

3. 氧化沟工艺设计应用实例

施毅[82]对四川省某污水处理厂进行了氧化沟工艺改造。该水厂在改造前存在反硝化效果差、内回流无法调控、水流短流导致污泥沉积、碳源投加量大、脱氮效果不明显等问题，导致 TN 时常超标。改造后，合理布置生化池分区，增加隔墙将氧化沟工艺改为 A^2O 工艺，新增内回流泵与管道等设备，最终实现 TN 达标。改造前 3 个月出水 TN 平均浓度为 13.78mg/L，改造后 3 个月出水 TN 平均浓度为 6.96mg/L，去除效果明显提升，水质稳定，TN 达标率为 100%。

福建海峡环保集团股份有限公司钱志东[83]针对福建省某开发区污水处理厂 Carrousel-2000 氧化沟工艺结构设计不合理、倒伞型表曝机设备老化、出水氨氮不能达标等问题进行了改良。将原有的表面曝气改为底部鼓风曝气，即板式微孔曝气器和推流器结合的曝气形式。改造后的污水处理厂出水水质稳定，优于《城镇污水处理厂污染物排放标准》（GB 18918—2002）的一级 A 标准，有效提高系统的硝化及生化处理能力，平均每年减少电耗约 5.84×10^5kW·h，大大降低了污水处理厂运行成本。

2.2.8　稳定塘

稳定塘是一种利用微生物降解有机废水的生物处理系统。它由一个或多个深度较浅的池组成，进入池中的污水将通过物理和化学过程转化为可被微生物分解的有机物质，然后微生物在稳定池中进行代谢活动，分解有机物质并将其转化为二氧化碳、水和固体沉淀物，其主要工艺流程如图 2-45 所示。该技术最初于 20 世纪 20 年代在美国被发现，当时研究人员发现了一个自然沼泽可以将废水处理成清洁的水源。这个发现启示科学家开发出了稳定塘技术。随着技术的不断改进，尤其在一些偏远地区和发展中国家，因为它简单易行、运行成本较低、对水质波动适应能力强，且可降解多种有机物质，已经成为一种常见的废水处理技术[84]。

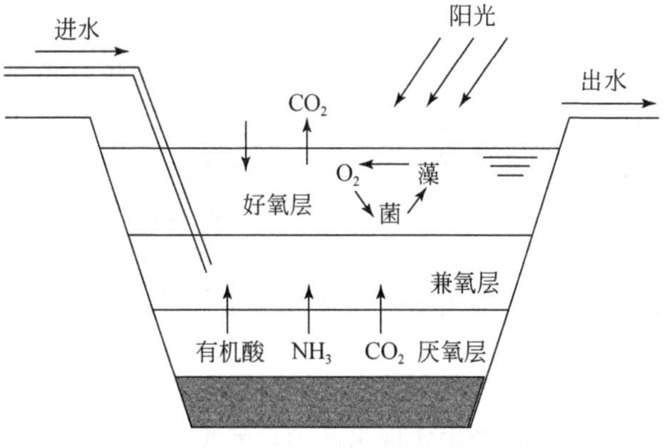

图 2-45　稳定塘工艺流程

稳定塘可以根据其结构、进水方式和处理过程的不同进行分类。按照结构，主要分为单级稳定塘、两级稳定塘和多级稳定塘等类型；按照进水方式，可以分为表面进水稳定塘、底部进水稳定塘和侧向进水稳定塘等类型；按照处理过程，可以分为连续流式稳定塘、间歇性流式稳定塘和加强型稳定塘等类型。

其中，单级稳定塘是最简单的类型，污水在稳定池中顺流而下，通过微生物的代谢活动降解有机物。而两级稳定塘则由两个稳定池组成，进入第一个稳定池的污水先经过初步处理，再进入第二个稳定池进行进一步处理。多级稳定塘则由多个稳定池组成，处理效果更好，其实例如图 2-46 所示。

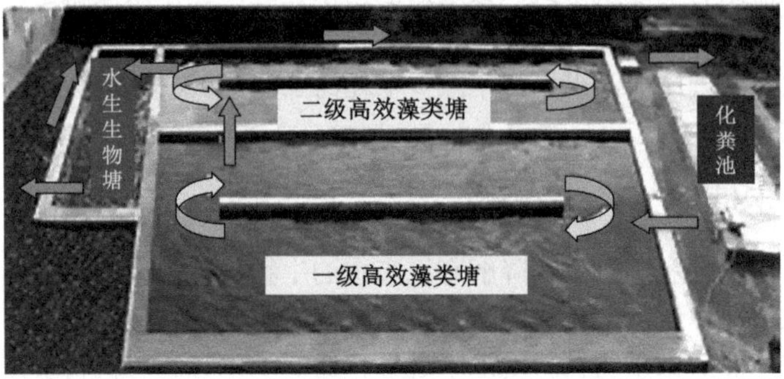

图 2-46　多级稳定塘实例

1. 技术优点

在我国，尤其在缺水干旱的地区，生物氧化塘是实施污水的资源化利用的有效方法，所以稳定塘处理污水成为我国着力推广的一项新技术。

1）能充分利用地形，结构简单，建设费用低。采用污水处理稳定塘系统，可以利用荒废的河道、沼泽地、峡谷、废弃的水库等地段建设，结构简单，以土石结构为主，在建设时具有施工周期短、容易施工和基建费用低等优点。污水处理与利用生态工程的基建投资为相同规模常规污水处理厂的 1/3～1/2。

2）可实现污水资源化和污水回收及再用，实现水循环，既节省了水资源，又获得了经济收益。稳定塘处理后的污水，可用于农业灌溉，也可在处理后的污水中进行水生植物和水产的养殖。将污水中的有机物转化为水生作物、鱼、水禽等物质，提供给人们使用或其他用途。如果考虑综合利用的收入，可能达到收支平衡，甚至有所盈余。

3）处理能耗低，运行维护方便，成本低。风能是稳定塘的重要辅助能源之一，经过适当的设计，可在稳定塘中实现风能的自然曝气充氧，从而达到节省电能、降低处理能耗的目的。此外，在稳定塘中无须复杂的机械设备和装置，这使稳定塘的运行更能稳定并保持良好的处理效果。

4）美化环境，形成生态景观。将净化后的污水引入人工湖中，用作景观和游览的水源。由此形成的处理与利用生态系统不仅将成为有效的污水处理设施，而且将成为现代化生态农业基地和游览胜地。

5）污泥产量少。稳定塘污水处理技术产生污泥量小，仅为活性污泥法所产生污泥量的 1/10，前端处理系统中产生的污泥可以送至该生态系统中的藕塘或芦苇塘或附近的农田，作为有机肥加以使用和消耗。前端带有厌氧塘或碱性塘的塘系统，通过厌氧塘或碱性塘底部的污泥发酵坑使污泥发生酸化、水解和甲烷发酵，从而使有机固体颗粒转化为液体或气体，可以实现污泥等零排放。

6）能承受污水水量大范围的波动，其适应能力和抗冲击能力强。我国许多城市的污水 BOD 浓度很小，低于 100mg/L，使活性污泥法特别是生物氧化沟无法正常运行，而稳定塘不仅能够有效地处理高浓度有机污水，也可以处理低浓度有机污水。

2. 技术缺点

稳定塘作为一种废水处理技术，虽然有一些优点，但也存在一些技术缺点，如下所述。

1）处理效果受环境条件限制：稳定塘的处理效果容易受到环境因素的影响，如温度、氧气供应和光照等。在恶劣的环境条件下，微生物的活性可能降低，导致处理效果下降。

2）处理速度较慢：相比于其他一些高级废水处理技术，稳定塘的处理速度较慢。微生物代谢过程需要一定的时间来完成，因此对于大流量、高浓度的废水处理，可能需要较大规模的稳定塘系统，增加了投资和占地面积。

3）产生气味和噪声：稳定塘中的微生物代谢过程会产生气体，包括硫化氢等有刺激性和恶臭气味的气体。此外，进水和排水的过程中可能会产生噪声，对周围环境和居民造成干扰。

4）对某些污染物的处理效果有限：稳定塘主要用于降解有机物质，对一些特殊的污染物，如重金属离子和有机溶剂等，处理效果有限。在这种情况下，可能需要结合其他的废水处理技术来进行综合处理。

5）潜在的寄生虫和病原体问题：稳定塘中存在水生生物，可能会引发一些潜在的寄生虫和病原体问题。因此，需要采取相应的管理和消毒措施，以确保废水处理过程的安全性。

3. 稳定塘工艺设计应用实例

赵学敏等[85]为克服单一塘处理技术的不足，特组合不同功能塘单元建成生物稳定塘系统。该工程建于昆明市大清河下游西岸，由预处理塘、好氧塘、水生植物塘、养殖塘串联组成。占地约 15 亩①，其中预处理塘面积约 2000m^2，平均水

① 1 亩≈666.67m^2。

深 3m；好氧塘面积约 1700m^2，平均水深 2.6m，塘内布设弹性立体填料，便于微生物附着生长，采用微孔曝气来强化水质净化；水生植物塘面积约 2350m^2，平均水深 2.2m，设置人工浮床来减少水体中的氮、磷等营养物质；养殖塘面积约 1700m^2，塘中放养各种经济鱼类，通过鱼类捕食水体中悬浮大颗粒有机物、藻类和菌类而进一步去除污染物。

郑效旭等[86]针对某养猪场原废水处理工艺（厌氧消化+SBR）出水不达标问题，提出了向序批式间歇反应器（SBR）段投加速效碳源（乙酸钠）的方法。同时，结合养猪场周围环境和地形特征，设计了 4 级串联生物强化稳定塘系统，该生态处理系统仅对原废水处理工艺二沉池出水进行处理，以生物膜和双穗雀稗构成的前两级生物稳定塘系统对 COD、氨氮、总氮和总磷的消纳量分别占整个串联稳定塘系统消纳量的 57%、50%、51%和 81%。研究表明，串联生物强化稳定塘工艺对养猪废水主要污染物（COD、氨氮、总氮、总磷）的去除效果显著，采用此技术可实现废水的达标排放。总工艺流程如图 2-47 所示。

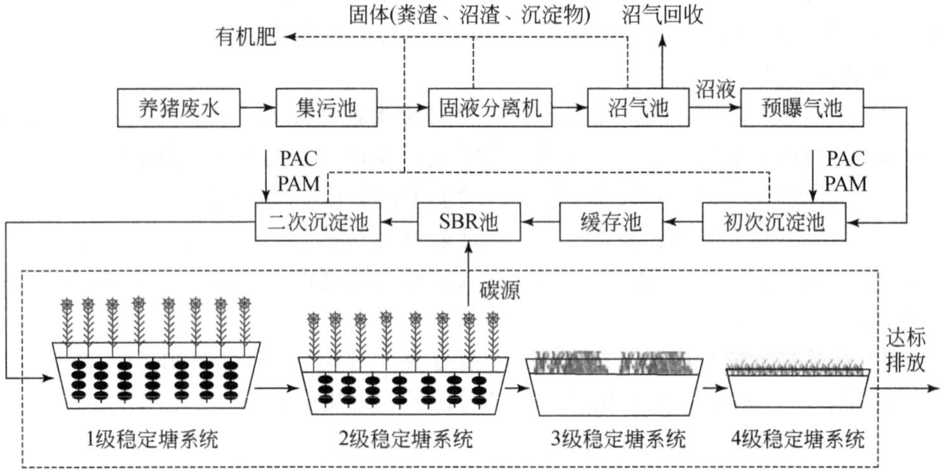

图 2-47　某养猪场串联生物强化稳定塘后污水处理总工艺流程图

虚线框内为本工程所涉及的方法和技术流程

2.2.9 ABFT 工艺

曝气生物流化池（aeration biological fluidized tank，ABFT）是微生物细胞与载体自固定化技术的好氧生物反应器，固定化微生物后的载体平均密度与水的密度十分接近，载体在水中呈悬浮状。与固定床相比，该流化床具有比表面积大、接触均匀、传质速度快、压损低等许多突出的特点[87]，图 2-48 展示了某中试工艺中所应用的 ABFT 工艺图。

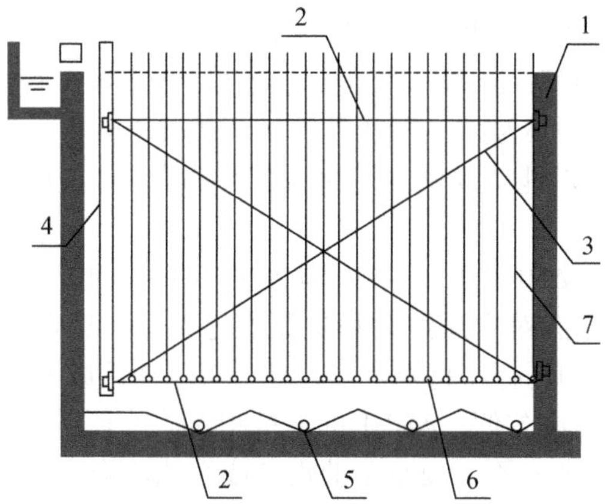

图 2-48　某曝气生物流化池工艺图

1. 流化反应池；2. 拦截网；3. 生物载体；4. 挡水板；5. 排泥管；6. 曝气管；7. 曝气软管外穿镀锌管

ABFT 工艺还具有在高负荷进水下出水水质稳定的优点，污染物去除量及去除率均随进水浓度的提高而增加，表现出 ABFT 适应处理高浓度废水的能力，尤其在脱氮方面有其独特的优势。因此，采用 ABFT 工艺可使装置容积大大减少，从而减少土地占有面积，降低工程造价。

在 ABFT 中投加占曝气池有效容积的 10%～40%的高效微生物载体，特效微生物大量附着并固定于其上，ABFT 实际上是综合传统活性污泥法与生物膜法优点的双生物反应器。各级 ABFT 中，通过培养不同特效菌种，提高目标污染物的降解效果；载体材料表面所生长的生物量通常为 18～25g/L，最高达到 40g/L，是生物膜法的 1.5～2.0 倍，是传统活性污泥法的 10～20 倍，并且微生物与载体结合牢固，不易脱落，不易流失，高负载的生物量保证了 ABFT 去除污染物的高效和稳定性；运行过程中载体内部存在着良好的厌氧区微环境，使其内部形成无数个微型的反硝化反应器，故而造成在同一个反应器中同时发生氨氧化、硝化和反硝化联合作用，有力地保证了氨氮的高效去除；通过控制各级 ABFT 的运行参数，造成宏观好氧及厌氧环境的存在，有利于聚磷菌的释磷和过度摄磷，保证了磷的去除[88]。

1. 技术优点

ABFT 具有许多显著的优点。

1）高效降解有机物：ABFT 采用了曝气和流化床的组合，提供了充足的氧气供应和良好的混合效果。这种组合可以有效地降解有机物，包括难降解的有机物。

2）良好的悬浮性和混合性：ABFT 中的气泡作用和流态床设计使得废水中的固体颗粒保持悬浮状态，并提供了良好的混合效果。这增加了微生物与废水之间的接触，促进了废水处理过程污染物降解和去除。

3）较大的比表面积：流态床的结构使固体颗粒形成一种流动的状态，在水中悬浮并形成床层。这种床层具有较大的比表面积，为微生物提供更多的生长和代谢场所。因此，ABFT 能够提供良好的微生物附着条件，进一步促进有机物的降解和污染物的去除。

4）高度适应性：ABFT 适合处理不同浓度和负荷的废水。它具有较强的稳定性和适应性，能够在面对水质波动和负荷变化时保持稳定的处理效果。这使得 ABFT 成为一个理想的选择，特别是当处理具有波动性质的工业废水时。

5）结构简单、运维方便：ABFT 的结构相对简单且易操作和维护。相比于其他废水处理技术，它通常不需要复杂的设备或系统，降低了建设和运营成本。这使得 ABFT 成为中小型污水处理厂和偏远地区的可行选择。

2. 技术缺点

曝气生物流化池在拥有诸多优点的同时，也有其缺陷，具体如下所述。

1）高能耗：ABFT 需要通过曝气装置提供足够的氧气供给微生物进行有机物降解。这种氧气传递过程需要大量的能量输入，特别是在处理大规模或高浓度废水时，能耗可能会更高。

2）复杂的设备：相对于传统的废水处理技术，ABFT 的设备和系统可能更为复杂。它需要可靠的气体供应和控制装置、合适的底部隔板和气体分布系统等。这增加了设备设计、建设和运维的复杂性。

3）不易维护：ABFT 的操作和维护要求较高。例如，需要定期监测和调节曝气与流化床的参数，以确保系统正常运行。此外，还需要定期清洁和维护，以避免堵塞和固体颗粒积聚。

4）废物处理问题：ABFT 在废水处理过程中产生污泥和固体残渣，需要进行处理和处置。这需要额外的处理设备和资源，以确保废物的安全处理和环境友好性。

5）对水质和温度敏感：ABFT 的性能受到水质和温度等环境因素的影响。在水质波动或温度变化较大的情况下，可能会对系统的降解能力和稳定性产生一定的影响。

3. ABFT 工艺设计应用实例

朱广汉等[89]为解决中国石油兰州石化公司催化剂废水和碱渣废水的治理难题，采用加药、气浮与 ABFT 相结合的工艺对两种废水进行综合处理。中试结果表明，对石油类、挥发酚、固体悬浮物、COD、氨氮和硫化物的去除率分别达到了 81.3%、99.7%、75.6%、72.5%、99.3%和 99.3%。在中试的基础上，将原有的平流式沉淀池改造为 ABFT，经过一年多的运行，对石油类、挥发酚、固体悬浮物、COD、氨氮和硫化物的去除率分别为 75%～88%、99%、34%～37%、64%～85%、99%和 99%以上，出水水质达到了《污水综合排放标准》（GB 8978—1996）的一级标准，且污泥产量仅为常规处理工艺的 10%。

水春雨和周怀东[90]应用好氧曝气生物流化床反应器处理动车集便器粪便污水，研究反应器同步硝化反硝化脱氮及去除 COD 的效能，以及 DO 对处理效能的影响，通过镜检观察反应器内微生物特性，探究反应器同步硝化反硝化脱氮机理。结果表明，反应器维持 DO 浓度在 2.5mg/L 左右时，对粪便污水中氨氮、TN 和 COD 的去除率分别达到 99.8%、84.1%和 95.5%，在好氧曝气生物流化床反应器中，实现同步硝化反硝化脱氮并去除有机物。

2.3　截污纳管技术

2.3.1　岸边埋管收集

岸边埋管收集技术通常指的是在水域边缘通过填埋管道来收集和管理水体中的各种物质，如污水、雨水、沉积物等。这种技术要求在河岸两边或一侧拥有铺设管道的空间（即有较宽的道路或滨岸）[91, 92]，广泛应用于城市排水系统、环境保护和水资源管理等领域。岸边埋管工程包括管道设计和安装，设置溢流口和调节结构，设置沉淀池和过滤装置，安装监测和控制系统。同时在设计和实施岸边埋管收集技术时，需要对系统的建设和运行进行环境影响评估，以确保不会对周围的生态环境造成负面影响。岸边埋管有以下两种布置方案[92]：①在两岸都铺设截污管，分别接纳两岸污水，该方案有时可与涌底埋管收集技术结合使用，两岸岸边埋管收集的污水通过涌底的干管接入污水提升泵站以及市政污水管网。该方案的优点在于不占用河涌空间，有利于接入两岸污水支管且截污效果较好；缺点就是截污管投资大，施工工期占用空间大。②仅在河涌一侧铺设截污干管，该方案的优点在于节省截污干管投资，施工期间只占用河道一侧空间，但缺点就是无截污干管的一侧污水支管需跨河涌接入截污干管，容易堵塞，排水不通畅，通常适用河涌一侧建筑污水量较多，而另一侧建筑污水量较少，如图 2-49 所示。

1. 技术优点

1）空间利用效率高：相比于一些传统的地面或开放水体排水系统，岸边埋管系统利用了岸线区域，不需要占用大量地面空间。这对于城市等空间有限的地区尤为重要。

2）提高水体净化能力：岸边埋管系统可以通过收集去除河道中的沉积物和污染物，保护水体环境，减少污染和水体中有害物质的扩散。

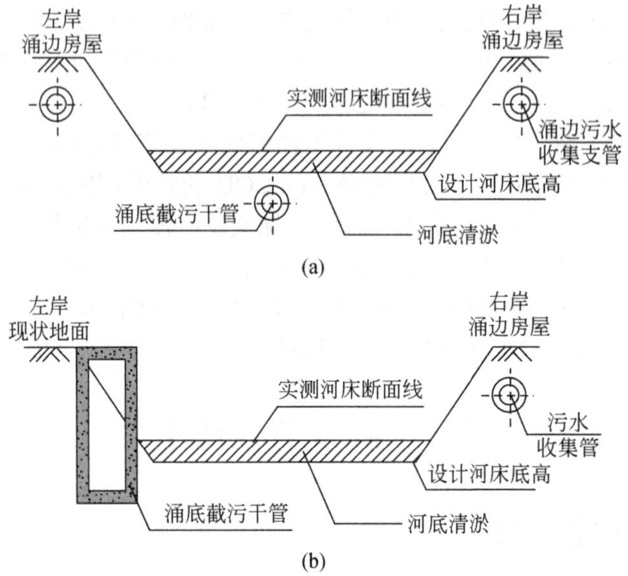

图 2-49　两侧岸边埋管收集技术示意图（a）及单侧岸边埋管收集技术示意图（b）[93]

3）减缓洪涝问题：岸边埋管系统通过在岸边设置溢流口和调节结构，可以更为有效地管理水位，减少地表径流，将雨水和表面水通过管道直接收集和处理，有助于减缓城市洪涝问题。

2. 技术缺点

1）工程成本昂贵：岸边埋管系统的建设和维护包括管道的安装、设备的购买和维护、定期清理管道以及系统的监控和管理，费用成本通常较高。

2）维护管理难度大：岸边埋管系统中的大部分设备主要位于水下或地下，导致系统的检修和维护工作较难进行，堵塞故障风险排查困难。如果没有及时维护和清理，可能会导致管道内的沉积物、垃圾或其他杂物的堵塞和堆积。

3）对生态环境有一定的影响：岸边埋管可能会改变地表径流的水体流动性或影响生物栖息地，从而对当地的生态环境产生一定的影响。

3. 岸边埋管收集设计应用实例

深圳大康河黑臭水体治理工程采用岸边埋管收集技术对大康河片区进行截污整治，包括在大康河干流两岸敷设截污管涵，对岸上排污口进行接驳；在新塘村排水渠与沙河路交汇处至下游左岸沿线敷设管径为 DN400～DN800mm 的污水管道，外包封 0.2m 素混凝土；在樟树河自福坑北侧总口截污至大康河汇入口段两岸敷设 DN700mm 截污干管；福田河在沙河路暗涵出口至大康河入河口处，左右岸敷设 DN500mm 截污管。经治理后，大康河片区旱季点源污染物 COD 削减量为 1032.8t/a，氨氮削减量为 120.2t/a [94]。

天津市市政工程设计研究总院有限公司佛山分院揭小锋在佛山市顺德区桂畔海河水系综合整治项目中比较了多种截污方式[95]，并指出岸边埋管的截污方式主要能保证沿河涌边将所有直排河涌的管道均截流至污水系统，当无法采用岸边埋管时考虑采用涌内包管的截污方式。整个截污管道结构设计根据管线位置的变化，采用钢筋混凝土包管以及换填直埋等结构形式。项目建成后，桂畔海河水系主河道达到《地表水环境质量标准》（GB 3838—2002）Ⅳ类水标准（时空分布 90%）；大良河达到《地表水环境质量标准》（GB 3838—2002）Ⅴ类水标准（时空分布 90%）；其他支涌消除黑臭水体，水质基本达到《地表水环境质量标准》（GB 3838—2002）Ⅴ类水标准（时空分布 75%）。

天津市市政工程设计研究总院有限公司广州分院陈谦等 [96] 发现广州市萧岗村原有的涌边挂管与涌底合流管的截污方式并非彻底解决了城中村黑臭水体问题，而且造成了河底被抬高，导致降雨时合流管溢流问题的出现。经综合考虑，拆除了涌边挂管且废除了涌底污水管，并改造为岸边埋管，从而有利于河道排洪，解决了涌底合流管在暴雨时发生溢流的问题（图 2-50）。

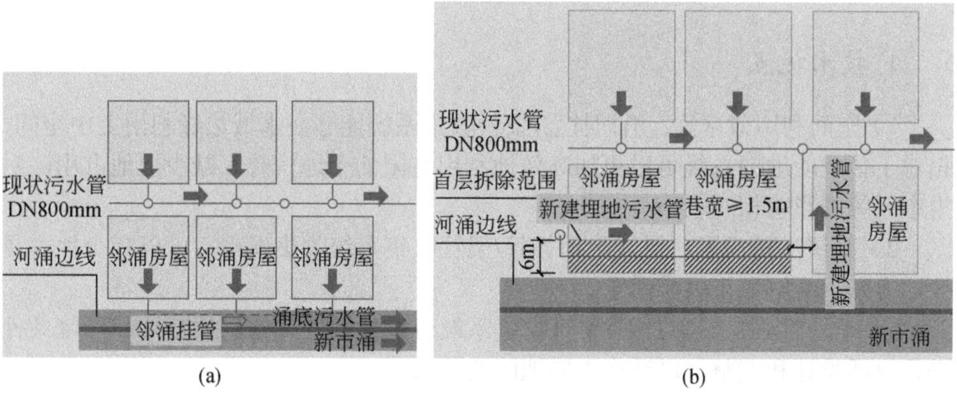

图 2-50　广州市萧岗村涌边污水管道平面示意图 [96]

2.3.2　沿河挂管/架管收集

沿河挂管/架管收集技术（图 2-51）的挂管方式是于河流或水体沿岸区域在河涌挡墙上悬挂排水管道及挡墙上架空铺设排水干管，用于收集和管理水体中的污水、雨水、沉积物等，是一种“短平快”的截污工程方案，不适合大管径挂管，要求管径≤DN300mm，管材主要为 UPVC 管（GB/T 5836.1—2018），黏胶剂刚性连接 [97]。技术的实现通常涉及在岸边或水域边设置管道支架、悬挂管道、过滤装置等结构，以便更为有效地收集和处理水体中的各种物质，是一种较为灵活且有效的水资源收集和管理方法。沿河挂管/架管收集技术适用于沿河建筑密集、水体断面狭窄、岸边无管道铺设空间且收集污水量相对较小的情况，适合作为入户支管，收集河岸边建筑直排河涌的污水，就近接入污水井内完成收集，如图 2-51 所示。

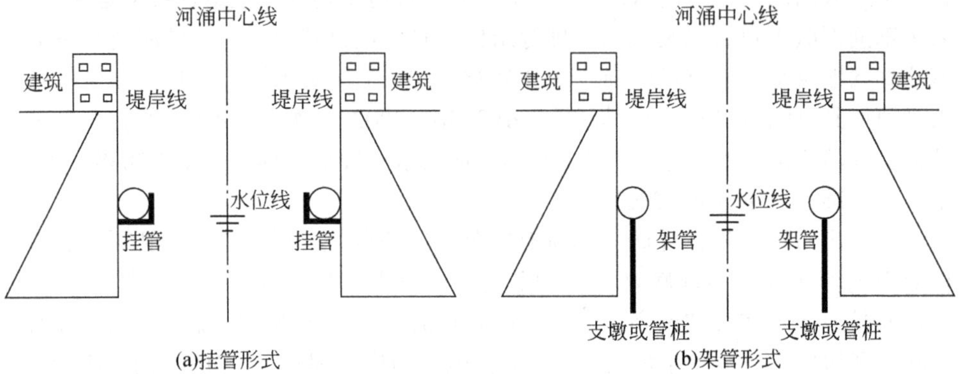

图 2-51　沿河挂管/架管收集技术示意图[98]

1. 技术优点

1）空间利用效率高：沿河挂管/架管收集系统能够在水域边缘利用空中空间，相对于传统的地面系统可以更加高效地利用有限的土地资源，减少土地占用，对生态系统的影响相对较小。

2）减缓洪涝问题：通过沿河挂管/架管收集系统收集雨水，可以减少地表径流，有助于缓解城市洪涝问题。

3）适应性强：沿河挂管/架管收集系统可以根据具体的水体特性和环境条件进行灵活设计和调整，以适应不同地区的需求。

2. 技术缺点

1）建设和维护成本高：沿河挂管/架管收集系统包括管道、支架、过滤设备、监控系统等，暴露在外面的管道及支架需要定期更换和维护，导致建设和维护成本较高。

2）风险较高：挂置在水域边缘的管道系统可能面临自然灾害（如洪水、风暴）或人为破坏的风险，导致系统无法正常运行，因此需要采取相应的防护和预防措施。

3）接纳污水量有限：沿河挂管/架管收集系统需要采用支架将管道悬置在空

中，需要考虑管道及管道内污水质量对支架支撑性能的影响，因此系统中的管道管径较小，导致可接纳的污水量有限。

3. 沿河挂管/架管收集设计应用实例

广西桂林市城中村的黑臭水体灵剑溪下游社山桥至药材市场段长约 1.5km，沿岸城中村建筑较为密集，污水量较大，建筑多临河而建，用地十分紧张，且由于地势低洼污水无法自流进入附近市政污水管网，因此中国城市规划设计研究院余忻等[91]采取沿河架管截污的方式收集居民生活污水，并将污水提升至市政污水管网。工程建设完成后，共计 3465m^3/d 的污水排放量成功接入市政管网。

中亿丰建基团股份有限公司的方施施等[99]在江苏省宜兴市的农村污水管网建设工程中，从安全性、适用性、经济性等维度综合考虑，抛弃了传统的墙上支架、河中混凝土支墩和河底开挖埋管的架管方式，采用钢管混凝土桩作为支墩[图 2-52（a）]，将新建污水管架设于打入河床岩层内的钢管桩上部。相比于围堰施工，该方法大大缩短了施工周期，且降低施工成本 20%。钢管桩架管现场作业照片如图 2-52（b）所示。

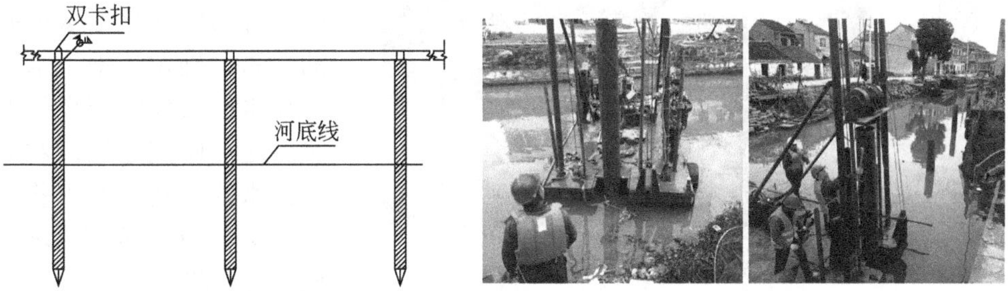

图 2-52　钢管桩沿河架管示意图（a）及钢管桩架管作业照片（b）[99]

中山市小榄镇积极推动小榄片入河排口分类整治工作[100]，由镇生态环境保护局联合镇水利部门、水务公司和相关片区，对 9869 个入河排口进行分类，利用沿河挂管截污的方式，对 2986 个入河排污口进行截污处理，减少生活污水等直接排入河涌（图 2-53）。

图 2-53　中山市小榄镇沿河挂管截污工程[100]

2.3.3　河道内埋管收集

河道内埋管收集技术是一种常用的截污纳管方法[101]。该技术主要是在河道内部或河岸一侧设置埋藏式的管道，将污水从排放点直接收集纳入市政污水管网，以达到污水减排的目的。当沿河不具备埋管条件，片区污水收集量又较大、设计污水管直径大于200mm时，挂管施工方法往往无法使用，污水管道需考虑埋设在河道内。河道内埋管应按照《室外排水设计标准》（GB 50014—2021）等标准规范要求，严格论证管道埋深和检查井设置方式，确保建成后的管道检修方便，且不因开槽施工导致沿河房屋沉降[102]。表2-1总结了3种截污方式的特点[103]。针对河道内埋管收集污水的研究较少，河海大学的柳王吉等[104]用Modflow建立三维地下水数学模型，定量分析不同降雨补给条件下的地下水动态变化规律；根据不同设计降雨和河道水位控制边界、不同暗管排水方案下农业园区地下水位的变化规律，分析暗管埋深、间距等与园区地下水控制的关系，确定了地下水动态排水的最佳暗管设计方案。这一研究方法，对河底污水管道建设有借鉴意义。图2-54为河道内埋管施工现场图。

图2-54　河道内埋管施工现场图

表2-1　截污方式对比[103]

截污方式	收水效果	实施难度	对过流能力的影响	运行及清淤	对周边建筑物的影响
涌底埋管	效果好	本工程涵洞为硬化渠底，需破坏底板进行敷管，对涵洞整体结构影响较大，存在一定的安全隐患	不占用过流断面	管理不便，清疏不便，需设清疏系统	影响较小
涌内埋渠	效果好	可实施性较强	占用一定的过流断面	管理不便，清疏不便	影响较小
涌边挂（架）管	对大口径排口收水效果一般	在有现状挡墙的情况下可实施性较强，且不适用于大管径挂管	占用过流断面较小	管理不便，清疏不便，可设排水附件进行改善	对挡墙承载力有一定要求

1. 技术优点

1）无拆迁：不需要进行河岸边房屋的拆迁，简化施工流程。

2）施工周期短。

3）美观：河道内埋管不影响河道风景建设。

2. 技术缺点

1）工程量大：需要在河道内部或河岸一侧进行挖掘和铺设，工程量较大。

2）施工技术难度大：需要进行管道抗浮设计。

3）成本较高：需要使用专门的施工设备和材料，相对于其他截污纳管方法而言，成本较高。

4）管道养护困难：管道位于河道内，不利于日常管道维护，且一旦泄漏会导致河水水质下降。

3. 河道内埋管收集设计应用实例

广东工业大学的罗宁[105]针对南方中小城镇河道截污工程设计，选取了一个较为典型的实际工程项目，结合工程目标区域的人文、地质、水利情况和给排水现状，从截污排水系统的选择、主要设计参数、截污管道布置形式以及管道结构设计四方面进行研究，设计了合适的工程设计及施工方案。将研究区域的木林河—茂名大道段箱涵敷设在河底（图 2-55）。

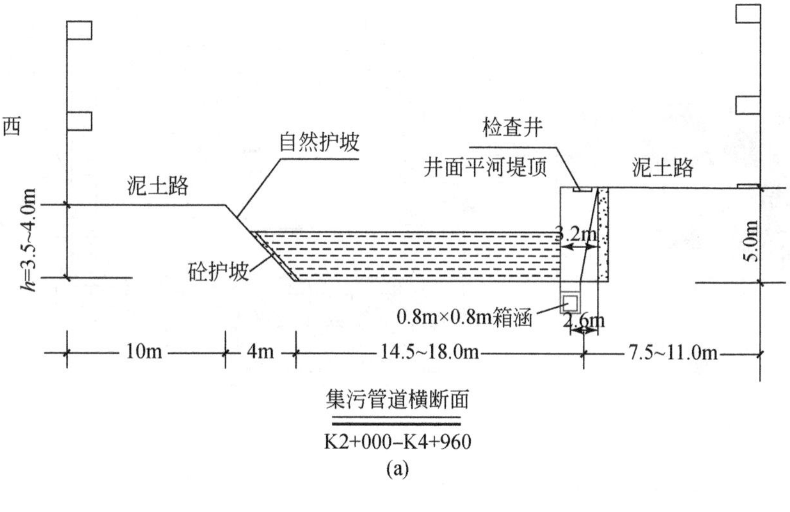

(a)

(b)

图 2-55　污水箱涵检查井形式图（a）与木林河—茂名大道段箱涵及管道敷设在河底（b）[105]

在乡村振兴战略背景下，唐卉等[106]结合四川某乡镇雨污分流项目实践经验，探讨农村污水治理、乡镇基础设施建设切实可行的设计思路和实施要点。项目所在地 A 镇，位于成都市高新东区范围，常住人口约 5 万人，属于亚热带季风气候，四季分明，雨量充沛，年平均降水量为 850mm。A 镇为浅丘地形，地势高低起伏，最大高差约 60m。镇上主要河道为沱江支流绛溪河，其由北向南穿越镇区，密集居民区，主要沿绛溪河两岸建设。在项目改造之前 A 镇无完整独立排水管网系统。道路边沟部分位于人行道，全线埋于铺装下，每隔一定距离设一口可揭井；部分位于车行道边，为有盖或开敞明沟，盖板破损严重，沟内存在不同程度淤积，因混流导致的气味难闻、蚊虫滋生问题明显［图 2-56（a）］。针对河道区域，A 镇沿

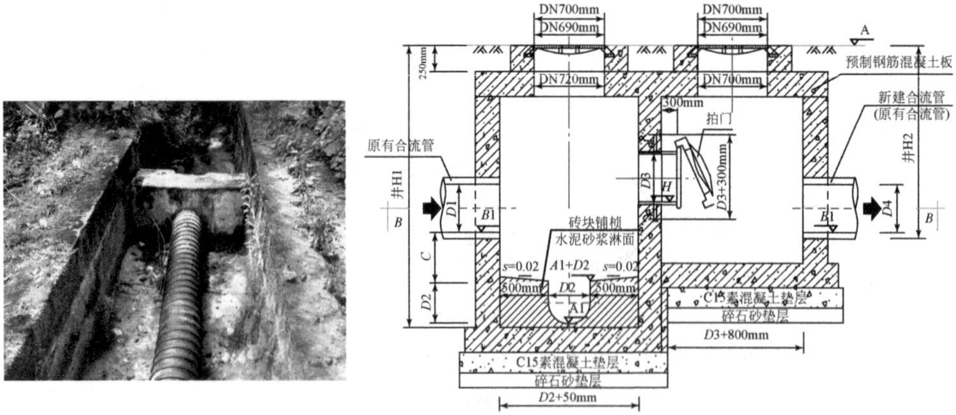

(a)　　(b)

图 2-56　A 镇常见分流堰之实景（a）及带拍门截流井施工剖面图（b）[106]

河污水干管管径为 300mm，管径偏小，常年带压运行。分流堰构造简单，功能单一，裸露在外极易损坏。对此，对分流堰进行改造，设计为带拍门的截流井，污水可通过拍门进行溢流。一是可对雨天进入污水管的流量进行精确控制，尽量保证污水管不带压运行；二是封闭管理，确保混流污水不外溢散排，改善环境卫生。同时，对现状架空 DN300mm HDPE 管，进行外防腐处理，替换脱落、老旧、破损接口，更换严重变形、渗漏部分管段。图 2-56（b）为带拍门截流井施工剖面图。根据该项目完成后情况反馈，晴天污水散排现象消失，雨天污水干管溢流、爆管，提升泵站停机故障等现象大幅减少。

在城中村的河涌污水治理中，传统的市政污水管道施工存在管道沟槽开挖对河涌两侧房屋造成开裂下沉，淤泥地质沟槽开挖成槽困难，大型施工机械无施工通道等技术难题。梁丽峰研究认为[107]，在广州番禺区大山东涌黑臭水体治理工程中，采用涌底埋设复合钢管主管，以小直径复合钢管作为支管连接污水收集井，并连通涌边挂管、箱渠、污水出户管的结构形式进行截污治理，采用特殊优化的高压旋喷桩支护止水，管道基础采用抛石挤淤加混凝土垫层处理，辅助以搭设钢管支架桩机平台，铺设临时施工通道等措施，形成了安全高效的施工技术方法。大山东涌黑臭水体治理工程，位于广州市番禺区大石镇的大山村、植村等建筑物、厂房、人口密集的村落，大山东涌流经区域范围约 2.35km^2。项目的施工流程如图 2-57 所示。该工程提前 35d 完工，节省施工成本约 30 万元。闭水试验、管道闭路电视检测（CCTV）、磁粉焊缝检测等各项指标均符合规范和设计要求。截污管道投入运行以来，大山东涌截污效果显著。原直排入河涌的生活污水全部截流引入涌底主管，经提升后流入大石污水厂进行处理，水体水质改善显著。

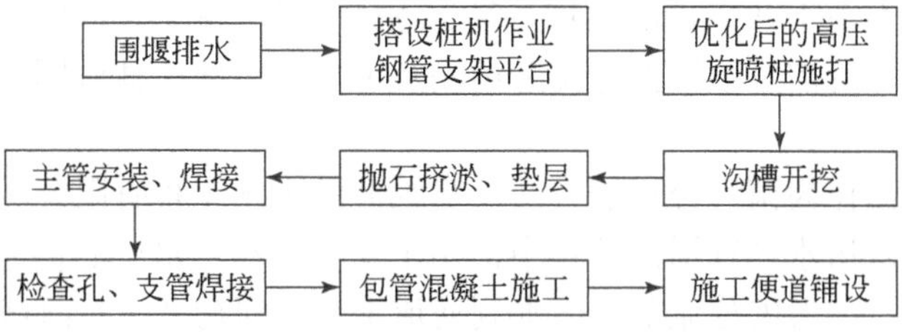

图 2-57　施工工序流程[107]

2.3.4　排污箱涵收集转运

排污箱涵收集转运技术是一种在环境领域中用于截污纳管的方法[108]。该技术主要是在河道或管道周边设置排污箱涵，将污水、雨水等进行收集、储存和转运。排污箱涵通常设置在河道截污口或低洼处，通过泵站将污水提升至市政管网，以达到污水减排和雨污分流的目的。图 2-58 为排污箱涵示意图。

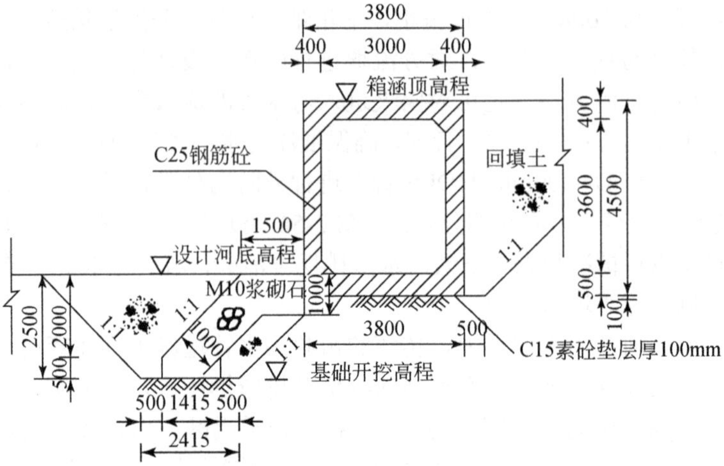

图 2-58　排污箱涵示意图

标注尺寸单位均为 mm

建设排污涵洞，一般有圆形、箱形、拱形、马蹄形等，材质上通常多采用浆砌石、混凝土、钢筋混凝土等。其中钢筋混凝土箱涵，属于刚性整体模型结构，承受荷载能力强，能适应较复杂的地质条件[109]。

在建设箱涵或其他构筑物穿越箱涵时，可能涉及结构稳定性问题。山东黄河工程集团有限公司的杨育红[110]分析了黄水东调应急工程，该工程需要穿越西张僧河顶套管施工，上部需穿越排污箱涵及预应力铜筒混凝土管（PCCP）压力管线，排污盖板涵为浆砌石砌筑，底部距顶管顶部距离约 3.8m。根据顶管施工安全要求，顶管覆土厚度不小于 1.5 倍的顶管外径。该处在顶管施工过程中，由于基础扰动存在安全隐患，特需对顶管上部排污箱涵及 PCCP 管线土体做固结灌浆进行加固处理。

排污箱涵常作为雨污分离的方法，盘锦海陆土木工程有限公司的张芳芳[111]在一个污水接入污水厂管道的项目中，由于新项目和污水厂的管道不匹配，因此在系统对接时，需考虑分流部分污水到河道干流沿河初（小）雨截流箱涵。

排污箱涵的后期维护比较困难，往往需要开挖土方，人工疏浚。但现在已有研究采用机器人等方式进行维护。肖海燕等[112]设计了一种机器人，能下箱涵疏通排污，能在不破坏排污系统的情况下频繁代替人力疏通排污的工作，以保障城市排污系统的工作正常。

1. 技术优点

1）雨污分流：该技术能够实现雨污分流，减少雨水对污水处理厂的影响，提高污水处理的效率。

2）收集储存：对污水进行收集和储存，避免了污水直接排放对环境的影响，同时方便污水集中处理。

3）转运高效：通过泵站将污水提升至市政管网，实现污水的快速转运，提高污水处理的效率。

4）适应性强：适应不同的地形和环境条件，可以在不同区域内进行设置，实现对污水的有效收集和处理。

2. 技术缺点

1）工程量大：该技术需要在河道或管道周边进行挖掘、建设和维护，工程量较大，对周边环境可能会产生一定的影响。

2）施工难度大：在施工过程中，需要考虑地形、地质、水文等因素，选择合适的箱涵设计和施工方案。

3）存在潜在隐患：由于排污箱涵内储存的是污水，如果管理不善，可能会发生溢流、泄漏等问题。因此，需要加强排污箱涵的管理和维护工作。

3. 排污箱涵收集转运设计应用实例

卢晓明等[113]开展了渭北新城秦王二路排污箱涵工程降水设计与施工项目。西安渭北现代工业新城秦王二路为规划城市主干道，呈南北走向，设计宽度为100m，道路工程南起铁塔路，北至陕汽大道，为新建道路工程，全长6km。其南段长 1.2km，靠近渭河区段道路中心线下埋设市政排污箱涵。根据排污箱涵的设计图：宽度4.6m，高度4.0m，底标高344.00m，现地面标高354.30m，底面距现地面10.30m。排污箱涵整体埋藏于地下水位以下，只有对地下水采取降水措施后才能完成排污箱涵施工，施工断面示意图如图 2-59 所示。

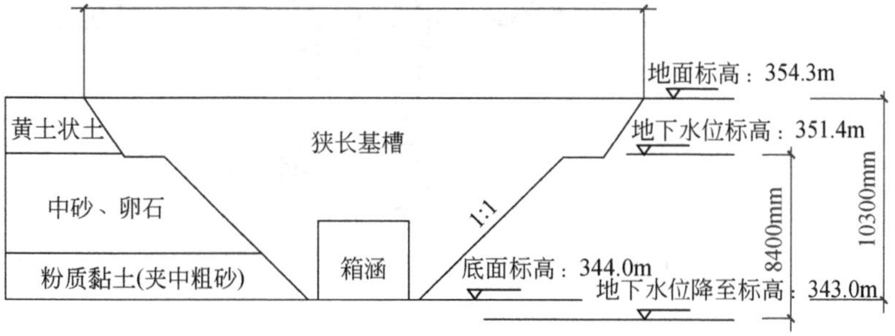

图 2-59　施工断面示意图[113]

深圳市水务工程检测有限公司的曹广越[114]针对大空港新城区截流河综合治

理项目，为保障截流河水质，在各支流与截流河交汇处设置总口截流设施。这样可以将各支流在旱季漏排的污水和雨季合流的污水截流到截流河东岸计划建设的截流箱涵中。该工程计划沿截流河东岸埋设截流箱涵，用于终端收集和传输漏排污水和合流污水。干流截流箱涵的起点是玻璃围涌，止于德丰围涌下游的排涝泵站，总长度为 5.07km。为了能够传输各支流总口截流的漏排污水和雨季合流污水，箱涵的设计内顶高程需要低于各支流底高程。因此，在设计中确定了箱涵起端内底高程为 2.95m，末端内底高程为 8.54m，设计纵坡为 1%。在本阶段的设计中，还需要考虑截流河堤岸的支挡结构以及箱涵基坑的支护结构。

中建三局第二建设工程有限责任公司的邱奎等[115]对老城区老旧排污口截污纳管实施方法进行了探讨。以湖北咸宁市淦河沿线部分排污口改造设计与施工为例，其中白茶五组排污口为十字形汇合东西南北走向雨污合流浆砌箱涵，汇集白茶五组社区（图 2-60）多户污水，雨污水流量较大，雨后水流湍急，几乎充满箱涵，箱涵上游下穿咸宁大道，源头治理代价太高。东西走向箱涵与南北走向箱涵在广场草坪上井位汇合后直排入淦河，箱涵埋深 2m 左右。

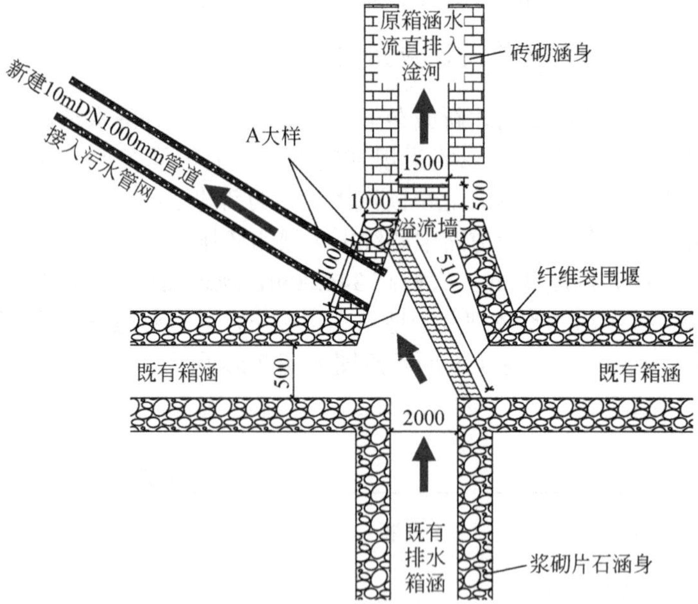

图 2-60　白茶五组截污平面示意图[115]

标注尺寸单位均为 mm

经调查，该箱涵井位附近有条垂直箱涵走向的ϕ1m 污水主管位于浆砌涵下方，涵底绝对高程比污水主管网高 0.5m 左右。故在井位处将原箱涵污水采用ϕ1m、长

10m 的管道就近将污水接入主管网，施工过程中通过在箱涵内做围堰临时封堵。将管道接通后，鉴于雨污河流，暴雨后箱涵内流量大增，占据污水主管流量，因此在原流入淦河排污口箱涵内采用砌筑 MU10 砖块封堵，整体 1∶2 防水砂浆抹面，上部预留高 30cm 溢流口，经现场治理后取得比较好的效果。

参 考 文 献

[1] 钟克师, 徐少华, 王俊, 等. 磁混凝沉淀技术在印染废水深度处理中的应用[J]. 印染, 2023, 49(11): 74-76, 80.

[2] 张瑜, 聂荣, 孔磊, 等. 混凝沉淀-Fenton 氧化协同深度处理木薯酒精废水[J]. 安徽化工, 2023, 49(5): 122-125, 129.

[3] 沈静, 宋湛谦, 钱学仁. 造纸填料工程及新型填料的研究进展[J]. 中国造纸学报, 2007(4): 113-119.

[4] 吴江伟, 楚金喜, 吕丹. 基于混凝沉淀工艺的城市污水处理厂尾水深度脱色技术研究[J]. 工业安全与环保, 2021, 47(11): 99-102.

[5] 曾磊, 刘畅, 阮超, 等. “A/RPIR+磁混凝沉淀”组合工艺处理城镇废水的稳定运行效能分析[J]. 水处理技术, 2024, 50(1): 138-142, 146.

[6] 董广标. 混凝气浮+混凝沉淀+UASB+A/O+MBR 工艺处理化妆品废水工程应用实例[J]. 广东化工, 2023, 50(17): 130-132.

[7] 蔡建峰. 城市水厂给水深度处理技术的应用分析[J]. 上海轻工业, 2023(5): 138-140.

[8] 左军, 薛露肖, 王莉. 吸附性材料用于河道生态治理的探索[J]. 城市建设理论研究(电子版), 2019(2): 145-146.

[9] 唐超. 高分子树脂复合材料及其对大气挥发性污染物吸附性能的研究[J]. 化学工程师, 2023, 37(12): 49-53.

[10] 吴凡, 张明美, 赵磊, 等. 用于 VOCs 吸附的多孔材料的研究进展[J]. 化工环保, 2023, 43(06): 757-766.

[11] 孙磊, 关志峰, 籍志凯, 等. 电吸附技术在石化循环水处理中的应用研究[J]. 科学咨询(科技·管理), 2021(3): 9-11.

[12] 陈伟昌, 杨灼成. 某线路板企业废水处理站提标改造工程设计[J]. 资源节约与环保, 2023(7): 77-80.

[13] 孙晓明, 杨柳. 辽河小洼油田稠油污水外排处理技术研究与应用[J]. 给水排水, 2023, 59(S1): 679-682.

[14] 武兆吉, 李婧实, 李静静, 等. 臭氧氧化法去除养殖废水中典型污染物研究[J]. 精细与专用化学品, 2023, 31(11): 47-50.

[15] 黄程兰, 刘敏, 陈滢. 臭氧在污水处理中的应用[J]. 四川化工, 2012, 15(1): 25-28.

[16] Yuan Y C, Liu J D, Gao B, et al. Ozone direct oxidation pretreatment and catalytic oxidation

post-treatment coupled with ABMBR for landfill leachate treatment[J]. Science of the Total Environment, 2021, 794: 148557.
[17] 郜子兴, 杨文玲. 臭氧催化氧化技术在废水处理中的研究进展[J]. 应用化工, 2017, 46(12): 2455-2458, 2462.
[18] 林巍. 常用预氧化剂降解两种典型 PPCPs 的效能和机理研究[D]. 哈尔滨: 哈尔滨工业大学, 2013.
[19] 杨晓波. 臭氧催化氧化印染综合废水的深度处理研究[J]. 全文版: 工程技术, 2016(5): 186-186.
[20] 程明涛, 张万里. 气浮+臭氧催化氧化用于工业园区污水厂提标改造[J]. 中国给水排水, 2023, 39(24): 134-139.
[21] 李媛, 代继祥, 马妍菁, 等. 膜技术处理高浓度有机废水及资源化利用研究进展[J]. 水处理技术, 2024, 50(1): 1-6.
[22] 宋光敏. 膜分离法在水和废水处理中的应用[J]. 清洗世界, 2023, 39(10): 80-82.
[23] 王余, 王琦, 方国锋, 等. 磁微滤膜法高效脱氮除磷技术的试验研究[J]. 环境科学导刊, 2023, 42(1): 36-41.
[24] 刘军. 环保工程水处理中超滤膜技术的应用探究[J]. 皮革制作与环保科技, 2023, 4(17): 8-10.
[25] 邱小燕, 危海涛, 杨益洲. 基于纳滤膜分离技术的高盐废水处理方法[J]. 塑料科技, 2023, 51(6): 124-128.
[26] 林洁婷. 反渗透水处理设备在工业污水处理中的应用[J]. 资源节约与环保, 2023(4): 87-90.
[27] 林超. 电渗析在压裂返排液废水处理中的应用研究[J]. 环境科学导刊, 2023, 42(5): 53-57, 62.
[28] 周庆荣. 重庆长寿危险废物处置场工程关键技术研究[D]. 重庆: 重庆大学, 2005.
[29] 林茜茜. 膜分离技术在城镇污水处理中的应用[J]. 广东化工, 2023, 50(23): 92-94.
[30] 熊道毅, 王硕煜, 丁贵军, 等. 膜分离技术在电镀废水处理中的应用进展[J]. 科技展望, 2016, 26(20): 75.
[31] 王浪, 王首都. MBR 工艺在某污水厂提标扩容中的应用[J]. 净水技术, 2022, 41(S1): 269-273.
[32] 柳岩, 陶素素, 张雯, 等. MBR 及超滤工艺在老旧污水厂准Ⅳ类提标中的设计应用[J]. 水处理技术, 2023(2): 143-148, 152.
[33] 凌晨, 宁洪良, 赵立新, 等. 串联曝气生物滤柱对麦芽酚废水深度净化研究[J]. 天津理工大学学报, 2023, 39(5): 15-20.
[34] 魏俊, 黄雪琴, 袁旻, 等. 杭州市市区河道污染终端控制技术研究[J]. 中国给水排水, 2016, 32(2): 29-33.
[35] 李军, 刘伟岩, 杨晓冬, 等. 曝气生物滤池应用和研究中的几个关键问题[J]. 中国给水排

水, 2008(14): 10-14.
[36] 蔡庆庆, 高志伟, 吴旭鹏, 等. 曝气生物滤池预处理微污染水源水试验研究[J]. 土木建筑与环境工程, 2018, 40(5): 147-154.
[37] 聂中林, 马赫, 梁鹏, 等. 不同填料曝气生物滤池处理微污染河水的效果[J]. 中国给水排水, 2020, 36(17): 41-48.
[38] 张琪. 污水处理中曝气生物滤池的使用研究[J]. 资源节约与环保, 2019(12): 90.
[39] 唐章程, 杨坤, 贾建伟, 等. 高排放标准下西北某精细化工园区集中式污水处理工程设计实例[J]. 给水排水, 2023, 59(11): 68-73.
[40] 熊涛, 李萍, 尹茜, 等. 河道底泥和植物制备生物炭吸附磷的影响研究[J]. 广东工业大学学报, 2023, 40(3): 83-90.
[41] 陆萍萍, 漆知非, 陆滢琦, 等. 生物炭土地渗滤系统对吡虫啉废水处理的研究[J]. 水处理技术, 2024, 50(1): 61-66.
[42] 贾愿红, 赵保卫, Douangdalangsy K. 水稻秸秆生物炭对土壤理化性质及不同形态硫含量的影响[J]. 化工环保, 2024, 44(1): 1-8.
[43] 严群, 靳涵宇, 宋忠贤, 等. 活性污泥生物炭的制备及吸附性能的研究进展[J/OL]. 有色金属科学与工程, 2023: 1-10.
[44] 李俊生, 郭小瑞, 徐嘉伦, 等. 生物炭吸附法处理氨氮废水的研究进展[J]. 应用化工, 2023, 52(4): 1264-1269, 1275.
[45] 陈文超, 李勇超, 杨昕旻, 等. 多行业污泥生物炭特性及深度处理工业废水行为[J/OL]. 工业水处理, 2023.
[46] 刘君, 朱春游, 涂灿, 等. 农村生活污水生物膜反应器的研究进展[J]. 再生资源与循环经济, 2020, 13(5): 38-40.
[47] 吴桐, 龚钰涵, 杨珊珊, 等. 基于响应面法的流化床生物膜反应器运行条件优化[J]. 环境科学学报, 2022(3): 120-129.
[48] 李宸. 新型生物膜反应器组合工艺处理高氨氮废水研究[D]. 重庆: 重庆理工大学, 2019.
[49] 朱海东, 赵如金, 曼苏尔·侯赛因, 等. 废无纺布-生物膜反应器处理城市生活污水研究[J]. 水处理技术, 2020(5): 75-80.
[50] 韦怀德, 李发站, 谷超. 一体化多级 AO 生物膜反应器处理农村污水研究[J]. 中国给水排水, 2023, 39(17): 81-87.
[51] 敬双怡, 郝梦影, 杨文焕, 等. 厌氧/特异性移动床生物膜反应器处理焦化废水[J]. 水处理技术, 2021(2): 95-101.
[52] 赵学敏, 虢清伟, 周广杰, 等. 改良型生物稳定塘对滇池流域受污染河流净化效果[J]. 湖泊科学, 2010, 22(1): 35-43.
[53] 李剑超, 褚君达, 丰华丽, 等. 我国稳定塘处理的研究与实践[J]. 工业用水与废水, 2002(1): 1-3.

［54］何凡, 许超, 刘军, 等. 三级稳定塘+人工湿地组合工艺在城镇污水处理厂尾水深度处理中的应用[J]. 中国资源综合利用, 2023, 41(11): 173-178.

［55］刘汝鹏, 于水利, 王全勇. 生态稳定塘系统在城市污水处理中的应用[J]. 环境工程, 2006(5): 2, 19-20.

［56］杨旅, 陆丽君, 刘佳, 等. 人工湿地净化河道水质的研究进展[J]. 四川环境, 2011, 30(5): 112-116.

［57］冯培勇, 陈兆平, 靖元孝. 人工湿地及其去污机理研究进展[J]. 生态科学, 2002, 21(3): 264-268.

［58］李怀正, 叶建锋, 王晟, 等. 垂直潜流人工湿地技术在上海市农村污水处理中的应用和发展[J]. 环境污染与防治, 2008(8): 84-89.

［59］杜雨佳. 西安湿地公园水生植物景观设计研究[D]. 西安: 西安建筑科技大学, 2023.

［60］汤青峰, 孙磊, 杨菲, 等. 活水调度联合人工湿地治理黑臭水体应用研究[J]. 三峡生态环境监测, 2023, 8(2): 61-66.

［61］付腾飞, 王璐. 膜生物反应器在制药废水处理的研究进展[J]. 中国资源综合利用, 2019, 37(1): 94-96.

［62］马子欣, 文敬博, 蒋林巧, 等. 重力流膜生物反应器处理农村污水效能与机制[J/OL]. 哈尔滨工业大学学报, 2024: 16-24.

［63］温汉泉, 潘元, 俞汉青. 低碳水处理与资源化技术: 厌氧膜生物反应器(AnMBR)的特性、应用与新技术简介[J]. 能源环境保护, 2024, 38(1): 1-11.

［64］罗敏. 市政污水处理回用中 ZeeWeed®超滤膜和膜生物反应器的典型应用案例分析[C]//中国膜工业协会, 同济大学环境科学与工程学院, 中国城镇供水排水协会, 等. 2010 年膜法市政水处理技术研讨会论文集. 2010: 5.

［65］赵贤慧. 生物接触氧化法及其研究进展[J]. 工业安全与环保, 2010, 36(9): 26-28.

［66］环境保护部. 生物接触氧化法污水处理工程技术规范（HJ 2009—2011）［S］. 2011.

［67］艾恒雨, 汪群慧, 谢维民, 等. 接触氧化工艺中生物填料的发展及应用[J]. 给水排水, 2005(2): 88-92.

［68］蔡笠. 几种填料在生物接触氧化工艺中的应用特性及工艺改良研究[D]. 哈尔滨: 哈尔滨工业大学, 2011.

［69］相会强, 张杰, 于尔捷, 等. 水解酸化-生物接触氧化工艺处理制药废水[J]. 给水排水, 2002(1): 54-56.

［70］吴昌永. A^2/O 工艺脱氮除磷及其优化控制的研究[D]. 哈尔滨: 哈尔滨工业大学, 2010.

［71］廖江福, 袁新, 李文豹. 一体化 A^2O 氧化沟工艺应用实例[J]. 广东化工, 2012, 39(18): 97-98.

［72］袁红丹. 生物滤池-人工湿地组合工艺在农村生活污水处理工程中的应用[J]. 建筑科技, 2018, 2(4): 84-87.

［73］易彪，陶涛，朱鹏. 曝气生物滤池处理城市污水的工程应用[J]. 中国给水排水，2007(20): 60-62.
［74］郑鹏. 地下渗滤系统处理污水的效果及工程应用研究[D]. 北京：中国农业大学, 2016.
［75］李英华，李海波. 污水地下渗滤系统生物脱氮原理与关键技术[M]. 北京：科学出版社，2020.
［76］聂俊英. 改良的地下渗滤系统处理污水及相关机理研究[D]. 上海：上海交通大学, 2011.
［77］陈繁荣. 高负荷地下渗滤污水处理复合技术[C]//中国环境保护产业协会水污染治理委员会,环境保护部对外合作中心."十三五"水污染治理实用技术. 北京：化学工业出版社,2017: 113-117.
［78］范迪，王娟，迟宏. 人工湿地在污水处理中的应用及评述[C]//中国环境科学学会. 2007 中国环境科学学会学术年会优秀论文集（上卷）. 北京：中国环境科学出版社, 2007: 4.
［79］冀建平. 厌氧-人工湿地组合工艺对生活污水的处理效果分析[J]. 山西化工，2022(3): 279-280.
［80］巫小云，谢翼飞，李旭东，等. 人工湿地处理川西北散户农村生活污水的应用研究[J]. 四川环境, 2023, 42(5): 31-38.
［81］Thakre S B, Bhuyar L B, Deshmukh S J. Oxidation ditch process using curved blade rotor as aerator[J]. International Journal of Environmental Science and Technology, 2009, 6(1): 113-122.
［82］施毅. 污水处理厂氧化沟工艺改造研究[J]. 中国资源综合利用, 2023, 41(9): 176-178.
［83］钱志东. 改良型 Carrousel-2000 氧化沟工艺曝气系统改造实践[J]. 中国资源综合利用，2023, 41(9): 182-184.
［84］张巍，许静，李晓东，等. 稳定塘处理污水的机理研究及应用研究进展[J]. 生态环境学报，2014, 8: 1396-1401.
［85］赵学敏，虢清伟，周广杰，等. 改良型生物稳定塘对滇池流域受污染河流净化效果[J]. 湖泊科学, 2010, 22(1): 35-43.
［86］郑效旭，李慧莉，徐圣君，等. SBR 串联生物强化稳定塘处理养猪废水工艺优化[J]. 环境工程学报, 2020, 14(6): 1503-1511.
［87］贺瑞敏，朱亮，谢曙光. 微污染水源水处理技术现状及发展[J]. 陕西环境, 2003(1): 37-40.
［88］陈怡，卢建国. 曝气生物流化床处理高浓氨氮废水[J]. 中国给水排水, 2003(4): 88-90.
［89］朱广汉，崔树生，姜斌. 曝气生物流化池处理高浓度氨氮废水的研究与应用[J]. 中国给水排水, 2006(11): 31-34.
［90］水春雨，周怀东. 曝气生物流化床处理高氨氮粪便污水[J]. 环境工程学报，2012, 6(8): 2677-2682.
［91］余忻，王棋，龚道孝，等. 高密度城中村的黑臭水体控源截污策略[J]. 中国给水排水, 2022, 38(12): 83-87.

［92］吴仕盛. 景泰涌清污分流工程方案探讨[J]. 工程技术研究, 2019, 4(1): 229-230.
［93］任艳龙, 张晓琳, 杨清. 黑臭水体治理工程方案分析[J]. 天津建设科技, 2021, 31(1): 39-41.
［94］毕南妮. 深圳大康河黑臭水体治理案例解析[J]. 山西建筑, 2022, 48(4): 152-154, 161.
［95］揭小锋. 佛山市顺德区桂畔海河水系综合整治措施[J]. 环境与发展, 2017, 29(3): 50-52.
［96］陈谦, 冯蔼敏, 黄粲琪. 河涌整治工程与海绵城市建设的思路——以广州市新市涌整治工程为例[J]. 天津建设科技, 2019, 29(5): 42-46.
［97］江纲. 珠三角地区村居涌内管截污工程方案探讨[J]. 陕西水利, 2022(6): 139-141.
［98］刘苛. 河涌边分散型农村污水收集方法实践——以广州市南沙区珠江街为例[J]. 低碳世界, 2022(4): 25-27.
［99］方施施, 张立明, 成进棋. 宜兴市低洼圩区、丘陵地区农村生活污水管网设计[J]. 中国给水排水, 2023, 39(8): 83-88.
［100］中山市小榄镇融媒体中心. 疏堵并举水岸同治, 让小榄水更清河更畅岸更绿！[EB/OL]. http: //www. zs. gov. cn/xlz/zwdt/content/post_2260613. html[2023-04-04].
［101］李晓粤, 奚健. 城市河流污染治理与原位修复技术探讨[C]//中国环境科学学会. 2010 中国环境科学学会学术年会论文集(第一卷). 北京: 中国环境科学出版社, 2010: 505-508.
［102］余忻, 王棋, 龚道孝, 等. 高密度城中村的黑臭水体控源截污策略[J]. 中国给水排水, 2022, 38(12): 83-87.
［103］李湘溪. 市区繁华路段涵洞排口截污的设计思路探讨[J]. 低碳世界, 2023, 13(9): 64-66.
［104］柳王吉, 向龙, 徐如超, 等. 基于暗管排水的地下水调控模拟研究[J]. 人民黄河, 2018, 40(4): 150-156.
［105］罗宁. 南方中小城镇河道截污工程优化设计研究——以高州引鉴河为例[D]. 广州: 广东工业大学建筑与土木工程, 2017.
［106］唐卉, 王黎, 周硼. 乡镇雨污分流工程实践探讨[J]. 城市道桥与防洪, 2023(9): 23, 203-206.
［107］梁丽峰. 黑臭水体涌底埋设复合钢管污水收纳管道施工技术[J]. 中国给水排水, 2019, 35(14): 119-122.
［108］丁利鹏. 一种排污箱涵[P]: 中国专利, CN202021546912.6. 2024-06-12.
［109］白桂春, 罗海龙, 郭廷旭. 城市排污干涵与河道排洪洞交叉结构的设计优化[J]. 现代农业科技, 2008(8): 239-240.
［110］杨育红. 快速灌浆技术对排污箱涵及 PCCP 压力管线加固施工[J]. 中小企业管理与科技(上旬刊), 2021(8): 181-182.
［111］张芳芳. 某河道水环境整治工程水质改善及提升方法研究[J]. 陕西水利, 2021(8): 137-139.
［112］肖海燕, 刘民, 吴斌方. 箱涵疏通排污机器人控制系统的设计[J]. 机械与电子, 2005(2): 30-32.

[113] 卢晓明, 杨永峰, 刘卫军, 等. 渭北新城秦王二路排污箱涵工程降水设计与施工[J]. 城市建设理论研究(电子版), 2013(33): 1-4.
[114] 曹广越. 新城区截流河综合治理探讨及效果分析[J]. 水利技术监督, 2021(5): 125-128.
[115] 邱奎, 蒋保胜, 屈彩霞. 老城区老旧排污口截污纳管实施方法探讨[J]. 建筑施工, 2019, 41(7): 1320-1321, 1334.

第 3 章　内源污染控制技术

3.1　清淤疏浚技术

3.1.1　机械清淤技术

机械清淤技术是一种利用机械设备进行河道、湖泊等水域清淤的技术。该技术主要利用机械装置，如挖掘机、清淤船等，对水底淤积的泥沙、垃圾等进行挖掘、破碎、输送和处理。机械清淤技术可以根据不同的施工环境和要求，采用不同的机械装置和工艺流程，以达到快速、高效、经济的清淤效果[1]。清淤船是利用机械设备将淤泥进行挖掘、运输和卸载，将淤积物从河道中排出。清淤船可以根据沉积物的种类和情况进行调整，以达到更好的清淤效果。挖掘机清淤则是利用挖掘机对河道进行挖掘以清除淤积物。挖掘机具有较强的清淤能力，可以有效地清理大量淤积物[2]。

常规机械清淤技术包括空库干挖和挖泥船清淤两种。空库干挖清淤技术要求在非汛期降低库水位或放空水库，采用常规的挖掘机械进行淤泥、沙土的挖掘与运输。挖泥船清淤技术是指利用挖泥船对水库指定区域进行清淤。基于各种类型挖泥船工作特点，最适宜水库清淤的挖泥船主要有绞吸式挖泥船、耙吸式挖泥船及 DOP（Damen Onderwater Pomp，荷兰语，即达门水下泵）挖泥船[3]。绞吸式挖泥船结构见图 3-1，由绞刀头切削水下淤泥、砂砾及岩石等介质，在绞刀头的旋转运动作用下形成固液两相混合物，进而在舱内泵的抽吸作用下途经绞吸管道输送至舱内泵，最终途经排泥管输送到预定地点排放与处理[4]。环保绞刀头具有导泥挡板、绞刀防护罩、绞刀水平调节器，可使绞刀切削轮廓始终与疏浚底泥贴平，被切削的底泥在绞刀防护罩内扰动，既可提高泥泵吸入的混合物含泥量，提高疏浚效率，又可减少底泥挖掘过程中的扩散，避免二次污染。耙吸式挖泥船结构见图 3-2，其作业过程为下放耙管，启动泥泵，进而将耙头继续放至与泥层贴合，开始疏浚挖掘作业；挖掘泥沙被泥泵抽吸入泥舱，直至装满泥舱，此时舱内泥水混合物的液面高度由溢流筒调定，但不能超过船舶的最大吃水深度；满舱后，等待吸泥管泥沙抽吸干净，关停泥泵，吊起耙管，加大航速驶向排泥区或吹填区；抵达抛泥区后，采用预定排泥方式排空泥舱疏浚物，然后再次驶返挖掘区域，开始新的作业循环。新推出的 DOP 系列挖泥船分别采用 DOP150、DOP200、DOP250、

DOP350 标准，疏浚能力为 600～2400m^3/h。由于使用了潜水式疏浚泵，因此 DOP 挖泥船能够轻松地到达其他挖泥船无法到达的深度，疏浚深度可达 100m。此外，国内还引进了全电动 DOP 挖泥船，这对于偏远山区水库的疏浚维护特别有“吸引力”[5]。

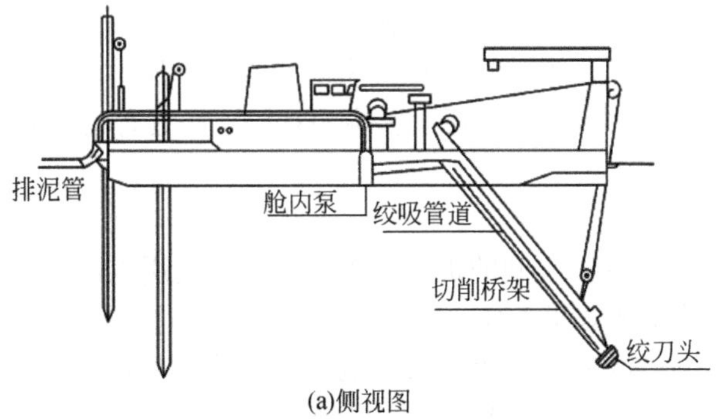

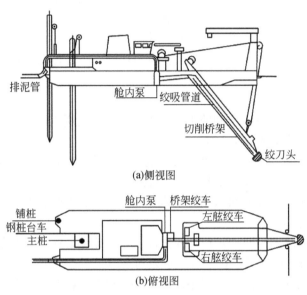

图 3-1　绞吸式挖泥船[4]

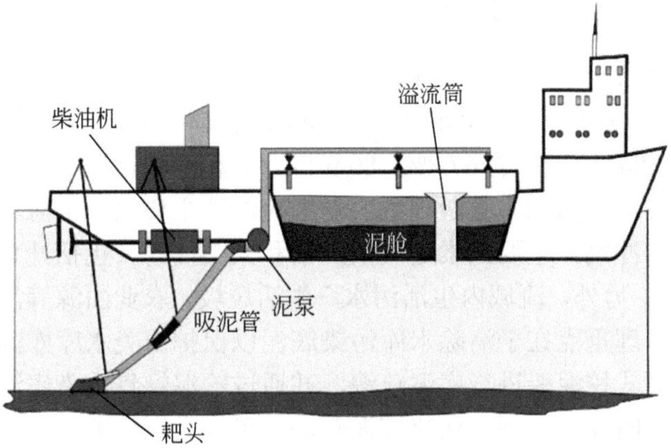

图 3-2　耙吸式挖泥船[4]

1. 技术优点

1）高效快速：采用机械化作业，可以快速地挖掘、破碎、输送和处理泥沙、垃圾等，提高清淤效率。

2）适应性强：适应不同的施工环境和要求，可以在不同水域、不同深度和不同土质的情况下进行清淤作业，具有较广泛的适用性。

3）经济性好：相对于传统的人工清淤方式，机械清淤技术可以大幅减少人力成本，提高施工效率，具有较好的经济效益。

4）环保性好：机械清淤可以避免人力清淤方式中泥沙、垃圾等对周边环境和人员的影响，减少二次污染，对环境影响相对较小，具有较好的环保性。

2. 技术缺点

1）施工受水深限制：不同的机械装置有不同的适用水深范围，水深过浅或过深时，可能无法施工或效果不佳。

2）施工受土质影响：施工受土质影响较大，对于硬质土层或岩石层等复杂地质条件，可能无法施工或需要采用特殊机械装置。

3）施工受规模影响：机械清淤技术受成本限制，主要适用于中小型水库或大型水库的局部清淤。

4）施工影响水流：施工可能会对水流产生一定的影响，例如在挖掘过程中可能会改变水流方向或速度，影响周边水域的环境。

5）需要专业人员操作：对于不同型号和规格的机械装置，需要有相应的操作技能和经验，以保证施工的安全性和效果。

3. 机械清淤技术应用实例

福建省泉州市山美水库管理处颜少清[6]研究了山美水库库区底泥及清淤疏浚技术。山美水库的淤积集中在80m高程以下，其中64～80m高程的淤积最为严重。占总淤积量（2884万m^3）的67.8%，80m以上高程淤积逐渐减少库区水质存在总氮、总磷超标等污染问题。其淤积主要是因为泥沙主要来源于流域内地表冲蚀，其次还有河床的冲刷，主要因素是气候因素和人类活动（包括开荒种果植被破坏及工程开挖等）。另外，流域内生活污水、生活垃圾、农业面源等污染物排放导致了水质污染。治理重点在于清除水库污染底泥以保护山美水库库区水质环境。所以采用环保绞吸式挖泥船进行底泥疏浚，并通过输泥管将污染底泥输至岸边进行脱水干化处理（图3-3）。通过污染底泥疏浚，可以大幅度地削减水体中的内源污染物数量，减少底泥营养盐对水质的影响及底泥再悬浮造成的污染，减少营养盐的内源负荷，减少底泥中污染物对水体乃至水生生物的污染和生态危害风险，为山美水库水质改善与生态修复发挥积极作用。

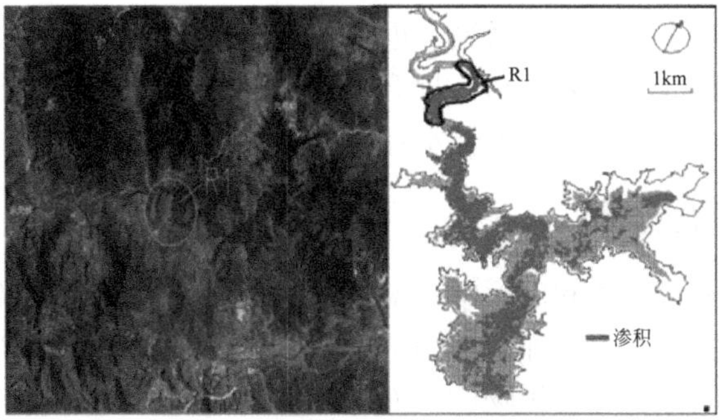

图 3-3　山美水库环保疏浚工程区域图和淤积图[6]

中国环境科学研究院流域水环境污染综合治理研究中心路金霞等[7]对沈阳市满堂河黑臭水体治理典型案例进行了分析。沈阳市满堂河早期长时间未进行清淤，污染物及淤泥长时间积累，导致河道底泥发黑发臭；河道缩窄，岸坡被侵占，影响河道过流。为清除满堂河内源污染，解决满堂河局部断面过流不畅现状，在对满堂河河道底泥氮、磷污染，重金属生态风险等进行调查与评估后，确定采取清淤措施治理底泥污染，工程投入约 2000 万元。满堂河清淤工作流程主要包括底泥污染调查与评估、河道清障与清淤、底泥处置场防护工程及后期恢复、底泥无害化处置、无害化底泥资源化利用等工程（图 3-4）。基于底泥污染调查与评估结果，科学实施满堂河清淤工程，采取在冬季封冻期进行干清的方式（清冰、清障和清淤）开展清淤工作。满堂河实施清淤工程后，防洪标准提升为 20 年一遇，满足浑河一级支流的河道防洪要求。同时，清淤后的河道具有承接城市雨水排放，污水

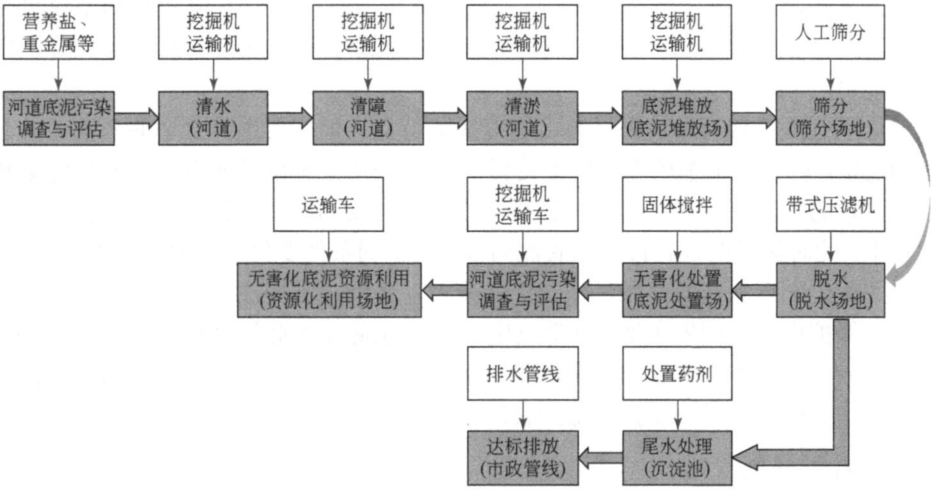

图 3-4　满堂河清淤工作流程[7]

处理厂尾水受纳河道、景观水系等多重功能，可承载62.73km^{2}的雨水排放，也是宝马厂二期雨水排放的重要通道，提升了河道的排涝能力，为周边居民提供安全的生产、生活环境，进一步改善了水环境质量及城市生态环境。

3.1.2 化学清淤技术

化学清淤技术是一种利用化学药剂进行河道、湖泊等水域清淤的技术。其技术原理是向受污染底泥中投加化学药剂，通过氧化还原、沉淀等一系列化学反应来降解氧化物、硫化物等有机物，从而达到抑制底泥污染释放、消除黑臭水体的目的。常用的化学药剂包括高锰酸钾、过氧化钙、硝酸钙、过氧化氢、三价铁盐等氧化剂[8]。通过添加化学药剂来分解和溶解淤积物，以达到清淤的目的。常用的化学方法包括添加氧化剂、酸碱中和等，通过化学反应来使水底的淤积物软化、分解和溶解，然后用水泵、机械等方式将泥沙、垃圾等清理出水面。同时也可以通过淤泥固化处理技术，有效地减少大量淤泥堆放或抛弃引起的污染，有助于实现淤泥的资源化利用[9]。

化学清淤技术可以针对不同类型的淤积物选择不同的化学药剂，以达到高效、全面清淤的效果。添加氧化剂可以增加水体中的氧含量，促进有机物的氧化分解，从而降低淤积物的浓度。酸碱中和则是通过调整水体的酸碱度来改变沉积物的溶解度，使其易清除[10]。淤泥固化处理则是在淤泥中添加固化剂，利用固化剂和淤泥之间发生的一系列化学作用，降低淤泥含水率，同时产生大量胶凝物质，使淤泥颗粒具备一定的强度和水稳定性的固化技术。絮凝技术就是向疏浚淤泥中添加絮凝剂，通过絮凝剂的压缩双电层和吸附架桥等作用，使泥浆中小的絮体聚合成大的絮团沉降，加速泥水分离[11]。对絮凝技术进行研究发现絮凝剂不仅可显著提高疏渗淤泥沉降速率还具有使有机质、金属离子和淤泥颗粒共同沉降团聚等效能[12，13]。

化学方法具有清淤效果显著、速度快的特点，但需要选择合适的药剂，并且添加适量，以免对生态环境产生不良影响[14]。在污染程度低或者上层大量污染物已被清除的情况下，对于污染较轻或者小面积污染的床面，推荐采用原位化学处理技术，此时化学药剂直接注入底泥内部，受水利条件变化带来的扰动影响较小。其中关于化学方法在河湖清淤作业中的应用，作业人员应注意投药量的控制，以及水产保护作业的预先实施。以避免化学药品造成水产死亡，引起经济损失现象。另外，应用化学方法实施的河湖清淤作业，可进行固化材料的回收应用，以此达到控制作业成本，以及加强资源回收应用的效果[15]。

1. 技术优点

1）高效全面：通过化学反应将水底的淤积物全面软化、分解和溶解，可以针对不同类型的淤积物选择不同的化学药剂，以达到高效、全面的清淤效果。

2）施工简单：不需要复杂的机械设备，只需要将化学药剂投放到水域中，然后进行简单的清理即可，施工相对简单。

3）适用范围广：适用于不同的施工环境和要求，可以在不同水域、不同深度和不同土质的情况下进行清淤作业，具有较广泛的适用性。

4）处理种类多：能处理高含水率和高有机质含量的淤泥，同时能将有毒有害物质固结在淤泥固化土中，且很难再次淋滤和溶出，有效避免了二次污染。

5）资源再利用：能将淤泥固化为强度高、变形小、水稳性和抗渗透性好的工程用土，实现淤泥在填方工程和建材制备中的资源化利用。

2. 技术缺点

1）化学药剂成本高：需要使用大量的化学药剂，不同类型、浓度的化学药剂价格也不同，因此化学药剂成本相对较高。

2）对环境有污染：化学清淤技术中的化学药剂可能会对周边环境产生一定的污染，例如化学药剂使用过量或不当可能会对水生生物造成不良影响。

3）存在毒性：化学法由于其技术本身的特性，使用不当会产生一些毒性，例如硝酸盐会增加上覆水体硝酸盐氮的浓度；铝盐净化可能对水生生物有毒；过氧化氢则不够稳定并且有一定危险性。

4）需要专业人员操作：对于不同类型和浓度的化学药剂需要有一定的配制和投放技巧，以保证施工的安全性和效果。

3. 化学清淤技术应用实例

福州市浦东河，北起化工路，横穿福新中路、福马路、连洋路至水上公园后汇入光明港，河道长约 3.8km，宽 9～35m。河道沿线经过较多工业区、居民住宅区以及城中村，污染源主要为工业废水和生活污水。总体水质黑臭严重，特别是部分污水排放口处，部分河面存在浮油、底泥上浮的情况，如图 3-5 所示。浦东河淤泥含水率和有机质含量较高，不适宜采用自然晾晒法。此外，浦东河清淤工程工期短，淤泥方量大，且多处于市中心，不适宜采用机械脱水、高温烧结等处理方法。因此，该清淤工程的淤泥固化采

图 3-5　福州市浦东河清淤工程现场[9]

用化学法进行。福州弘信工程监理有限公司饶舜[9]研究的淤泥化学固化技术在福州市浦东河清淤工程中得到了应用。当固化深度不超过 1.5m 时，可采用原位固化施工，即将固化剂直接投加至河道淤泥中进行搅拌固化；当固化深度超过 1.5m 时，建议采用异位固化施工，即将淤泥开挖至河堤上方空地进行固化，再投加固化剂进行搅拌固化。淤泥化学固化适合大方量淤泥处理，处置效率高，施工方便，且能显著提高淤泥固化土的力学性能和水稳性，很好地促进了淤泥的资源化利用。福州市内河淤泥待处理方量巨大，污染程度高，处置工期短，因此化学固化法是福州市河道清淤工程中较为经济、合理的淤泥处理技术。

魏河是贾鲁河的重要支流，具有典型的季节性河流特征，在秋冬季非汛期，河道的流量较小；而在夏季主汛期，河道流量较大。魏河在京港澳高速以上河段已按标准进行过生态治理，所以下游段的污染情况并不严重，河道底部的沉积物主要是无毒沉积物（图 3-6）。中国水利水电第十一工程局有限公司张志青[16]进行了魏河下游段河道沉积物疏浚处置技术的研究。在工程应用中，魏河河道的沉积物疏浚处理工程采用带式脱水机减容技术。带式脱水机采用带式浓缩机和带式压滤机组合，可以实现连续脱水，最后得到含水率较低的泥饼[17]。在脱水减容过程中，要在清淤处理后的沉积物中加入絮凝剂，提高脱水速度。絮凝剂与沉积物混合后，形成絮凝团，絮凝团进入带式污泥脱水机重力脱水区，在布料机构的作用下，絮凝团沉积物随着滤带向前运动，在重力作用下脱去沉积物的空隙水[18]。然后沉积物进入带式污泥脱水机的楔形脱水区。在楔形脱水区，沉积物被两条滤带形成的楔压力挤压，进一步脱水。最后进入低压区、高压区，通过压榨进行脱水。经过重力脱水、楔压脱水、低压脱水和高压脱水，沉积物的含水率逐步降低。

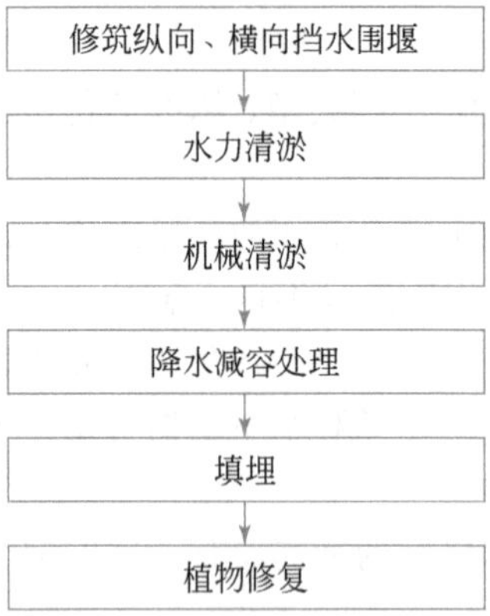

图 3-6　魏河下游段河道沉积物疏浚处置施工流程[18]

3.1.3　生物清淤技术

生物清淤技术是一种利用生物菌种、水生植物或动物进行河道、湖泊等水域清淤的技术[19]。当投放生物菌种如酵母菌、乳酸菌、工程菌等时，通过生物发酵作用，将水底的有机物分解、转化为可溶性物质，从而达到清淤的目的；当利用水生植物时，水生植物可以有效地消耗河流中的养分和污染物质，降低河道水质污染，同时将河道淤积物降解分解；当利用动物养殖时，可将养殖场布置于河流淤积区，通过养殖生态系统中微生物种的活动、食物链的转移等一系列生态过程，促进河流自然修复和淤泥分解[20,21]。中交一航局第三工程有限公司代浩团队[22]通过提取分离自然堆肥中优势菌株制得复合菌剂，用于改善疏浚底泥好氧堆肥效果。实验结果显示，菌剂对疏浚底泥堆肥具有良好的强化效果。沈阳建筑大学孟佳[23]通过微生物修复法处理清淤底泥的同时，向其中播撒草籽，种植草坪植物，这样保证底泥有机污染物得到更好的去除，且在处理之后，草坪植物能够产生一定经济效益。这相比于单独微生物修复法处理清淤底泥，提高了处理效果，创造了更高的经济价值；相比于单独植物修复法，提高了处理效果，减少了处理时间。中交（天津）生态环保设计研究院有限公司杨旺旺等[24]首先投放沉水植物，然后投放底栖动物，最后栽植湿生及挺水植物，最终实现对水下动、植物群落生态系统的构建与恢复，搭配微生物修复技术快速消解底泥污染物，创造了良好的底质条件，从而建立水体自净机制[24]（图3-7和图3-8）。可见，生物清淤作为以生态工程形式出现的水生生物对湖泊富营养化修复具有巨大功效，其中植物修复凭借它们强大的根系和植株，对磷的摄取和同化有着微生物所无法替代的作用[25]。

图3-7　植物清淤流程[24]

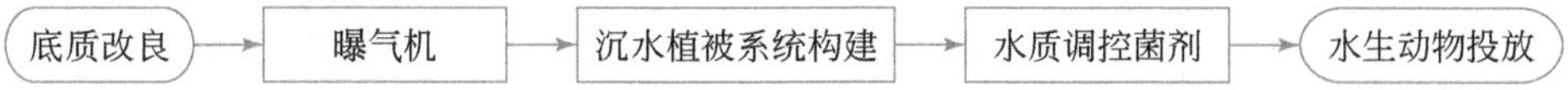

图3-8　微生物清淤流程[24]

1. 技术优点

1）施工简单：施工相对简单，需要将生物菌种投放到水域中，然后进行简单的搅拌、混合即可。不需要像化学清淤技术那样需要复杂的机械设备和专业技能。

2）环保安全：相较于化学清淤技术的化学药剂使用，更为环保安全。生物在分解过程中产生的物质大多是无害的，不会对水域和周边环境产生污染。

3）经济效益高：生物清淤在花费较少的情况下，能同时达到底泥减量、水质改善及底泥污染物削减的作用，且治理结果较为稳定，经济效益与环境效益均较好。

4）取材方便：可采用香蒲、芦苇、螺类、浮游动物等易取材的现成生物配合微生物菌剂使用。

2. 技术缺点

1）工程规划复杂：方案制定前需要对河道水文特征、泥质特性及污染物在底泥中的时空分布特征、河道断面特征及地理区域特征进行充分调查。

2）技术开发复杂：微生物菌剂法、植物修复法、动物养殖法等生物与底泥不同形态磷、多环芳烃、苯并芘指标的相互作用规律仍需进一步研究，导致开发高效的生物联用清淤技术较为困难。

3）难以适应极端环境：不能在起伏不定的极端温度和 pH 下或在高浓度金属和杀菌剂下存活，这是生物清淤的限制条件。

3. 生物清淤设计应用实例

沈阳建筑大学孟佳在辽河流域典型优控单元污染治理模式与工程应用中，采用盘锦市清水河含油清淤底泥为供试底泥进行研究，治理该流域附近石油化工产品等化学污染形成的黑臭水体。通过微生物修复法与植物修复法联合处理的方法治理含油清淤底泥，主要步骤有施工前准备、清淤工程和处理工程和底泥农用。其中，清淤工程包括底泥清淤和底泥输送；处理工程包括联合修复处理和余水处理。清淤底泥由汽车运输至底泥修复场所后，均匀地向基坑中铺开。修复区主要由两部分组成，分别是左侧集水池 2 和右侧底泥修复区 4。集水池用于存放底泥修复过程中，渗出的底泥余水。集水池中配有余水提升泵 3 和余水管道 1。底泥修复区中分为上层修复区和下层砾石填料区 6。修复区底层为砾石填料，上层为修复底泥。底泥联合修复处理可进行 3 个月，宜选在夏季进行。由于东北地区处于夏季，温度较高，适宜进行微生物修复与植物修复。含油清淤底泥处理时间控制在 10 个月左右。经检测，底泥处理后指标满足《农用污泥污染物控制标准》（GB 4284—2018）后，可进行农田投放使用（图 3-9）[23]。

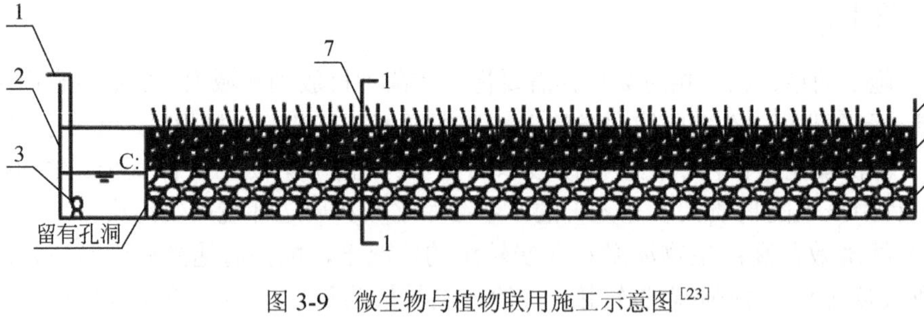

图 3-9　微生物与植物联用施工示意图[23]

1. 余水管道；2. 集水池；3. 余水提升泵；4. 修复区；5. 防渗层；6. 砾石填料区；7. 1-1 剖面

重庆大学杨建峡通过筛选底泥修复菌株，构建微生物复合菌剂，选取广东省佛山市南海区西樵镇太平工业区 8m 大涌某段作为工程应用段，进行了生物清淤工程。经 90d 的运行，河道水体 COD、NH_3-N、TP 浓度均稳定在《地表水环境质量标准》（GB 3838—2002）Ⅴ类标准范围内，河道 DO 浓度维持在 4～6mg/L，水体由发黑发黄转变为透明度较高的翠绿色，河道底泥削减量为 996.9m^3，底泥有机质削减率为 37.6%，总氮削减率为 53.1%，Fe^{2+}削减率为 43.9%，有机质削减总量约为 133.4t，总氮平均削减量约为 10.8t，底泥污染释放速率大大降低，清淤效果明显。图 3-10 为生物清淤过程对底泥生物多样性的分析结果，在治理过程中，底泥中厌氧微生物种群相对丰度及数量下降，好氧及兼性微生物种群相对丰度及数量明显上升，整体群落结构及组成更为丰富与健康。治理工程总成本为 42.8 万元，单位体积底泥减量成本约为 430.3 元/m^3，削减单位有机质成本约为 3.1 元/kg，削减单位氮污染物成本约为 38.2 元/kg，与清淤比较，成本更低，且能同时达到水体水质改善、底泥污染物削减及底泥减量的效果，具有较好的经济效益与环境效益[26]。

2017年3月
2017年10月
2017年4月
2017年11月
2017年5月
2017年11月
2017年7月
2017年11月

图 3-10　生物清淤过程中的河道变化[27]

3.1.4　水力冲淤技术

水力冲淤技术是一种利用水力机械设施对河道、湖泊等水域进行清淤的技术。该技术通过水力机械设施，如水泵、水枪等，将水射流强力冲刷水底泥沙，使其悬浮并随水流排出。水力冲淤技术适用于各种类型的底质和水域，如河流、湖泊、水库等，是一种常用的清淤方法[28-30]。

在德州市河道清淤工程中，德州市水利局郭明辉[31]对水力冲挖机组施工技术在该工程河道清淤疏浚中的应用进行了分析探讨。施工结果表明，水力冲挖机组能有效减轻劳动强度，提升劳动工效，降低工程造价，对于各类型河道清淤疏浚及砂土、壤土、亚黏土冲挖都较为适用。为进一步提高环保清淤的效率和效果，还需要相配套的集成工艺，实现清淤机械科技一体化的目标。采用垃圾预处理设备清除河底的塑料袋、树枝、石块等杂质；清淤时产生的淤泥通过离心脱水设备进行脱水干化，达到淤泥减量化的目标；干化淤泥通过合理调度和调配，采用外运船只及时外运和处置，达到清淤的最终目的[32]。重庆大学翟俊等[33]以沙粒模拟大管径排水管道的沉积物，采用有机玻璃制作排水管渠模型，模拟排水管道中沉积物重新悬浮和输送的水力过程利用平面二维粒子图像测速（2D-PIV）系统测量机械搅拌作用下的水流流场，得到机械搅拌作用下水流对沙粒的作用效果和规律，从而获取相关水力学参数，用以指导清淤系统的设计开发。

随着社会经济的不断发展，我国开始逐渐增加投资力度，在河道环保清淤工程中可以利用各种新型水力冲淤施工技术，进一步大规模地提高了河道的水质[34]。

1. 技术优点

1）高效快速：水力冲淤技术利用水力机械设施产生的强大的水流冲刷水底泥沙，能够快速将沉积物疏浚、清理出来。

2）适用范围广：水力冲淤技术适用于各种类型的水域和底质，如沙质、淤泥质、石质等。

3）设备简单：水力冲淤技术的设备较为简单，一般只需水力机械设施和水泵等简单设备，维护和操作相对容易。

4）便于配合其他技术：配合遥感观测、自动化检测设备，可针对地理形态进行大规模清淤。

2. 技术缺点

1）对环境影响较大：水力冲淤技术对环境有一定影响。强烈的冲刷水流可能会对水域底部造成破坏性的影响，导致底栖生物死亡或栖息地破坏。

2）不适用于浅水区：水力冲淤技术不适用浅水区，因为浅水区的流速较慢，无法形成足够的冲刷力度。

3）需要大量能源：水力冲淤技术需要使用大量的能源来驱动水力机械设施，因此会产生一定的能源消耗和碳排放。

4）消耗经济：如果在施工前进行深入、系统地地理信息调研经济核算，一方面会给当地的工农业发展、土壤及自然生态环境保护带来负面影响，另一方面会给水利部门和河道管理部门带来诸如人力和经费的负担，同时也不利于当地经济社会的可持续发展。

3. 水力冲淤应用实例

浙江省水利水电勘测设计院有限责任公司赖勇根据现有的清淤技术在有压输水管道自身水头充分利用上的不足，在分析常规市政清淤方法存在问题的基础上，提出了一种适用于有压输水管道倒虹吸管的水力自动冲淤装置。该装置主体结构依托倒虹吸管部位常设的排水竖井布置，包括水平吸淤管、竖向输泥管和地表排泥管。该装置可在无须隧洞放空、人工清污或动力清污的情况下实现对有压输水管道倒虹吸管的水力自动冲淤，具有安全节能、冲淤效果好、运行影响小、施工方便的特点，在倒虹吸管内部水头高于地表排泥管水头时适用（图3-11）[35]。

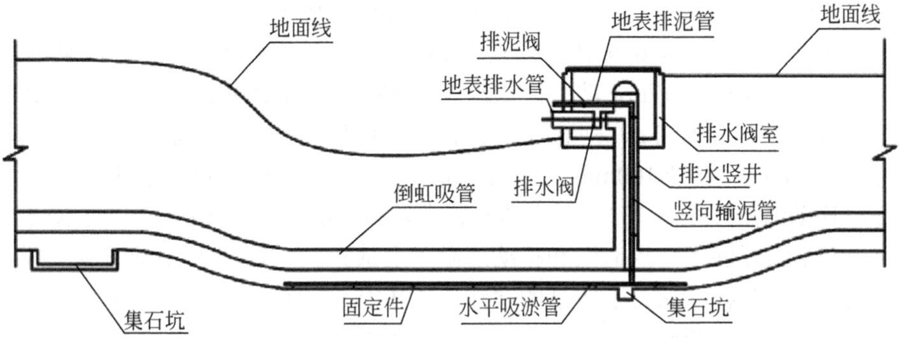

(a)侧视图

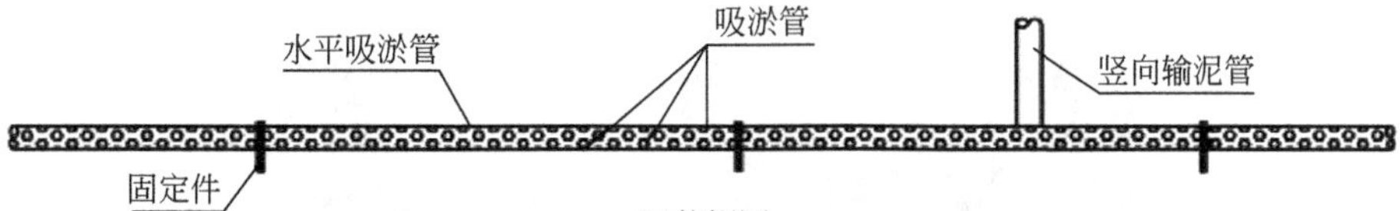

(b)俯视图

图3-11 适用于有压输水管道倒虹吸管的水力自动冲淤装置[35]

渭南市东雷抽黄工程管理中心李焕新等[36]在清华大学水沙科学与水利水电工程国家重点实验室资助下，在陕西省渭南市东雷抽黄工程管理中心东雷一级站进行一种移动式水力清淤装置（图3-12）的清淤试验工程。

装置整体上由底部环框、冲沙泵、吸沙泵、隔离罩及浮筒组成，工作原理概括如下：底部环框及隔离罩形成开口向下的封闭空间，吸沙泵进口与冲沙泵喷水支管均置于该封闭空间内，冲沙泵喷水支管出口高速射流冲起淤积泥沙，不同支管从不同方向射流和掺混，在封闭空间内形成均匀高含沙水体，吸沙泵实时对高

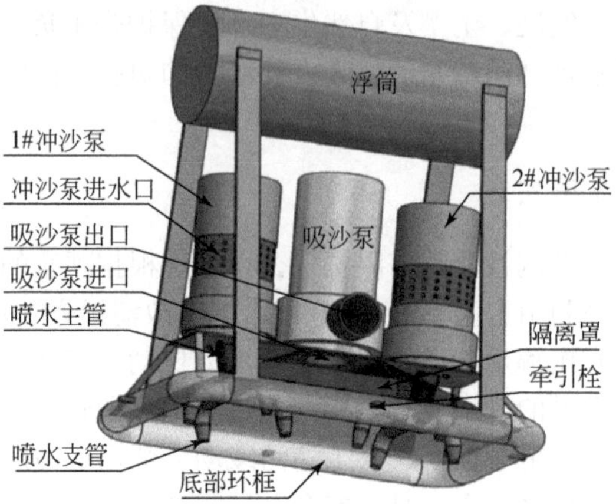

图 3-12　移动式水力清淤装置[36]

含沙水体进行吸排。装置在浮筒浮力和底部环框作用下可轻松进行移动且不易倾覆。吸沙泵额定流量为 65m^3/h，扬程为 18m，功率为 5.5kW，两台冲沙泵单台流量为 25m^3/h，扬程为 17m，功率为 2.2kW。装置总重为 180kg，水下浮力为 23kg，上部浮筒的浮力为 127kg，则装置在水下的浮重为 30kg。抽沙泵出口连接的输沙管为长度 15.0m、直径 100mm 的消防帆布带。在黄河边滩共进行了 5 组定点清淤和 2 组移动清淤（图 3-13）。基于该装置在东雷一级站内的 8#前池和进水闸外的黄河边滩依次开展了定点清淤和移动清淤多组试验，结果表明：在两个地点清淤，装置吸排水体全程均保持了较高的含沙量。其中，在床面平整的 8#前池内，清淤的最大含沙量可达 700kg/m^3，平均含沙量约 560kg/m^3；在进水闸外的黄河边滩，平均含沙量约 330kg/m^3[36]。

图 3-13　自动清淤试验工程[36]

河海大学舒大兴等[37]开发的清淤和输送一体化水库自耕吸泥清淤装置采用水力自耕吸头（图 3-14），不需要其他动力；采用自动控制技术实现无人操作，可全天候工作，节省了人力，提高了工作效率；吸泥清淤用水结合灌溉供水，节约了宝贵的水资源。水力自耕吸头可在库区任何地方移动，从而保证了全面、彻底清淤。榆林河水库多年平均来水量为 5200 万 m^3，共清除 300 万 m^3 库底淤泥，清淤费用约 900 万元，计 3 元/m^3，只有机械清淤费用（30 元/m^3）的 10%。从环保角度分析，该清淤方法不占农田，还可以淤地造田，10%～15%含沙量浑水灌溉到农田，可改良土壤。水力清淤方法没有土建施工，不需泄空水库，不受季节来水限制，没有任何污染。

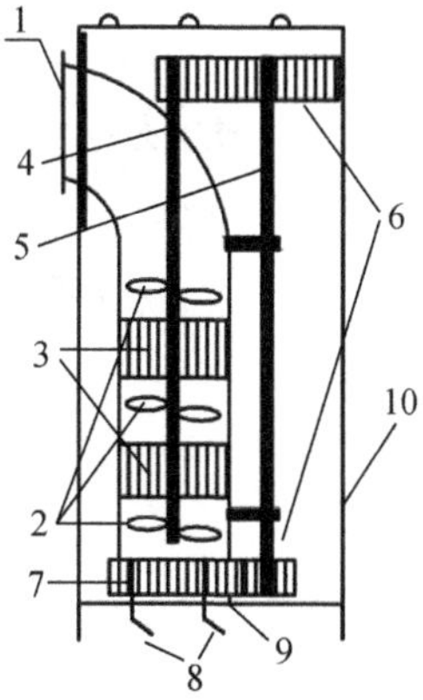

图 3-14　自耕吸泥清淤装置采用水力自耕吸头[37]

1. 钢管；2. 叶轮；3. 整流片；4. 主动轴；5. 从动轴；6. 齿轮；7. 轴承；8. 耕犁；9. 过滤网；10. 保护罩

3.1.5　真空清淤技术

真空清淤技术处理河湖清淤底泥是指借助真空设备产生的真空负压将河湖清淤底泥中的水分抽出，使底泥发生固结硬化，提高其强度[38]。真空设备目前常采用射流泵或水汽分离罐，真空设备产生的真空负压通过滤管在底泥表层进行水平传递，滤管管身上连接有塑料排水板，排水板插入底泥中，滤管中的真空负压通过塑料排水板传递到底泥中。塑料排水板呈扁平带状，由内部的排水凹槽和外部的土工织物滤膜组成，滤膜可以起到滤土排水的作用。为降低真空设备产生的真空负压传递的损耗，在清淤底泥的表面铺设有不透气的密封膜，密封膜四周埋入清淤底泥中，这样可以隔绝清淤底泥与大气的交换[39]。不同于堆载预压处理软泥的原理，真空清淤技术是基于有效应力原理，即土体所受的总应力不变，通过真空设备产生的真空负压将土体中的孔隙水排出，从而降低其孔隙水压力，则土体所受的有效应力相应增加。土体固结密实使土体所受的有效应力增加，所以在真空预压作用下，土体中增加的有效应力将促使底泥发生固结。真空清淤技术处理软泥常用于沿海的吹填成陆工程，从问世以来已经 40 余年，历经多年的发展，其工艺已逐渐趋于成熟并逐步应用于河湖清淤底泥的脱水处理。该种方法施工便捷、造价较为经济，且污染少，可以快速对软土进行加强，是目前应用较为广泛的处理方法。

真空清淤技术是在疏浚清淤后的底泥中设置竖向塑料排水带，再覆盖薄膜封闭，抽气使膜内排水带处于真空状态，进而排除淤泥中的水分。其示意图如图 3-15 所示。采用真空清淤技术处理淤泥前，须修建围堰，形成封闭的纳泥区，或利用现有封闭坑塘作为纳泥区，对场地条件有一定的要求，若存在漏气地层，须采取封闭措施，以保证真空预压效果[40]。

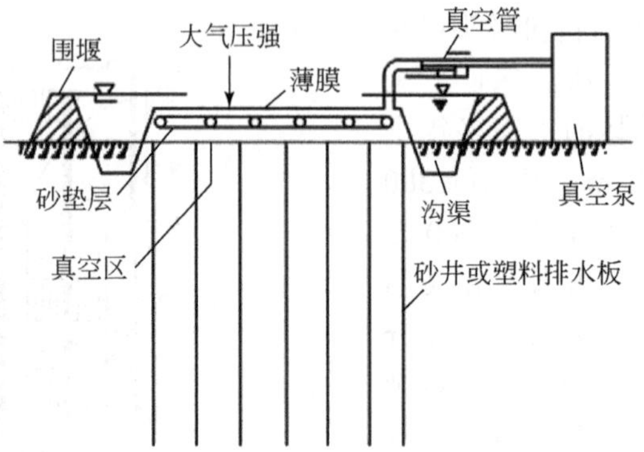

图 3-15　真空清淤技术示意图[40]

低位真空预压法属于国家专利技术，因其将水平真空管网布置在吹填淤泥封层的下部而得名[41]。通过低位真空系统可在泥封层下连续获得 80～90kN/m^2 的高度真空负压，在真空负压所引起的巨大吸力与泥封层引起的附加预压荷载的联合作用下，软土中大部分孔隙水较迅速地通过塑料排水板及水平滤管网排出，地基的软土得到了压缩固结，同时泥封层也逐渐完成了自身的固结，从而达到了加固地基软土与吹填土两大目的。一般 3～4 个月即可完成淤泥固结。

在浙江东钱湖疏浚吹填试验段工程总承包项目中，对低位真空预压技术进行了试验，并将封层改进后采用泥、膜封层进行了试验，密封膜采用一层真空膜（图 3-16）[41]。结果表明，采用泥膜联用的密闭技术，塑料排水板间距采用 90cm；采用泥膜联用封层作为密封层，塑料排水板间距为 80cm，两者在抽真空时间 70d 左右时，加固土体的地基承载力都达到了 61kPa 以上。

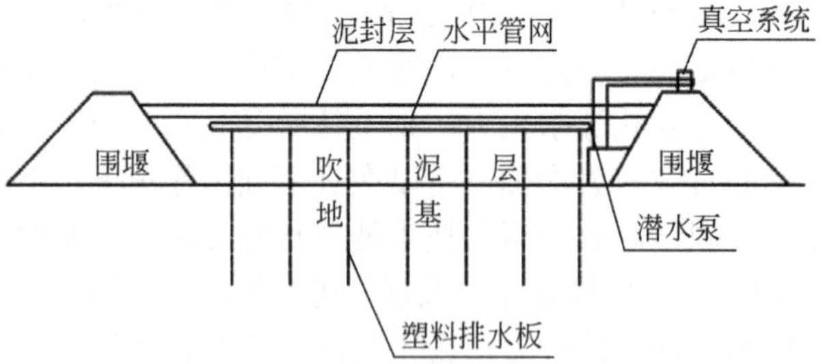

图 3-16　低位真空预压技术布置图[42]

低位真空预压技术自 1997 年申请国家专利[42]以来，已经在天津经济技术开发区 148 万 m^2 吹填造陆工程、天津滨海新区八一盐场段生态护坡大断面吹填筑挡工程、浙江省温州经济技术开发区滨海园区纬五路道路基础试验工程、浙江省湖州市东苕溪山塘大桥北塌方段软基处理工程、广东省珠海市临港工业区围海吹填造陆工程、福建省厦门象屿保税区二期工程陆域工程等进行了成功运用。

1. 技术优点

1）高效快速：真空清淤技术利用真空设备产生强大的吸力，能够快速将沉积物吸出，提高清淤效率。

2）适用范围广：真空清淤技术适用各种类型的水域和底质，如沙质、淤泥质、石质等。

3）环保节能：真空清淤技术对环境影响较小，不需要像水力冲淤技术那样使用大量的水资源和能源。

4）节省材料：以淤泥作为材料的泥封层代替传统的闭气膜，减少了挖压膜沟的时间，节省了闭气膜和砂垫层的造价。

5）运行费用低：真空清淤技术的真空系统采用水气分离的造压系统往复式真空泵，每台泵所能控制的面积较大，使处理费用降低，节省了投资。

2. 技术缺点

1）设备成本高：真空清淤技术的设备成本较高，因为需要使用真空泵、真空罐、过滤器等专用设备。

2）维护成本高：由于真空清淤技术的设备比较复杂，因此需要定期进行维护和保养，产生了较高的维护成本。

3）操作难度大：真空清淤技术的操作比较复杂，需要专业人员进行操作和维护，对操作者的要求较高。

3. 真空清淤技术应用实例

北京市水利规划设计研究院郑国辉等[43]以颐和园团成湖清淤工程为例，在分析清淤条件、研究水源地功能临时替代方案的基础上，有针对性地对带水作业、半带水作业及干场作业等清淤方式及工艺，以及淤泥脱水固化及余水处理、淤泥堆场、淤泥资源化利用等关键技术进行方案研究、比选，因干场真空预压方案形成干场条件所需的工程措施及排水投资相对较低，产生的固废、废水等较少，对环境影响较小，且清淤直观、彻底，清淤效果更有保证，通过局部新建连通管线临时替代团城湖水源地功能，能够保证供水安全，末端闸南侧淤泥临时堆场利于淤泥输送，环境影响较小，因此采取真空预压脱水技术（图 3-17）。该清淤方案能够在保证供水安全、降低环境影响的同时保证清淤效果，且占地少、工期短、投资低，是一个相对科学、合理的方案。清淤后水质改善明显，库容得到了完全恢复，具有显著的社会效益及经济效益。

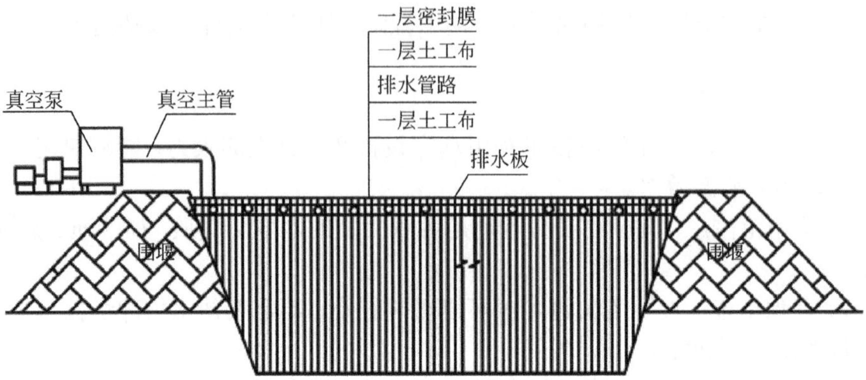

图 3-17 真空预压脱水技术原理[44]

洛阳水利勘测设计有限责任公司杨淑惠[44]根据长春市伊通河流域整治现状，对生态治理措施在流域整治中的应用进行了分析。伊通河河道底部的污泥按照生态标准进行清淤：借助阀门车、双球车等机械清扫工具进行机械清淤，采用自动水力冲刷门、拦蓄冲洗门、真空水力冲洗系统等对淤泥堵塞严重的管道内部进行清淤；结合生态清淤的微生物菌原位治理技术，进行局部黏土回填及子槽修整，自然晾晒修复，待河道具备蓄水条件后，逐步调控水位并投放微生物菌剂进行修复，促进河道底泥表面微生物繁殖，减轻污染释放，以便尽快达到新的平衡；完成污泥清理工作后，要加强对入河淤泥的污染控制，标本结合，双管齐下，做好河流的内源治理。通过采取控源截污、内源治理、生态修复、生态补水 4 种生态措施，伊通河河道排污口外水体已无臭味，河底淤泥达到清洁等级，水体的化学需氧量、氨氮、总磷等指标达到《地表水环境质量标准》（GB 3838—2002）Ⅴ类水标准。

3.1.6 复合清淤技术

传统的河道清淤方法主要是通过人工清理和机械清淤，这种方法不仅工作效率低，而且对环境和人身安全造成了一定的威胁。为了解决这一问题，许多现代化的清淤方法被提出和应用，它们既提高了工作效率，又降低了对环境的影响，有效保障了城市的正常运行[45]。由于黑臭水体受污染情况复杂，单用一种修复方法往往不能达到理想的效果。因此，复合清淤技术是结合机器、生物、化学等清淤技术的综合性技术，复合清淤技术能够在不同的情况下提高清淤效率，降低对环境的影响，有效地保障城市的正常运行[45]。

1. 技术优点

1）高效率：复合清淤技术结合了多种清淤方法的优点，可以快速有效地清除水下淤积物，提高清淤效率。

2）适应性广：复合清淤技术可以针对不同类型的水域和底质进行清淤，如河流、湖泊、水库、海洋等，适应性强。

3）环保性高：复合清淤技术采用非破坏性的清淤方式，减少了对水域生态系统的破坏，同时对周围环境的影响也较小。

4）效果好：复合清淤技术采用多种清淤方法相结合，弥补了单独一种清淤方式的缺点，清淤效果更好，维持时间更久。

2. 技术缺点

1）设备成本高：复合清淤技术需要多种设备配合完成，设备成本相对较高。

2）操作难度大：复合清淤技术需要专业人员进行操作和维护，对操作者的要求较高；同时设备的维护和保养工作量也较大。

3. 复合清淤技术应用实例

长江勘测规划设计研究有限责任公司、湖北省长江流域水环境综合治理工程技术研究中心、水利部长江治理与保护重点实验室桂梓玲等[46]立足大型城市浅水湖泊的典型特征，针对东湖面临的污水处理厂尾水入湖量大、暴雨期间溢流污染严重、局部湖区底泥污染严重、水生生态系统退化严重、综合管理机制不完善等突出问题，提出了底泥精准化环保清淤。为进一步确认各片区清淤必要性，以子湖为单位，依据子湖水环境容量确立污染负荷削减目标，并分析内源治理所需承担的污染负荷削减量，进而结合各区域底泥释放速率，逐片精准确认是否清淤及清淤深度。大部分子湖水质与底泥污染分布趋势较为一致，尤其是庙湖、菱角湖、喻家湖及郭郑湖和后湖的部分湖区；团湖虽底泥 TN、TP 含量较高，但因周边外源污染入湖量较少，水质情况相对较好。经综合评估，庙湖、菱角湖、喻家湖三子湖全湖呈现“三高”特点，即底泥氮磷含量及释放量高，水体 TN、TP 含量高，实施全面清淤；郭郑湖“三高”湖区集中在庙湖、菱角湖交界带、茶港湖汊及西北部局部岸线带，考虑子湖整体水质较好，实施局部清淤；后湖“三高”湖区集中在东南侧森林渠入湖口片区，规避部分现状水生植物生长较好区域，实施局部清淤；团湖、东湖现状水质较好，局部早“两高”区域不作清理。遵循慎重清淤原则，确立对历史排污高度契合的“三高”区域及对应深度的底泥层清淤，清淤面积为 3.9km^2，清淤量为 216 万 m^2。同时，对清淤过程中二次污染进行严格管控。除对清淤作业面实施隔离外，针对清淤脱水工艺产生余水水量大、污染物含量高的问题，在清淤脱水工艺（图 3-18）中，增添对余水的磁混凝+曝气生物滤池处理工艺，且处理尾水直接接入排江港渠，有效避免了治理过程造成的二次污染。

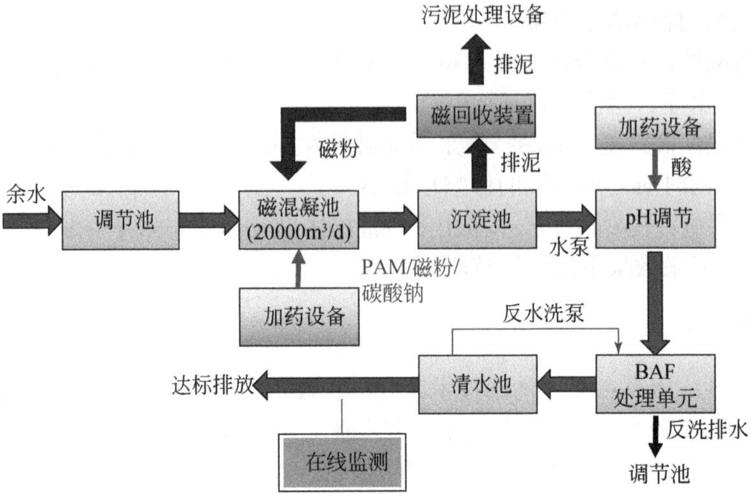

图 3-18　东湖底泥清淤脱水工艺示意图

南京市三汊河河口闸管理处、南京市黑臭河道整治工作指挥部办公室王璐等[47]结合相关研究，探讨了采用以河道清淤、污水截流、微纳米曝气增氧和人工生态纳污浮床为主的物理生态复合修复技术应用于南京市黑臭河道治理中的治理效果。按照河道规划断面对河道进行清淤，疏通水系，改善河道水力条件，增加河道的水环境容量，加大河道的自净能力。曝气增氧技术是一种通过增加河道水体内部交换强度，实现溶解氧含量较高的水面水向底部转移，从而加快底部耗氧物质的分解去除；同时加速溶解氧含量较低的底部水向水面的转移，使空气与水面间产生较大的氧浓度梯度，加速了空气中的氧向水体的转移，改善了水体缺氧状况，从而实现水体增氧的技术。单一曝气效果有限[48]，将曝气和其他处理方法如生态浮床等生态修复技术相结合，可以起到相互促进的作用，能够得到更好的效果。在实施物理生态复合修复技术后，清江东沟的氨氮、溶解氧、透明度和氧化还原电位等水质指标显著改善。对比治理前，治理后河道水体透明度明显改善，透明度最高提升至 42cm，氨氮的最高去除率达到 95%整治成效，公众满意度达 92%，黑臭现象消除，整治成效显著。工程在消除黑臭的同时，应用生态浮岛的修复技术，还能发挥城市河流的景观美化作用。

3.2　底泥修复技术

3.2.1　底泥覆盖技术

底泥覆盖技术是一种通过在底泥表面覆盖一层或多层覆盖物来改善底泥环境

状况的技术。该技术通常使用有机质、无机质或生物质材料作为覆盖物，以控制底泥中的污染物含量、减少底泥中营养物质的释放、促进底泥的固化和稳定化等[49-52]（图 3-19）。

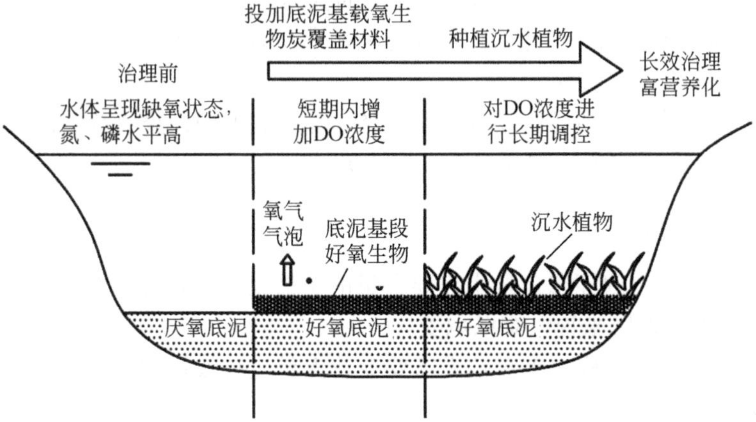

图 3-19　底泥覆盖技术示意图

当前底泥覆盖技术研究多关注该技术对底泥中无机磷释放控制效果和控制机理，但有机磷同样是上覆水中磷来源的重要补充途径。有机磷分为活性有机磷、中等活性有机磷、非活性有机磷。控制底泥中有机磷释放，对底泥内源磷污染治理同等重要[53]。由于覆盖材料的多样性及特性差异，选择合适的覆盖材料在工程应用中显得尤为重要。石英砂作为最常见的廉价石料，在原位覆盖治理中已经有相当多的实际应用。火山岩由于其表面空隙发达，比表面积相对较大，具有较强的挂膜能力、吸附能力。作为人工湿地，滤池的填料有着较好的去污能力[54]。麦饭石的主要构成物质为 SiO_2、Al_2O_3，对一些金属离子有着较好的吸附特性，如在实验室中合适条件下其对 Pb^{2+}、Cu^{2+}可达到 90%的吸附效果。麦饭石中还含有一些人体所需的微量元素，这些元素具有良好的溶出性、矿化性，作为天然材料具有一定生物活性，在水质优化中的应用也是极为广泛的[55]。

成都理工大学辜昊等[53]通过室内模拟试验，探究了沙土覆盖后环境因子对底泥中有机磷释放与转化的影响。上海交通大学朱颖[56]通过溶胶凝胶法改性一类碳酸盐矿物——白云石，制备出钛改性白云石吸附剂 Ti/DLMT，通过实验室内的模拟原位覆盖实验，总结覆盖效果和作用机理，为工程化应用提供理论支撑。

1. 技术优点

1）控制污染物释放：底泥覆盖技术可以有效地控制底泥中污染物的释放，减少水体中的内源污染，提高水体的水质。

2）改善底泥环境：通过在底泥表面覆盖一层或多层覆盖物，可以减轻底泥中重金属、有机物等污染物的含量，改善底泥的环境状况。

3）促进底泥稳定化：底泥覆盖技术可以促进底泥的稳定化，减少底泥中的营养物质向水体中的释放，从而降低水体中的营养盐含量。

4）节约施工范围：作为一种原位处理技术，不需要在河道外部增加施工的机械设备和存储污泥的设备。

5）二次污染小：避免扰动底泥和水体，加速底泥中污染物释放的现象；不需要挖掘底泥，防止底泥运输和处理可能造成的二次污染。

2. 技术缺点

1）成本较高：底泥覆盖技术需要大量的覆盖物材料，其成本较高，对于一些经济条件较差的地区来说，难以承受。

2）技术要求高：底泥覆盖技术需要专业人员进行设计和操作，对于操作人员的技术要求较高。

3）可能造成二次污染：使用不当或使用不合适的覆盖物材料，会对底泥和水体造成二次污染，影响水生生态系统的健康。

3. 底泥覆盖设计应用实例

南京水利科学研究院岩土工程研究所占鑫杰等[57]基于研制的环形水槽试验装置，研究了水动力条件对河道底泥污染物释放特性的影响规律，开展了不同方案的底泥污染物控制试验。研究发现，底泥表面覆砂能有效控制污染物的释放，不同流速上覆水中污染物含量明显降低；污染物控制率达到60%～90%，覆砂的压重作用避免了底泥大规模起动，进而使得上覆水中的污染物含量大幅降低。

兰州交通大学刘骅[58]用黄河河岸底泥，通过原位上覆盖混凝土渣实验，长期监测添加组上覆水PO_4^{3-}-P浓度维持在0.06mg/L浓度以下，TP浓度维持在0.07mg/L以下。混凝土渣上覆盖添加组不同形态磷含量均高于未添加组，混凝土渣上覆盖可以降低表层沉积物不同形态磷释放（图3-20）。研究表明，混凝土渣可作为钝化材料抑制黄河表层沉积物的释磷作用。

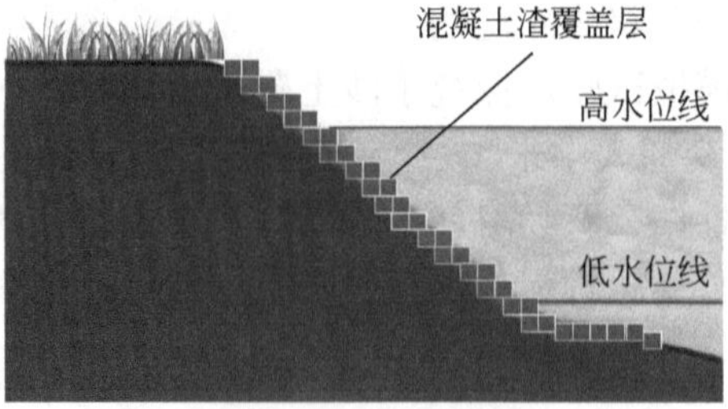

图3-20 混凝土渣作为钝化材料抑制黄河表层沉积物的释磷作用示意图[58]

无锡城建发展集团有限公司郭赟等[59]针对太湖流域梁塘河开展底

泥原位活性覆盖实验室模拟研究及工程化应用，比较多种覆盖材料对底泥氮、磷释放量的削减效果（图 3-21）。研究结果表明，原位活性覆盖能够有效抑制底泥向水体中释放氮、磷等营养盐；沸石和细砂两种覆盖材料的抑制效果优于石灰和石膏两种钙盐。方解石+沸石组合覆盖可稳定削减 TN、TP 的释放量，并且平均削减率达到 60%，可作为该河道富营养化控制效果最佳的覆盖材料；细砂覆盖对 TP 的抑制效果优于 TN；膨润土覆盖对 TN、TP 的抑制效果最差。

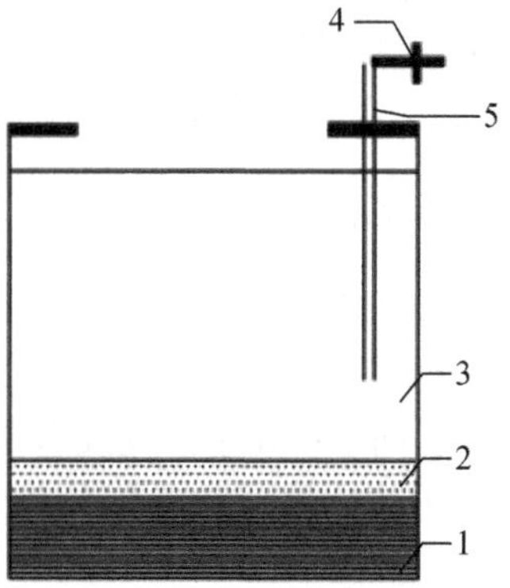

图 3-21　底泥原位活性覆盖实验装置[59]

1.污染底泥；2.覆盖材料；3.上覆水；4.夹子；5.取样管

3.2.2　化学修复技术

化学修复技术是一种通过向底泥中添加化学药剂来改变底泥的理化性质，从而控制底泥中污染物的释放、降低底泥的毒性、促进底泥的稳定化等的技术[60]。该技术通常使用的化学药剂包括氧化剂、还原剂、沉淀剂等（图 3-22）。

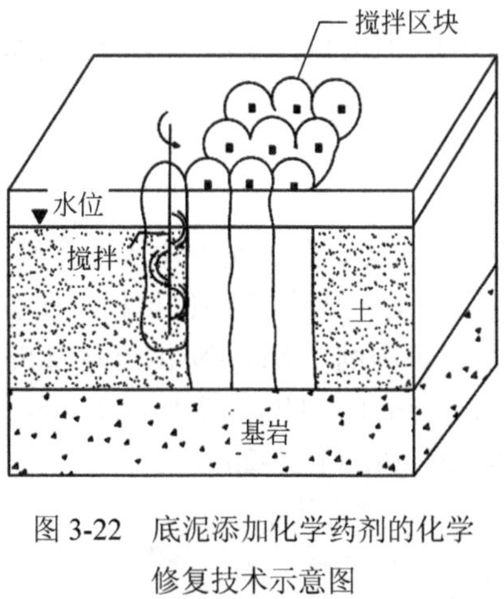

图 3-22　底泥添加化学药剂的化学修复技术示意图

有研究证明，聚合氯化铝、聚合硫酸铁等化学物质加入污泥中对氮磷的处理有显著效果[61]。有研究表明，将硝酸钙加入河道底泥中，底泥中的有机污染物被氧化，河道底泥的黑臭问题得到解决，取得了良好的效益[62]。化学修复技术常用的化学药剂是硝酸钙，它有三方面作用：一是，硝酸钙能够氧化有机物，在投加后，硝酸根离子能够激发底泥中微生物的活性，促进有机碳的分解。二是，将底泥与富含化学药剂的覆盖材料均匀混合，底泥中的重金属离子价态改变，并形成较稳定的固化结构。三是，在环境变化时，稳定的物理化学性质大大减少了底泥污染物的释放量。

南昌大学章萍等[63]通过模拟实验室静态湖泊底泥中加入零价铁，在投加 80d 后，发现底泥总有机污染物去除率达到 44%，且经测试发现投加 Fe^0 后对上覆水影响较小。哈尔滨工业大学李欣等[64]在深圳市宝安区黑臭水体工程应用中发现 CaO_2 在底泥中能够缓慢释放活性氧，大幅度改善底泥的厌氧状态、去除 H_2S 等硫化物，提高上覆水体中溶解氧浓度，明显改善受污染底泥的外观性状。

1. 技术优点

1）快速有效：化学修复技术可以快速有效地降低底泥中的污染物含量，改善底泥的环境状况。

2）操作简单：化学修复技术操作简单，不需要太多的专业设备，方便实施。

3）适用范围广：化学修复技术具有较广的适用范围，可以适用各种类型的底泥。

4）能耗低：不需要大规模的电力和机械设备，能耗低。

2. 技术缺点

1）可能造成二次污染：化学修复技术可能会对底泥和水体造成二次污染，因为添加的化学药剂可能会对底泥和水生生态系统产生负面影响。

2）成本较高：化学修复技术需要使用大量的化学药剂，其成本较高，对于一些经济条件较差的地区来说，难以承受。

3）可能破坏底泥结构：化学药剂使用不当或过量使用，可能会破坏底泥的结构，影响底泥的稳定性和生态功能。

4）稳定性差：化学药剂受地方环境的影响，河道自身水质生态的变化会造成化学药剂的投加种类和用量时效持久性差。

3. 化学修复技术设计应用实例

扬州大学寇占国[65]以扬州市二桥河为河道样本，向底泥中注入底泥修复剂，改善底泥环境，为微生物优化生长繁殖环境。底泥修复剂主要包括模拟实验中使用的市售底泥修复剂、$CaCO_3$、CaO_2 及其他相关药剂，NH_4^+-N 浓度从 2.53mg/L 降到 1.22mg/L，TN 浓度从 19.47mg/L 降到 2.11mg/L，TP 浓度从 11.27mg/L 降到 0.33mg/L，COD 浓度从 173.67mg/L 降到 24.13mg/L（图 3-23）。

(a)

(b)

图 3-23　二桥河治理前（a）、后（b）对比照片[65]

中交第四航务工程局有限公司陈良波等[66]以深圳铁岗水库排洪河污染河涌为研究对象，通过投加铁基生物炭和次氯酸钙混合药剂，实现复合污染物同步修复。上覆水中 3.92mg/L NH_4^+-N 及 0.04mg/L TP 去除完全。以深圳铁岗水库排洪河污染河涌为研究对象，通过投加铁基生物炭和次氯酸钙混合药剂，实现复合污染物同步修复。研究表明，枯水期现场修复可将上覆水中 3.92mg/L NH_4^+-N 及 0.04mg/L TP 去除完全。丰水期现场修复可将底泥中 47.7%总有机碳、83.8%的 89.0mg/L NH_4^+-N 和 88.7%的 53.9mg/L S^{2-}降解转化。从修复结果来看，枯水期与丰水期示范工程均可在 1h 反应时间内，通过投加铁基材料与少量氧化剂的药剂组合实现快速、原位、去黑的实际需求（图 3-24）。

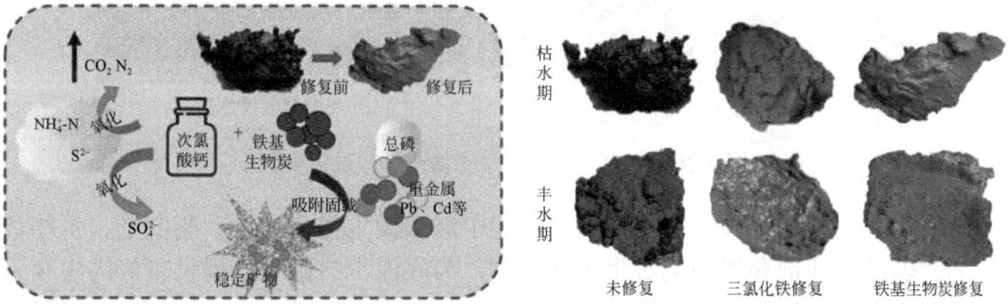

(a)次氯酸钙耦合铁基生物炭化学修复技术原理图　　(b)三氯化铁与铁基生物炭修复对比图

图 3-24　次氯酸钙耦合铁基生物炭化学修复技术示意图[66]

哈尔滨工业大学王锋等[67]以深圳市某污染河道进行现场试验，采用 CaO_2 联合 H_2O_2 原位化学修复污染河道底泥，CaO_2 联合 H_2O_2 能够迅速使底泥恢复土黄色，抑制底泥产生异味，TOC 去除率约为 24.2%；同时 1kg 干泥中 TN 含量下降约 400mg，经长时间监测未出现返黑和返臭的现象。此工程既克服了实际工程应用中单独投加 CaO_2 造成的底泥与药剂混合不均匀、药剂损耗、施工不便等问题，又解决了单独投加 H_2O_2 可能出现返黑和返臭等潜在风险的问题，抑制了底泥污染物的释放，同时具有一定的经济效益（图 3-25）。

图 3-25　CaO_2 联合 H_2O_2 原位化学修复污染河道底泥[67]

3.2.3　生物酶底泥修复技术

生物酶底泥修复技术是一种将生物酶作为催化剂，促进底泥中的有机污染物分解和无机污染物转化的技术。该技术通过向底泥中添加适量的生物酶，提高底泥的生物活性和降解能力，可修复底泥，重塑良好底泥状态，恢复底泥中丰富的生物相，从而降低底泥中污染物的含量和毒性（图 3-26）。

(a)底泥修复前水质　　(b)底泥修复后水质

图 3-26　黑臭水体治理生态修复工程效果实例

生物酶底泥修复技术是指向河道底泥中添加微生物营养剂、酶制剂、生物解毒剂、表面活性剂和缓冲剂等生物促生剂，为底泥中的微生物提供良好的生存条件，促进微生物加快生长和繁殖，从而达到加快或促进微生物分解河道底泥污染物的目的[68]。例如，由生物酶、表面活性剂和多种营养物组合而成的生物复合酶（一种酶制剂），可有效提高底泥微生物的生物活性，促进微生物分解转化底泥污染物，同时还可增强水体复氧能力，有效改善河道底泥的黑臭问题；研究表明生物复合酶既能适用于好氧环境，又能适用于厌氧环境，对河道底泥生态环境无毒无害，对原位生态修复河道底泥前景广阔。

生物复合酶是一种天然有机的含多种酶类的复合产品，也是一种结合了非离子表面活性剂和蛋白质及无机营养物合成的天然的有效复合酶类净化剂，不含任何菌体[69]。在美国去除河流黑臭方面有着很多应用。生物复合酶理化性质稳定，无毒，未表现出明显的环境健康遗传毒性，是一种生物易降解的环境友好物质，生物复合酶能刺激加速微生物的反应，同时它能促进污水中的大分子化合物分解成小分子化合物，同时释放出结合氧，增强水体复氧功能，这些简单化合物又很容易被微生物利用，在有机物被降解的同时，又有利于增加细菌的多样性，提高细菌的活性和繁殖能力，达到一种微生态平衡[70]。

在大多数环境中存在着许多土著微生物进行的自然净化过程，但该进程很慢，其原因是溶解氧（或其他电子受体）、营养盐的缺乏，而另一个限制因子是有效微生物常常生长缓慢[71]。生物复合酶可有效地刺激和加速自然的生物反应，激发土著微生物的活性，加速微生物的生长和繁殖，同时对浮游生物和环境无害，从而可以快速有效地促进受污染水体向良性生态系统演替，使得水体中的 DO 得以恢复，COD、BOD_5、NH_3-N 等污染指标浓度迅速下降，水体的黑臭异味现象得以快速消除。生物复合酶还可有效地促进有机物在水体中乳化和溶解[72]，直接攻击水体中污染物，其中最具代表性的有机物为有机钠盐和有机铵盐，生物复合酶攻击使 S—C 键断裂，生成硫酸盐；同时攻击使 C—O 键断裂，生成 CO_2，生物复合酶不仅能够应用于好氧环境，也可应用于厌氧环境，水体中无机还原性物质主要有 H_2S、HS^-等，在生物复合酶的催化作用下，硫细菌将还原性物质氧化，从氧化中获取能量。从以上作用机理可以发现，造成水体黑臭的有机物和无机还原性物质都被降解和氧化，水体中耗氧有机物和还原性物质减少，减轻水体溶氧负荷，实现水体反应的良性循环，从而达到消除黑臭的目的。

1. 技术优点

1）环保安全：生物酶底泥修复技术使用的是天然的生物酶，不会对环境造成二次污染，而且生物酶具有高度的专一性和催化效率，能够快速有效地降解底泥中的污染物。

2）适用范围广：生物酶底泥修复技术可以适用于各种类型的底泥，而且对于不同种类的污染物都可以使用不同的生物酶进行修复，具有较广的适用范围。

3）易操作：生物酶底泥修复技术的操作简单，不需要太多的专业设备和人员，方便实施。

4）效果明显：水体中原有微生物能迅速繁殖，增强代谢，在短时间内调整微生物菌群的适应性，加速对水体中有机物质的降解，能增强底泥的活性及沉降性，修复了河道底泥的生态系统。

2. 技术缺点

1）酶活性短暂：生物酶的活性容易受到环境因素，如温度、pH、氧气等的影响，导致修复效果短暂，需要不断添加生物酶。

2）成本较高：生物酶底泥修复技术需要使用大量的生物酶，其成本较高，对于一些经济条件较差的地区来说，难以承受。

3）可能破坏底泥结构：生物酶使用不当或过量使用，可能会破坏底泥的结构，影响底泥的稳定性和生态功能。同时，生物酶底泥修复技术不能完全消除底泥中的污染物，只能降低污染物的含量和毒性，因此修复效果有限。

3. 生物酶底泥修复技术应用实例

天津大学环境科学与工程学院孙井梅等[73]采用模拟河道反应器，在投加菌剂的基础上（底泥稳定后向底泥和水中分别注射浓度为0.09%和0.03%的菌剂），研究了在微生物-生物促生剂协同修复情况下，底泥与上覆水体中碳氮元素变化规律，结合底泥中酶活性及微生物群落特征的变化，进而分析微生物群落特征改变与底泥污染物质变化的相关性，讨论底泥微生物群落与河道底泥污染修复的关系，以期为河道底泥生态修复提供理论依据和支持。

石家庄常丰环境工程有限公司禄煜和王泽生[74]对河北省秦皇岛市市中心护城河进行了原位修复治理，常年未能截断污水、地表径流裹挟污染物侵入，岸边居民的垃圾等，造成了河床淤高，水质恶化，底泥变黑变臭，特别是进入夏季，河水黑臭严重，严重影响了城市生态景观和市民生活环境。同时，受污染的河水直接入海，又不可避免地会对海洋生态环境产生不利影响。多次清淤，但都治标不治本，不久就会恢复常态。因此，采用生物复合酶技术对护城河水体进行原位修复治理。经过二十余天的强化治理，河道水体及底泥黑臭、油污得到消除，水体还清，透明度显著增加，底泥颜色明显变浅。水体和底泥各项理化指标比治理前明显好转，COD、氨氮浓度大幅下降，总氮、叶绿素a去除效果理想，底泥硫化氢得到消除，有机质去除率较高，河道水体生态环境明显改善。

安兵等[75]公开了一种酶+菌微生物菌剂河道水体与底泥原位修复工艺，修复菌剂由半纤维素酶、木糖胶酶、淀粉酶、果胶酶及阿拉伯胶酶五种为基础的乳酸片球菌、粪肠球菌、解淀粉芽孢杆菌、粉状毕赤酵母及异常德克拉酵母复合而成，是对河道水体及底泥有着良好适应性的功能菌种，具有良好的有机物降解效果，可以有效去除河道水体中的COD、氨氮、总磷和总氮，以及各种有机污染物，从而改善水体水质和底质环境，有助于水生生态系统的自然构建，实现水体与底泥的原位修复（图3-27）[75]。

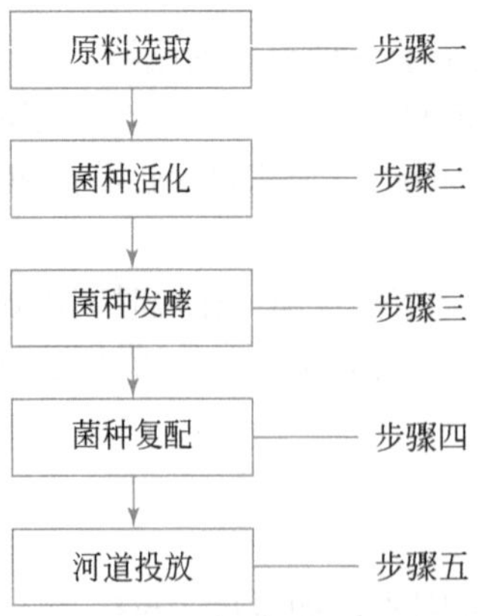

图3-27　一种酶+菌微生物菌剂河道水体与底泥原位修复工艺[75]

东莞市蓝天碧水环境科技工程有限公司兰品学和赖良铭[76]公开了一种酶、菌制剂原位修复底泥污染工艺，其特征在于：设置生态载体，并于所述载体内多层分布或投放酶制剂及菌制剂；所述酶制剂通过催化使所述底泥中污染物发生化学反应而改变其成分；所述菌制剂催生各种微生物，通过微生物将所述底泥污染物中的有机物分解；所述酶制剂与所述菌制剂独立使用或组合使用。仅用几个月或一年时间，即可使水质达标。经过治理，池水清澈、可还原江河本色。比传统治理方法节省费用 80%～90%。经过治理的污水可以用于城市景观用水、工业用水、农业用水（图 3-28）。

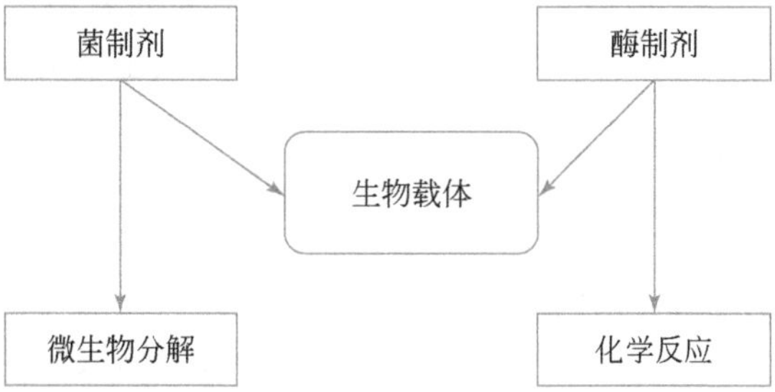

图 3-28　一种酶、菌制剂原位修复底泥污染工艺[76]

3.2.4　微生物底泥修复技术

微生物底泥修复技术是一种利用自然环境中的微生物或人工培养的微生物菌群，通过它们在新陈代谢过程中分解底泥中的有机污染物或转化无机污染物，达到修复底泥的目的。该技术主要通过向底泥中添加适量的微生物或微生物菌群，提高底泥的生物活性和降解能力，从而降低底泥中污染物的含量和毒性（图 3-29、图 3-30）[77]。

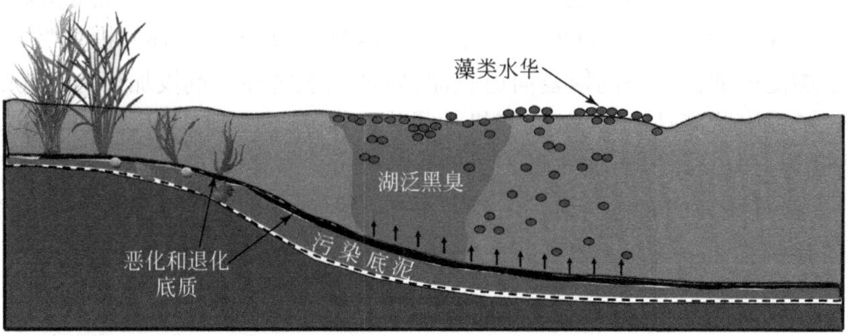

图 3-29　污染底泥治理修复[77]

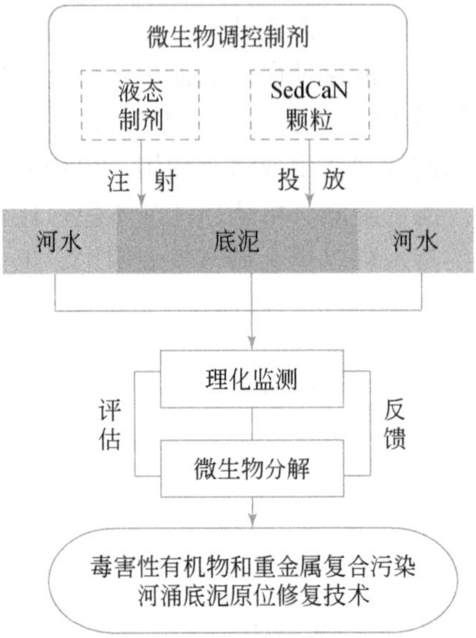

图 3-30 毒害性有机物和重金属复合污染河涌底泥原位修复技术[77]

微生物底泥修复技术作为污染水体的生物修复技术中重要的组成部分，在水体环境改善的过程中，起到了重要的作用和意义。通过利用微生物修复技术的形式，对水土污染物进行了有效的吸附、转移、转化、降解，从而有效地提升了水体环境的生态系统[78]。同时，在微生物修复技术应用的过程中，主要是采用水体底泥中的微生物对其内部的微生物物质进行有效调节和改变，这样不仅其应用成本相对较低，也使污染水体的生物修复技术的优势和作用得以充分展现[79]。

微生物底泥修复技术主要包括投加微生物菌剂或生物促生剂，强化微生物活性，通过微生物降解去除水体和底泥中的污染物[80]，适用于河道水体修复的微生物种类主要有硝化细菌、反硝化细菌、有机污染物高效降解菌和光合细菌等。以去除氮素为例，微生物首先通过氨化作用将有机氮转化为无机氮，其次硝化细菌在有氧条件下将氨氮氧化成硝酸盐氮和亚硝酸盐氮，最后反硝化细菌把氮素还原为氮气[81]。其中异养硝化-好氧反硝化细菌以其世代周期短、生长速率快、能同时去除碳和氮的污染等优势备受关注。生态环境部华南环境科学研究所刘晓伟等[82]考察了生物促生剂对河道底泥微生物群落及氮磷含量的影响，结果显示微生物促生剂投加后底泥微生物活性和香农（Shannon）指数分别提高了 36.4%和 5.1%，底泥 TOC 降解率达到 13.7%。天津大学孙井梅等[74]采用微生物-生物促进剂技术协同修复河道底泥，发现当生物促生剂投加量为 0.10g/L 时，上覆水 COD 去除率达到 69%；当其投加量为 0.11g/L 时，NO_3^--N 去除率可达 96%。微生物底泥修复技术具有成本低、见效快等优点，且不易破坏河道原有水生生态系统，是极具潜力的农村河道底泥修复技术，但在使用时应注意投入外源微生物所带来的风险。

1. 技术优点

1）环保安全：微生物底泥修复技术使用的是天然的微生物或微生物菌群，不会对环境产生二次污染，而且微生物具有高度的降解能力和适应能力，能够快速有效地分解底泥中的污染物。

2）可持续性：微生物底泥修复技术具有可持续性，因为微生物可以在自然环境中繁殖和扩散，可以长期发挥修复作用。

3）适用范围广：微生物底泥修复技术可以适用于各种类型的底泥，而且不同种类的污染物都可以使用不同的微生物或微生物菌群进行修复，该技术具有较广的适用范围。

2. 技术缺点

1）效果不稳定：微生物底泥修复技术的效果容易受到环境因素的影响，如温度、湿度、pH 等，导致修复效果不稳定，需要不断添加微生物或微生物菌群。

2）成本较高：微生物底泥修复技术需要使用大量的微生物或微生物菌群，其成本较高，对于一些经济条件较差的地区来说，难以承受。

3）实施难度较大：微生物底泥修复技术的实施需要具备一定的专业知识和技能，如果操作不当，可能会对底泥造成更大的损害。

3. 微生物底泥修复技术应用实例

同济大学建筑设计研究院（集团）有限公司程炜[83]通过微生物底泥修复技术和常规的曝气复氧技术对黑臭水体底泥治理进行了研究，发现基于微生物修复技术能降低黑臭水体底泥厚度、底泥 COD、上清液 COD、上清液 NH_3-N 浓度等指标，对黑臭水体底泥治理效果明显，适合大范围推广。试验样品取自城市主要泄洪河道，主要接纳生活污水的排水，是典型的黑臭水体。基于微生物修复黑臭水体底泥，治理效果明显，其能大大降低底泥厚度及底泥 COD、上清液 COD、上清液 NH_3-N 浓度等指标，该方法要明显优于目前黑臭水体常规的曝气复氧操作，经过该技术处理后，黑臭水体水质可以得到明显改善。目前，我国很多城市普遍存在黑臭水体这一情况，摸清黑臭水体的具体原因，选择适宜的菌种，对黑臭水体改善能够取得事半功倍的效果。

沈阳建筑大学孟佳[23]采用盘锦市清水河含油清淤底泥为供试底泥进行研究，采用微生物修复技术处理含油清淤底泥，结果表明：当环境温度为 30℃、投菌量为 6mg/L、曝气量为 20L/h 时底泥处理效果较好，处理后底泥含油量为 2.81g/kg，去除率为 89.1%。此时底泥有机质含量为 91.03g/kg，烘干后底泥 pH 为 6.1，含水率为 15.0%，粒径均小于 10mm。试验时长约为 45d。采用联合修复法处理后底泥含油量为 1.21g/kg，降解率为 95.31%；有机质含量为 72.30g/kg。底泥 pH 为 6.8，底泥含水率为 16%，粒径均小于 10mm。处理时长为 65d。

珠江水利科学研究院珠江河口治理与保护重点实验室利用硝酸钙、反硝化微生物和固化剂制备了一种缓释复合材料，分别探讨了不同固化剂投加比的缓释材料对批次和现场试验中上覆水及底泥的修复效果。结果表明，缓释颗粒能够有效控制NO_3^--N释放率。在批次试验第30天且m（硝酸钙）∶m（固化剂）=20∶1时，相比直接投加$Ca(NO_3)_2$，上覆水NH_4^+-N、TN和COD浓度最高分别可降低72.3%、63.2%和48.8%，底泥中酸可挥发性硫化物（AVS）去除率高达91.1%（图3-31）[84]。

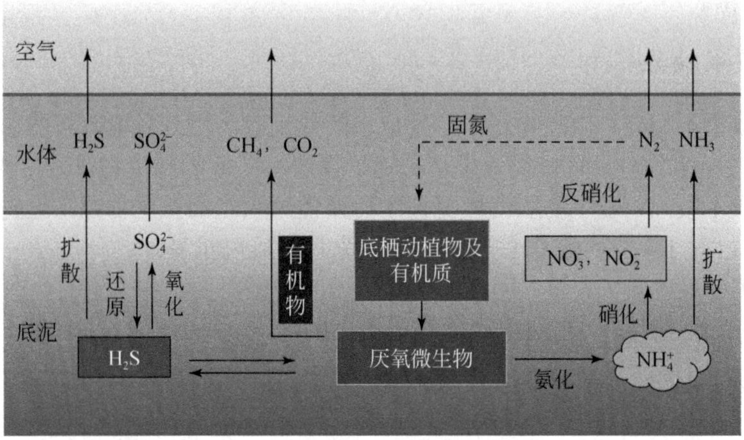

图3-31　微生物底泥修复技术[84]

3.2.5　促生技术

促生技术是一种通过向底泥中添加专用的微生物生长促进剂（也称为微生物激活剂或促生剂），以促进底泥中土著微生物的活性，加速底泥中污染物的降解和转化过程，从而达到修复底泥的目的[85]。生物促生剂富含各种有利于微生物生长繁殖的营养元素，包括酶、氨基酸、能量因子与微量元素等。生物修复技术具有很高的应用价值和广阔的发展前景，特别是生物促生技术在国外研究较早，应用也比较广泛。我国的生物促生技术目前尚处于起步阶段，部分大学和科研机构做了许多试验，药剂也基本是选用国外的产品。生物促生剂应用于污染河道底泥修复主要通过以下两方面来完成：一个是生物促生剂中的酶成分可以加速环境中有机污染物的降解转化，增强污染物的生物可降解性，如杀虫剂、农药等有机物。另外，生物促生剂中的碳源以及生长因子等可以影响污染河道底泥的微生物菌群结构，提高底泥菌群的多样性[86]。生物促生剂在地表水、土壤及底泥修复方面已有较为广泛的应用。在城市河道黑臭水体修复方面单独使用生物促生剂对水体及底泥中的COD、氨氮、总磷等的去除仍需要进一步研究[87]。广东河海工程咨询有限公司深圳市分公司沈宇[88]通过室内试验的方式探讨了生物促生剂对修复黑臭底泥的工程效果。结果显示，掺入生物促生剂可以获得显著的黑臭底泥修复效果，其最佳使用剂量为6mL/L，其处理的最佳时长为15d。东华大学卢丽君等[89]在使用生物促生剂修复某条黑臭河流时，虽然投加生物促生剂后底泥的还原性环境得到有效改善，菌群结构多样性也得到明显提高，但是上覆水总氮浓度等指标并没有明显下降，反而在较长时间内维持在较高的污染水平。这也说明使用单独的生物促生剂投加修复技术存在一定的局限性，需要结合其他手段进行协同修复。

1. 技术优点

1）提高底泥生物活性：促生技术能够显著提高底泥中土著微生物的活性和降解能力，加速底泥中污染物的分解和转化过程，从而实现底泥的有效修复。

2）对环境友好：促生技术使用的是天然的微生物菌群或专用的微生物生长促进剂，不含有害化学物质，对环境友好，不会对底泥和周边环境产生二次污染。

3）提高底泥质量：通过促生技术修复后的底泥质量得到显著提高，可以降低底泥中的污染物含量和毒性，改善底泥的生物活性和理化性质，从而提高底泥的使用价值和生态环境效益。

4）操作简便：促生技术的操作相对简单，可以通过向底泥中直接添加微生物生长促进剂的方式实现底泥的修复，不需要复杂的设备和技术要求。

2. 技术缺点

1）效果不稳定：促生技术的效果容易受到环境因素的影响，如温度、湿度、pH等，导致修复效果不稳定，需要不断添加微生物生长促进剂。

2）成本较高：促生技术需要使用专用的微生物生长促进剂，其成本较高，对于一些经济条件较差的项目来说，可能会增加修复成本。

3）实施难度较大：促生技术的实施需要具备一定的专业知识和技能，如果操作不当，可能会对底泥造成更大的损害。同时，对于不同污染类型的底泥，需要选用不同的微生物生长促进剂或工艺参数，这也会增加技术实施的难度和成本。

3. 促生技术应用实例

安徽水安建设集团股份有限公司吴霄琦[90]在临泉县城区水系阜临河桃源河至姜尚大道段、于王沟临鲖路至霞光大道段、育才河阜临河至霞光大道段、临艾河阜临河至霞光大道段等河段进行污泥取样，利用柱形促生剂装置（图3-32）进行临泉县城区水系河道黑臭水体生物促生剂处理及曝气协同作用试验。试验所使用的

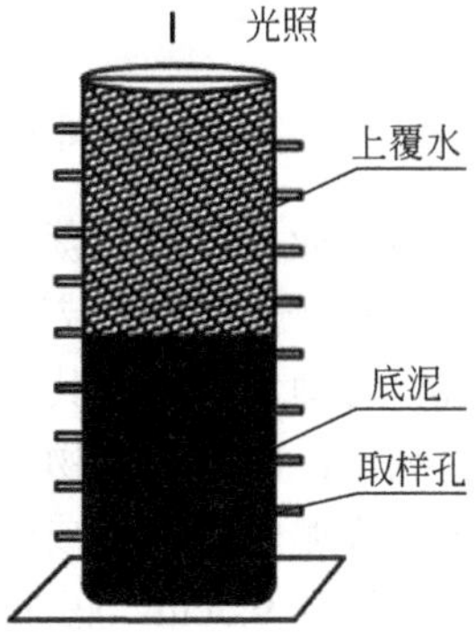

图3-32 柱形促生剂装置[90]

生物促生剂主要有嘧啶、嘌呤和矿物质，分析发现仅采用生物促生剂修复城市河道黑臭水体效果并不理想，而加入曝气后协同治理能取得较好效果。试验水体中COD、氨氮、总磷及底泥有机质浓度的降幅分别达到 53.6%、98.9%、74.1%和 25.4%。

中交第三公路工程局第一工程有限公司张强等[91]根据乌梁素海微生物底泥原位修复中试试验，在分析有关作用机理的基础上，选取了 3.57km^2 示范区进行水体修复。针对内陆湖泊水体污染问题，选择生物促生剂和曝气相结合的方法，通过强造流曝气机及推流式太阳能曝气机将启动区内培养好的菌液沿导流墙推向推流区，通过推流扩散，向示范区全水域湖水中投加包含浓度为 1.2%～1.5%复合生物促生剂的、驯化完毕的土著微生物菌液（图 3-33、图 3-34）。整个水域的生态修复进入自然降解期。利用自然净化、定时曝气及生态系统重建等措施达到水体自净的目的。循环阶段每 20 天为一个循环，其中，启动培养阶段为 15d，推流期为 5d，循环次数为 3～5 次。水体在掺加生物促生剂后，水体内土著微生物快速生长并发挥降解底泥的作用，加速底泥污染物释放。受到曝气的协同作用，水体内有机污染物降解进程变快，同时底泥上覆水 COD 浓度从 80mg/L 以上的范围降低至 20mg/L 以下，水质从劣Ⅴ类升到Ⅳ类标准。

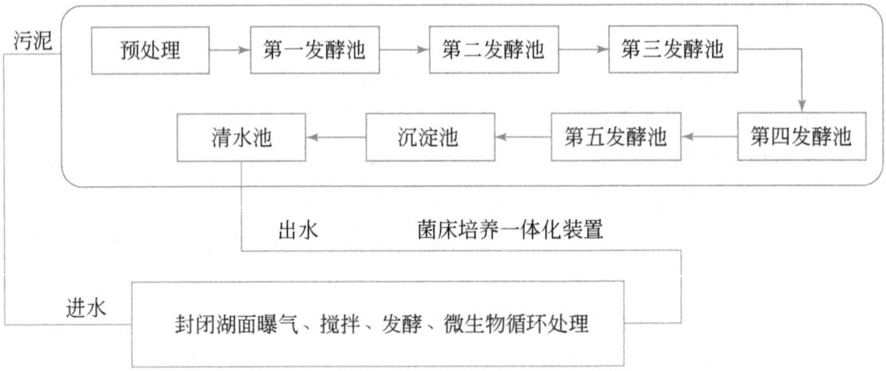

图 3-33 生物促生剂协同曝气流程图[91]

中国矿业大学武兰蕊[92]以徐州市铜山区台子河黑臭河道水样本与污泥为研究对象。在台子河某区域选取了面积约为 20m^2 的封闭试验区开展实验，对总体试验区进行管理，每周对其进行取样检验，实验前后期对底泥里面的测定指标进行了实验测定，研究微生物促生剂技术对上覆水水质和底泥的处理净化效果。试验区的污染底泥厚度出现减少的趋势，从最开始的 34.4cm 逐渐下降到 24.9cm，其减少量可达到 9.5cm，底泥可生化降解能力从 12kg/（kg·h）增加至原来的 2 倍以上（图 3-35）。

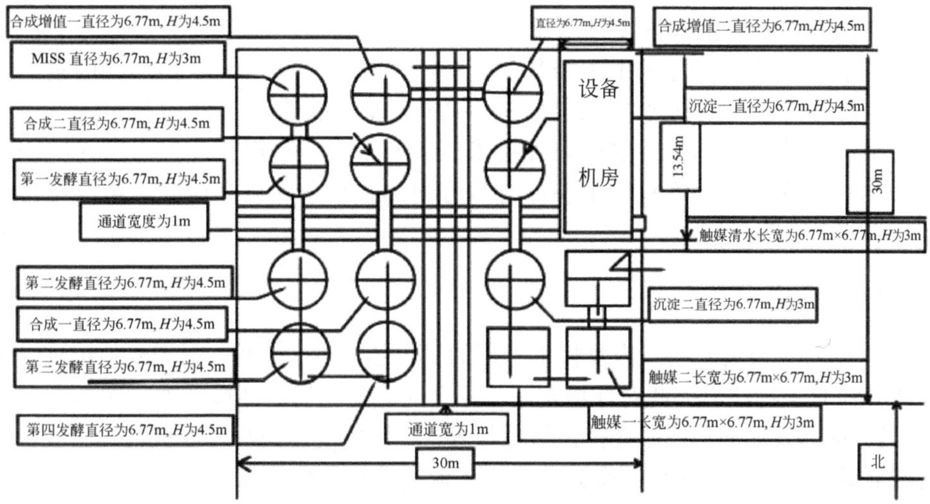

图 3-34　生物促生剂协同曝气设备[91]

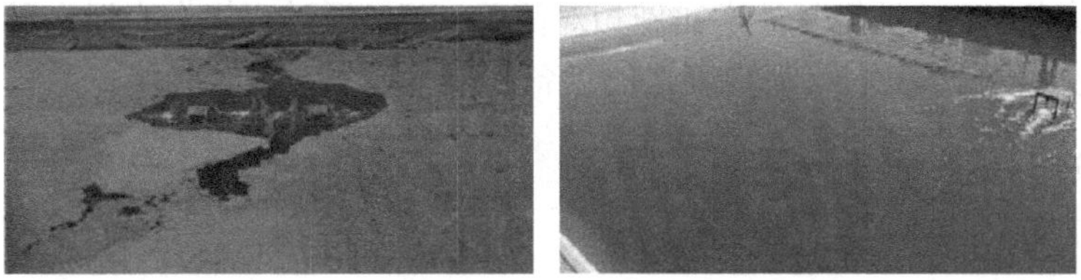

(a)　(b)

图 3-35　底泥治理前（a）及底泥治理后（b）[92]

3.2.6　植被恢复技术

植被恢复技术是一种利用植物的生长和吸收作用，对底泥进行修复和处理的技术[93]。该技术通过在底泥上种植适应不同环境条件的植物，利用植物的生长和吸收作用，对底泥中的污染物进行固定、吸收、降解和转化，从而达到净化底泥、改善环境的目的。植被恢复技术修复受污染底泥的工程中，诱导植物提取、持续植物提取、植物过滤、植物挥发、植物根系过滤等理想方法，普遍用于环境污染治理的领域[94]。由湖泊富营养化引起的淡水生态系统生物多样性降低、沉水植物群落衰亡、沉积物内源污染物释放等众多负面影响共同导致原本的草型清水稳态彻底转变为以浮游藻类为主的浊水态水生生态系统，湖泊的水生态功能减退甚至丧失殆尽[95, 96]。沉水植物由于具有多种生态功能，能够以一种直接方式，对水体中的营养盐进行吸收，预防上层水动力搅动而影响下层水体，实现底泥表层相应溶解氧含量的增加，最终达到有效控制底泥营养盐向水体中释放，重建以沉水植物为核心的植被恢复技术是恢复浅水湖泊生态系统的有效手段[97]。沉水植物群落的植被恢复是水生态修复中的核心措施之一，受到多种环境因素的制约，水体底部条件对沉水植物定植与存活有着直接限制。浙江中誉生态环境科技有限公司蔡晨晨基于目前国内外技术研究及工程实践现状，指出应在综合水质净化、生物多样性恢复、生态保育等方面加强复杂底质水体沉水植物恢复的复合技术[98, 99]。

1. 技术优点

1）对环境友好：植被恢复技术利用的是自然的生态过程，不需要使用化学物质或其他有害物质，因此对环境友好，不会对底泥和周边环境产生二次污染。

2）提高底泥质量：通过植被恢复技术，底泥中的污染物可以被植物吸收、转化和分解，底泥的理化性质得到改善，底泥的质量得到提高。

3）增强生态功能：植被恢复技术在改善底泥质量的同时，还可以促进生态系统的恢复和功能的提升，提高生态系统的稳定性和抗干扰能力。

4）易实施：植被恢复技术实施相对简单，可以通过直接在底泥上种植植物的方式实现底泥的修复，不需要复杂的设备和技术要求。

2. 技术缺点

1）修复周期长：植被恢复技术需要一定的时间才能见效，一般情况下，植被恢复技术需要数年甚至数十年才能取得明显的修复效果。

2）受环境因素影响大：植被恢复技术的效果容易受到环境因素的影响，如气候、土壤、水分等，这些因素可能影响植物的生长和吸收作用，从而影响修复效果。

3）实施难度较大：植被恢复技术的实施需要具备一定的专业知识和技能，如果操作不当，可能会对底泥造成更大的损害。同时，对于不同污染类型的底泥，需要选用不同的植物种类和种植方案，这也会增加技术实施的难度和成本。

3. 植被恢复技术应用实例

安徽大学袁素强[100]为了探索浅水通江湖泊的水生植被恢复模式，在升金湖国家级自然保护区管理局全力支持下，开展了不同水生植被恢复模式对水质的影响以及水生植物之间的竞争关系试验研究。为了研究水生植被恢复模式，在金保圩修建低矮的堤坝，将试验区分隔成 4 个试验小区，A、B、C 和 D 4 个区域分别是沉水植物区、沉水植物＋浮叶植物区、沉水植物＋浮叶植物＋挺水植物区和对照区（图 3-36）。沉水植物+浮叶植物+挺水植物区水体的 TN、TP、COD_{Mn} 和氨氮浓度下降速度最快。沉水植物区内水质综合指数从初期的 2.37 下降至恢复后期的 2.24，相比对照区下降了 20%。水生植被恢复速度方面是沉水植物＋浮叶植物＋挺水植物区的水生植被恢复模式的水质净化速度最快。

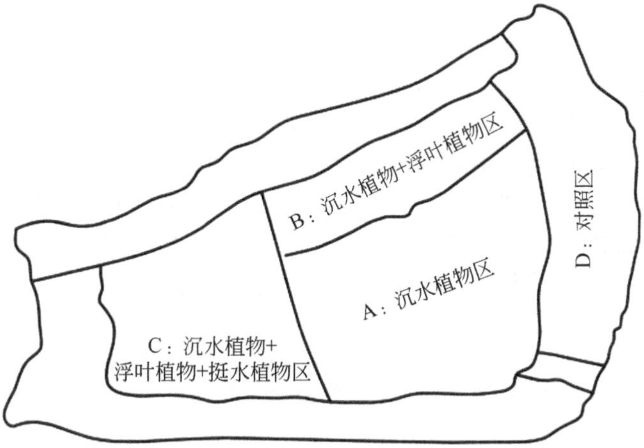

图 3-36　植被恢复区域划分[100]

昆山市水利工程质量安全监督和水利技术推广站徐玉良等[101]对凌家浜河道挺水植物栽培区及各栽培区挺水植物品种进行了设计（图 3-37），在河道周边建设了约 4000m^2 的挺水植物栽培区。在栽培区上栽培了千屈菜、花叶芦竹、芦苇、茭白、梭鱼草、黄花鸢尾共 6 种挺水植物，并对种植的水生植物进行管理，使植物成活并形成一定的生物量。随着沉水植物的种植和生长，水体透明度达 62～86cm，超过未治理时水体总体透明度（平均为 47.40cm），TP 去除率达 71.47%，TN 浓度下降至 2.45mg/L，平均去除率高达 78.36%。

(a)　　(b)

图 3-37　植被恢复前（a）及植被恢复后（b）[101]

3.2.7 底泥原位洗脱技术

底泥原位洗脱技术是针对水体内源污染物结构和季节性分布规律提出的内源污染物治理方法。其基本原理是：在一倒扣泥面的敞口箱体内，产生相对约束的湍流，在泥面湍流作用下，泥水界面胶体状沉积泥受扰分散，通过翻滚、碰撞和摩擦，颗粒分散度越来越高，洗脱越来越彻底，粒度较大的无机颗粒态泥沙重力沉降、原位覆盖，粒度较小的颗粒态污染物随水泵出，经絮凝分离后外运，絮凝分离后的清水回流水体[102, 103]。一般情况下，经过 10～20min 物理洗脱，原先黝黑的沉积泥逐渐洗脱为黄褐色颗粒态泥沙，底泥有机质和水体悬浮物大幅度削减，水体透明度显著提高[104]，其基本原理[105]如图 3-38 所示。

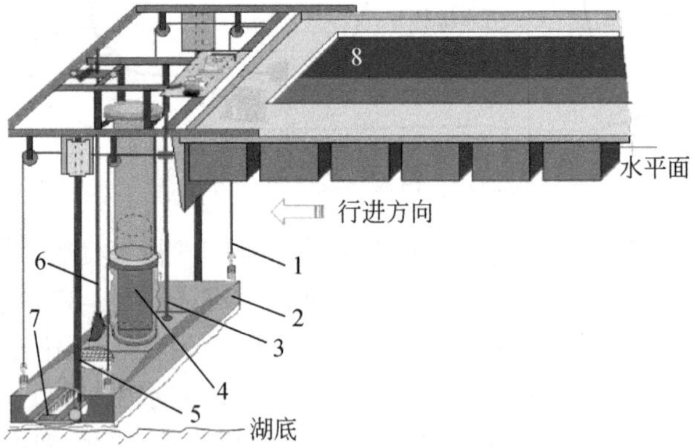

图 3-38 底泥原位洗脱技术原理示意图[104]

1. 弹簧吊；2. 洗涤器；3. 传动杆；4. 抽水管；5. 支撑臂；6. 机械手；7. 行走滑板；8. 污水分离槽

该技术通过对表层污染底泥进行物理的机械或曝气搅动，使污染物进入水相并将其用泵抽走作后续处理，同时搅动冲洗过的清洁底泥，重新覆盖形成新的覆盖层。因此，该技术具有类似疏浚技术和覆盖技术的一些特点，从而可能对底泥中氮磷释放具有一定的抑制作用[106]。

根据底泥原位洗脱技术原理研制的主要设备，是一种移动式水上底泥处理平台——底泥洗脱船，见图 3-39[107]。底泥洗脱船洗脱仓倒扣在底泥表面，机械臂带动一组洗脱机械手或气液流扰动装置洗脱底泥，将底泥中的污染物洗脱下来，并将其溶于水中，而洗净的泥沙沉淀下来。洗脱进水由水泵控制。

1. 技术优点

1）减少污染物：底泥原位洗脱技术可以将底泥中的污染物洗脱出来，从而减少底泥中的污染物含量，达到改善水质的目的。

图 3-39　底泥洗脱船（a）及其运行流程（b）[107]

2）保护环境：底泥原位洗脱技术不需要将底泥挖出处理，因此不会对环境造成二次污染。

3）提高底泥质量：底泥原位洗脱技术可以改善底泥的理化性质，提高底泥的质量。

4）易操作：底泥原位洗脱技术操作简单，易实施，可以快速有效地修复底泥。

2. 技术缺点

1）工程量大：底泥原位洗脱技术需要大量的水或气体等介质来进行洗脱，因此需要大量的设备和人力投入，工程量较大。

2）费用高：底泥原位洗脱技术要使用大量的水或气体等介质来进行洗脱，同时需要使用专业的设备，因此修复费用较高。

3）可能破坏底栖生物：底泥原位洗脱技术可能会破坏底栖生物的栖息地和生存环境，对生态环境造成一定的破坏。

4）难以处理有毒有害物质：底泥原位洗脱技术对一些有毒有害物质的处理效果可能不佳，难以将其从底泥中洗脱出来。

3. 底泥原位洗脱技术应用实例

中国环境科学研究院湖泊水污染治理与生态修复技术国家工程实验室李国宏等[106]研究了底泥原位洗脱技术对凉水河底泥中氮磷释放特征的影响，具体研究了该技术具有类似疏浚技术分离出部分污染物和覆盖技术的一些特点，从而可能对底泥中氮磷释放具有一定的抑制作用。本研究选择凉水河洗脱工程段和附近区域底泥作为研究对象，现场采集洗脱区与对照区柱状样并设计了静态模拟实验，通过比较洗脱组与对照组底泥中氮磷物质的释放特征来评价该技术对研究区域底泥中氮磷释放的抑制作用，从而为该技术的工程应用提供技术支撑。该团队于现场采集洗脱前后样品并设计室内静态模拟实验，分析了实验期间洗脱组和对照组上覆水中NH_4^+-N、NO_3^--N、TN、PO_4^{3-}-P、TP 浓度和释放速率变化特征。结果表明，洗脱组释放第 30 天时，NH_4^+-N 由底泥向上覆水中平均释放速率为（−6.51±0.32）mg/（m^2·d），对应上覆水中NH_4^+-N 平均浓度为 0.52mg/L，较对照组下降了 89.4%，PO_4^{3-}-P 和 TP 平均释放速率较对照组分别降低了 78.1%和 83.0%，上覆水中 TP 平均浓度为 0.22mg/L，较对照组下降了 68.1%。底泥原位洗脱技术对底泥中NH_4^+-N、PO_4^{3-}-P 释放的抑制作用主要通过对有机氮磷物质的削减和水-沉积物界面还原环境的改善来实现。

安徽建筑大学张勇等[108]研究了关于底泥洗脱技术对潟湖水体的修复效果，潟湖是海滨地区因地形因素而形成的咸淡水交界的半封闭水体，具有特殊的生态价值。万平口潟湖因历史因素与发展需要，亟须改善水体富营养化和底泥厌氧环境。在水环境修复工程中，运用底泥洗脱技术对潟湖水体和底泥进行原位修复。经过洗脱修复后，潟湖水体 DO 浓度提高 27%，透明度提高 191.6%，TN 浓度降低 18.7%，底泥含水率降低 44.2%，底泥氧化还原电位（ORP）提高 36%。底泥洗脱工程通过修复水质、抑制底泥污染物的释放，使潟湖水体富营养化程度得以降低。底泥的团粒结构趋于紧实不易上浮，泥-水界面更加分明，底泥的厌氧环境得以改善，底泥洗脱后，发生水体黑臭问题的风险大大降低，有效控制了内源污染。

3.3　固化稳定化技术

3.3.1　原位固化稳定化技术

原位固化稳定化技术是一种处理环境污染的技术，适用于河道污泥/沉积物的处理。该技术通过向底泥中加入特殊的化学物质，使污染物在原地转化为不易溶解、无毒性或低毒性的物质，达到清洁环境和保护生态的目的[109]。原化固化稳定化技术适用于河道底泥中重金属（如 As、Pb、Ni 和 Co 等）污染组分含量高、毒性强的情况，能够有效解决底泥堆放产生的二次污染等问题（图 3-40）[110]。河道底泥原位固化稳定化技术是通过在河道底泥中掺加固化剂与稳定剂，在固化过程中，重金属与稳定剂发生化学反应生成固态或半固态物质，同时释放出固定化的重金属离子，进而降低或消除其毒性[111]。

原位固化稳定化技术在国内仍处于研究阶段，但近年来国内外针对河道底泥治理的迫切需求及环保产业的兴起，针对河道底泥固化稳定化技术开展了大量研究，积累了丰富的工程经验和科研成果[112]。经过原位固化稳定化技术处理的底泥具有环境安全性，并且能够达到一定的物理和化学性能指标，从而可以使该技术运用于填方、建筑材料等领域，甚至可以作为污水净化材料以及环境修复材料回到环境中，达到以废治废、废物再利用的效果。围绕多数城市黑臭河道现状严重的内源负荷和面源污染问题，在对底泥原位固化稳定化技术进行长期研究的基础上，提出了基于原位固化稳定化技术的底泥应该在河道治理工程、生态修复工程和景观建设的过程中进行多目标利用，基本的利用途径[112]如图 3-41 所示。

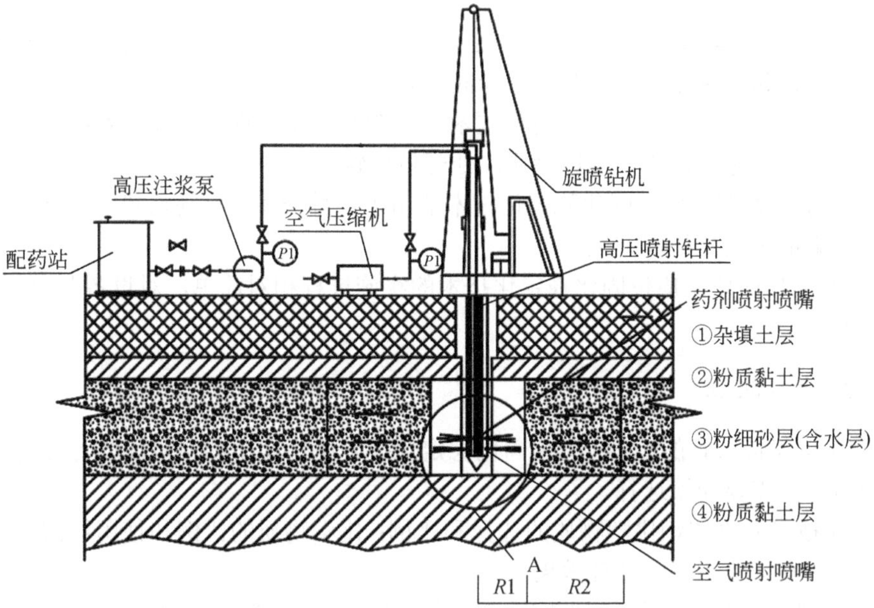

图 3-40　原位固化稳定化技术设备示意图[110]

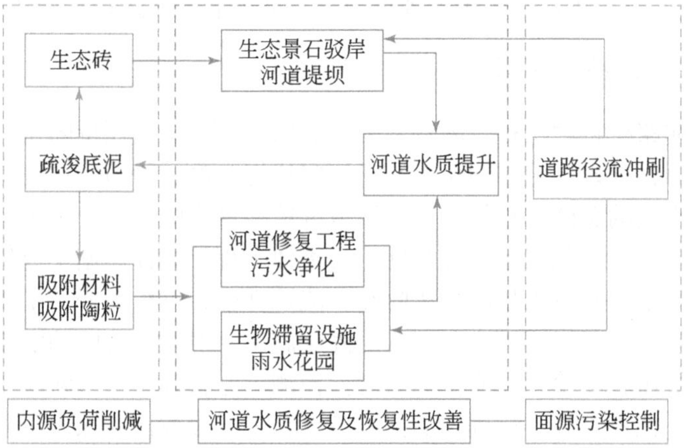

图 3-41　基于原位固化稳定化技术的底泥多目标利用途径[112]

基于原位固化稳定化技术底泥的多目标利用，以城市黑臭河道生态系统的恢复为目的，以废物再利用的底泥材料为手段，以废治废，重建河道生态，将其恢复到接近原始水平，并长期保持达标水质，实现国家水污染防治计划目标，实现整体环境的可持续性发展[113]。

1. 技术优点

1）原地处理：原位固化稳定化技术可以直接在污染源原地进行处理，避免了挖掘、运输和处置底泥的复杂性，降低了处理成本。

2）高效转化：原位固化稳定化技术使用的特殊化学物质能够有效地将污染物转化为稳定的无毒性或低毒性物质，处理效果较好。

3）适应性强：原位固化稳定化技术适用于各种类型的底泥污染，可以根据不同的污染情况调整处理方案。

4）操作简便：原位固化稳定化技术的实施过程相对简单，对设备要求不高，操作方便。

2. 技术缺点

1）可能带来新的污染：原位固化稳定化技术所用化学物质可能会对环境产生新的污染，需要谨慎选择。

2）技术效果依赖化学物质的选择和比例：化学物质的比例和使用量需要精确控制，否则可能会影响处理效果。

3）处理周期长：原位固化稳定化技术需要一定的时间才能达到预期的处理效果。

4）长期监测需求：为了确保处理效果，处理后需要进行长期的监测和维护。

3. 原位固化稳定化技术应用实例

武汉二航路桥特种工程有限责任公司陈伟等[114]采用原位固化工艺对河床淤泥进行浅层固化处理，采用固化土的无侧限抗压强度、静力触探等力学指标，以及固化土浸出液的总磷、总氮、重金属浓度等环境影响指标，多角度论证了干滩河床淤泥浅层原位固化工艺的可行性，为类似工程的设计、施工提供参考建议，针对河床表层淤泥具有水质污染风险高、流塑性强、承载力低的工程特性，采用原位固化工艺，进行干滩河床淤泥浅层固化施工。通过试验区的实施，对固化土进行无侧限抗压强度检测和原位静力触探检测，分析确定了干滩河床浅层淤泥原位固化施工工艺及其施工过程中的控制重点和工艺参数，并探讨了固化土的环境影响。结果表明，随着固化深度和固化剂掺量的增加，搅拌头的提升速率降低、喷浆循环次数增加，固化土均匀性增加，固化效果更明显。针对干滩河床淤泥原位固化的优化工艺参数为：固化深度 2m、固化剂掺量 5%。当养护龄期为 28d 时，固化土比贯入阻力 P_s 平均值为 1.87MPa，对应的不排水综合抗剪强度 C_u 为 61.6kPa。且固化土的环境影响风险较低，具有阻隔下卧层内源污染的作用。具体的原位固化工艺示意图见图 3-42。

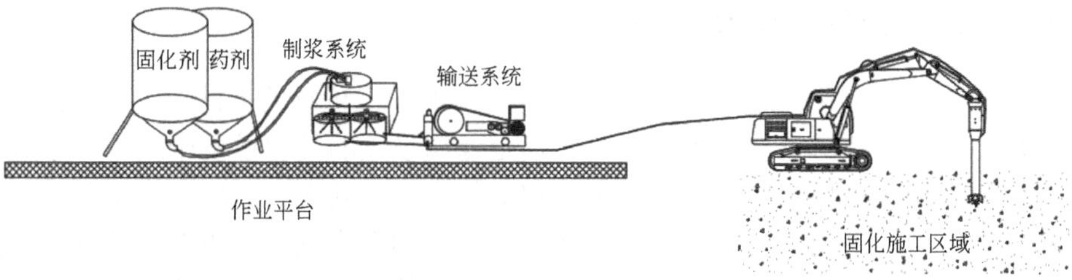

图 3-42　原位固化工艺示意图[114]

堡森（上海）新材料科技有限公司孙即梁等[115]利用底泥原位生态修复（*in-situ* ecological remediation，ISER）固化技术对村镇级河道疏浚底泥进行原位固化制备固化海绵土生态护岸材料及性能试验探索，并在嘉定区水闸河、横港等镇级河道进行工程示范，利用疏浚底泥固化技术制备 ISER 固化海绵土生态护岸项目的设计标准断面图见图 3-43。试验及工程跟踪监测表明，固化海绵土生态护岸材料无侧限抗压强度和抗剪强度随固化剂掺量、龄期延长呈增长趋势；固化海绵土生态护岸材料早期无侧限抗压强度增长趋势大于后期，而抗剪强度增长率在固化剂掺量为 15%时达到最大；当固化剂掺量为 15%、发泡剂掺量为 1%时，制备的固化

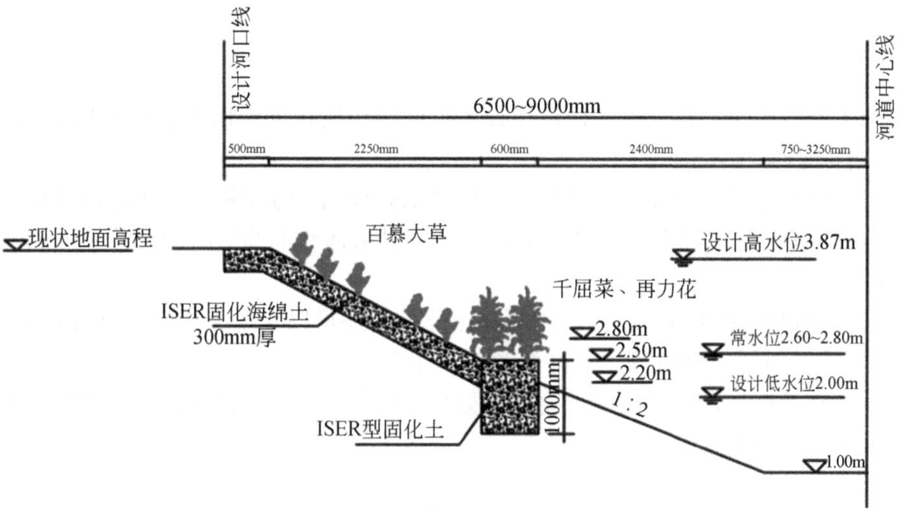

图 3-43　ISER 固化海绵土生态护岸项目的设计标准断面图[115]

海绵土生态护岸材料中毒性较强的重金属 Cd、Pb、Cu 在 28d 浸出质量浓度分别为 0.003mg/L、0.049mg/L、0.021mg/L，浸出率分别为 23.1%、8.7%、10.1%。由此得出，ISER 固化技术可以将疏浚底泥无害化和资源化应用于生态护岸建设，有效地解决了近年来严重的疏浚底泥处置消纳和环境保护之间的冲突。

3.3.2　异位固化稳定化技术

异位固化稳定化技术是一种处理河道中污泥和沉积物的方法[110]。该技术的核心是将污染物从污染地挖出，通过转运至专门设置的处理设备中进行一系列工序，使污染物从不稳定的状态转化为稳定的状态，使其在自然环境中不易产生迁移和再次污染。固化主要是指向土壤或底泥中添加固化剂而形成石块状固体，并将污染物转化为不易溶解、迁移能力弱和毒性小的状态的过程。或投加固化剂使底泥由颗粒状或者流体状变为能满足一定工程特性（如路基填料）的紧密固体，并将重金属包裹在固化体中，减少重金属向外界的迁移[116, 117]。稳定化是指在底泥中投加螯合剂使重金属由不稳定态（水溶态、离子交换态）转变成稳定态（残渣态），显著降低重金属的生物活性[118]。

常用的固化剂类型为无机固化剂、有机固化剂和复配固化剂。无机固化剂主要有磷矿石、磷酸氢钙、羟基磷灰石等磷酸盐类物质以及硅藻土、膨润土、天然沸石等矿物；有机固化剂主要有草炭、农家肥、绿肥等有机肥料[119]。复配固化剂为无机固化剂和有机固化剂复合配制。在河道治理中，异位固化稳定化技术通常将污泥和沉积物转化为固体的形式，以减少其体积和质量，降低其对环境的影响。

1. 技术优点

1）减容减重：异位固化稳定化技术可以将污泥和沉积物大幅减容减重，减小对环境的影响。

2）改善环境：经过异位固化稳定化技术处理后，污泥和沉积物将被转化为一种不易溶解、稳定且不易迁移的形式，减少对水体和土壤的污染，改善河道水质和生态环境。

3）提高资源利用率：异位固化稳定化技术还可以实现废弃物的资源化利用，如生产建筑材料、肥料等，提高资源的利用率。

4）高效性：异位固化稳定化技术处理速度快，可大规模应用，能够快速解决河道治理中的问题。

2. 技术缺点

1）处理成本高：异位固化稳定化技术需要使用大量的化学试剂和能源，因此处理成本较高，可能限制其应用范围。

2）可能产生二次污染：在处理过程中可能会产生废气、废水和固体废物等，如果处理不当，会对环境和周边环境造成一定的负面影响。

3）技术适用性限制：对于某些特殊的污染物或有毒有害物质，异位固化稳定化技术可能无法有效地对其进行处理，需要采用其他更为先进的处理方法。

3. 异位固化稳定化技术应用实例

中水北方勘测设计研究有限责任公司于朝霞等[120]提出了沈阳市细河河道污染底泥异位固化稳定化安全处置方案，异位固化稳定化处理后底泥可用于慢行道路基建设。将底泥清淤后密闭运输至岸边集中进行泥沙筛分、脱水减容、异位固化稳定化处理，并将处理后达标底泥用于慢行道路基建设，降低河道重金属污染风险。固化稳定化剂采用石灰、水泥、粉煤灰，体积比例为 3∶1∶1。底泥与稳定剂的体积比例为 5∶1。细河底泥处理后经检测，处理底泥浸出毒性达标，属于第Ⅰ类一般工业固体废物；处理后底泥性质稳定，以无机稳定结合物为主，长时间堆放不产生有毒有害物质；土体抗压稳定性好，处理后底泥抗压强度高于普通的素土，压实后 7d 抗压强度达到 0.98MPa（最低填土要求）。根据处理后底泥的性质，细河底泥用于河岸慢行道路基建设（图 3-44）。

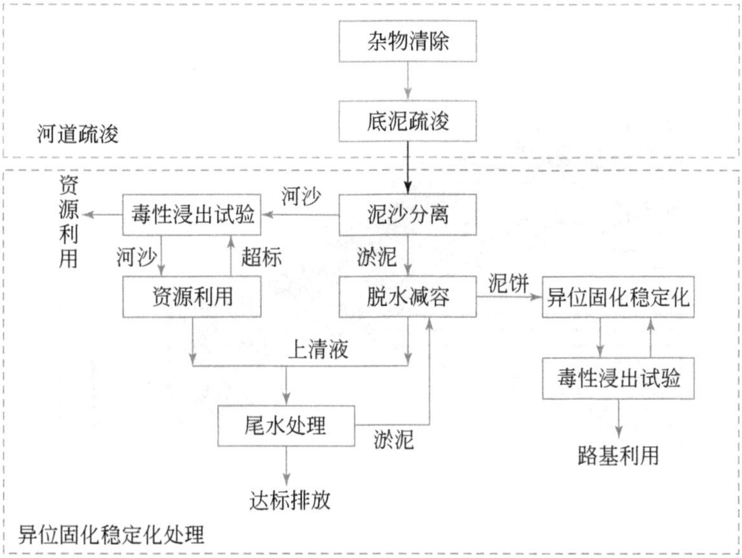

图 3-44　沈阳细河异位固化稳定化流程[120]

北京高能时代环境技术股份有限公司朱湖地等[121]以四川某铬污染场地生态修复治理示范工程为例，采用原地异位固化稳定化技术对铬污染土壤进行修复治理，场地废水经还原沉淀处理达标后安全排放。异位固化稳定化处理区为“三位一体化”处置区，同时兼顾污染土壤暂存、异位固化稳定化处理、处理后土壤暂存待检 3 个功能。通过将固化稳定化剂添加到污染土壤中并充分混合，使其与土壤的六价铬发生还原反应，将六价铬还原为三价铬，降低重金属铬的浸出毒性、迁移性和生物有效性，达到对六价铬污染土壤无害化处理的目的。修复后的土壤六价铬浸出浓度低于 0.5mg/L，总铬浸出浓度低于 1.5mg/L，含铬废水降至 0.1mg/L 以下排放（图 3-45、图 3-46）。

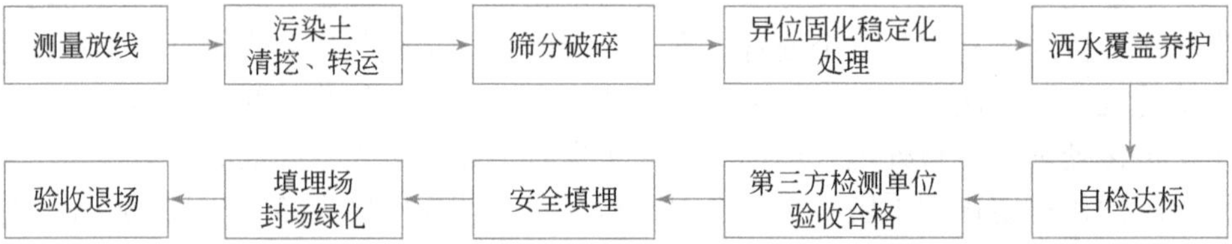

图 3-45　异位固化稳定化流程[122]

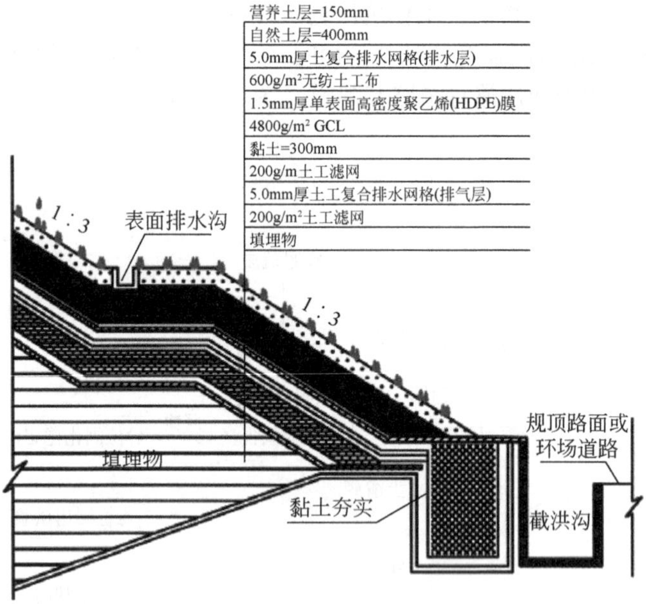

图 3-46　异位固化稳定化填埋施工[121]

核工业二七〇研究所朱方旭等[122]采用异位固化稳定化技术对某工业园废弃遗留地块重金属污染土壤进行修复。具体工艺为“废渣/土壤+水泥+石灰+稳定剂（氯化铁）”。污染土壤修复流程为：拆除修复地块硬化地坪；清挖污染土壤，转运至地块内遗留车间进行暂存及修复，分批次进行异位固化稳定化处理；利用修复土壤，通过养护、检验等手段将处理达标的土壤外运用于工业用地或路基填埋。地下水中镍、铜、锌、铅、镉、砷、锑、铍、钴均能满足《地下水质量标准》（GB/T 14848—2017）的Ⅳ类标准（图 3-47）。

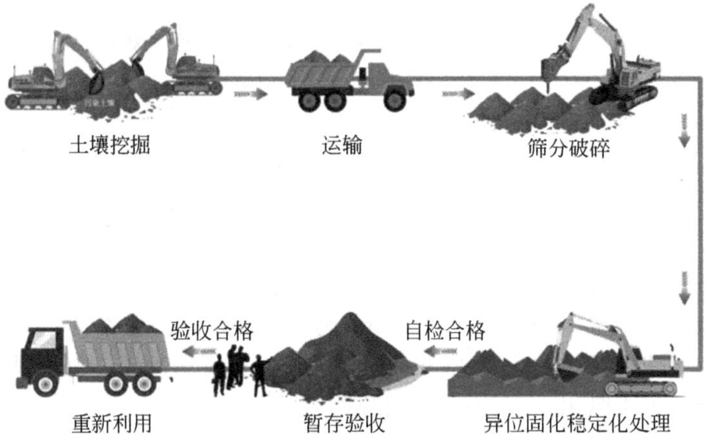

图 3-47　利用“废渣/土壤+水泥+石灰+稳定剂（氯化铁）”进行土壤修复流程[122]

3.3.3　原位-异位固定化组合技术

原位-异位固定化组合技术是一种在河道治理中处理污泥和沉积物的方法，该技术结合了原位固定化技术和异位固定化技术的特点[123]。原位固定化技术是在污染现场进行固化稳定化处理，而异位固定化技术是将污染物迁移到其他场所进行固化稳定化处理。该技术的核心思想是根据现场情况和污染物特性，综合利用两种处理方式，达到最优的处理效果。随着国家强国战略顺利实施和不断推进，各项基础设施建设快速发展，建设技术逐渐升级换代，基建工程新材料、新方法、新装备、新技术等不断涌现。国家加大力度开展环境治理工作，在水环境治理和市政工程建设过程中，河道会产生大量的污泥，利用原位-异位固定化组合技术对河道湖泊底泥和其他工程淤泥进行适宜的处理处置，十分具有研究前景，但目前原位-异位固定化组合技术在国内的研究较少，仍需开展更多的研究[124-127]。

1. 技术优点

1）高效稳定：原位-异位固定化组合技术可以实现对污泥和沉积物的有效处理，将其转化为稳定的状态，减小其对环境的影响，提高河道水质。

2）灵活性强：原位-异位固定化组合技术可以根据现场情况和污染物特性，采用不同的处理方式，实现原位和异位处理的有机结合，满足不同情况下的治理需求。

3）资源利用率高：利用原位-异位固定化组合技术，可以将污染物转化为有用的资源，如生产建筑材料、肥料等，提高资源的利用率。

4）处理范围广：原位-异位固定化组合技术可以适用于不同类型和规模的河道治理，从小型河道到大型河流，都可以采用该技术进行处理。

2. 技术缺点

1）技术复杂性：原位-异位固定化组合技术涉及多种处理方式和步骤，需要综合考虑多种因素，如现场情况、污染物特性、处理成本等，增加了复杂性和难度。

2）处理成本高：由于原位-异位固定化组合技术需要同时考虑原位和异位处理，因此需要投入更多的人力、物力和财力，增加了处理成本。

3）施工难度大：在进行原位处理时，需要进行现场施工，由于现场环境复杂多变，可能给施工带来一定的难度和挑战。

3. 原位-异位固定化组合技术应用实例

合肥龙泉山环保能源有限责任公司成祝[128]采用土壤修复一体化设备，能高效地实现药剂与土壤的充分混合与反应（图 3-48）。该设备主要由土壤、药剂传输系统以及破碎、搅拌系统组成，通过能瞬间疏松并完美混合的切土刀+大型旋转杵锤+后破碎刀的工艺，将土壤颗粒充分粉碎，同时将其与药剂充分混合。对砷污染土壤采用 1% $FeSO_4$+5% CaO 进行修复，锑污染土壤采用 1% $Fe_2(SO_4)_3$+5% CaO 进行修复。采取原位挖掘混合药剂，利用异位处理进一步修复。重金属浸出浓度均低于浸出限值，满足修复要求。

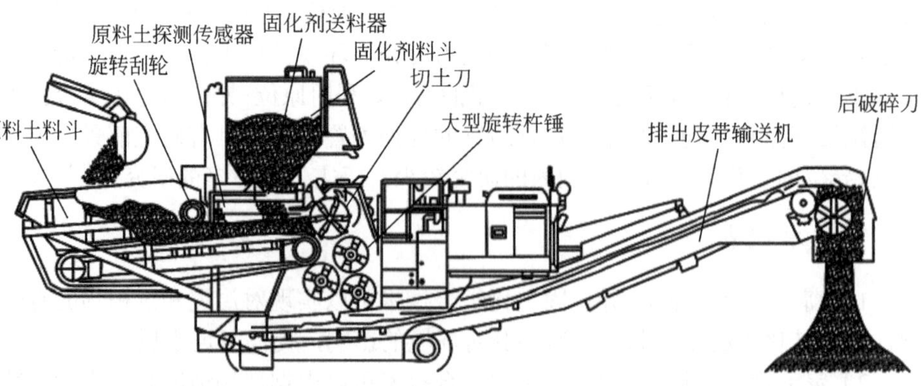

图 3-48　土壤修复一体化设备[128]

湖南新九方科技有限公司肖潇等[129]对湖南永兴某渣场内的土壤受铜、铅、镉和砷等重金属污染严重的区域采取场地内 4628m^3 污染土壤进行异位固化稳定化修复，2340m^3 污染土壤进行原位稳定化修复。药剂投加比例（质量比）为土壤：药剂为 1∶0.05，采用一体化固化稳定化搅拌站设备进行药剂与土壤的混合搅拌，处理规模为 150m^3/d。由专业操作人员进行机械操作，实现土壤与修复药剂的充分混匀，搅拌时间为 10～15min。养护时间为 2～3d，保证反应彻底完成，检测达标后安全回填。回填后采用土壤筛分破碎修复一体化设备，进行原位固化处理药剂添加比例为土壤∶药剂为 1∶0.03（质量比），混翻 2 次。根据第三方检测及效果评估，污染土壤修复后浸出浓度满足《地表水环境质量标准》（GB 3838—2002）Ⅳ类标准，池塘水治理后满足《污水综合排放标准》（GB 8978—1996）最高允许排放浓度（图 3-49）。

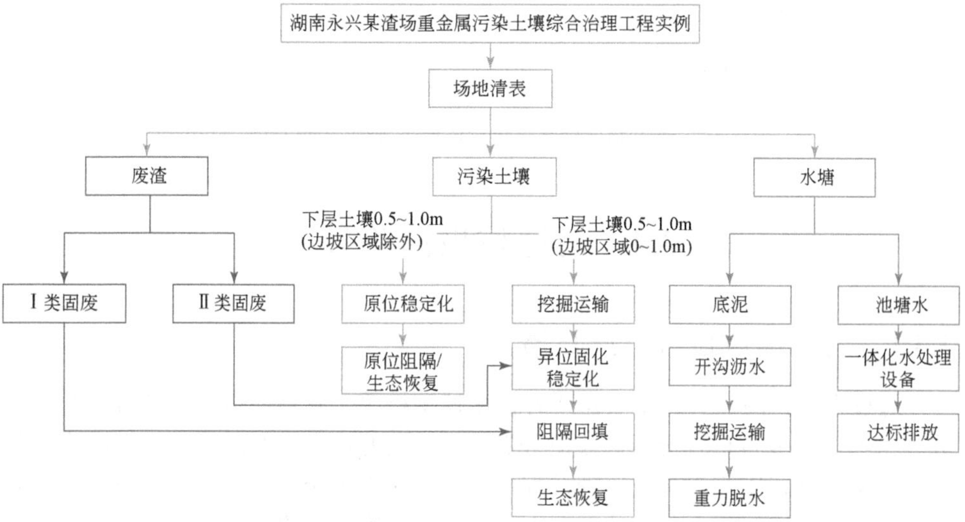

图 3-49　湖南永兴某渣场重金属污染土壤综合治理工程实例[129]

中铝环保节能科技（湖南）有限公司袁芳沁[130]以湖南某重金属污染场地固化稳定化修复工程为例，首先采用异位固化治理模式，清挖后进行重金属原位填埋稳定技术。工程实施后清挖基坑土壤达到设计修复目标值，即基坑土壤浓度符合标准要求：Pb≤280mg/kg、Cr≤400mg/kg、Cd≤7mg/kg、As≤50mg/kg，土壤浸出液浸出浓度达到一般Ⅰ类固体废物填埋进场浸出标准。土壤经清挖后基坑达到清理目标，固化稳定化修复后的土壤重金属浸出浓度均达到了修复目标值，并实现安全填埋（图 3-50）。

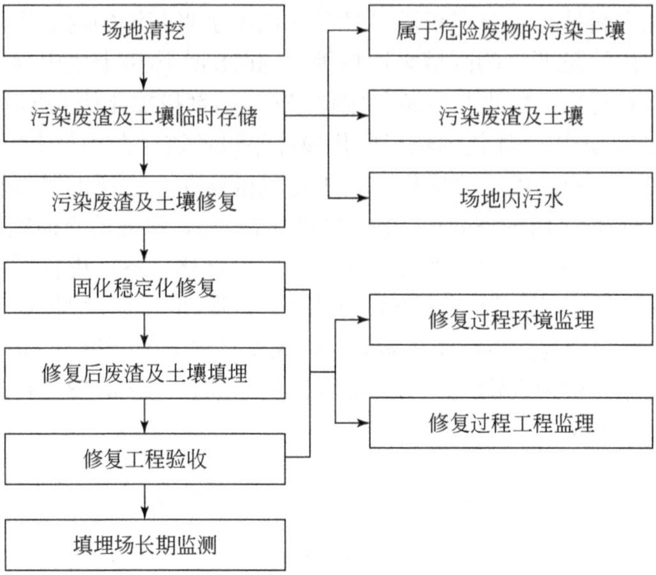

图 3-50　异位固化与原位填埋组合[130]

3.4　河道垃圾清除技术

3.4.1　河岸堆放垃圾日产日清

通过人工捞网、人力捞取器或者机械挖掘机等工具将河道中的垃圾捞起后，放置于河岸堆放点进行分类并及时处置[131]。它的优点是对河道生态影响小，但是其效率较低，工作人员在清理过程中也存在生命安全的风险，如今已逐渐被代替。该技术的核心是根据河道情况，在合适的位置设立垃圾清理站点，引导河道附近的居民和行人将垃圾投放到指定垃圾清理站点，对河岸垃圾进行集中堆放，并采取日产日清的方式及时处理，及时清理和处理垃圾清理站点内的垃圾，防止二次污染，有效控制河道的内源污染[132, 133]。设立垃圾清理站点，设立河道垃圾监测和管理机构，负责协调和监督清理工作（图 3-51）[134]。建立河道垃圾清理工作的

图 3-51　垃圾临时堆放站[134]

评估和考核机制，对相关单位和个人进行激励和奖惩，加大河道巡查和保洁力度，及时发现和处理河道内的新垃圾[135，136]。

1. 技术优点[137]

1）控制污染源：河岸堆放垃圾日产日清技术能够有效地减少垃圾在河道中的滞留时间，控制垃圾分解过程中产生的污染物对水体的污染。

2）提高水质：通过对河岸垃圾的及时清理和清运，降低了河道中污染物含量，有利于改善水质，提高河道生态环境的稳定性。

3）维护河道景观：河岸堆放垃圾日产日清技术能够保持河岸的整洁，提升河道整体景观效果，为周边居民提供了一个优美的生活环境。

4）促进环保意识：河岸堆放垃圾日产日清技术提倡的环保理念能够增强人们的环保意识，促进广大民众自觉维护河道环境。

2. 技术缺点

1）人力投入大：由于河岸堆放垃圾日产日清技术需要大量的人力进行垃圾的清理和清运工作，因此需要投入较多的人力资源。

2）垃圾处理成本高：河岸堆放垃圾日产日清技术的应用需要投入一定的财力、物力和人力，因此垃圾处理成本相对较高。

3）无法完全清除污染：虽然河岸堆放垃圾日产日清技术能够减少垃圾分解过程中产生的污染物对水体的污染，但无法完全清除所有污染物。

4）对环境造成二次污染：如果垃圾处理不当或清运不及时，可能会对周边环境造成二次污染。

3. 河岸堆放垃圾日产日清技术应用实例

中国科学院大学（中国科学院东北地理与农业生态研究所）魏春凤[138]介绍了宏克力镇大力筑起阻拦污染的第一道防线，推进河道垃圾整治。该镇开展了以“六清”即清柴草、清垃圾、清粪肥、清院落、清沟渠、清路障为内容的环境卫生综合整治，加大推进力度，重点对松花江、倭肯河等主要河段的垃圾进行了一次集中清除，共清理垃圾 2000 多立方米。同时，全镇设立垃圾临时存放处 21 个，购置垃圾箱 300 余个，有效防止了江河污染。宏克力镇养殖业比较兴旺，目前有牛 7000 余头、生猪 1.5 万头、禽 12 万只，是全县养殖业第一镇。针对随之而来的畜禽粪便污染问题，我们积极引导动员养殖户对畜禽粪便进行以肥料化为主要手段的综合利用，在远离村屯、远离水系的自家承包地内设立粪肥堆积场，做到日产日清无堆积，并进行堆肥处理。通过镇村两级积极引导、强化管理，往日的畜禽粪便堆积现象已彻底改变，在源头上堵住了污染河道的出口。宏克力镇为进

图 3-52 河道垃圾人工清理[138]

一步加大松花江、倭肯河等水系河道违法采砂、违法建筑等破坏水生态环境的治理力度，成立工作组对存在的 26 个问题进行了摸排登记，对 4 处河道附近的垃圾进行了立即处理，对 8 处河道采砂场的整治已上报解决，对其他各处不能立即整改的已做出年度整改计划（图 3-52）。

湖州市生态环境局长兴分局刘淑贤等[139]研究了小流域水环境污染现状分析与生态化治理，河道中长期存有大量垃圾，是导致小流域水环境污染的直接原因。小流域水环境污染生态化治理工作的重点是清除垃圾，确保河道畅通，要妥善处理好因生活垃圾、工业垃圾的堆积而造成的环境污染。在处理河段的过程中，不仅要把堆积的垃圾打捞出来，还应对水体进行净化，如除菌、除臭等。要想从根本上清除河道中垃圾，防止河道清理过后垃圾再次堆积，还需要对小流域河道进行适当的加固，在水的冲刷作用下河岸两侧水土流失，导致河床土壤侵蚀比较严重，产生大量的淤泥，从而造成河道堵塞，因此加强河道治理也是一个非常关键的环节。及时清理河道堆放垃圾及河道加固后，河道生态系统得到了恢复（图 3-53）。

图 3-53 河道垃圾堆积[139]

3.4.2 清漂平台

该技术主要是在河道的某些特定区域设置清漂平台，利用这些清漂平台对河道的漂浮垃圾进行收集和处理[140, 141]。清漂平台的主要类型：①人工捞取。对于较小的漂浮物，可以采用人工捞取的方式进行清理。该方法需要大量的人力资源和专业工具，费时费力，但效果明显。②集水设施。通过在河流下游设置集水设施，如拦沙坝、拦污板等，可有效截留漂浮物，方便集中清理。③吸附材料。利用吸附材料（如海绵、木炭）吸附漂浮物，将其放置在河道中，待吸附材料充分吸收后再进行清理。④水面清洁船。该船配有专门的清洁机器，可以更加高效地清理漂浮物[142，143]。

同时，清洁船还可以用于巡查河道环境，发现问题及时处理工程治理：通过改善河道水文条件、增加生态营造等工程措施，减少漂浮物的产生和堆积。同时，不同类型的漂浮物可能需要采用不同的清理方式。在实施清理方案时，应考虑漂浮物的种类、数量、分布范围等因素，选择合适的方法进行清理。此外，在清理漂浮物时也需要注意保护河道生态环境，尽量减少对河流生态系统造成的影响（图 3-54）[144，145]。

图 3-54　漂浮物自动清漂平台[145]

1. 技术优点

1）收集效率高：清漂平台能够有效地拦截和收集河面上的漂浮垃圾，减少垃圾进入河道深处的可能性，提高收集效率。

2）适应性强：清漂平台对河道的形状和规模要求不高，可以根据不同河道的实际情况进行适当的调整和布置。

3）操作方便：清漂平台在进行垃圾清理时，只需要通过简单操纵清漂平台即可实现对垃圾的收集和转移，操作简单方便。

4）环保效果显著：清漂平台不仅可以直接减少河道中的垃圾量，还能够通过拦截和收集漂浮垃圾，防止垃圾对水体产生进一步的污染。

2. 技术缺点

1）稳定性不足：清漂平台可能会受到水流的影响，出现位移或者翻转，影响了垃圾拦截的稳定性。

2）需要定期维护：需要定期对清漂平台进行维护和保养，以确保其良好的工作状态。

3）对水体有一定影响：清漂平台虽然可以拦截和收集漂浮垃圾，减少垃圾对水体的污染，但是可能会对水体产生一定的扰动。

3. 清漂平台应用实例

辽宁润中供水有限责任公司胡玉超[146]结合具体工程实例，采用现场调查与资料分析的方法，对“8·16”特大洪水灾害影响以及社河河流生态问题进行了深入分析，确定了生态修复的目标和原则，并在生态河岸带、生态湿地以及入库漂浮物拦截方面提出了具体治理措施。根据“8·16”特大洪水的灾后统计，大伙房水库库区的漂浮物为 115 万 m^2 左右。考虑到“8·16”特大洪水再现的概率较低，同时大伙房水库流域生态治理工程初见成效，各种漂浮物的入河入库量将明显减少，因此设计每天 2 万 m^2 的漂浮物清理量完全可以满足清理要求。由于直接汇入大伙房水库的河流主要有浑河、苏子河和社河三条，而社河又是其中流域面积和流量最小的一支河流，因此设计每天的漂浮物清理上限为 0.5 万 m^2。在拦截装置设计中，将大伙房水库 131.5m 的正常蓄水位和 126.5m 的防洪限制水位作为高程控制范围。出于减少征地规模和对周围生态环境影响的要求，结合当地实际情况，决定新建一个斜坡式清漂平台；布设长度约为 0.85km 的拦漂网一张；新建 0.3km 道路，路面设计为砂石路面（图 3-55）。

图 3-55　漂浮物隔离拦污斜坡式清漂平台[146]

长江科学院水力学研究所蔡莹等[147]研究了三峡工程蓄水后易受水面漂浮物影响。工程运行表明“以排为主、以捞为辅”的治漂方式与工程现状和时代要求存在着明显的矛盾，大量集中暴发的漂浮物靠人工和船舶清漂也难以应对。为保护长江水面环境、充分发挥三峡工程的综合效益，并为其他河道型水库提供可借鉴的治漂方案，有必要继续深入研究治漂措施。依据三峡工程坝前局部水工模型治漂试验成果与河道型水库特点，在狭长库区分段建设聚漂区平台，可实现“以捞为主、以排为辅”的治理方式。在三峡坝前模型试验中，通过设立聚漂区平台可取得明显的治漂效果，该措施设施构造简单。在河道型水库中具有可实施的条件，尤其在不通航的河道具有推广应用价值。例如，治理每年秋季对葛洲坝上游三江航道造成影响的从黄柏河流域漂流而来的水葫芦，以及三峡蓄水后在重庆云阳县澎溪河疯长的浮萍等现象。该工程措施对于河道型水库区分段治漂具有一定的适用条件，实施前应对漂浮物的组成及数量、河道地理特征、水文、气象等因素展开充分调查和分析，并结合具体工程条件进行必要的试验研究，以利于科学决策（图 3-56）。

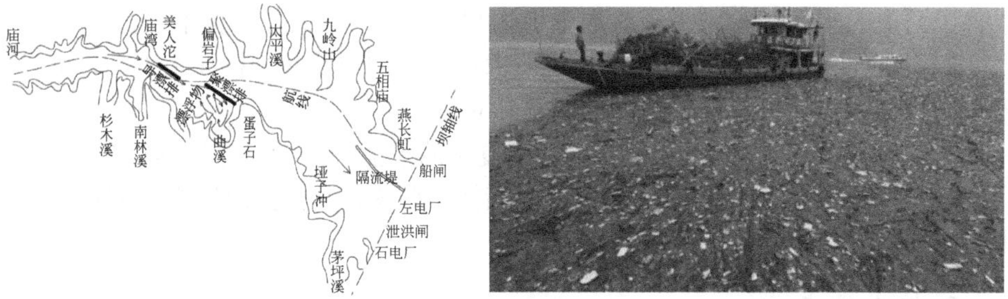

(a)　　　　　　　　(b)

图 3-56　三峡坝前模型试验设置的导漂排、聚漂排示意图（a）及三峡水库清漂作业图（b）[147]

3.4.3　河道水面打捞清理

该技术主要通过打捞设备和技术，定期对河道的漂浮垃圾进行收集和处理。河道水面打捞清理配合清淤等其他技术，能够实现水生生态系统的发展，让水生生物有一个更好的生存环境[148]。在打捞过程中，通常需要投入专业的河道垃圾打捞船，配合人工打捞，对相关区域内的绿萍、塑料瓶、塑料袋、浮木及其他各种水面固体垃圾进行彻底打捞，在此基础上后续可开展河道清淤，实现河道生态环境的治理[149，150]（图 3-57）。

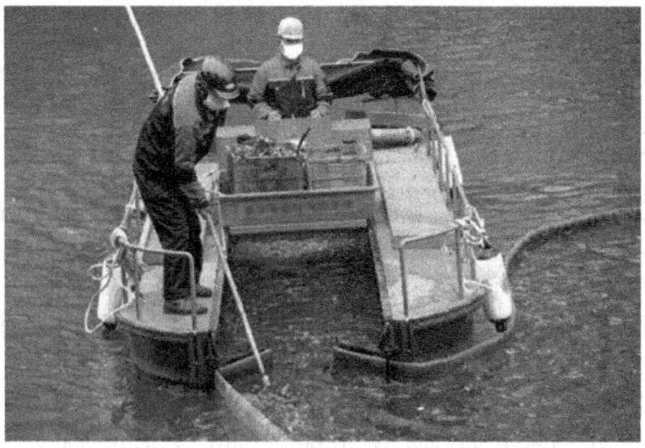

图 3-57　河道水面打捞清理[149，150]

宁德市霞浦环境监测站叶志文[151]根据福建海域海漂垃圾综合整治工作的经验指出推进城乡生活垃圾、工业固体废物、农业废弃物、船舶港口垃圾、渔船渔港垃圾和滨海旅游垃圾防治，强化陆源管控，开展河流、湖泊垃圾防治，防止生产、生活垃圾入河，及时清理河流、湖泊垃圾，加强河海打捞工程联动，是现今河道水面打捞清理的重要策略。山东省水利科学研究院张维杰等[152]根据城区河流的河道底坡较缓、河道顺直、水流平稳及漂浮物质量较轻、体积小、汛期集中、枯水期分散的特点，提出"丰水期自动清漂、枯水期集中人工打捞"的城区河道漂浮物治理原则。

1. 技术优点

1）清理效果显著：通过定期打捞清理，有效减少了河道漂浮垃圾数量，明显改善了河道的水环境，减少了对水生生物和河流生态系统的负面影响。

2）适应性强：河道水面打捞清理技术对河道的形状和规模要求不高，可以根据不同河道的实际情况进行适当的调整和布置。

3）操作方便：操作人员不需要特别复杂的技能培养，操作过程较为方便。

4）应用灵活：可使用自动化设备提高捕捞效率，并根据河道漂浮物种类特点更换不同的打捞装置。

2. 技术缺点

1）受天气和季节影响较大：恶劣天气和低水位可能会影响打捞的效率和效果。

2）资源消耗大：需要大量的人力、物力和财力资源，包括专门的打捞设备和工作人员，以及处理和处置打捞垃圾的费用。

3）无法从根源治理：无法从根源去除水葫芦、蓝藻等外源污染物排放造成的生物垃圾污染。

3. 河道水面打捞清理应用实例

晋中学院王子涛等[153]针对市面上采用的大型垃圾清理船清理水域面积小、无法实现全自动运作等问题，设计了一款具有双体船结构的无人水面垃圾清理船，其主要由打捞装置、聚拢装置、切割装置组成。选用铝合金材料制作打捞装置，选用大扭矩金属齿轮舵机作为打捞装置的驱动元件，采用脉冲宽度控制信号精确控制打捞装置主动轴的旋转角度，增大了打捞范围。切割装置中高速旋转的切割刀头可以将漂浮物切断并将其归入打捞区域。聚拢装置可将漂浮物聚拢在打捞区域，实现垃圾清理船的快速打捞（图 3-58）。

中国人民解放军陆军勤务学院沈廷鳌等[154]针对小型水域水面垃圾清理方式以人工驾驶船只打捞为主，存在效率低、成本高和危险性大等问题，设计了一种小型轻便、操作简单、成本较低的小型垃圾清理装置，以改善传统打捞清理模式的弊端。该装置由动力系统、转向系统、遥控系统、可视系统和收集系统组成，

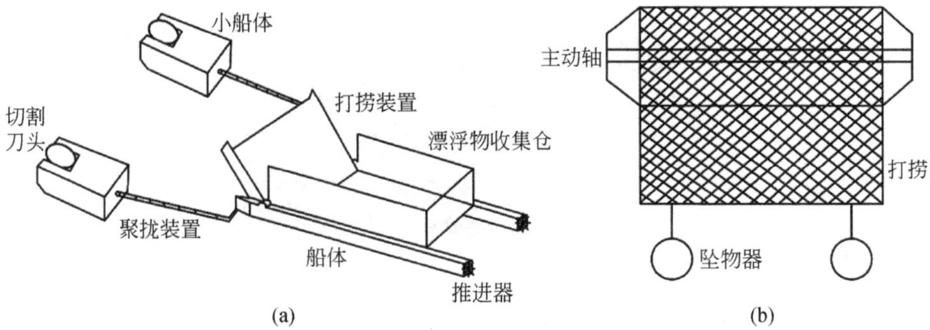

图 3-58　无人水面垃圾清理船（a）及其打捞装置（b）[153]

主要根据机械传动原理来设计实现，在岸边即可完成垃圾的清理工作。他们详细阐述了各系统组成部分的结构和实现步骤，研制出实物样机并进行了测试。结果表明，该装置单次可收集塑料瓶 8～12 个或漂浮垃圾 1.3kg，具有远程遥控、定位精准、操作便携、性能强劲等优点，能够较好地满足小型水域垃圾清理的工作需求（图 3-59）。

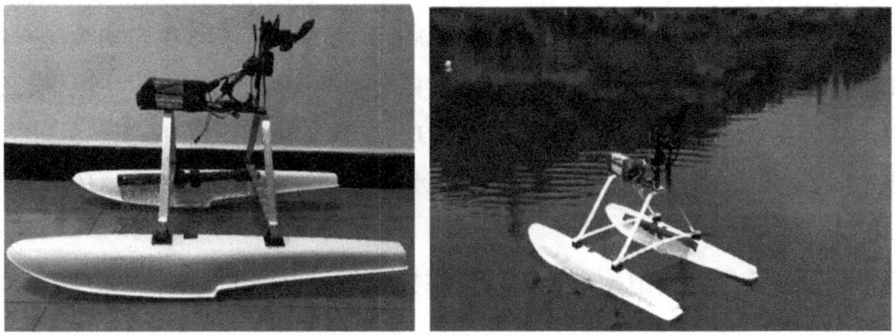

图 3-59　小型垃圾清理装置[154]

中国科学院合肥物质科学研究院固体物理研究所张凯等[155]针对现有水面保洁装备作业效率低和成本高等现状，研制了由一艘母船和两艘牵引子船组成水面保洁子母船，通过研究水面保洁子母船协同系统的作业原理和模式，在无人控制模式下，提出针对多目标协同控制方法及几何逼近方法，分别研究了子船自主控制、子母船协同的规划路线逼近、溜边逼近、自主巡航和障碍规避模式与方法。通过与常规保洁作业的实际应用对比，水面保洁子母船扩大了单位时间内的作业面积、显著提高了作业效率、减轻了作业人员的操作难度，水面保洁子母船以及自动控制方法研制成功，为水面保洁行业装备技术水平的提升和智能化升级做出了贡献与提供了思路（图 3-60）。

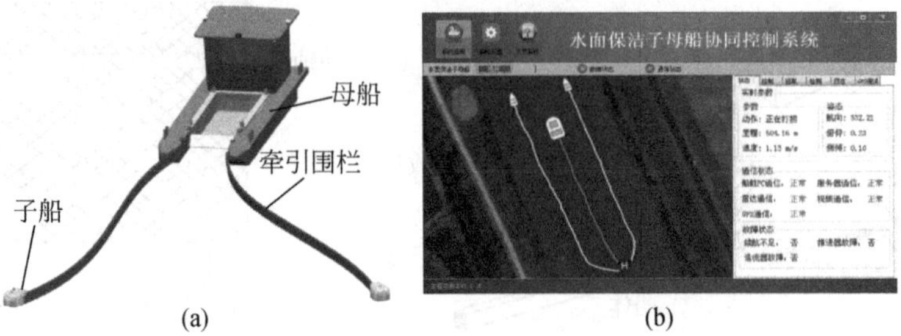

图 3-60　水面保洁子母船（a）及其协同控制系统（b）[155]

参 考 文 献

[1] 李振川, 薛杨, 张悦, 等. 天津大沽排污河治理工程与综合效益[J]. 城市道桥与防洪, 2010(7): 11, 64-65.

[2] 朱秀全, 许慧泽. 河道清淤治理及施工方案设计[J]. 工程建设与设计, 2023(20): 48-50.

[3] 倪福生. 国内外疏浚设备发展综述[J]. 河海大学常州分校学报, 2004(1): 1-9.

[4] 刘增辉, 倪福生, 徐立群, 等. 水库清淤技术研究综述[J]. 人民黄河, 2020, 42(2): 5-10.

[5] 金云珠. 达门环保型标准化疏浚设备用于挖泥船改建工程[C]//水生态安全——水务高峰论坛 2015 年度优秀论文集. 北京: 2015(第十届)水务高峰论坛暨水生态安全大会, 2015.

[6] 颜少清. 山美水库库区底泥及清淤疏浚技术[J]. 江淮水利科技, 2016(3): 36-38.

[7] 路金霞, 彭帅, 孙坦, 等. 沈阳市满堂河黑臭水体治理典型案例分析[J]. 环境工程技术学报, 2020, 10(5): 711-718.

[8] 付曼月. 南方某市黑臭河道治理技术比选与集成应用评估[D]. 哈尔滨: 哈尔滨工业大学, 2019.

[9] 饶舜. 淤泥化学固化技术在福州市浦东河清淤工程中的应用[J]. 福建建材, 2018(3): 48-49, 114.

[10] 朱秀全, 许慧泽. 河道清淤治理及施工方案设计[J]. 工程建设与设计, 2023(20): 48-50.

[11] 黄英豪, 吴敏, 陈永, 等. 絮凝技术在疏浚淤泥脱水处治中的研究进展[J]. 水道港口, 2022(6): 802-812.

[12] 郭利芳, 迟姚玲, 赵华章. 新型复合絮凝剂对疏浚底泥脱水和重金属固化的研究[J]. 北京大学学报(自然科学版), 2019, 55(2): 329-334.

[13] 肖曲. 城市河道淤泥高效脱水剂的制备与应用[D]. 武汉: 湖北工业大学, 2016.

[14] 白若男. 污染底泥控制技术发展综述[J]. 中国环保产业, 2021(2): 56-60.

[15] 郭松琪, 陈玉芳. 河湖清淤治理策略探讨[J]. 中国水运, 2020(1): 93-94.

[16] 张志青. 魏河下游段河道沉积物疏浚处置技术研究[J]. 中国新技术新产品, 2022(18): 129-131.

[17] 李岚峰, 胡兴龙, 林立, 等. 河道清淤淤泥基绿化种植土的制备及可行性研究[J]. 环境科技, 2021, 34(5): 36-41.
[18] 梁斌. 河道清淤治理及施工方案设计研究[J]. 智能城市, 2021, 7(14): 161-162.
[19] 孙云飞. 水利工程中河道清淤治理技术研究[J]. 珠江水运, 2023(13): 110-112.
[20] 程士兵. 生物-生态组合的技术对黑臭河流原位修复的研究[D]. 重庆: 重庆大学, 2012.
[21] 冯雅清. 污染水体底泥原位生物修复技术应用分析[J]. 中国新技术新产品, 2019(2): 137-138.
[22] 代浩, 李连龙, 包强, 等. 投加菌剂对清淤底泥好氧堆肥效果的强化作用[J]. 中国给水排水, 2021(13): 70-76.
[23] 孟佳. 含油清淤底泥处理技术研究——以盘锦市清水河流域为例[D]. 沈阳: 沈阳建筑大学, 2020.
[24] 杨旺旺, 钱泽朋, 王琦, 等. 基于生态清淤耦合生态恢复的水环境污染负荷削减[J]. 水运工程, 2023(S02): 11-14.
[25] 顾宗濂. 中国富营养化湖泊的生物修复[J]. 农村生态环境, 2002(1): 42-45.
[26] 杨建峡. 河道底泥原位生物修复及工程应用[D]. 重庆: 重庆大学, 2018.
[27] 杨淑惠. 浅谈伊通河河道整治中的生态治理措施[J]. 陕西水利, 2019(7): 112-113.
[28] 高冉. 某河道治理工程底泥处理措施[J]. 水利技术监督, 2021(9): 205-207.
[29] 刘志煌. 城市河道淤泥的疏浚与处理技术应用分析[J]. 四川水泥, 2019(2): 150.
[30] 叶建桃. 河道清淤疏浚施工技术控制措施探讨[J]. 珠江水运, 2018(24): 94-95.
[31] 郭明辉. 德州市引黄清淤工程水力冲挖机组施工技术应用探讨[J]. 陕西水利, 2020(7): 136-138.
[32] 米帅. 杭州河道清淤方式技术研究[J]. 市政技术, 2016, 34(1): 114-116.
[33] 翟俊, 陈思, 李华飞. 大管径排水管渠机械搅拌清淤参数试验研究[J]. 人民长江, 2015, 46(8): 44-46.
[34] 艾子贞. 河道环保清淤工程施工技术分析[J]. 科技创新与应用, 2023, 13(8): 154-157.
[35] 赖勇, 张永进. 有压输水管道倒虹吸管水力自动冲淤装置[J]. 小水电, 2019(6): 45-49.
[36] 李焕新, 刘定民, 魏加华, 等. 移动式水力清淤装置原型试验研究[J]. 水力发电学报, 2024, 43(2): 67-74.
[37] 舒大兴, 戚振亚, 吕殿荣. 水库水力自耕吸泥清淤装置研究[J]. 人民黄河, 2014, 36(12): 138-139, 142.
[38] 张哲, 张力, 左志刚, 等. 滨州港大面积真空预压软基处理密封工艺[J]. 水运工程, 2021(9): 178-181, 200.
[39] 刘琲, 韩文杰. 河湖清淤底泥处理工艺[J]. 珠江水运, 2023(5): 50-52.
[40] 李鑫斐, 黄佳音. 疏浚清淤脱水工艺及工程应用进展[J]. 水运工程, 2020(S1): 16-20, 56.
[41] 钱国峰. 淤泥固化处理技术在水库生态清淤中的应用与分析[J]. 居舍, 2020(26): 14, 53-54.

[42] 江波. 采用低位真空预压技术在东钱湖加固淤泥基础的实践[J]. 吉林水利, 2007(10): 33-35, 38.

[43] 郑国辉, 丁玉, 孟凯, 等. 高关注度饮用水水源地清淤关键技术与工程应用[J]. 净水技术, 2023, 42(S1): 70-75, 213.

[44] 杨淑惠. 浅谈伊通河河道整治中的生态治理措施[J]. 陕西水利, 2019(7): 112-113.

[45] 王洪振. 综合治理技术在水环境修复工程中的应用[J]. 大众标准化, 2021(4): 41-43.

[46] 桂梓玲, 彭军, 岳克栋, 等. 大型城市浅水湖泊水环境综合治理——以武汉东湖为例[J]. 人民长江, 2023(12): 24-33.

[47] 王璐, 杨明强, 郭伟忠. 物理-生态复合修复技术在黑臭河道治理中的应用[J]. 水资源开发与管理, 2020(7): 1-6, 44.

[48] 杨兆华, 何连生, 姜登岭, 等. 黑臭水体曝气净化技术研究进展[J]. 水处理技术, 2017, 43(10): 49-53.

[49] 李彪, 华绍广, 裴德健, 等. 河道底泥处置与资源化利用的研究进展[J]. 资源节约与环保, 2023(1): 131-134.

[50] 何顺辉, 吴东彪, 张健, 等. 几种土工垫对污染底泥原位阻隔性能的对比试验[J]. 环境卫生工程, 2022(3): 54-58, 64.

[51] 申粤, 聂煜东, 张贤明, 等. 底泥原位覆盖材料选择及应用研究进展[J]. 环境污染与防治, 2021(7): 898-903.

[52] 吴军伟, 赵俊松, 钟先锦. 底泥污染物及其原位修复技术研究进展[J]. 中国多媒体与网络教学学报(中旬刊), 2018(4): 106-107.

[53] 辜昊, 张雯, 刘国, 等. 环境因子对沙土覆盖底泥抑制有机磷释放的影响[J]. 环境工程, 2020, 38(5): 179-184.

[54] 匡颖, 董启荣, 王鹤立. 海绵铁与火山岩填料 A/O 生物滴滤池脱氮除磷的中试研究[J]. 水处理技术, 2012, 38(9): 50-53.

[55] 李娟, 张盼月, 高英, 等. 麦饭石的理化性能及其在水质优化中的应用[J]. 环境科学与技术, 2008(10): 63-66, 75.

[56] 朱颖. 基于钛改性白云石的磷吸附材料及原位覆盖控制底泥内源磷污染的研究[D]. 上海: 上海交通大学, 2020.

[57] 占鑫杰, 许小龙, 张青民, 等. 河道底泥污染物释放控制试验研究[J]. 水利与建筑工程学报, 2021(3): 240-245.

[58] 刘骅. 混凝土渣钝化黄河河岸带表层沉积物释磷作用研究[D]. 兰州: 兰州交通大学, 2023.

[59] 郭赟, 赵秀红, 黄晓峰, 等. 原位活性覆盖抑制河道底泥营养盐释放的效果研究及工程化应用[J]. 环境工程, 2018, 36(6): 6-11.

[60] 赵雪松, 金杉姗. 齐齐哈尔市东部雨水排干河道治理生态修复工程技术探析[J]. 黑龙江水

利科技, 2019, 47(8): 118-120.
[61] 卢少勇, 金相灿, 胡小贞, 等. 扰动与钝化剂对水/沉积物系统中磷释放及磷形态的影响[J]. 中国环境科学, 2007(4): 437-440.
[62] 刘军, 刘彤宙, 赵达. 原位注射硝酸钙技术修复污染底泥操作对底泥中硝态氮和氨氮释放的影响[J]. 水利水电技术, 2015, 46(2): 23-27.
[63] 章萍, 相明雪, 马若男, 等. 底泥就地稳定化中零价铁(Fe^0)对有机污染物的作用及其对上覆水体水质的影响[J]. 湖泊科学, 2018, 30(5): 1218-1224.
[64] 李欣, 林臻, 袁芬, 等. 过氧化钙原位修复黑臭水体底泥对上覆水的影响[J]. 给水排水, 2020, 56(S2): 150-154.
[65] 寇占国. 城市滞流型黑臭河底泥原位修复及其细菌群落结构的研究[D]. 扬州: 扬州大学, 2019.
[66] 陈良波, 曾庆军, 张一凡, 等. 化学絮凝与氧化耦合实现底泥中复合污染应急修复研究[J]. 当代化工研究, 2022(17): 38-42.
[67] 王锋, 董文艺, 蔡倩, 等. CaO_2 联合 H_2O_2 原位修复污染底泥现场试验研究[J]. 中国给水排水, 2021, 37(19): 67-71.
[68] 钱犇, 纪春景. 生物促生剂在水和土壤治理中的应用分析[J]. 建材技术与应用, 2021(4): 59-61.
[69] 沈宇. 生物促生剂对河道黑臭底泥修复效果的试验研究[J]. 水利技术监督, 2022(12): 196-198.
[70] 莫兴和. 浅析黑臭河涌底泥清淤的施工工艺[J]. 四川水泥, 2019(1): 109.
[71] 李召旭. 河道底泥环境污染特征与原位生物修复研究进展分析[J]. 工程技术研究, 2023(1): 68-70.
[72] 曹新茂, 罗陶露, 朱思远. 宁夏沙湖水质净化综合治理工程实施效果分析[J]. 皮革制作与环保科技, 2023, 4(12): 113-115.
[73] 孙井梅, 刘晓朵, 汤茵琪, 等. 微生物-生物促生剂协同修复河道底泥——促生剂投量对修复效果的影响[J]. 中国环境科学, 2019, 39(1): 351-357.
[74] 禄煜, 王泽生. 生物复合酶在城市重污染河道治理中的应用[J]. 中小企业管理与科技(上旬刊), 2018(6): 178-180.
[75] 安兵, 陈可, 唐永清, 等. 一种酶+菌微生物菌剂河道水体与底泥原位修复工艺[P]: 中国专利, CN110467272A. 2019-11-19.
[76] 兰品学, 赖良铭. 一种酶、菌制剂原位修复底泥污染工艺[P]: 中国专利, CN104591512A. 2015-05-06.
[77] 奚健, 李晓粤, 施怀荣. 污染水体原位生物修复技术的探索及应用[C]//变化环境下的水资源响应与可持续利用. 大连: 中国水利学会水资源专业委员会 2009 学术年会, 2009.
[78] 贾明智. 固定化微生物联合生物促生剂修复河道底泥研究[D]. 天津: 天津大学, 2020.

[79] 冯雅清. 污染水体底泥原位生物修复技术应用分析[J]. 中国新技术新产品, 2019(2): 137-138.
[80] 王亦铭. 基于微生境改善的河道底泥原位修复技术研究[D]. 南京: 东南大学, 2022.
[81] 李召旭. 河道底泥环境污染特征与原位生物修复研究进展分析[J]. 工程技术研究, 2023(1): 68-70.
[82] 刘晓伟, 谢丹平, 李开明, 等. 投加生物促生剂对底泥微生物群落及氮磷的影响[J]. 中国环境科学, 2013, 33(S1): 87-92.
[83] 程炜. 基于微生物修复技术的黑臭水体底泥治理研究[J]. 环境与可持续发展, 2019, 44(1): 151-153.
[84] 李宁, 吴琼, 罗欢, 等. 硝酸钙-微生物协同缓释颗粒原位修复污染底泥[J]. 环境科技, 2022(6): 6-12.
[85] 赵雪松, 金杉姗. 齐齐哈尔市东部雨水排干河道治理生态修复工程技术探析[J]. 黑龙江水利科技, 2019, 47(8): 118-120.
[86] 童伟军, 郑文萍, 马琳, 等. 不同生物促生剂添加量对垂直流人工湿地水质净化效果的影响[J]. 水生生物学报, 2019, 43(2): 431-438.
[87] 郑浩. 生物促生剂强化腐殖酸还原菌原位修复河道底泥研究[D]. 天津: 天津大学, 2020.
[88] 沈宇. 生物促生剂对河道黑臭底泥修复效果的试验研究[J]. 水利技术监督, 2022(12): 196-198.
[89] 卢丽君, 孙远军, 李小平, 等. 用生物促生剂修复受污染底泥的试验研究[J]. 环境科学导刊, 2007(6): 49-53.
[90] 吴霄琦. 生物促生剂修复城市河道黑臭水体的曝气协同作用研究[J]. 陕西水利, 2021(8): 140-141, 148.
[91] 张强, 杨波, 刘磊. 生物促生剂修复内陆湖泊水体的曝气协同作用及设备研究[J]. 中国设备工程, 2022(14): 263-265.
[92] 武兰蕊. 铜山区黑臭河道治理技术和方法研究[D]. 徐州: 中国矿业大学, 2019.
[93] 李福利. 浅析生态治河新技术在丰台河西河道的应用[J]. 中国水能及电气化, 2022(1): 55-60.
[94] 张雅. 沉水植物对底泥修复效果研究——以山东省微山县小沙河为例[D]. 北京: 北京林业大学, 2013.
[95] 乔宇. 清淤底泥资源化利用问题探讨[J]. 水科学与工程技术, 2023(2): 7-9.
[96] 王力功. 梁子湖水生植物群落生态和退化植被重建的研究[D]. 武汉: 武汉大学, 2019.
[97] 刘云. 城市水环境治理生物修复技术分析[J]. 节能与环保, 2019, (11): 51-52.
[98] 蔡晨晨, 汪维峰, 卜岩枫, 等. 复杂底质条件下沉水植物的恢复技术研究进展[J]. 安徽农业科学, 2023, 51(13): 14-17, 25.
[99] 陈月, 卜岩枫, 蔡晨晨, 等. 复合珊瑚结构材料对水溶液中磷的吸附研究[J]. 水处理技术,

2024, 50(4): 66-70.
[100] 袁素强. 浅水通江湖泊水生植被恢复模式研究——以升金湖为例[D]. 合肥: 安徽大学, 2020.
[101] 徐玉良, 张剑刚, 蔡聪, 等. 昆山市凌家浜黑臭水体生物治理与生态修复[J]. 中国给水排水, 2015, 31(12): 76-81.
[102] 侯绪山, 袁静, 叶碧碧, 等. 沉积物原位物理洗脱技术对苦草萌发生长的影响[J]. 环境工程技术学报, 2021, 11(3): 514-522.
[103] 周国林, 李坤, 卞志强. 城市河道底泥污染物处理技术研究[J]. 资源节约与环保, 2023(3): 102-105.
[104] 阚丹. 浅水湖泊内源磷污染控制技术研究进展[J]. 环保科技, 2020, 26(4): 59-64.
[105] 林映津, 曾小妹, 谢贻冬, 等. 河道底泥处理及资源化利用研究进展[J]. 海峡科学, 2021(4): 38-41.
[106] 李国宏, 叶碧碧, 吴敬东, 等. 原位洗脱技术对凉水河底泥中氮、磷释放特征的影响[J]. 环境工程学报, 2020, 14(3): 671-680.
[107] 史瑞君, 陈静, 金泽康, 等. 底泥洗脱原位修复污染河道的治理效果[J]. 北京水务, 2019(4): 10-14.
[108] 张勇, 肖逸凡, 李灿, 等. 底泥洗脱技术对溳湖水体的修复效果[J]. 湿地科学与管理, 2023, 19(3): 24-28.
[109] 张芬. 原位固化技术在高有机质底泥资源化利用中的试验[J]. 净水技术, 2023, 42(S1): 253-257, 317.
[110] 杨丽丽, 齐迎爽, 马星博, 等. 河道底泥稳定化固化技术应用研究[J]. 绿色科技, 2023, 25(10): 231-235.
[111] 邓琪丰, 刘卫东, 韩云婷. 河湖疏浚底泥资源化利用研究进展[J]. 中国水运, 2022(2): 138-140.
[112] 肖许沐, 陈德业. 原位固化设备在东引运河淤泥安全处置工程中的应用[J]. 人民珠江, 2013, 34(6): 77-79.
[113] 张敬, 唐继韵, 朱宇虹. 土壤固化技术在河道治理中的应用[J]. 中国水运(下半月), 2020, 20(5): 150-152.
[114] 陈伟, 李小刚, 周顺万, 等. 干滩河床淤泥浅层原位固化施工关键技术研究[J]. 中国港湾建设, 2023, 43(2): 73-78.
[115] 孙即梁, 田旭, 董家晏, 等. 原位固化技术在河道底泥资源化建设生态护岸中的应用[J]. 净水技术, 2022, 41(S1): 226-230, 295.
[116] 贾陈蓉, 吴春芸, 梁威, 等. 污染底泥的原位钝化技术研究进展[J]. 环境科学与技术, 2011, 34(7): 118-122.
[117] 李军, 刘云国, 许中坚. 湘江长株潭段底泥重金属存在形态及生物有效性[J]. 湖南科技

大学学报(自然科学版), 2009, 24(1): 116-121.
[118] 谢华明, 曾光明, 罗文连, 等. 水泥、粉煤灰及 DTCR 固化/稳定化重金属污染底泥[J]. 环境工程学报, 2013, 7(3): 1121-1127.
[119] 雷鸣, 曾敏, 胡立琼, 等. 3 种含铁材料对重金属和砷复合污染底泥稳定化处理[J]. 环境工程学报, 2014, 8(9): 3983-3988.
[120] 于朝霞, 崔少明, 宋吉帅. 沈阳细河底泥安全处置对策研究[J]. 水利水电工程设计, 2020, 39(2): 38-41.
[121] 朱湖地, 王冬冬, 李来顺, 等. 四川某铬污染场地固化、稳定化修复案例——以四川某铬污染场地为例[J]. 资源节约与环保, 2020(4): 97-99, 112.
[122] 朱方旭, 程绍鹃, 熊震宇, 等. 异位固化/稳定化技术修复重金属污染土壤案例分析[J]. 有色金属(冶炼部分), 2023(8): 139-148.
[123] 王盛宝. 基于生态水工学的水系修复实践研究——以营口市老边河为例[J]. 吉林水利, 2022(2): 36-38, 53.
[124] 李茜, 孙添伟, 谢文刚, 等. 淤泥固化稳定化药剂研究进展与发展趋势[J]. 中华建设, 2023(12): 142-144.
[125] 陈运涛, 张浩强, 王健男, 等. 重金属污染底泥固化/稳定化治理技术工程应用[J]. 中国港湾建设, 2022(8): 27-31, 45.
[126] 叶春梅, 吴建强, 黄沈发, 等. 复配材料固化/稳定化重金属污染底泥研究[J]. 环境工程, 2020, 38(8): 125-130, 151.
[127] 张云霞, 董文博. 宁夏某水渠重金属污染底泥治理工程[J]. 城市道桥与防洪, 2020(11): 24, 201-204.
[128] 成祝. 原址异位固化稳定化技术修复砷、锑污染土壤工程实例[J]. 广东化工, 2020, 47(7): 170-171.
[129] 肖潇, 纪智慧, 刘向荣. 湖南永兴某渣场重金属污染土壤综合治理工程实例[J]. 世界有色金属, 2022(6): 232-234.
[130] 袁芳沁. 重金属污染场地固化稳定化修复工程案例[J]. 湖南有色金属, 2023, 39(4): 80-84.
[131] 廖宏伟, 郭旻琛, 王远培. 城市河道水环境生态综合治理[J]. 世界家苑, 2022(13): 122-124.
[132] 韩华, 周宏磊, 刘晓娜, 等. 浸泡型非正规垃圾堆体治理综合勘查技术应用研究——以北京某垃圾堆放点治理勘查为例[J]. 环境卫生工程, 2021, 29(1): 64-69, 76.
[133] 陈升. 城市河道综合整治项目后评价研究[D]. 兰州: 兰州交通大学, 2018.
[134] 毛益飞, 朱培梁, 吴红梅. 城市河道水环境现状分析及改善措施探讨[J]. 浙江水利水电专科学校学报, 2009, 21(1): 65-67.
[135] 李佳琦, 李家国, 朱利, 等. 太原市黑臭水体遥感识别与地面验证[J]. 遥感学报, 2019,

23(4): 773-784.
[136] 卫利峰. 结合金山区黑臭河道现状浅谈河道整治[J]. 建筑工程技术与设计, 2019(3): 3304.
[137] 韩璐, 李庆龙, 曾萍, 等. 长江流域典型城市河段黑臭水体生态整治案例分析[J]. 环境工程技术学报, 2022(2): 546-552.
[138] 魏春凤. 松花江干流河流健康评价研究[D]. 长春: 中国科学院大学(中国科学院东北地理与农业生态研究所), 2018.
[139] 刘淑贤, 刘斌延, 陆晓鸿, 等. 小流域水环境污染现状分析与生态化治理研究[J]. 皮革制作与环保科技, 2022, 3(24): 56-58.
[140] 张维杰, 王子文, 邢军. 城区河道闸前漂浮污染物处理措施探析[J]. 山东水利, 2023(9): 10-12.
[141] 陈敏, 陈治刚, 曹春霞, 等. 基于"河长制"的水环境治理综合探索——以龙河为例[J]. 住宅产业, 2019(11): 106-110.
[142] 陈波. 城市水环境问题与治理方案探析[J]. 黑龙江水利科技, 2018, 46(12): 138-140.
[143] 余加俊, 骆文韬, 徐飞鸿, 等. 智能清漂船河道边界图像识别算法[J]. 电子设计工程, 2018, 26(13): 132-136.
[144] 任鑫龙, 魏铂佳, 杜荣祥. 某工程河道箱涵上游拦漂设施的设计研究[J]. 水利水电工程设计, 2018, 37(1): 1-2, 55.
[145] 何忠富. 大伙房水库洪水漂浮物清理与防范[J]. 水利规划与设计, 2015(2): 49-51, 71.
[146] 胡玉超. 社河流域生态修复措施[J]. 黑龙江水利, 2016, 2(2): 42-45.
[147] 蔡莹, 李章浩, 李利, 等. 河道型水库漂浮物综合治理措施探究[J]. 长江科学院院报, 2010, 27(12): 31-35.
[148] 刘嘉伟. 石头河流域黑臭污染特征分析及系统治理方案研究[D]. 哈尔滨: 哈尔滨工业大学, 2020.
[149] 张博骏. 武汉市两江水域垃圾治理研究[D]. 武汉: 中南财经政法大学, 2021.
[150] 王春. 近海废弃物收集平台稳定性分析与研究[D]. 青岛: 青岛科技大学, 2022.
[151] 叶志文. 浅谈三都澳霞浦海域海漂垃圾综合治理工作[J]. 资源节约与环保, 2023(8): 18-21, 66.
[152] 张维杰, 王子文, 邢军. 城区河道闸前漂浮污染物处理措施探析[J]. 山东水利, 2023(9): 10-12.
[153] 王子涛, 杜超, 李振强, 等. 基于聚拢装置的无人水面垃圾清理船设计与仿真[J]. 人民黄河, 2023, 45(S1): 194-195.
[154] 沈廷鳌, 杜昕, 沈大郅, 等. 小型水域水面垃圾清理装置系统设计及应用[J]. 自动化与仪器仪表, 2023(2): 122-125.
[155] 张凯, 盛林华, 倪杰, 等. 水面保洁子母船多模式控制方法研究[J]. 控制工程, 2021(11): 2185-2192.

第 4 章　水体净化技术

4.1　人工曝气技术

4.1.1　水跌曝气技术

水跌曝气技术是一种人工曝气技术[1]，主要用于河道治理中，增加水中的溶解氧含量，以改善水质和提高水生生物的生存环境。目前，水跌曝气技术也多与生物接触氧化相结合（图 4-1）[2]。该技术通过在河道中设置跌水装置，利用水流的力量将空气吸入水中，并利用曝气装置在水下进行搅拌，使得氧气更好地溶解在水中。水跌曝气技术的提出，是为广大的工程设计人员在进行工程设计时提供一种新的选择，从节能角度尽可能加以采用，对于水跌曝气技术更多强调的是一种对工程现场地形的运用和降低建造与运行成本问题的考虑。姜湘山和王春雷[3]的研究中，采用水跌曝气后，污水的溶解氧含量大大提高，而且比常规处理方法节省工程造价 60%，运行费用降低 70%。

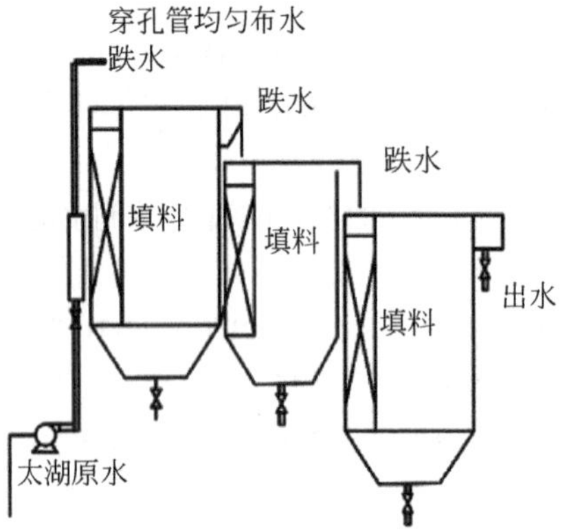

图 4-1　水跌曝气技术耦合生物接触氧化技术实验装置[2]

水跌曝气技术是一种运用范围广、建造费用低廉、运行成本低、便于管理的优秀曝气模式，是适合国情的。如果能够将此技术对现有的污水处理技术改造或改进，结合我国的多山多丘陵地带的地理特征，可以肯定地说，这将极大地降低污水处理厂的修建、运行成本，这对我国的环境保护事业来说很有前途和运用价值[4]。

但对于水跌曝气系统来说，虽然国内外都有使用，但在污水处理系统上基本作为辅助的曝气设施，根据所查得的资料，真正作为主要的污水处理曝气系统使用的只有日本 Hideo Nakasone 和 Masuo Ozaki 的试验研究用的氧化沟[5]，水跌曝气系统运用于氧化沟，通过机械方式（水泵）将沟内的混合污水提升跌落，靠泵的转速来控制充氧，明显减少投资和运行费用，出水 COD 和 TN 的去除率均超过 80%。但对于现有的水跌曝气系统，多没有具体的设计依据，多是凭设计经验来进行实际的工程设计，而从目前所得资料来看，还没有人就这个问题进行过具体的研究，而且设计经验方面的资料介绍也不多。但如果要在污水处理工艺上使用水跌曝气系统作为主要的曝气系统，保证工程运行的可靠性和合理性，不造成不必要的浪费，必须对水跌曝气进行系统的研究。

1. 技术优点

1）增加溶解氧含量：水跌曝气技术可以将空气中的氧气引入水中，增加水中的溶解氧含量，从而改善水质，提高水生生物的生存条件。

2）净化水质：通过增加溶解氧含量，水跌曝气技术可以促进水中污染物的分解和转化，净化水质，从而达到治理河道的目的。

3）改善生态环境：水跌曝气技术不仅可以改善水质，还可以通过增加水生生物的氧气供应，促进水生生物的生长和繁殖，改善水生态环境。

4）节能环保：水跌曝气技术利用水流的力量实现曝气，可以减少能源的消耗，同时避免了对环境造成污染和破坏。

2. 技术缺点

1）设置难度：水跌曝气技术的设置需要结合河道的具体情况，需要考虑河道的宽度、深度、水流速度等因素，设置难度较大。

2）受环境因素影响：处理效果受环境因素的影响较大，如气温、气压、降水量等，这些因素可能影响曝气效果和河道治理效果。

3）需要定期维护：水跌曝气装置需要定期维护和检修，以保证其正常运行和曝气效果。如果装置出现故障或损坏，需要及时修复或更换，否则会影响曝气效果和河道治理效果。

3. 水跌曝气技术应用实例

沈阳建筑工程学院的姜湘山和王春雷[3]采用水跌曝气改进填料排水系统来处理屠宰废水（图 4-2、图 4-3），也取得了很好的效果。其出水水质满足了《肉类加工工业水污染物排放标准》（GB 13457—1992）二级标准和《污染和综合排放标准》。鉴于水质近似，这一技术完全可以用于初中期垃圾渗滤液的处理[6]。

东北师范大学孙柏忠[1]针对伊通河城区段污染水体河岸辅助净化技术进行研究，该工程系统运行的关键是调节水位，抬高水位差，增强流动性，提高系统处理量。因此，在系统中保证自由拦河闸的水位高程抬高至 195m，同时在一号池的前端建设进水闸门，三号池的末端分别建设与伊通河连通的出水闸门、与四号池

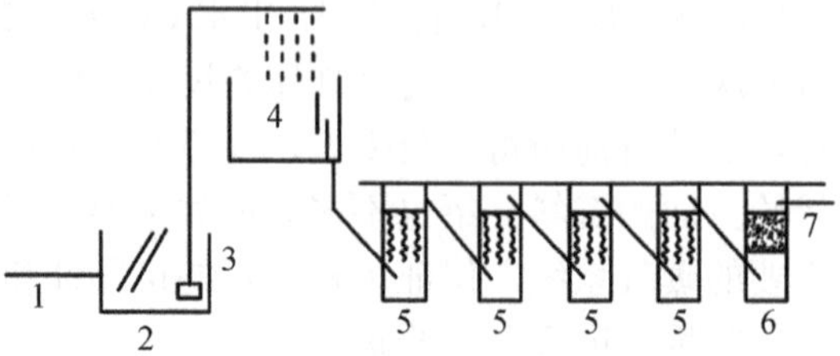

图 4-2　折线形排水系统处理原理[3]

1. 集水排水管；2. 格栅集水池；3. 潜污泵；4. 曝气隔油池；5. 接触氧化井；6. 过滤井；7. 排放井

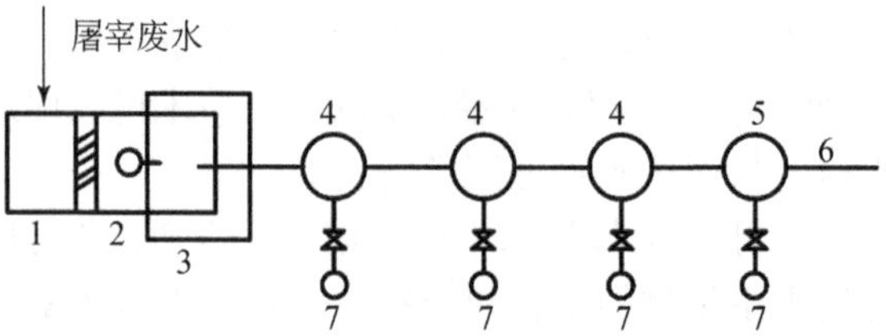

图 4-3　厂区屠宰废水处理平面图[3]

1. 集水井；2. 潜污泵；3. 曝气箱；4. 软性填料检查井；5. 过滤井；6. 排放口；7. 排泥井

连通的出水闸门，分别在一号池和二号池连接处建设生态跌水（溢流堰 A 及溢流堰 B），跌水高度为 20cm、跌水宽度为 4.0m，将系统进出水的水位高差调整为 1.0m（图 4-4）。通过上述改造，增加了水动力，改善了水体流动性，水动力条件明显提

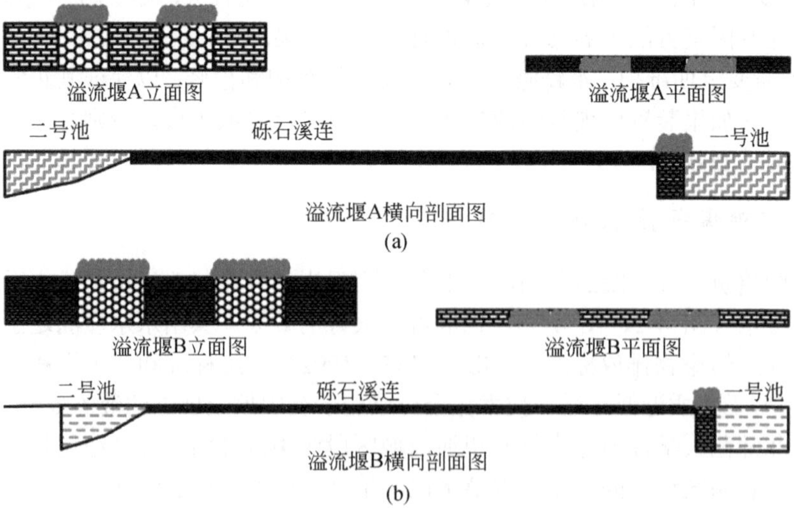

图 4-4　溢流堰设计图[1]

高，同时结合生态跌水，提高水中的溶解氧含量，为系统的生态处理技术的实施创造了有利条件（图 4-5）。研究发现结合生态水跌曝气技术后，对 COD、BOD_5、SS、NH_3-N、TN、TP 有较高的去除率。

图 4-5　生态水跌曝气施工与运行图[1]

水跌曝气不仅可以运用于污水处理，还可以运用于给水处理中的除铁除锰。沈阳经济技术开发区供水厂采用生物除铁除锰的工艺设计修建，其中的曝气部分采用的就是水跌曝气（图 4-6）。该工艺曝气池跌水高度为 0.84m，单宽流量为 $40.92m^3$/（h·m），有效水深为 0.6m。曝气池跌水高度在 0.5～1m，曝气后水中的溶解氧含量能达到 4～5mg/L，可以满足生物除铁除锰的滤层要求。经设计修建运行后，水跌曝气池具有结构简单、造价低、能耗小、曝气效果稳定的优点，特别适用于大中型水厂[7, 8]。

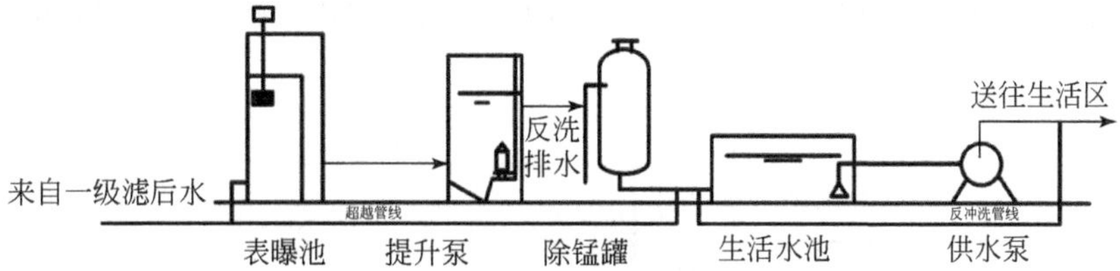

图 4-6　一级水跌曝气+无阀滤池过滤+二级表面曝气+锰砂过滤除锰流程图[7]

4.1.2　微纳米曝气技术

微纳米气泡是指气泡发生时直径在数十微米到数百纳米之间的气泡，这种气泡介于微米气泡和纳米气泡之间，具有常规气泡所不具备的物理与化学特性，如存在时间长、传质效率高、表面电荷形成的 Zeta 电位高以及可释放出自由基等特性[9]（图 4-7）。微纳米曝气技术是一种人工曝气技术，主要通过微纳米气泡的生成和释放，将空气中的氧气引入水中，以提高水中的溶解氧含量，改善水质和环境。微纳米曝气技术作为新型的曝气技术，最初由日本科学家研制出用于水生动物养殖方面，随着技术的不断发展和进步，微纳米曝气技术原理逐渐为人们所认知，使用场景趋于多样化，其在水环境治理领域应用研究不断深化[10, 11]，常用于污水中悬浮物的吸附去除、难降解有机污染物的强化分解以及向水体复氧来促进生物活性等方面，目前在环境污染控制中已取得了一些研究成果，表现出了一定的技术优势与良好的应用前景。

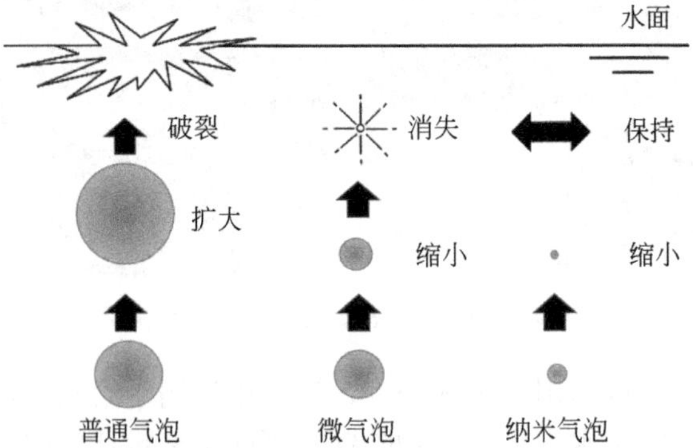

图 4-7　普通气泡、微气泡与纳米气泡的区别[9]

微纳米曝气装置一般安装在河道或水体底部[9, 11]（图 4-8、图 4-9），通过泵和管道系统将气体压缩并输送到水体中。许多研究表明，该种方法对水体进行预处理的效果良好，对于废水的 SS、COD/TOC、油、色度、浊度等指标的去除率较高，对于 TP、氨氮也具有一定的去除效果，协同其他强氧化条件可刺激微纳米气泡进一步释放出更多的羟基自由基，强化微纳米气泡对难降解有机污染物的氧化分解能力。

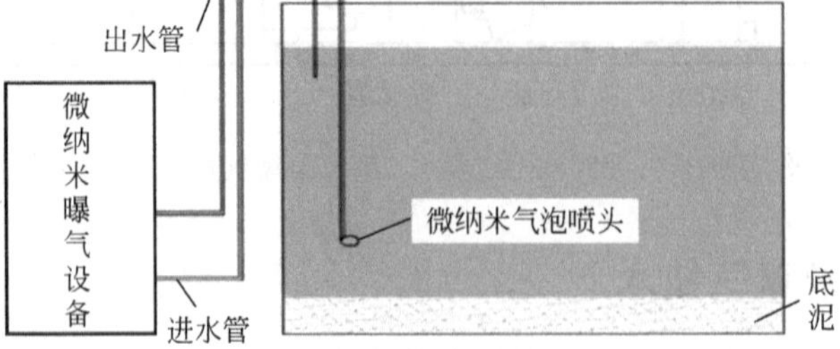

图 4-8　微纳米曝气装置图[11]

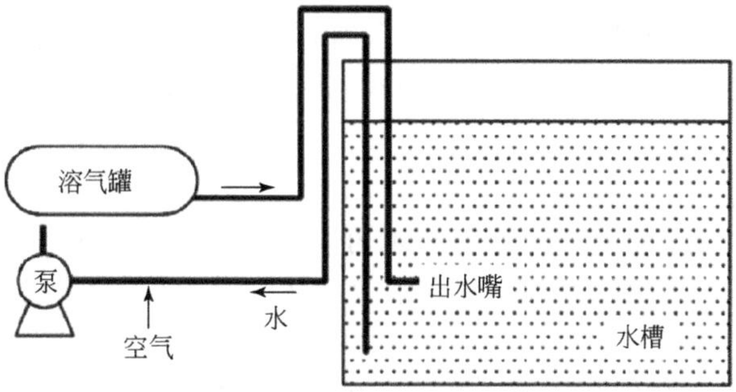

图 4-9　加压溶解型微纳米气泡发生装置的基本工艺流程示意图[9]

中国海洋石油集团有限公司的邓晓辉等[12]将微气泡气浮技术与 T 形管油水分离技术相结合，在流动中将挟带油滴的泡沫与水进行分离，结果表明微气泡气浮技术应用于含油废水的分离处理中，表现出分离时间短、分离效率高、运行费用低的特点（图 4-10）。Chu 等[13]利用臭氧微气泡工艺与普通气泡工艺分别对模拟印染废水进行了处理试验（图 4-11），研究结果表明臭氧微气泡工艺对废水中有机污染物的降解效果明显优于普通气泡工艺，且有机污染物的初始浓度越高，这种

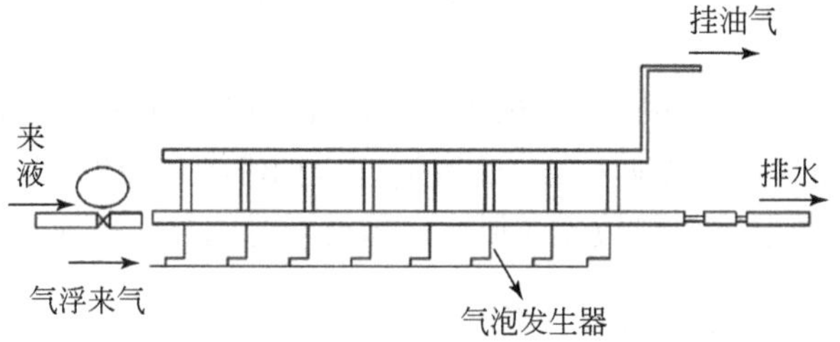

图 4-10　微气泡气浮技术装置[12]

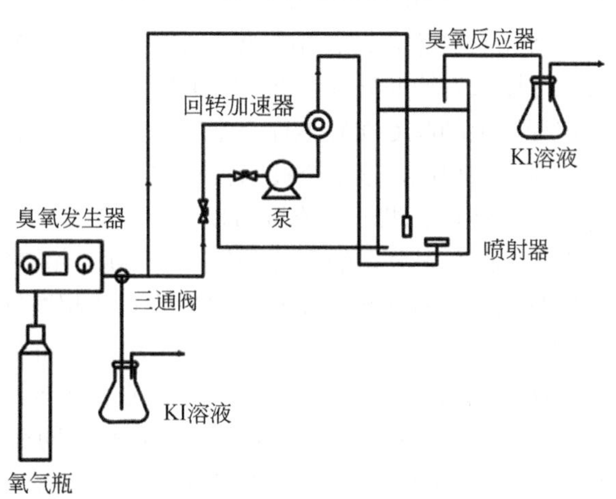

图 4-11　微气泡强化臭氧氧化实验装置[13]

差异越明显。但微纳米曝气技术存在一系列缺陷，因此研究如何开发出低成本、低能耗、性能优越、适于推广的实用型纳米气泡发生装置，也是未来研究的新方向。

1. 技术优点

1）高溶解氧含量：微纳米曝气技术可以产生微纳米级的气泡，这些气泡具有更高的表面张力，可以更好地吸附在水中，从而增加水中的溶解氧含量，有效改善水质。

2）优化水生生物生存环境：增加溶解氧含量可以改善水环境，促进水生生物的生长发育，增强水生生态系统的稳定性和抵抗力。

3）促进污染物降解：微纳米气泡具有较好的稳定性，可以在水中持续释放氧气，促进水中污染物的降解和转化，有效净化水质。

4）提高水体透明度：通过增加水中溶解氧含量和降解污染物，微纳米曝气技术可以显著提高水体的透明度，使河道或水体更加清澈。

2. 技术缺点

1）成本较高：微纳米曝气装置需要采用较为精密的设备和材料，因此相对其他曝气技术，其成本较高。

2）对水体流速要求较高：水体流速过快或过慢都可能影响曝气效果。

3）需要定期维护：微纳米曝气装置需要定期维护和检修，以保证其正常运行和曝气效果。如果装置出现故障或损坏，需要及时修复或更换。

3. 微纳米曝气技术应用实例

中建六局水利水电建设集团有限公司的梁静波等[14]在天津市马厂减河的水环境治理中应用了一种组合技术，即使用膜曝气生物反应器（MABR）作为主要处理工艺，微纳米曝气技术为辅助处理工艺（图 4-12），治理过程中可改善河道水的溶解氧含量，一定程度上削减 COD、NH_3-N、TP，使河道水质总体达到Ⅴ类水体标准。与常规水处理技术相比，该组合技术具有技术、工程、成本方面的优势，以及运行管理优势，适于河道、湖泊等流域治理。

环亚（天津）环保科技有限公司的张玲玲等[15]采用“超微气泡富氧+生物活化”组合技术对某黑臭河道进行治理，工程共设置定点式超微气泡发生器 11 台，1 艘移动式曝气船（搭载 4 台定点式超微气泡发生器），设备布置及船舶的运行范围见图 4-13，移动式曝气船与定点式超微气泡发生器在治理前期采用 24h 连续工作制，治理中后期主要采用间歇式运行方式，保证日运行时间在 8h 以上，治理结果表明该方法对 COD、NH_3-N 和 TP 等污染物的好氧分解效率高，有效抑制恶臭气体，改善水体环境状况。

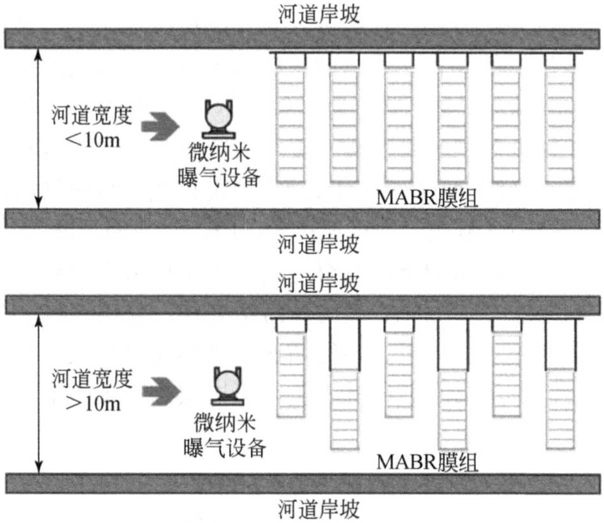

图 4-12　MABR+微纳米曝气技术平面示意图[14]

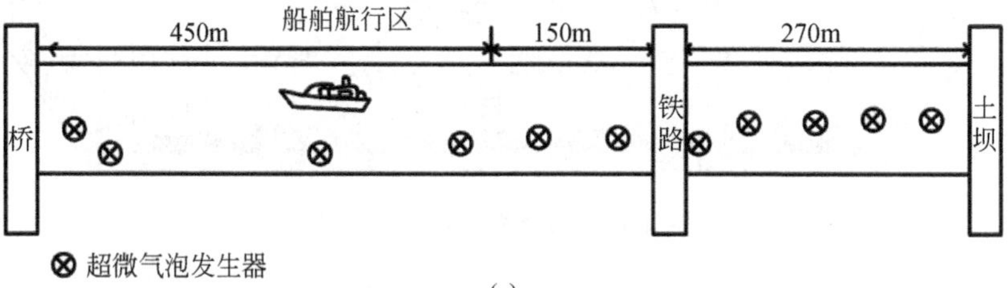

(a)

(b)

图 4-13　超微气泡富氧工程示意图（a）及超微气泡富氧工程现场运行状况（b）[15]

4.1.3　鼓风机-微孔曝气技术

鼓风机-微孔曝气技术是一种常用的河道治理人工曝气技术[16]。室外空气经空气过滤器进入进风间，经相应管道进入每台鼓风机，空气经鼓风机进口预旋后到由电机带动高速旋转的涡轮，增速加压后由出口导叶进入扩压管，再分别经连接管线送往室外总管线中，然后再经曝气头进入曝气池及厌氧池中[17]。该技术通过鼓风机将空气压缩并输送到带有微孔曝气装置的河道中。微孔曝气装置通常安装在河道水体的底部（图 4-14、图 4-15），通过扩散板将空气以微小气泡的形式释放到水中。这些微小气泡在水中迅速扩散，增加水中的溶解氧含量，提高水质。水处理要求鼓风机在恒定压力下，具有广阔的流量调节性能和范围，确保污水处理厂合理、经济地运行[18]。目前，国内外污水处理厂使用的曝气鼓风机主要有罗茨鼓风机、低速多级离心鼓风机、齿轮增速单级高速离心鼓风机、磁悬浮单级离心鼓风机及空气悬浮单级离心鼓风机 5 类，可以根据处理污水的需求选择合适的鼓风机[19]。

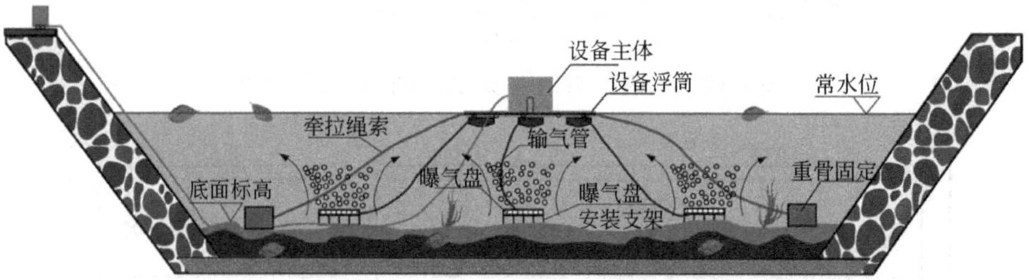

图 4-14　鼓风机-微孔曝气[20]

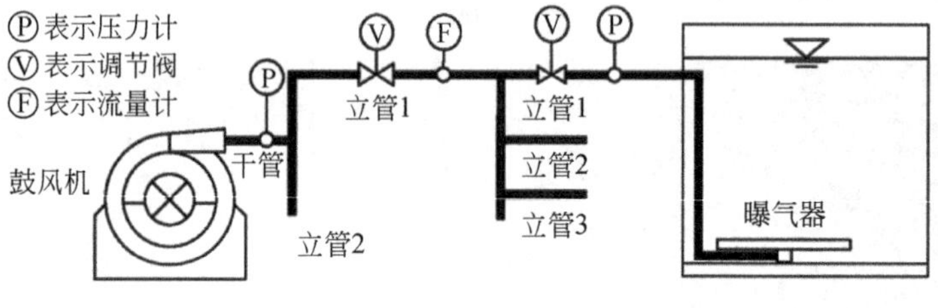

图 4-15　鼓风机曝气系统[20]

曝气系统的能耗主要来自鼓风机能量损失、管路系统阻力损失和曝气器的局部阻力损失，主要受到风量和阻力特性的影响。因此，不仅需要开展智能控制来降低供风量，还需要研究和控制关键部件的阻力特性，减少不必要的能耗损；另外，由于曝气器淹没在水下，很难发现破损和污染现象，一般只能通过观察曝气池液面的气泡形态来定性推测曝气器污损情况，因此，有必要提出一种简单可行的检测方法，及时发现曝气系统的压力损失特性变化趋势，并采取相应措施延长曝气器使用寿命、减少曝气系统能耗[20]。

1. 技术优点

1）提高水质：鼓风机-微孔曝气技术能有效增加水中的溶解氧含量，改善水质，为水生生物提供良好的生存环境。

2）优化生态系统：增加溶解氧含量可以促进水生生物的生长发育，增强水生生态系统的稳定性和抵抗力，优化河道生态系统。

3）高效能：鼓风机-微孔曝气技术具有较高的氧气传递效率，能够迅速提高水中的溶解氧含量。

4）适应性强：微孔曝气装置具有较强的适应性，可以适应不同形状和规模的河道，方便安装和使用。

5）节能环保：鼓风机-微孔曝气技术使用电能作为动力，采用清洁能源，避免了对环境造成污染和破坏。

2. 技术缺点

1）成本较高：鼓风机-微孔曝气技术需要使用专门的曝气装置和鼓风机，相对于其他曝气技术，其成本较高。

2）能耗较大：鼓风机需要消耗电能才能运行，如果河道距离电源较远，需要额外铺设电缆，增加了建设和运行成本。

3）需要定期维护：鼓风机和微孔曝气装置需要定期维护与检修，以保证其正常运行和曝气效果。如果装置出现故障或损坏，需要及时修复或更换。同时，微孔曝气装置容易被水生生物和杂物堵塞，需要定期清洗和保养。

4）对流速敏感：鼓风机-微孔曝气技术对水体的流速较为敏感，流速过快或过慢都可能影响曝气效果。

3. 鼓风机-微孔曝气技术应用实例

鼓风机是污水处理厂生化处理系统中的关键设备，绍兴水处理发展有限公司的蔡芝斌等[17]的研究介绍了绍兴污水处理厂生活污水鼓风机存在的主要问题，他们通过对鼓风机进行系统分析，提出利用闲置鼓风机进行优化改造的思路，结合池体结构进行调整，在鼓风机系统实施各项措施后，满足正常运行所需工艺参数，保障鼓风机系统正常运行，确保生产运行稳定的同时，达到了节能的目的。

扬州市洁源排水有限公司的严俊泉等[21]针对扬州市汤汪污水处理厂生物池曝气器管膜出现老化破裂、进泥膨胀，曝气量急剧下降，严重影响生产稳定和出水水质。同时还造成鼓风机出口压力大、功效下降、损坏加剧等问题，对曝气系统进行了改造升级。改造后，鼓风机风压、电流均有明显下降，能耗显著下降。曝气效果的改善、氧转移率的提高使得生化池曝气均匀，处理效果更佳。

4.1.4 纯氧-微孔布气曝气系统

纯氧-微孔布气曝气系统是一种新型的河道治理人工曝气技术。该技术通过将含氧 90%以上的纯氧直接输送到河道水体中，利用微孔布气装置将氧气均匀地扩散到水体中。研究发现，纯氧曝气氧气的转移速率是空气曝气的 4.7 倍，可快速提高水体中溶解氧含量，恢复和增强水中好氧微生物活力，加快污染物降解，能够更快地改善水质[22-24]，而且在增加处理能力、提高灵活性、降低能耗和减少剩余污泥量方面，均取得了良好的效果[25]。

纯氧曝气在中国的应用是以石油化工行业为突破点的，它在其他工业如化工、轻工、冶金、医药，特别是造纸、染料工业等难降解的废水处理方面，具有广泛的适用范围。目前在河道复氧和地下水除铁方面也有应用，且均取得了较好的效果[26]（图 4-16、图 4-17）。国家新标准增加了脱氮除磷方面的排放要求，以及相比普通空气曝气所显示出来的在技术及经济方面的优越性，使得纯氧曝气在城市污水处理厂老厂的改造和新厂的建设中也具有很好的前景。同时，随着纯氧曝气的成熟及制氧成本的下降，纯氧曝气将会在中国的工业废水及城市污水处理中有越来越广阔的应用[25]。

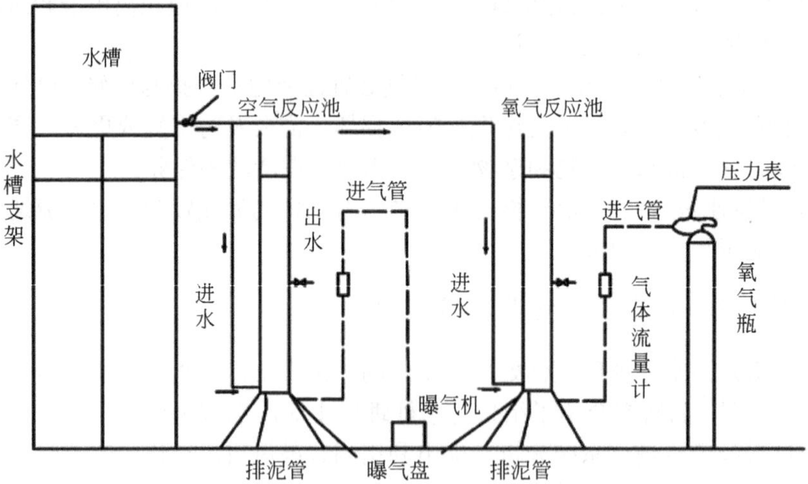

图 4-16 纯氧曝气装置[27]

1. 技术优点

1）快速改善水质：纯氧-微孔布气曝气系统能够迅速提高水中的溶解氧含量，有效改善水质，并促进水生生物的生长发育。

2）高氧气传递效率：纯氧的氧含量较高，使得纯氧-微孔布气曝气系统的氧气传递效率比传统的曝气系统高，能够在更短的时间内达到良好的治理效果。

3）节能环保：纯氧-微孔布气曝气系统使用纯氧作为原料，相对于传统鼓风机曝气技术，无须消耗电能，更加节能环保。

4）易安装和维护：微孔布气装置结构简单、体积小，易安装和维护，降低了技术应用的成本。

5）适应性强：纯氧-微孔布气曝气系统适用于各种规模和形态的河道，能够满足不同环境下的治理需求。

图 4-17 纯氧溶解装置[28]

2. 技术缺点

1）氧气供应问题：纯氧-微孔布气曝气系统需要定期供应纯氧，如果河道周围没有充足的氧气供应，或者氧气供应的设备出现故障，将会对曝气效果产生影响。

2）对微孔布气装置要求高：微孔布气装置的布气效果会受到水中杂物和水生生物的影响，如果微孔布气装置的孔径过小或者被堵塞，将影响氧气的扩散效果。因此，对微孔布气装置的要求较高。

3）投资成本较高：虽然纯氧-微孔布气曝气系统的长期运行成本可能较低，但初期的投资成本较高，需要额外的设备购置费用。

4）需要定期维护：纯氧-微孔布气曝气系统和微孔布气装置需要定期清洗和保养，以保证其正常运行和使用效果。如果装置出现故障或损坏，需要及时修复或更换。

3. 纯氧-微孔布气曝气系统应用实例

目前，天津、金山、扬子、齐鲁、大庆等石化公司均采用了纯氧曝气系统处理石油化工污水，石油化工企业排出的污水具有污水量大、化学成分复杂、污染物浓度高的特性。进水的 BOD_5 值高达 560～5370mg/L、COD 值高达 830～7500mg/L，有机生物量负荷为 0.11～1.71kg BOD_5/（kg MLVSS·d）。采用纯氧曝气系统处理，BOD_5 的去除率高达 98%～99%，COD 的去除率高达 90%～96%[25]。

同济大学环境科学与工程学院的李佳晶等[24]通过对 Cagnes-sur-Mer 污水处理厂安装纯氧曝气装置（图 4-18）进行试验、观察和分析发现，纯氧曝气装置的安装大大减少了 Cagnes-sur-Mer 污水处理厂的不达标率，纯氧曝气装置使得水中溶解氧含量增加，有效地抑制了丝状菌的繁殖生长。

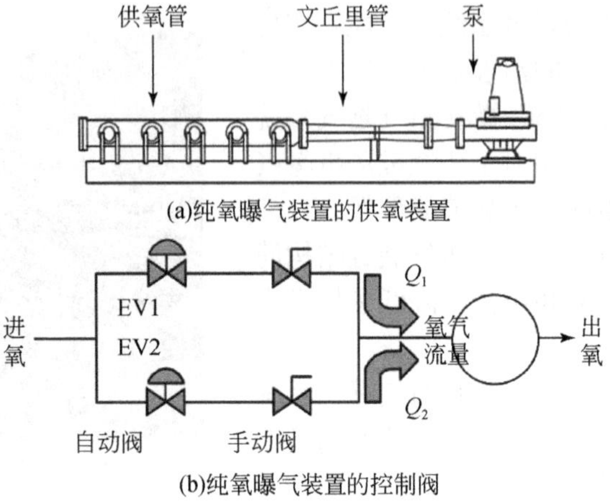

(a)纯氧曝气装置的供氧装置

(b)纯氧曝气装置的控制阀

图 4-18　Cagnes-sur-Mer 污水处理厂安装的纯氧曝气装置[24]

4.1.5　纯氧-混流增氧系统

纯氧-混流增氧系统[16]是一种在河道治理中应用的人工曝气技术。该系统通过将纯氧与水进行混合，增加水体中的溶解氧含量，以改善水质。其主要由供氧设备、混合头和混流管道等组成，该系统的基本工作原理是河水经过水泵抽吸加压后将氧气或液氧注入设置在增压管上的文丘里管，利用文丘里管将气泡粉碎、溶解，氧气-水的富氧混合液经过喷射器混入水体，使得水体的充氧效率得以提高，在 3.5m 水深时水体的充氧效率即可达到 70%左右[29]，但这种方法需要用专业的设备制氧，导致技术成本较高。

1. 技术优点

1）增加溶解氧含量：纯氧-混流增氧统能够将纯氧与水体充分混合，使水中的溶解氧含量显著提高，有效改善水质。

2）提高净化效率：通过增加溶解氧含量，纯氧-混流增氧系统可以促进水生生物的活动，加速污染物的分解和净化，提高水体的自净能力。

3）节能环保：纯氧-混流增氧系统使用纯氧作为氧源，相对于传统鼓风机曝气技术，能够减少能源消耗和污染。

4）易管理：纯氧-混流增氧系统的设备简单，操作方便，易管理和维护。

5）适用范围广：纯氧-混流增氧系统适用于各种类型的河道和水体，能够满足不同环境下的治理需求。

2. 技术缺点

1）设备成本高：纯氧-混流增氧系统的设备价格较高，初期的投资成本相对较大。

2）氧气供应问题：纯氧-混流增氧系统需要定期供应纯氧，如果河道周围没有充足的氧气供应或者供氧设备出现故障，将会影响曝气效果。

3）混合不均匀：在某些情况下，纯氧与水体的混合可能不够均匀，导致部分水体中的溶解氧含量不足或过高，影响治理效果。

4）需要定期维护：纯氧-混流增氧系统的设备需要定期清洗和维护，以保证其正常运行和使用效果。如果设备出现故障或损坏，需要及时修复或更换。

3. 纯氧-混流增氧系统应用实例

1989 年，泰晤士河上第一艘曝气复氧船“Thames Bubbler”下水运行，该船船体长 50.5m，水线面船宽 10m [30]。水质自动监测站每 15min 测定一次溶解氧含量，试验船根据数据第一时间到达溶解氧含量下降最大的区域进行充氧。1997 年，另一艘与“Thames Bubbler”充氧能力相同的曝气复氧船“Thames Vitality—F”水试运行。这两艘曝气复氧船构成了泰晤士河上的一道风景线，有效提高了暴雨期间河口水体中的溶解氧含量，避免了鱼类的大面积死亡。

4.1.6　水下射流曝气技术

水下射流曝气技术是一种在河道治理中应用的人工曝气技术（图 4-19）[31]。射流曝气系统包括三部分：射流曝气器、循环水泵、鼓风机。动力流体经过射流器的导流环进入动力喷嘴，形成高速流体，因流体的引射作用在空气吸入口将空气挟带进入。被挟带的空气迅速膨胀，膨胀的空气被高速的动力流体打成微小气泡，气泡在动力流体的挟带下进入混合腔，在混合腔内气、水、泥充分混合；混合后的气液固混合液进入扩散腔，在此腔体内动能逐步转变为势能，克服出口的反压力高速射出。水下射流曝气技术将空气或氧气通过特定的喷嘴注入水体中，形成高速的射流，以增加水体中的溶解氧含量，并促进水体的自然净化。射流曝气器几乎不会发生堵塞，在较长的使用寿命期内几乎无须维护，能够恒定、稳定、高效地供氧。在特定的水深下（8m），充氧效率可以达到 35%。图 4-20 为两级单喷嘴射流曝气器 [32]。

1. 技术优点

1）增加溶解氧含量：水下射流曝气能够将空气或氧气快速注入水体，提高水中的溶解氧含量，有效改善水质。

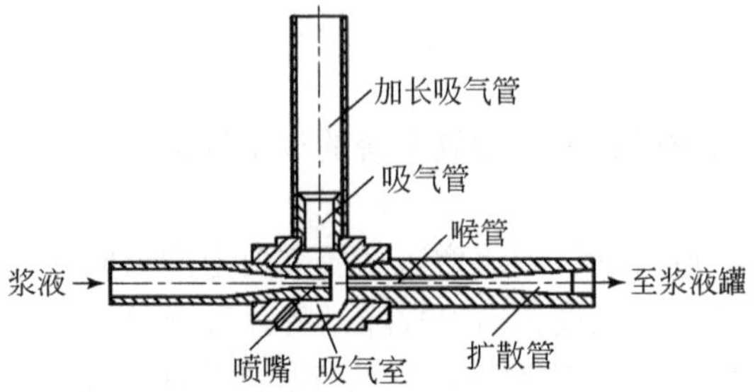

图 4-19　水下射流曝气结构示意图[31]

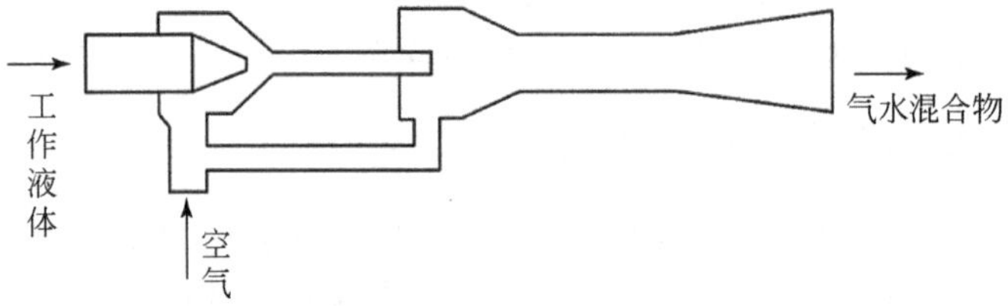

图 4-20　两级单喷嘴射流曝气器示意图[32]

2）促进自然净化：通过增加溶解氧含量，水下射流曝气可以激活水生生物的活动，加速污染物的分解和净化，提高水体的自净能力。

3）节能环保：水下射流曝气无须使用大型动力设备，相对于传统鼓风机曝气，能够减少能源消耗和污染。

4）适应性强：水下射流曝气的设备简单、体积小，易安装和操作，适用于各种类型的河道和水体，能够满足不同环境下的治理需求。

5）无噪声污染：水下射流曝气运行时几乎无噪声，不会对周围环境和居民造成干扰。

2. 技术缺点

1）曝气效果受水位影响：水下射流曝气的效果受水深和水位的影响较大，当水深较浅或水位较低时，曝气效果可能不佳。

2）氧气利用率较低：水下射流曝气注入水体的氧气与水体的接触面积有限，氧气利用率较低，不能完全被水体吸收。

3）需要定期维护：水下射流曝气的设备需要定期清洗和维护，以保证其正常运行和使用效果。如果设备出现故障或损坏，需要及时修复或更换。

3. 水下射流曝气技术应用实例

绍兴市嵊新首创污水处理有限公司的吴益锋等[33]针对某污水处理厂采用射

流曝气器，射流曝气器同时具有充氧曝气、混合搅拌和单向推流等多层功能，改善了充氧曝气的效能，通过实际运行情况分析发现，射流曝气改造后水中溶解氧含量明显增加，但是射流曝气器的作用使得水流剧烈混合、剪切，强力的切割力导致氧化沟菌胶团无法成团，导致二沉池出水 COD 值、SS 值分别较改造前高，但由于后期好氧过程加强，终沉池的 COD 去除能力得到了显著提升。

上海交通大学的田凤国等[34]提出将射流曝气技术应用于石灰石/石膏湿法脱硫的强制氧化工艺，并针对射流曝气强制氧化工艺的气液传质特点进行了理论分析，最后选取某湿法脱硫工程进行了能耗比较计算，结果表明采用射流曝气技术能耗节省达 20%以上。这就为减小设备尺寸，简化系统结构，降低脱硫成本提供了可能性。

4.1.7　叶轮吸气推流式曝气技术

叶轮吸气推流式曝气技术[35]是一种在河道治理中应用的人工曝气技术。该技术利用安装在池底或浮在水面上的叶轮，在旋转过程中产生抽吸作用，利用水与空气密度不同，空气率先补充空缺，形成混合汽水，经过高速旋转叶轮高速运转搅拌剪切形成溶气水，并推动水体向前运动，达到曝气、混合及推流的目的（图 4-21）。使用叶轮吸气推流式曝气系统时应提前在设备上安装防护网，防止叶轮被堵塞缠绕，在有条件的地方，可以利用河道地势落差构架跌水设施，以进一步提高复氧效率。

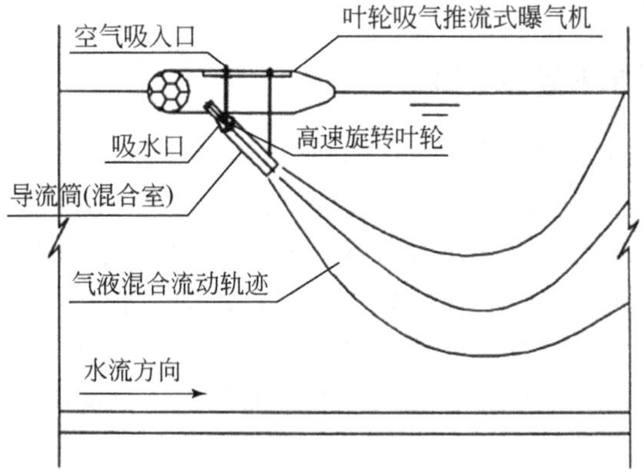

图 4-21　叶轮吸气推流式曝气机[36]

1. 技术优点

1）增加溶解氧含量：叶轮吸气推流式曝气能够将空气吸入水体，并促进空气与水体的混合，有效提高水体中的溶解氧含量。

2）促进自然净化：通过增加溶解氧含量，叶轮吸气推流式曝气可以激活水生生物的活动，加速污染物的分解和净化，提高水体的自净能力。

3）节能环保：曝气设备的能耗较低，且无噪声污染，对周围环境和居民影响较小。

4）维护简便：曝气设备结构简单，维护方便，使用寿命较长。

5）适应性强：适用于各种类型的河道和水体，能够满足不同环境下的治理需求。

2. 技术缺点

1）曝气效果受水流速度影响：曝气效果受水流速度影响较大，当水流速度较低时，曝气效果可能不佳。

2）氧气利用率较低：虽然能够将空气吸入水体并促进混合，但氧气与水体的接触面积仍然有限，氧气利用率相对较低，不能完全被水体吸收。

3）对水生生物有一定影响：在提高水体中溶解氧含量的同时，可能会对水生生物造成一定的冲击和伤害，影响生态平衡。

3. 叶轮吸气推流式曝气技术应用实例

宁波市生态环境科学研究院的何云芳和朱建荣[37]通过推流式曝气增氧活性污泥法在针织漂染废水处理工程中的应用，分析了工程的设计和运行情况，并总结了工程经验。监测结果表明，处理效果持续稳定，BOD 去除率达到 99%，COD 和色度去除率均达到 90%以上。

4.1.8 太阳能循环复氧技术

太阳能循环复氧技术[38]是一种利用太阳能进行河道治理的曝气技术（图 4-22）。该技术通过在河道中设置太阳能曝气机，利用太阳能产生动力，驱动曝气机内的水泵和空压机，将空气泵入水体，同时将水泵入水面以下，形成水体循环，从而增加水中的溶解氧含量。该系统的运行，改变了水生生物的生长环境，减少了水体中的藻类，促进水体中鱼类、底栖生物、浮游动物的生长，在此过程中好氧微生物得到激活，厌氧微生物受到抑制，促使水体中食物链健康发展，生态修复的良性循环得以实现。

1. 技术优点

1）环保能源：太阳能循环复氧技术使用太阳能作为动力源，不消耗化石燃料，无噪声污染，对环境影响小。

2）节能高效：太阳能循环复氧技术利用太阳能产生动力，能够大大降低能源消耗，提高治理效率。

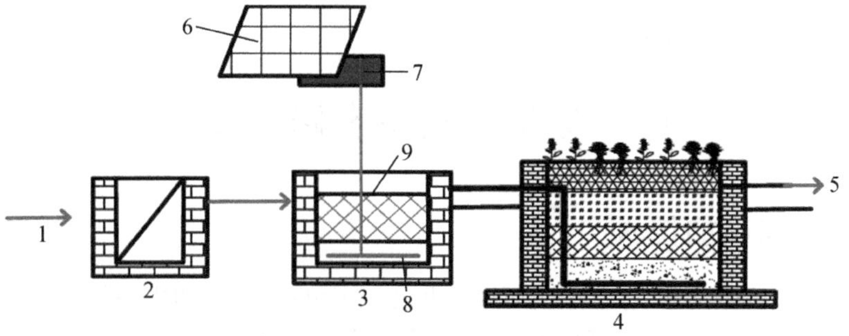

图 4-22　太阳能循环复氧技术工艺流程[39]

1. 进水；2. 格栅池；3. 太阳能曝气池；4. 人工湿地；5. 出水；6. 太阳能光伏蓄能组件；7. 曝气机；8. 超微孔曝气机；9. 生物填料

3）增加溶解氧含量：通过曝气机和循环水泵的作用，太阳能循环复氧技术可以将空气泵入水体，提高水中的溶解氧含量，增强水体的自净能力。

4）促进水体流动：太阳能循环复氧技术能够使水体上下层之间进行循环，增加水体的流动性和溶解氧的均匀性，改善水质。

5）维护方便：太阳能循环复氧设备的维护较为简便，只需定期检查设备运行状况和清理维护即可。

2. 技术缺点

1）受天气条件影响：太阳能循环复氧技术受天气条件的影响较大，如果遇到阴天、雨天或阳光不足等情况，可能无法满足曝气需求。

2）初投资较高：由于使用了太阳能板等设备，太阳能循环复氧技术的初投资相对较高，可能会增加实施难度。

3）对水生生物的影响：虽然太阳能循环复氧技术可以提高水中的溶解氧含量，但也可能对水生生物造成一定的冲击和影响，需要谨慎选择实施位置和曝气强度。

3. 太阳能循环复氧技术应用实例

泰州市许郑河、任庄河水环境综合治理工程通过太阳能水生态复氧系统的投放，结合其他措施，提升并维持许郑河和任庄河水质满足《地表水环境质量标准》（GB 3838—2002）Ⅳ类水标准，降低入新通扬运河污染量，保障南水北调东线和通榆河江水北调水质的需要。项目获得了良好稳定的治理效果。

上海净淼环境科技有限公司的田润泽和武涛[40]利用太阳能循环复氧技术等在上海静安区走马塘进行实验，该技术在水平、垂直方向多维度循环复氧，水体在曝气机周边约 20m 范围内 NH_3-N 去除率达到 42.1%、TP 去除率约为 15.7%、

COD 去除率达到 22.3%。

4.2　原位生物生态修复技术

4.2.1　菌剂投加技术

菌剂投加技术[35]是一种在河道治理中应用的原位生物生态修复技术，作为一种新型河道水体污染修复技术，该技术通过向河道中投加经过筛选和培养的特定微生物菌剂，利用微生物的生物活性，促进河道的自然净化过程，分解水中的有机污染物和氨氮等物质，从而达到水质改善的目的。目前，国内开发的菌剂，主要用于污染负荷较高的养殖水体、工业废水、生活污水及景观水体的处理或修复[41-43]。与物理和化学法相比，微生物强化降解有助于生态系统的恢复，快速消除黑臭，改善河道感观效果。

1. 技术优点

1）原位修复：不需要对河道进行大规模的工程改造，对河道进行原位修复，对河道生态系统的影响较小。

2）净化水质：可以有效降低水体中的有机污染物和氨氮等物质的含量，改善水质，提高水体的透明度和溶解氧含量。

3）环保安全：使用的微生物菌剂对人体和环境无害，且能够自然降解，不会对水体和土壤造成二次污染。与传统的物理化学治理方法相比，菌剂投加技术具有更加环保和可持续的优点。

4）施工简便：菌剂投加技术只需要将微生物菌剂投加到河道中即可，施工简便，易操作。

5）成本较低：相较于其他河道治理技术，菌剂投加技术的成本较低，且能够节约水资源和能源。

2. 技术缺点

1）适用范围有限：主要适用于轻度污染的河道治理，可能无法完全解决重污染的河道问题。

2）效果不稳定：治理效果受到环境因素和气候条件的影响较大，如气温较低或水量较大时，治理效果可能不理想。同时，微生物菌剂的作用也会受到水体中其他生物的影响，难以保证稳定的治理效果。

3）需要定期投加：需要定期投加微生物菌剂，对于大规模的河道治理需要大量的菌剂，可能会增加治理成本。

3. 菌剂投加技术应用实例

葫芦岛市南票区水利局的贺磊[35]利用实验室实验和现场实践成果，对微生物强化修复技术在锦州市河道治理中的应用进行了全方位研究，发现在利用微生物强化修复技术治理河道污染时，通过监测水体中各个因素的变化，在温度适宜、污染程度一般的前提下，使用特定的微生物，可较好地治理河道污染并可使水质保持稳定状态。

常州大学杜聪等[44]利用神童浜河道的水样以及主要组成菌种为乳酸菌、酵母菌、丝状菌的微生物菌剂进行实验，研究表明，该菌剂的投加使得水中COD、TN、NH_4^+-N浓度均大幅降低，溶解氧含量有明显升高，且该菌剂对底泥微生物生态系统的生物多样性构建有良好作用，这表明该种菌剂投加技术对黑臭水体具有良好的净化改善效果。

4.2.2　生物促生剂投加技术

生物促生剂投加技术[45]是一种在河道治理中应用的原位生物生态修复技术。该技术通过向河道中投加特定的生物促生剂，促进河道中的微生物生长和繁殖，提高微生物的分解活性，促进微生物的生长演替，从而增强河道的自然净化能力[46]。生物促生剂主要包括营养物质、促生因子和微生物菌株等成分，能够刺激和促进微生物对有机污染物和氨氮等物质的分解。

1. 技术优点

1）增强微生物活性：生物促生剂能够提供微生物生长和繁殖所需的营养物质和促生因子，促进微生物的分解活性，提高河道的净化效率。

2）原位修复：不需要对河道进行大规模的工程改造，在河道原位进行修复，对河道生态系统的影响较小。

3）减少污染物：生物促生剂能够促进有机污染物和氨氮等物质的分解，从而改善水质。

4）环保安全：使用的生物促生剂对人体和环境无害，且能够自然降解，不会对水体造成二次污染。

5）施工简便：生物促生剂投加技术只需要将生物促生剂投加到河道中即可，施工简便，易操作。

6）成本较低：相较于其他河道治理技术，生物促生剂投加技术的成本较低。

2. 技术缺点

1）适用范围有限：生物促生剂投加技术主要适用于轻度污染的河道治理，可能无法完全解决重污染的河道问题。

2）效果不稳定：促生效果受到环境因素和气候条件的影响较大，例如气温较低或水量较大时，治理效果可能不理想。同时，促生效果也会受到水体中其他生物的影响，难以保证稳定的治理效果。

3）需要定期投加生物促生剂：对于大规模的河道治理需要大量的生物促生剂，可能会增加治理成本，生物促生剂的储存和运输也需要一定的成本。

3. 生物促生剂投加技术应用实例

生态环境部华南环境科学研究所的李开明等[47]利用投放生物促生剂与生物氧化塘、底泥生物氧化和河道生态修复等技术组合处理广州市古廖涌黑臭水体，增加了河道水体中的生物多样性，延长了生物链，处理效果显著。

华东师范大学徐亚同等[48]利用水体净化促生液，对徐汇区上澳塘黑臭水体进行生物修复，结果表明该种生物促生剂的添加可以有效促进河道水体好氧洁净状态，生态系统各类微生物生长并向良性生态区系演替，使水体中微生物由厌氧向好氧演替，生物多样性增加，藻类多样性指数恢复到轻污染或无污染水平，减少大肠菌群、反硫化细菌、低等蓝绿藻及厌氧产臭微生物的数量，有效降解水中有机污染物，有助于水体增氧消除黑臭。

4.2.3 人工水草技术

人工水草技术[49]是一种原位净化技术，运用多孔的高分子材料制成的人工水草具有比表面积大、耐污、耐腐蚀、柔性等特点[50]，可以作为藻类生长的载体，铺设在富营养水体中，一定程度上增加水体的透光率，来增强藻类生命活动，通过它们在生长中吸附水中的氮、磷等营养物质，达到净化水体的效果，改善水体环境。该技术主要针对的是受污染的湖泊、水库、鱼塘等静态天然水体水质的改善，还适用于城内小型景观水体的水质改善工程。在富营养化污染水体治理方面，现阶段通常采用投放一些硬性、软性或半软性填料等，通过培菌挂膜的方式，来有效控制水中适宜细菌的生长，进而达到改善水体水质的效果。

1. 技术优点

1）技术成熟：可以同时叠加多种治理手段，重建水生植被，是一种比较成熟的技术。

2）增加生物多样性：人工水草为水生生物提供了栖息、繁殖和避难的场所，增加了水生生物的种类和数量，丰富了水生生态系统的多样性。

3）增强水体自净能力：人工水草表面附着大量的微生物，这些微生物能够分解水中的有机污染物，提高水体的自净能力。

4）施工简便：人工水草的种植和布置较为简单，只需将人工水草放在水中，适当固定即可，施工简便易行。

2. 技术缺点

1）成本较高，需定期维护：硬性填料价高、易堵，软性填料动力消耗大、容易板结堵塞、断丝、使用寿命短、维修费用高、换料频繁。

2）治理进程缓慢：挂膜速度慢导致治理需要一定的时间，所以人工水草宜选择比表面积大、亲水性好、挂膜快，同时容易脱膜、维护周期长、寿命长的产品。

3. 人工水草技术应用实例

北京林业大学的赵方莹等[49]以北京市丰台区葆李沟为研究对象，为解决河道污染治理难度大、水环境反复恶化等问题，分析造成河道内水环境污染的原因，并根据河道现状及水污染特征制定了重建水生植物系统、构建微生物系统及水生动物系统等措施的生态治理模式。人工水草布置示意图如图 4-23 所示，使用碳素纤维制成的人工水草具有强度高、性质稳定及比表面积大等优点，是微生物附着的良好介质，有利于微生物膜的附着成型[51, 52]。

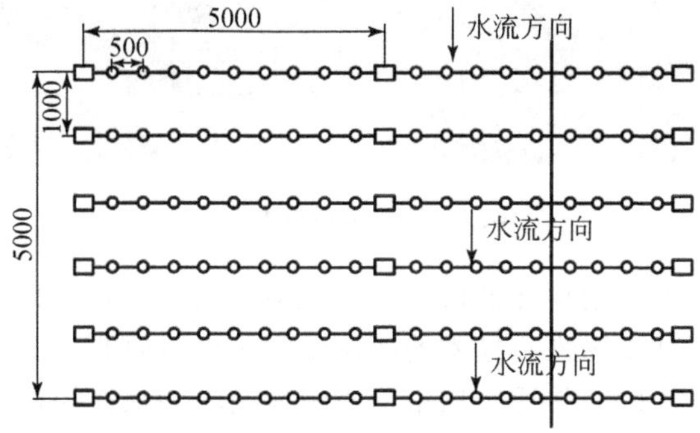

图 4-23　人工水草布置（1∶50）示意图[49]

标注尺寸单位均为 mm

安徽博世科环保科技股份有限公司的陆立海等[53]利用人工水草和曝气技术修复博世科科兴园区生活污水，发现人工水草对黑臭水体具有较好的修复作用。其中，修复过程中伴生的藻类是修复的主体。人工水草提升黑臭水体修复效果的主要机理是人工水草具有纤维结构，且具有很大的比表面积，为藻类和微生物的生长和繁殖提供附着位点，这些藻类对黑臭水体具有良好的修复效果，TN 和 TP 的去除率分别为 52.10%～76.40%、53.30%～81.42%。

4.2.4 原位悬浮填料技术

原位悬浮填料技术是一种在河道治理中应用的原位生物生态修复技术。该技术通过在河道中投放一定数量的悬浮填料，改善水体生态环境，提高水体的自净能力。悬浮填料具有一定的相对密度，可以漂浮在水中（图 4-24），通过吸附和固定微生物使微生物在悬浮填料上形成生物膜来降解水中的污染物。通过与黑臭水体接触，生物膜将水中的有机物吸收利用，与介质中的物质形成动态平衡。微生物将水体中的污染物作为营养物质用于生长代谢，使黑臭水体得到净化，而生物膜上除了含有大量细菌和真菌外，水体中的一些原生动物和后生动物也会聚集在生物膜上，对水体的净化作用进一步加强。该技术通常被用于中小河流及湖泊水体治理中[54]。

图 4-24　悬浮填料技术示意图①

城市重污染河道普遍存在低透明度、低溶解氧含量和高有机悬浮物等问题，使得传统高等水生动植物恢复技术的应用受到了严重限制，而悬浮填料却能较好地克服上述难题，因此非常适合城市中小河流及湖泊水体的直接净化。生物填料具有不受水体透明度、光照强度等影响因子限制的特点。布设合理的悬浮填料在保持河道通航和排洪等原有功能以及不影响城市景观的基础上有望实现原位强化反硝化脱氮，并且削减水体有机污染负荷，提高水体中溶解氧含量，从而为后续的高等水生动植物的生态修复创造有利的前提条件[55]。生物膜技术与浮床植物净化技术结合，浮床不仅为悬浮填料提供了悬挂载体，而且浮床植物根系输送来的氧气为生物膜中好氧异养菌及微型动物创造了良好的环境条件。生物填料相当于浮床植物根系的延伸，可以持续改善河道 0.5m 以下水体水质[56]。目前研究表明，生物浮床和悬浮填料组合技术具有更高的净化效率。

① KELP 生态基填料[EB/OL]. http://www.hehuzhili. com/Mobile/MProducts/kelpshengtaijitianliao_page1.html[2023-12-28].

1. 技术优点

1）净化能力强，提高水质：能够有效去除水中的有机污染物、重金属离子和氨氮等物质，提高水质，增加水体的自净能力。

2）增加生物多样性：悬浮填料为水生生物提供了栖息、繁殖和避难的场所，增加了水生生物的种类和数量，丰富了水生生态系统的多样性。

3）对微生物有更好的固定作用：相对于在河道中投加微生物菌剂，微生物不易随水流流失。

4）处理效果受温度影响小，具有较强的稳定性。

5）施工简便：施工较为简单，只需将悬浮填料按照一定的比例投放到河道中，施工简便易行。

6）易管理：悬浮填料可以集中收集和处理，易管理和维护，同时也减少了二次污染的风险。

2. 技术缺点

1）成本较高：原位悬浮填料技术的成本相对较高，包括悬浮填料的制备、运输、投放和管理等方面的费用。

2）需要定期维护：悬浮填料需要定期进行清理和维护，以保证其治理效果和使用寿命。

3）可能影响水流畅通性：悬浮填料的投放可能会对水流的畅通性造成一定的影响，需要注意合理投放和布局。

3. 原位悬浮填料技术应用实例

南京市外港河采用固定化菌藻填料结合生态浮床技术：选用高强度的聚乙烯浮床；禾本科植物选用苏丹草，景观高秆植物选用美人蕉；3 层不同孔径的尼龙滤网平行设置，孔径大小随着水流方向逐渐减小；聚丙烯球形悬浮填料直径为 80mm，装填密度为 250 个/m^3；沉水植物选用狐尾藻和金鱼藻混合种植，种植密度为 100 株/m^2；曝气管设有 5 根，两两间隔 10cm；固定化菌藻填料直径为 3mm；选用纳米活性炭；砾石层的砾石粒径为 5～15mm；电力由太阳能板供给。该浮床装置对 COD 的去除率为 82.4%，对氨氮的去除率达到 92.5%，对总磷的去除率达到 94.3%，水体水质普遍高于《地表水环境质量标准》（GB 3838—2002）Ⅳ类水质标准。该技术显著降低了河道污染负荷，实现了河道水体空间层次全方位的高效修复[57]。

4.2.5 生态浮床技术

生态浮床技术是一种基于水生植物和微生物共同作用的水体修复技术。该技术是以水生植物为主体，运用无土栽培技术原理，使用可漂浮于水面的材料为载体和基质，采用现代农艺和生态工程措施综合集成的水面无土种植植物技术（图4-25）。该技术应用物种间共生关系和充分利用水体空间生态位和营养生态位的原则，建立高效的人工生态系统，以削减水体中的污染负荷。生态浮床上种植的植物能吸收水中的 N、P 等污染物作为营养物质，通过人工收获植物体的方式将其带离，对 NH_3-N、TP 和有机物的去除率可达到较高的水平[58]。载体上的植物可以吸收水中污染物作为营养物质用于自身生长发育，抑制藻类生长。植物可以运送氧气至植物根部，而且植物繁密的根系也为微生物和其他水生生物提供了生存栖息环境。生态浮床最初是由德国 Bestman 公司开发的，随后各个国家将其应用到污染水体的治理和修复中，生态浮床在净化水体的同时，也可以美化环境，促进水体生态系统的恢复和改善。根据生物浮床所承载的植物与水的接触方式，可将其分为两类：第一种是湿式生物浮床，其主要功能是美化景观和净化水质，第二类是干式生物浮床，主要作为生物栖息地及大型景观等。如果从结构与发展的维度分析，则生物浮床可分为如下两种：第一种是传统式生物浮床，此种浮床的构成包括固定装置、植物和载体；第二种是强化型生物浮床，即在传统式生物浮床的基础上增加诸如充氧曝气、贝类生物、填料等，以提高水体污染物净化效果。此外，生物浮床还有立体式、组合式生物浮床[59]。

图 4-25 生物浮床图

近年来，作为净化污染物的生态浮床技术已成为富营养化水体与黑臭水体处理的核心技术。生态浮床已被证实为更有效和更简单的修复水体的技术。生态浮床是从传统人工湿地发展而来的一种新型水体修复技术[60]。

影响生态浮床去除污染物的因素包括植物类型、植物覆盖率、生长基质、水深和浮体类型等。植物作为生态浮床的重要组成部分，不仅不断吸收污染物以满足自身生长发育，还通过植物根部为微生物的生长提供附着点，利用微生物的同化和转化去除污染物。适合生态浮床的植物物种包括 52 个科的 160 多种，分为三类：挺水植物、浮叶植物和沉水植物。植物生长得越好，植物可获得的营养成分就越高，吸收和去除污染物的能力就越强。植物覆盖率是生态浮床设计中的主要控制参数之一，随着植物覆盖率在一定范围内增加，污染物去除率将得到提高。同时，植物覆盖起到遮光的作用，可以在一定程度上降低光照强度，抑制浮游植物的生长。但是，过度的植物覆盖会增加成本，并通过减少大气中的复氧作用减少水中溶解氧的补充，从而导致水体缺氧和水生生态系统的严重破坏。生长基质的原始功能是固定植物并促进生物膜附着。最常见的培养基材料是稻草、塑料和海绵，随着研究的发展，越来越多的新介质被用于生态浮岛，除了满足作为介质的基本要求外，还具有提供营养、节省肥力、吸附或降解水中污染物的优点。新开发的生长基质包括椰壳纤维、火山石、轻质陶粒、饱和黏土、聚丙烯人造丝纤维和陶瓷颗粒等，这些材料具有吸附、絮凝和沉积水中污染物的功能。浮体主要用于为生态浮床提供浮力，保证植物能在水面上生长，容易适应不同的水深，弥补了人工湿地对水位变化适应性低的缺陷。生态浮床的设计应考虑影响其整体性能的各种因素，并选择适合当地环境和水质特性的最佳参数。虽然传统的生态浮床可以很好地恢复富营养化景观水，但其应用和研究仍存在许多缺陷。植物适应性低、生长缓慢和植物大小等因素都会降低生态浮床的净化能力。同时，冬季的低温不仅会减缓植物的生长和微生物代谢，从而降低生态浮床的净化能力，还会导致植物腐烂组织的分解，从而将养分释放到水体中，对水系统造成二次污染。此外，传统生态浮床系统中附着在植物根部的微生物较少，其生长和繁殖易受环境条件的影响。为了解决这些问题，越来越多的研究人员正在致力于增强型、耐寒性、多功能和复合型生态浮床的开发和研究[60]。

1. 技术优点

1）改善水质：生态浮床通过吸收和降解水中的有机污染物、重金属离子等有害物质，有效改善水质，提高水体的透明度和溶解氧含量。

2）增加生物多样性：生态浮床为水生生物提供了良好的栖息、繁殖和避难场所，增加了水生生物的种类和数量，丰富了水生生态系统的多样性。

3）稳定性好：生态浮床具有一定的稳定性，能够抵抗一定程度的洪水冲击和风浪影响，保证治理效果的持久性。

4）构造简单，易管理：生态浮床的管理相对简单，只需定期进行植物的修剪和维护，保证其正常生长和治理效果。

5）具有观赏价值：生态浮床的植物具有一定的观赏价值，可以为水体增添新的景观元素，提升城市形象。

6）生态浮床也拥有不占额外土地面积的特殊优点。

7）生态浮床浮体可大可小，形状变化多样，易制作和搬运。

2. 技术缺点

1）适用范围有限：生态浮床适用于具有一定水位和水深的水体，对于一些水位变化较大或水深较浅的水体，可能不适宜使用生态浮床。

2）需要定期维护：生态浮床需要定期进行植物的修剪和维护，保证其正常生长和治理效果。同时，也需要及时清理污染物和枯叶等杂物，保持生态浮床的清洁。

3）可能影响水流畅通：生态浮床的设置可能会对水流的畅通性造成一定的影响，需要注意合理布局和设计。

4）受季节影响较大。夏季水温较高，适宜水生植物生长，生态浮床上的植物对氮、磷的吸收较好，其生物量较大，相反，冬季因水温较低而吸收量少，效果不明显。

5）易产生二次污染。生态浮床上种植的植物不及时收割以及浮床载体因在水体中浸没时间长而易老化，均会对水体产生二次污染。

6）由于生态浮床阻挡阳光会影响局部水环境的生物链，对生物生境造成潜在危害。

7）生态浮床上易积累外界沉降物，再加上植物生长茂盛，增加质量，生态浮床会慢慢下沉。

3. 生态浮床设计应用实例

武汉市塔子湖湿地水质提升工程生态浮床技术，湖面主要利用湿式生态浮床造景（图 4-26），全湖设置了 13 个嵌入式浮床，形态以方框状和半圆状为主，15 条漂浮式浮床用来分割水面。塔子湖内有一座灯塔半岛，为塔子湖的景观视觉中心，生态浮床分布在水岸边，与半岛能够形成借景呼应。另外，生态浮床上水生植物的色彩会随着季节变化而改变，还能美化目标区域的水体景观。在生态浮床边的步道栏杆内侧还设有生态浮床的植物科普展板，以供观者学习。由于塔子湖是非排水湖，生态浮床包围的区域为静水区，常常映现蓝天白云，并且生态浮床也便于水的治理，能有效改善水质，对净化水质有明显效果，能提高生态浮床上的动植物、微生物修复水体的效率，让植物的根系变大，增强生物的多样性。塔子湖的废水水质（大概为地表水Ⅴ类水）区域，浮床使用的主要植物种类为菖蒲、美人蕉、风车草、粉绿狐尾藻、芦苇等[61]。

图 4-26　武汉市塔子湖湿地生态浮岛现场图[62]

武汉市南湖幸福湾水域通过微生物原位修复、生态景观浮岛净水及健康稳定生态系统净水等多技术的构建，有效削减了幸福湾水体中的营养盐浓度，湖泊水质明显提升，湖泊生态环境明显改善，水体景观效果也得到了增强。在水污染防治工程中，对两处雨水口进行生态化改造，通过布设复合型生态浮床隔离缓冲带和阻水围隔，将雨污水处理后入湖。复合型生态浮床由 330mm×330mm 方形浮盘+PE 加固框架+种植框+挺水植物+1m 渔网框架构成，面积共计 350.61m^2。生态浮床上方种植美人蕉、狐尾藻、圆币草等水生植物，植物株高一般为 10～20cm，种植密度为 20～25 株/m^2，种植面积共计 315m^2。生态浮床底部悬挂碳纤维水草 1135 条。复合型生态浮床现场施工图见图 4-27（a）。

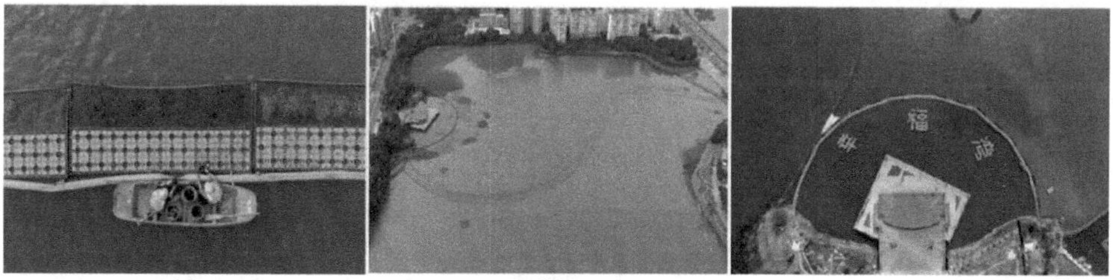

(a)　(b)　(c)

图 4-27　复合型生态浮床现场施工图（湖北日报摄）(a)、湖中心的生态浮床（b）及含“幸福湾”字样的生态景观放生池效果图（湖北日报拍摄）(c)[63]

在生态强净化工程中，于中心湖区布设两条生态围隔，并沿围隔布设 1721m^2 生态浮床（宽度为 1m，由 330mm×330mm 方形浮盘+PE 加固框架构成），湖中心蜿蜒的呈八卦样式的生态浮床效果见图 4-30（b）。生态浮床上种植美人蕉、圆币草等净化效果良好且具有一定景观效果的水生植物。考虑湖面风力影响，选用的美人蕉株高为 100～120cm、圆币草株高为 10～30cm，种植密度均为 20～25 株/m^2，栽植面积为 1500m^2。生态浮床底部悬挂碳纤维水草 10327 条。

在幸福湾公园舞台附近湖面搭建圆形浮岛 1 座，其面积约 212m^2，浮岛上方分区搭配种植美人蕉、鸢尾、菖蒲、狐尾藻、圆币草等水生植物，形成高低错落、色彩丰富的视觉效果，以提升水上景观。其中，美人蕉、鸢尾、菖蒲的株高为20～50cm，狐尾藻、圆币草的株高为10～20cm，种植密度均为20～25株/m^2。在生态景观放生池构建工程中，在景观平台处构建生态景观放生池，于放生池内布设161m^2“幸福湾”生态浮床景观字样，由1m×1m方块浮盘拼接而成，沿着字样安装LED夜景灯带，景观字所需植物主要为美人蕉（株高为10～20cm，种植密度为20～25株/m^2），种植面积为123.01m^2。在放生池外围设置两道防逃渔网和透水围隔，在渔网和围隔之间布设389.41m^{2}生态浮床（1m宽渔网和浮对盘），生态浮床上栽植367.5m^{2}美人蕉、狐尾藻、圆币草，选用的水生植物株高为10～20cm，种植密度为20～25株/m^2。生态浮床底部悬挂纤维人工水草2848条[63]。含“幸福湾”字样的生态景观放生池效果图见图4-27（c）。

4.2.6 人工湿地

原位人工湿地是指在河道内部建设人工湿地，通过模拟自然湿地的功能（图4-28），对水质进行净化和调节的一种河道治理方式[64]。人工湿地技术是较早使用的一种生态修复技术，是一个集植物、动物、微生物修复于一体的复合型修复技术[65]。由填料-植物-微生物三者协同净化污水，在内部通过物理截留、化学转化、微生物降解和植物吸附达到去除有机污染物、氮和磷的效果。当污水进入人工湿地后，首先是水中的污染物被截留过滤，主要为两种方式：一种是填料的吸

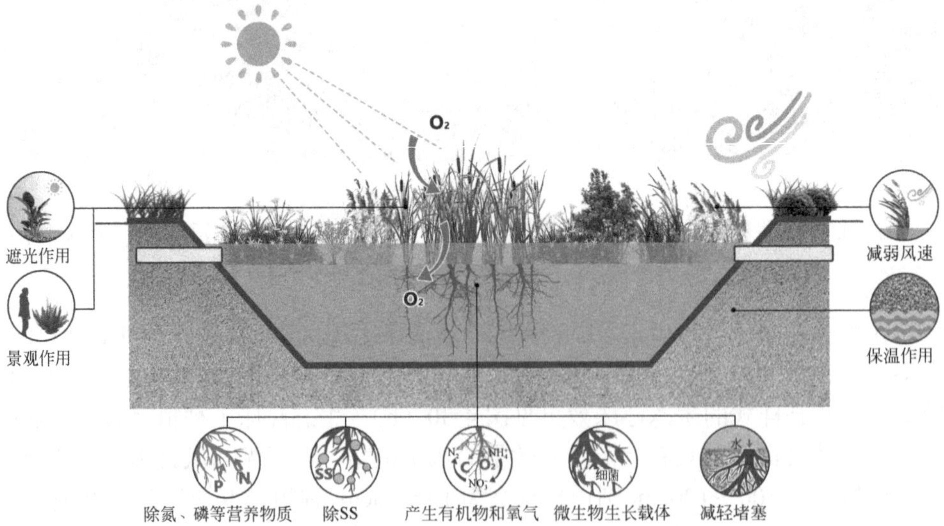

图4-28 植物在人工湿地中的作用示意[67]

附作用，另一种是黏附于填料表面的微生物膜，吸附水中的污染物。接下来，附着在填料和植物根部的微生物吸收降解被截留的污染物，满足其自我生长需求。人工湿地不同位置会形成不同的微生物群落，在湿地表面和植物根系，溶解氧含量较高，好氧异养型微生物吸收降解水中有机物，以及好氧硝化细菌将水中的氨氮转化为硝态氮。而在缺氧部位，异养反硝化细菌通过反硝化作用将硝态氮转化为氮气，以此来达到去除水中氮的目的。人工湿地中的植物通过根系的吸附作用，可同时吸收有机物、氮和磷作为自己的营养物质，而水中的磷主要是靠水中植物进行去除的[66]。

人工湿地类型一般分为 3 种：表面流人工湿地、水平潜流人工湿地、垂直潜流人工湿地。表面流人工湿地，其水面在填料之上，水平流过湿地表面；水平潜流人工湿地是指水从填料基质中水平流过，水面低于填料；垂直潜流人工湿地一般从下端进水，上端出水，能够充分接触填料。人工湿地融合了自然净化和生物膜法优点，将污水净化、污水资源化及美化环境有机结合起来，因而受到广泛关注[58]。利用人工湿地对湖泊出流污水进行再循环处理是未来该技术应用的新方向。我们在构建人工湿地处理系统时，还应该综合考虑经济、社会、环境和景观美学方面的因素[68]。

1. 技术优点

1）净化效果好：湿地植被和微生物可以有效去除水中的悬浮物、营养物质和有机物等污染物质。

2）节约土地资源：在河道内部建设人工湿地，可以充分利用河道的空间，不占用额外土地资源。

3）生态效益显著：人工湿地可以提供适宜的生境条件，促进生物多样性的增加，恢复和改善生态系统功能，同时具有较好的景观效果。

4）成本低：建造和运行费用便宜，易维护，技术含量低。

5）耐冲击负荷能力强。

2. 技术缺点

1）占用河道空间：在河道内部建设人工湿地，可能会减少河道的通水能力。

2）受气候和环境影响较大：人工湿地的净化效果受气候和环境条件的影响较大，如温度、湿度、风向、病虫害等，可能会影响其处理效果和稳定性能。

3）可能产生二次污染：人工湿地在建设和运行过程中，可能会产生二次污染，如悬浮物污染、有机污染等，需要注意管理和控制。

4）水力停留时间长，处理水量有限，填料和植物更换烦琐。

3. 人工湿地设计应用实例

东江水系淡水河坪山河工程采用改良型生物接触氧化+景观人工湿地深度处理的组合工艺［图 4-29（a）］。人工湿地处理系统设计水量为 360m^3/d，设计表面负荷为 0.08m^3/（m^2·h）；分 2 个处理区，其中湿地Ⅰ的面积为 100m^2，采用垂直流布水方式；湿地Ⅱ由土埂分隔成两格，面积分别为 37m^2 和 51m^2，采用水平潜流布水方式。人工湿地设计总高为 1.5m，有效水深为 0.9m，底部坡度为 6.7%，设计水力停留时间为 11h。湿地Ⅰ按功能划分为 5 个区［图 4-29（b）］，分别为一级导水区、二级导水区、核心处理区、一级集水区和二级集水区；湿地内铺设碎石填料，其中一级导水区采用填料粒径规格为 12～16mm，填料体积为 2.5m^3；二级导水区采用填料粒径规格为 8～12mm，填料体积为 2m^3；核心处理区采用填料

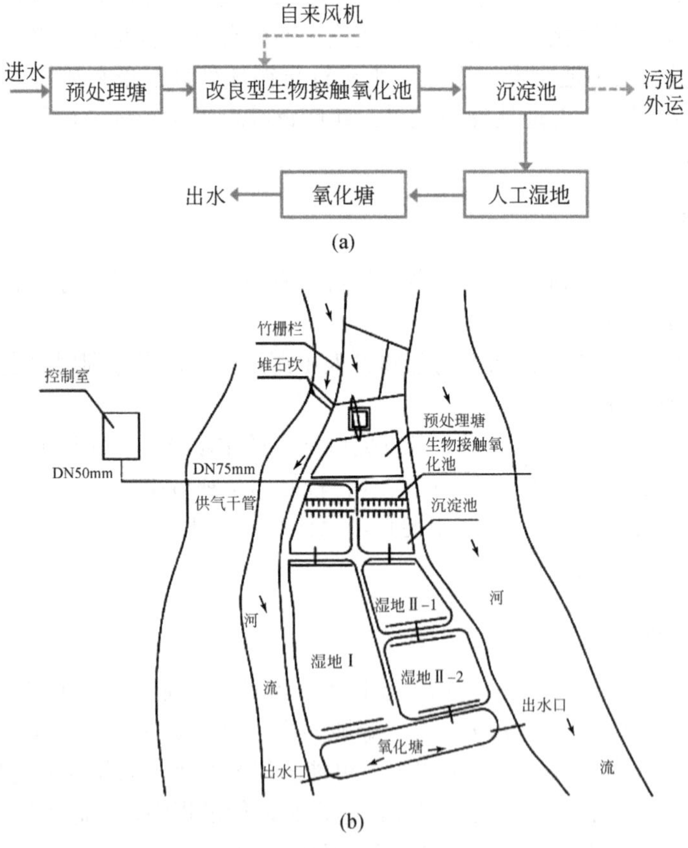

图 4-29 河水处理工艺流程（a）及其工程总平面图（b）[70]

粒径规格为 0.5～1mm，填料体积为 $66m^3$；一级集水区采用填料粒径规格为 8～12mm，填料体积为 $2m^3$；二级集水区采用填料粒径规格为 12～16mm，填料体积为 $2.5m^3$。种植植物千屈菜 60 丛，花菖蒲 180 丛，美人蕉 72 丛，风车草 210 丛，水葱 240 丛，花叶芦竹 325 丛。湿地 II 导水区填料粒径规格为 8～12mm，填料体积为 $5.5m^3$；核心处理区填料粒径规格为 0.5～1mm，填料体积为 $47m^3$；集水区采用填料粒径规格为 8～12mm，填料体积为 $7m^3$。种植植物千屈菜 80 丛，花菖蒲 130 丛，美人蕉 24 丛，风车草 105 丛，水葱 195 丛，花叶芦竹 195 丛。坪山河河道水质净化系统大大减轻了城市污水处理厂处理负荷的压力，总体运行效果良好[69]，除 NH_3-N 外，常规指标出水浓度均优于《地表水环境质量标准》（GB 3838—2002）V 类水标准。与此同时，系统对坪山河受纳水体中痕量有机污染物也具有良好的净化作用，其对多环芳烃（PAHs）的处理效率在 45%～70%，对十溴联苯醚（BDE-209）、双酚 A（BPA）的去除率在 90%以上，对毒害污染物削减显著，对控制流域水质风险具有典型的示范作用[70]。

招远市界河流域综合治理工程根据流域特点和河道面污染现状采用生态修复技术新思路，提出上游建设人工湿地系统，中游建设滞留塘——底坝拦蓄净化系统，下游采取底泥原位置换+生态护坡三种措施。工程设计在上游（城区污水处理厂排水口以上，设计桩号 21+140～22+960）范围，主河道两侧新建长 1820m、宽 440～670m，面积为 $104.5hm^2$ 的人工湿地公园，种植芦苇、香蒲、菖蒲、垂柳等当地深根系水生植物，改善水流状态，恢复河流蜿蜒曲折的自然状态；新建亲水步道 5800m，步道两侧栽种各种花卉、灌木和草坪。主河道行洪能力为 5 年一遇，高于该防洪标准的洪水，经河漫滩、人工湿地减速、滞留后下泄至下游主河道。系统除污效果良好，河道水质明显改善，水生态环境显著提高[71]，各项指标达到了设计要求，省环保部门常年观测水质达到《地表水环境质量标准》（GB 3838—2002）IV类标准[72]。

4.3　河道旁路处理技术

4.3.1　过滤沉淀技术

过滤沉淀技术（图 4-30）是一种常用的河道旁路处理技术，主要通过物理方法去除水中的悬浮物和部分有机物。该技术利用过滤介质，如砂、砾石、无烟煤等，截留和去除水中的悬浮物和部分有机物，同时通过自然沉淀作用使水体得到净化[73]。过滤过程中，含悬浮物的废水流过具有一定孔隙的过滤介质，水中悬浮物在介质的表面或内部被截留并被去除。滤膜过滤是利用连续的组织间的孔和分子排列间隙进行分离操作。根据对象物质的大小和过滤驱动力分类为微滤膜、超滤膜、离子交换膜、反浸透膜等。滤膜分离溶质的过程主要有：①膜表面吸附和微孔吸附（一次吸附）；②待在孔内，拆除（封堵）；③膜表面机械截留（筛选）[74]。

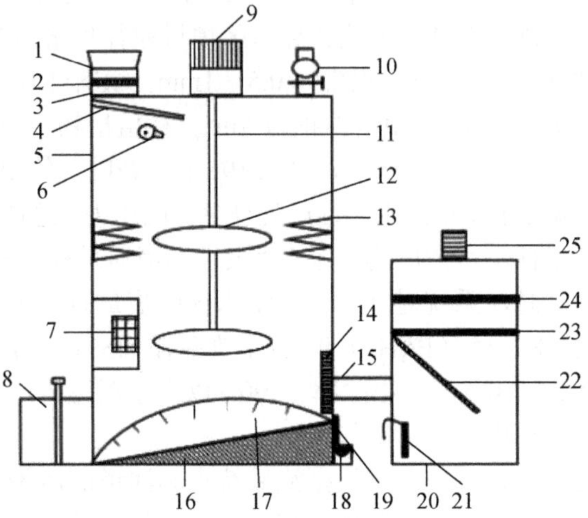

图 4-30 过滤沉淀装置示意图[75]

1. 进水管；2. 格栅；3. 杂质排出管；4. 抖动板；5. 搅拌罐；6. 凸轮；7. 加热器；8. 污泥排出管；9. 搅拌电机；10. 药剂添加管；11. 转轴；12. 搅拌叶轮；13. 消泡尖刺；14. 滤网；15. 通水管；16. 倾斜导板；17. 气囊；18. 充气泵；19. 通气管；20. 沉淀箱；21. 电极板；22. 拦板；23. 第一滤水板；24. 第二滤水板；25. 出水管

过滤沉淀技术是比较传统的固液分离方法，随着新材料的不断出现，形成了以微滤、超滤、纳滤以及反渗透为基础的水处理技术[76]。单一利用过滤沉淀技术处理河道水无法控制水污染物的来源，具有很多局限性，很难达到城市水环境质量要求[9]。为此，大多结合化学或生物法对河道进行净化处理[70]。

1. 技术优点

1）操作简单：过滤沉淀技术操作简单，易维护和管理，对设备和场地要求较低。

2）成本较低：过滤沉淀技术无须投加化学药剂，运行成本较低，且可以充分利用天然资源，降低处理成本。

3）处理效果稳定：通过过滤和沉淀作用，能够稳定地去除水中的悬浮物和部分有机物，保证水质的稳定性。

4）对环境影响小：过滤沉淀技术不会产生二次污染，对环境影响较小。

2. 技术缺点

1）处理效率有限：过滤沉淀技术对有机物的去除能力有限，对一些特殊有机污染物的处理效果不佳。

2）维护管理要求高：需要定期清洗过滤介质并进行维护，否则会导致处理效果下降。

3）处理水量受限：过滤沉淀技术适用于中小型河道的水量处理，对于大水量水体的处理有一定的限制。

3. 过滤沉淀技术设计应用实例

上海陈政市政工程有限公司陈飞华和陈云兰[77]在闸北区徐家宅河生态治理中采用“气浮-生化-过滤”工艺循环净化、深度净化水质，可去除水体 95%藻类和 90%固体悬浮物。过滤则广泛应用于降低泥沙浊度，它主要是靠滤料拦截水中的泥沙颗粒。过滤原理示意图如图 4-31 所示。项目运行后，徐家宅河水质全面改善，达到水体清澈的效果。同时藻类中富集了大量的氮和磷，也可以大量去除水中氮和磷。其中溶解氧达到《地表水环境质量标准》（GB 3838—2002）Ⅳ类水标准，其他指标达到Ⅴ类水标准，河道水生植物品种丰富，景观效果较好。滨河绿带景观的建设，形成具有特色的城市绿色廊道，为广大市民提供了良好的休闲场所。

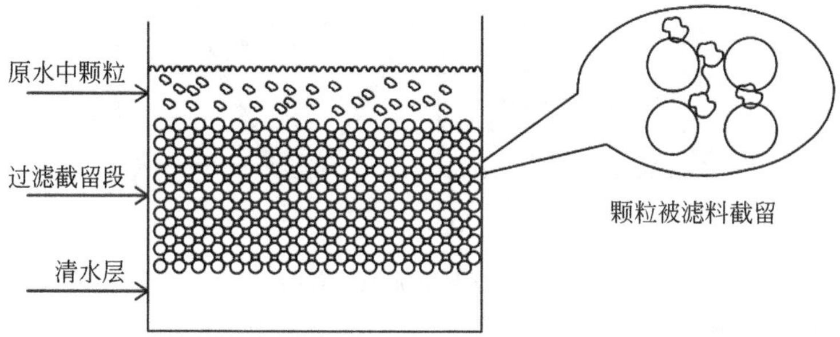

图 4-31　过滤原理示意图[77]

上海交通大学袁文璟等[78]在苏州市姑苏区环城河边开展现场中试，研究了混凝沉淀/超滤工艺对河道水的处理效果（图 4-32），采用超滤膜工艺处理沉淀后的出水，能够进一步削减颗粒物并降低腐殖酸含量，从而降低色度、提高透明度、改善水体感官效应，对色度的降低率能保持在 89.5%以上，出水水质稳定。滤后水的颗粒粒径相比原水明显下降，小分子溶解性有机质（DOM）占比显著上升，出水水质可满足苏州市平江历史街区打造高品质景观水体的特定需求。

4.3.2　混凝沉淀技术

混凝沉淀技术是一种常用的河道旁路处理技术[73]，混凝沉淀池装置如图 4-33 所示。混凝沉淀技术通过投加混凝剂去除污染水体中的污染物以改善水质，混凝

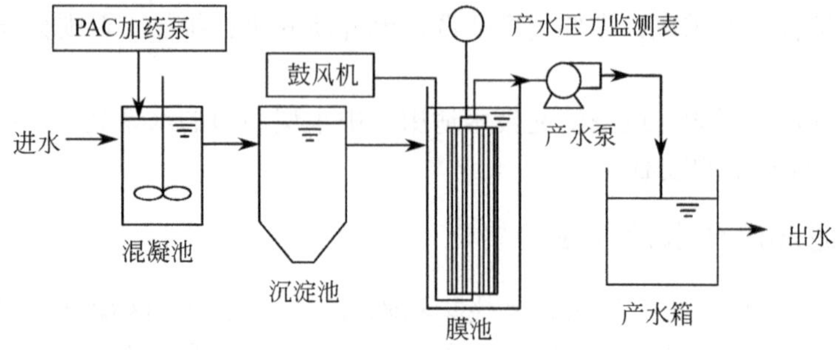

图 4-32　现场中试流程示意图[78]

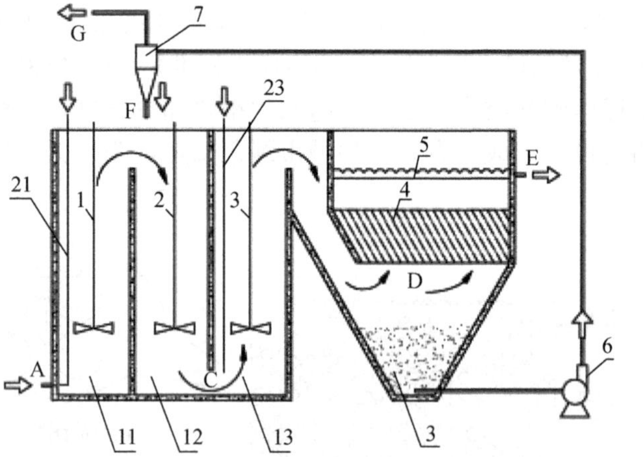

图 4-33　混凝沉淀池装置图[79]

1～3. 搅拌器；4. 斜管/斜板；5. 集水槽；6. 污泥回流泵；7. 水力旋流器；11. 絮凝混合区；12. 加沙区；13. 絮凝区；21. 絮凝剂加药管；23. 助凝剂加药管；A. 原水入口；C. 入水口；D. 沉淀区；E. 出口；F. 出沙口；G. 出口

剂通过中和带电腐殖质、吸附架桥、共同沉淀等化学作用，可有效去除引起水体黑臭的腐殖质、胶体和悬浮颗粒等污染物，进而消除黑臭现象。混凝剂主要采用铁、铝、钙等无机絮凝剂、表面活性剂和各种高分子有机絮凝剂。采用该技术进行黑臭水体旁路处理时，可设置岸边临时或永久化学絮凝沉淀反应器构筑物，出水回流至水体，从而达到水体净化目的。混凝沉淀技术适用于中小型黑臭水体治理，以及重污染黑臭水体的前期强化处理。混凝沉淀技术用于黑臭水体旁路处理时，应根据进水水质变化调整混凝剂的投加种类及投加量，以及定期将产生的污泥运送至附近污水厂进行集中处理或脱水后处理[74]。

混凝沉淀不仅能快速降低水体浊度、色度及重金属和部分有机物浓度，而且具有良好的除磷效果。国内外许多研究表明，磷是水体富营养化的主要限制因子。

城市黑臭河道治理后出现的水体富营养化及其次生灾害问题（如水华暴发、浮萍泛滥、水葫芦疯长、沉水或挺水植物生物量激增等）仍可通过限制磷元素进行缓解[76]。但因混凝剂残留具有一定的生物毒性，形成的絮体细小、质轻、不易沉淀，且河道是一个开放水体，水量难以估算，混凝搅拌强度难以控制等限制了其在河道水治理方面的应用。目前常见的强化混凝沉淀方式主要包括优选合适的混凝剂、增加混凝剂投加量、调整 pH、选择正确的助凝剂、改进混凝沉淀反应器等[70]。但絮体疏松，抗水力冲击能力差，沉降缓慢，混凝剂残留等问题仍得不到明显改善[77]。我国地域广阔，水源呈现多样性的特点，并且不同微污染水源强化混凝动力学差异较大，随着社会发展，水质指标逐渐改善，通过常规混凝沉淀工艺难以保证出水水质达标，需要开展强化混凝沉淀工艺去除水中污染物的研究[70]。

1. 技术优点

1）处理效率高：通过投加混凝剂，能够显著提高水处理的效率，对于悬浮物、胶体物质、重金属离子等都有很好的去除效果。

2）适应性强：混凝沉淀技术适用范围广泛，对于不同类型和污染程度的水体都能够取得较好的处理效果。

3）处理效果稳定：通过絮凝和沉淀作用，能够稳定地去除水中的污染物，保证水质的稳定性。

4）占地面积小：混凝沉淀技术无须建设大型水处理构筑物，可以在较小的场地上进行施工和安装。

5）处理流程简单，适用范围广：对于低温、低浑浊度水质及汛期的高浑浊度水质等都适用。

2. 技术缺点

1）运行成本高：混凝沉淀技术需要投加化学药剂，这些药剂的价格相对较高，因此运行成本相对较高。

2）维护管理要求高：需要定期检查化学药剂的投加量和设备的运行状况，并需要对沉淀池进行定期清洗和维护。

3）可能产生二次污染：使用混凝剂的混凝沉淀技术有可能产生二次污染，未完全沉淀的絮凝物质可能对下游水体造成二次污染。

4）对水体 pH 影响大：混凝剂的投加会对水体的 pH 造成一定的影响，需要添加中和剂进行 pH 调节。

5）混凝剂用量难以把控：一些混凝剂本身对水体生态环境有一定的负面影响，且化学反应本身可能会改变水体 pH、温度、氧化还原状态微生物和底栖生物。

3. 混凝沉淀技术应用实例

上海交通大学袁文璟等[78]在苏州市姑苏区环城河边开展现场中试，研究了混凝沉淀/超滤工艺对河道水的处理效果（图 4-32），混凝沉淀箱由混凝池和沉淀池组成，原水由水泵从环城河道提升至混凝池，聚合氯化铝（PAC）加药桶上设有蠕动泵，其均匀地向混凝池中投加 PAC（按纯度为 28%的工业级 PAC 颗粒计），采用搅拌机搅拌，PAC 与原水均匀混合后进入沉淀池，沉淀池的水力停留时间为 30min。经过混凝沉淀处理后的水进入后续膜装置。运行结果表明，出水中胶体及悬浮物在混凝沉淀段被凝聚成大颗粒，膜的截留作用使得大颗粒物质被明显去除，出水中颗粒物的粒径均在 40nm 以下，水体浊度的去除率能保持在 94%以上。

湖北大学杨蓉等[80]针对城市河道水体因截污不彻底、径流污染、大气干湿沉降等，水体质量普遍较差并出现黑臭化的现象，采用混凝沉淀与微曝气滤池相结合的工艺对广州某市河道进行净化处理研究，将浓度为 4%的 PAC 溶液与原水在混凝池中进行混凝，再投加浓度为 2‰的聚丙烯酰胺（PAM）溶液进行絮凝，进入沉淀池进行沉淀，沉淀时间为 30min。研究结果表明，TP、NH_3-N 和 COD 的去除率分别达到 87%、85%和 87%，出水 TP、NH_3-N 和 COD 的质量浓度分别稳定在 0.3mg/L、1.8mg/L 和 16mg/L 左右，可为受污染的城市河道水体水质的维护和保育提供技术依据与应用参考，为城市河道水体水质的生态维护提供借鉴[80]。

4.3.3 磁絮凝分离技术

磁絮凝分离技术是一种混凝沉淀技术[78]（图 4-34），是混凝沉淀法的一种强化方法。在传统的絮凝处理工艺中，加入磁粉，使磁粉与絮凝剂絮体结合形成更为密切的磁性“复合”絮体，粒子之间的相互吸引力变强，进而增加絮凝的效果，形成高密度的絮体并加大矾花的密度，从而达到增加去除效果和加快沉降速度的目的[81]。污染物与磁粉混合反应凝结成一体，快速形成以磁种为结晶核的微磁性絮凝团，从而使原本没有磁性的污染物具有磁性，在外加磁场的作用下，具有磁性的絮凝体与水体分离，从而将污染物去除。磁粉的密度高达 $5.0\times10^3kg/m^3$，是砂子的两倍，当水体中的絮凝体与磁粉结合后，密度将大大增加，从而加快了沉降的速度，缩短了沉降时间。该技术对水体中漂浮物质的去除效果，特别是对水体中细菌、重金属和磷等的去除效果要比传统的絮凝处理工艺好，并且在一定程度上减少了絮凝剂的用量，这是由于絮体以磁粉的金属性和离子性作为其核心，使水体中的悬浮污染物的絮凝结合能力增强，从而达到高效净化水体的作用。沉淀污泥中的磁粉可以经过沉淀池处理后进入磁鼓中进行分离回收再利用[81]。该技术主要使用的磁性絮凝剂有磁性氧化铁粒子、磁性铝酸钙等[78]。

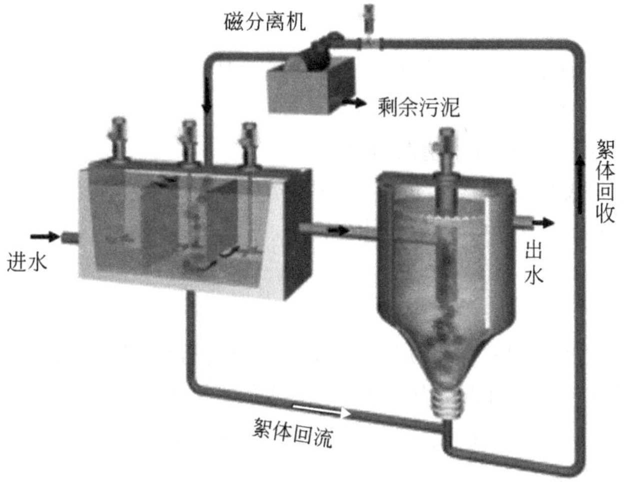

图 4-34　磁介质混凝沉淀设备示意图[82]

磁絮凝分离技术可用于削减污染水体中的磷、悬浮物、藻类、有机污染物等，特别适用于去除水体中难沉降的细小悬浮物、总磷等轻质杂质，并能有效抑制藻类暴发。车载移动式磁分离水体净化站，可用于突发污染排放事件的应急河道处理。现在许多领域都已经涉及磁絮凝分离技术，磁絮凝分离技术的应用已经从分离强磁性大颗粒发展到去除反磁性和弱磁性的细小颗粒中，目前也在逐步扩展到非磁性污染物的去除。目前研究的磁絮凝分离技术还有超导磁分离技术，它是通过向一定的空间提供强磁场以及高梯度磁场，使这一空间中的弱磁性悬浮物得到充分极化，提高其分离的效果，进而提高去除效果。作为节能、洁净的新兴技术，磁絮凝分离技术在地表水处理方面已有相关研究，但各研究成果仅停留在工艺参数优化方面，对磁介体强化混凝过程分析及其机理认识不足。近年来，国内外应用该技术进行水处理的范围越来越广泛，该技术也越来越成熟，我国在应用磁絮凝分离技术进行水处理方面取得了很大的进展。未来磁絮凝分离技术在景观水体净化方面将具有很大的发展前景[81]。

1. 技术优点

1）处理效率高：磁絮凝分离技术通过使用磁性絮凝剂，能够快速有效地去除水中的悬浮物、胶体物质和重金属离子等污染物，处理效率较高。

2）占地面积小：磁絮凝分离技术无须建设大型水处理构筑物，对于河道治理来说，可以减小对河道周边环境的影响，占地面积仅为传统混凝沉淀技术的 1/8～1/6。

3）自动化程度高：磁絮凝分离技术可以使用自动化设备进行操作，能够减少人工操作的成本和误差。

4）处理效果稳定，出水水质好：通过磁场作用将絮凝体从水中分离出来，可以保证处理效果的稳定性和可靠性。

5）磁絮凝分离技术的停留时间短。

6）运行费用低且安装运转灵活：磁絮凝分离技术磁性絮凝剂的投加量为传统混凝沉淀技术的 1/3，磁种可循环回收利用。

2. 技术缺点

1）维护管理要求高：需要定期检查设备的运行状况和磁性絮凝剂的投加量，并需要对沉淀池进行定期清洗和维护，维护管理要求较高。

2）可能产生二次污染：使用磁性絮凝剂的磁絮凝分离技术有可能产生二次污染，未完全分离的絮凝物质可能对下游水体造成二次污染。

3）对水体 pH 影响大：磁性絮凝剂的投加会对水体的 pH 造成一定的影响，需要添加中和剂进行 pH 调节。

3. 磁絮凝分离技术应用实例

光大水务科技发展（南京）有限公司通过采取水质净化（人工增氧和超磁分离净化技术）和补水活水方针对 J 河道进行治理。超磁分离净化技术以集装箱形式安装在 J 河道与 Z 河道交界处设置拦水坝附近。该技术处理规模为 $5000m^3/d$，占地面积为 $200m^2$。超磁分离净化技术处理工艺流程如图 4-35 所示。待处理水首先通过泵站提升至磁混凝系统，在该系统中污染物与磁种、混凝剂和助凝剂混合形成以磁种为核心的磁絮体，磁絮体流经超磁分离设备，磁盘凭借超强磁力实现磁絮体与水快速分离。磁絮体通过卸渣系统刮出后送至磁回收设备，在磁回收设备——磁鼓作用下实现磁种和污泥有效分离，磁种可循环利用，脱磁后的污泥送至污泥处理设备进行脱水处理。超磁分离净化技术工艺主要包括以下五部分：泵房、磁混凝系统、超磁分离设备、磁回收设备和污泥处理设备。经过超磁分离净化技术处理后，出水透明度明显提高，由灰褐色提升至透明色，水环境质量有了明显改善。超磁分离净化技术可有效去除河水中 SS、TP 和悬浮态有机物，出水 SS 浓度稳定在 20mg/L 以内，多数情况下 SS 去除率达 70%以上；出水 TP 浓度在 0.027～0.451mg/L 波动，多数情况下 TP 去除率维持在 70%以上，同时可有效降低河水 COD 浓度[83]。

以重庆市溉澜溪水体治理工程为例，采用磁混凝和曝气生物滤池为核心的组合工艺解决溉澜溪黑臭水体。设计一座磁混凝沉淀池，分两格并列运行。磁混凝沉淀池的反应区设计为 3 池串联（图 4-36），分别投加 PAC、PAM、磁粉，搅拌混合形成颗粒絮体后进入沉淀区。磁混凝反应池分 2 组（每组 3 格），单组总水力

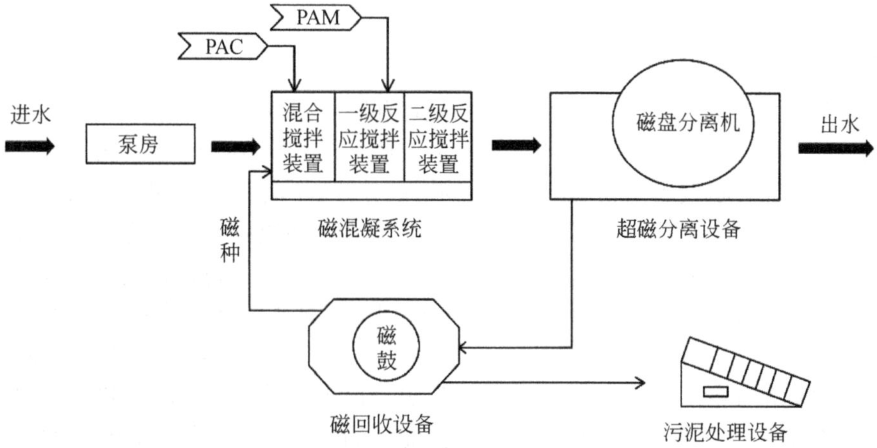

图 4-35　磁絮凝分离技术处理工艺流程[83]

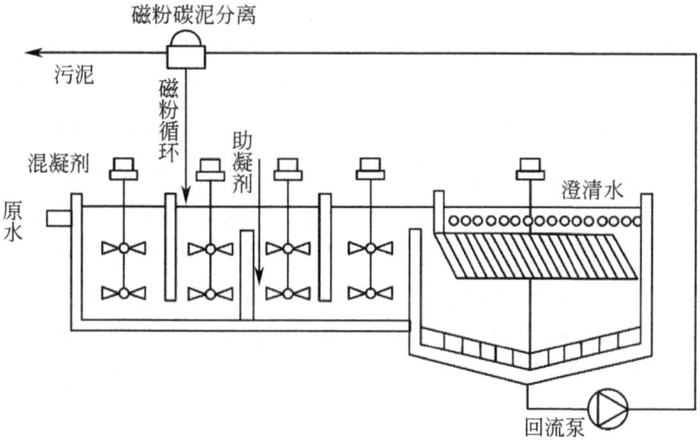

图 4-36　磁混凝工艺原理示意图[84]

停留时间为 7.6min，配套 6 台搅拌机。澄清池 2 座，设计表面负荷为 $18m^3/(m^2·h)$，有效尺寸为 10m×10m×10m，配套 2 台四臂刮泥机，直径为 10m。磁混凝澄清池设有污泥回流设施，剩余污泥则进入高剪机与磁分离机，设置污泥流量计，记录并控制回流污泥及剩余污泥流量。经水质检测，河道 COD_{Cr}、NH_3-N、TP 三项水质指标稳定达到《地表水环境质量标准》(GB 3838—2002)准Ⅳ类标准，其中 COD_{Cr} 出水指标稳定在 20mg/L 以下，NH_3-N 出水指标稳定在 0.2mg/L 以下，TP 出水指标稳定在 0.2mg/L 以下。实际运行证明，该组合工艺在进水量超过设计规模 50%的情况下运行，出水仍能稳定达标，溉澜溪已彻底消除黑臭，重现清水绿岸、鱼翔浅底的美丽景象[84]。

4.3.4 生物接触氧化工艺

生物接触氧化工艺是一种利用生物处理和曝气供氧的方法来降解污染物，在生物反应器中使污水得到净化的一种污水处理工艺（图 4-37）。该工艺将微生物与污水接触，通过曝气提供氧气，使微生物增殖并分解污水中的有机物，从而达到净化水质的目的[85]。对于脱氮而言，活性污泥颗粒和生物膜的内部均会产生氧浓度梯度，可创造内部缺氧微环境，发生同时硝化反硝化现象，进而提高脱氮效率[86]。生物接触氧化工艺使用历史较久，起源于德国，后逐渐在全世界推广应用[76]。生物接触氧化工艺属于生物膜法，它是在生物滤池的基础上发展起来的，可称为“淹没式生物滤池工艺”“浸没式生物膜法”等。该工艺是活性污泥法和生物滤池技术的结合工艺，它兼有生物膜法和活性污泥法的优点，是一种高效的生物处理技术。经过大量研究与工程实践，该工艺逐渐成熟，被广泛用于城市生活污水及工业废水的研究和微污染水源水的预处理，近年来也被用于污染河水的旁路治理，目前基于生物接触氧化工艺治理重度污染河水的相关研究与应用较少。在物化技术中，混凝沉淀相比于超磁分离技术，运行管理更方便，运行成本相对较低。生物膜法中，相比于曝气生物滤池，生物接触氧化工艺没有复杂的反冲洗系统，运行管理较为方便，与膜生物反应器技术相比，生物接触氧化工艺具有成本低的优势[87]。近年来，采用分段进水（step-feeding）方式强化脱氮受到关注，这种方式所需池容小、无须回流、脱氮效率高，且抗冲击负荷。但到目前为止，分段进水方式大多应用于活性污泥法，将分段进水方式和生物接触氧化工艺相结合的研究鲜见报道，而将其应用于较大规模的示范工程研究则更是少之又少。因此，基于接触氧化旁路处理工艺治理重度污染河水的相关研究具有一定的发展前景[86]。

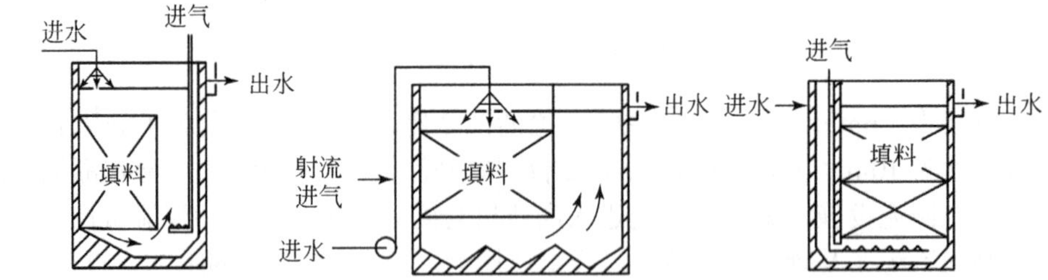

(a)分流式(鼓风曝气充氧式)　(b)分流式(射流曝气充氧式)　(c)直接式(鼓风曝气充氧式)

图 4-37 生物接触氧化池[88]

1. 技术优点

1）高效性：生物接触氧化工艺能够处理含有多种有机污染物的污水，对有机污染物具有较高的去除率，同时能够适应较高的负荷变化。

2）活性污泥少：生物接触氧化工艺中的微生物以附着生长为主，形成的生物膜较为稳定，因此产生的活性污泥较少，减少了污泥处理和处置的难度。

3）节能性：生物接触氧化工艺无须大量的机械搅拌设备和曝气设备，相较于活性污泥法等工艺更为节能。

4）适应性强：生物接触氧化工艺对水质和水量变化的适应性强，耐冲击负荷能力强，可以处理不同类型和浓度的有机污水。

5）占地面积小：生物接触氧化工艺所需设备体积小、水力停留时间短。

6）运行管理方便：生物接触氧化工艺不产生污泥膨胀，污泥产量少，没有复杂的反冲洗系统。

2. 技术缺点

1）维护管理要求高：需要定期对生物膜进行清洗和维护，同时需要控制曝气量和溶解氧含量等参数，维护管理要求较高。

2）投资成本高：生物接触氧化工艺需要较高的投资成本，包括反应器、曝气设备、填料或挂膜设备等。

3）对有毒物质敏感：生物接触氧化工艺对有毒物质较为敏感，如果污水中含有大量有毒物质，可能对微生物的生长和分解产生抑制作用，降低处理效果。

3. 生物接触氧化工艺应用实例

以滇池流域污染最严重的大清河为例，北京大学张辉等[86]采用分段进水生物接触氧化工艺（SBCOP）开展河道水体的旁路处理示范工程研究。该示范工程的设计规模为 1000m^3/d，规格为 30m×3.0m×3.0m，有效水深为 2.2m，水力停留时间为 4.75h（图 4-38）。该示范工程采用三段式进水形式，每段容积相同，且均由非曝气段和曝气段组成，其容积比为 1∶3。非曝气段采用 SHX 型弹性立体填料，曝气区采用 SHX 组合填料，利用风机通过穿孔管曝气。示范工程无排泥措施。项目运行结果表明，该示范工程对 COD 和 NH_4^+-N 具有较好的去除效果，其平均去除率分别为 37.7%和 32.9%，1∶1∶1 的分段进水比利于去除 COD 和 NH_4^+-N，NH_4^+-N 去除率随进水 NH_4^+-N 浓度升高而降低；受到低温、低碳源、高进水 DO 浓度和生物膜生长不佳等因素影响，TN 去除效果较差，平均去除率为 10.5%；TP 的平均去除率为 13.7%，由于该示范工程未设排泥设施，TP 的去除主要依靠底泥吸附和水绵吸收来实现，及时清除底泥和死亡的水绵有利于去除 TP。

安徽新宇环保科技股份有限公司张友德等[89]在合肥市某河道水质应急提升项目中，采用快速磁分离净化设备＋生物接触氧化池＋生态处理（生态塘）的组合工艺，以达到水质应急提升效果，是一个典型的黑臭水体旁路治理技术应用项

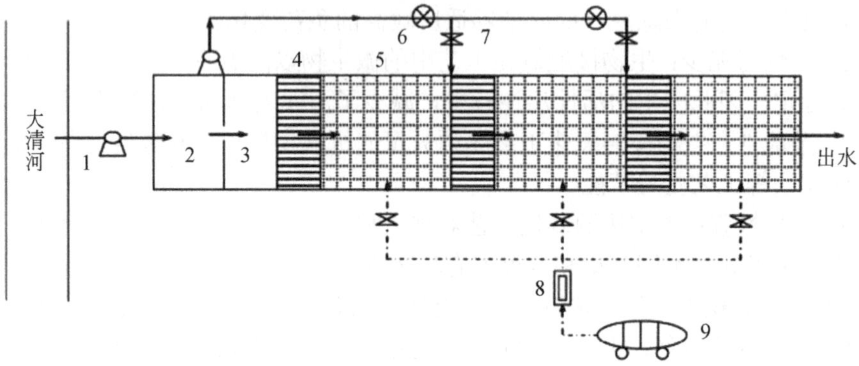

图 4-38　SBCOP 示范工程工艺流程图[86]

1. 污水泵；2. 预处理塘；3. 进水槽；4. 非曝气段；5. 曝气段；6. 污水表；7. 阀门；8. 气体流量计；9. 风机

目。该项目生物接触氧化池的实际尺寸为 80m×14m×2.7m，坡度为 1∶2.5，底部宽 10m，水力停留时间为 7～9h，气水比为 6∶1，有效水深为 2.2m。池内整体设计为沉淀区、填料区两个功能区域，沉淀区尺寸为 30m×14m，填料区尺寸为 50m×14m。填料区分为曝气区和静置区，在曝气区、静置区均匀布置悬挂式填料。悬挂式填料选用弹性填料与软性填料［图 4-39（a）、（b）］，数量上两种悬挂式填料比例相同，施工时在池中将两种悬挂式填料互相平行穿插悬挂。曝气区上方布置水面输氧浮管，由软管连接池底微孔曝气头，静置区内布置悬挂式填料。生物

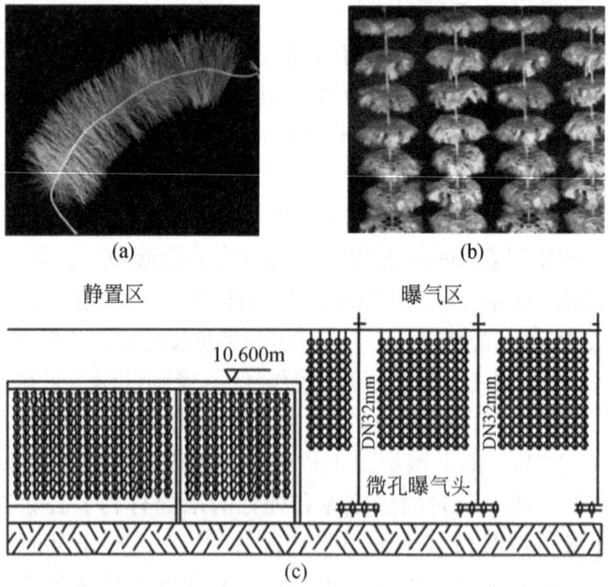

图 4-39　弹性填料（a）、软性填料（b）及接触氧化池布置示意图（c）[89]

接触氧化池布置示意图如图 4-39（c）所示。生物接触氧化工艺对氨氮有着显著的削减效果，据统计，氨氮的平均去除率达到 79%以上。通过生物接触氧化工艺处理，出水中氨氮浓度至少可以达到或接近《地表水环境质量标准》（GB 3838—2002）V类水标准，即小于 2.0mg/L。

4.3.5　生物滤池

生物滤池是一种利用微生物在介质（一般为颗粒状填料）表面形成的生物膜，对污水进行处理的生物处理工艺（图 4-40）。在河道治理中，生物滤池可用于旁路处理技术，对河道中的污水进行净化[90]。该技术使用不同的滤料如碎石、陶粒、有机合成材料等填充于构筑物中，利用滤料表面的微生物对水中的污染物进行分解去除[76]。其去除过程中过滤及吸附截留作用、食物链的分级捕食作用和生物代谢作用三方面共同作用将水体中污染物去除[91]。

生物滤池主要由池体、滤料、承托层、布水装置、布气系统、反冲洗系统、排水系统、管道和自控系统组成（图 4-41）。具有多种不同的工艺形式，按照水流方向可分为升流式和降流式，按照填料在滤池内的悬浮状态可分为悬浮型和沉没型。根据池型和生物膜载体的不同，国外的研究与工程应用过程中主要应用 BIOSTYR、BIOFOR、BIOCARBONE、BIOBFAD 等形式。在污水处理中，单个生物滤池工艺可以完成碳化、硝化、反硝化、除磷等功能，与其他工艺组合可以

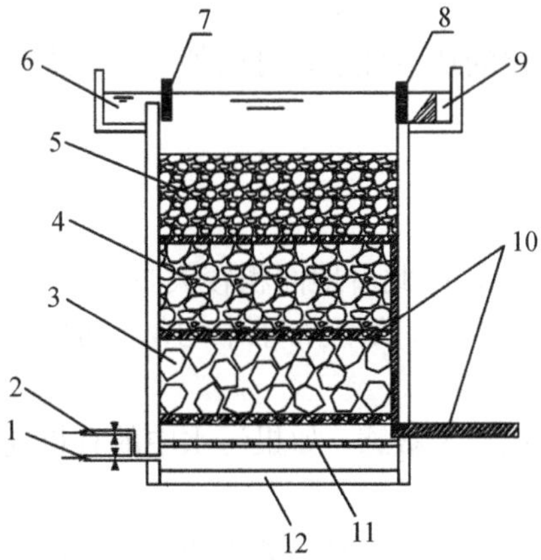

图 4-40　三维级配曝气生物滤池[92]

1. 进水口；2. 反冲洗进水口；3. 不级配填料层；4. 不完全级配填料层；5. 完全级配填料层；6. 出水槽；7. 出水槽挡流板；8. 反冲洗挡流板；9. 反冲洗排水槽；10. 布气管网；11. 布水整流板；12. 池体

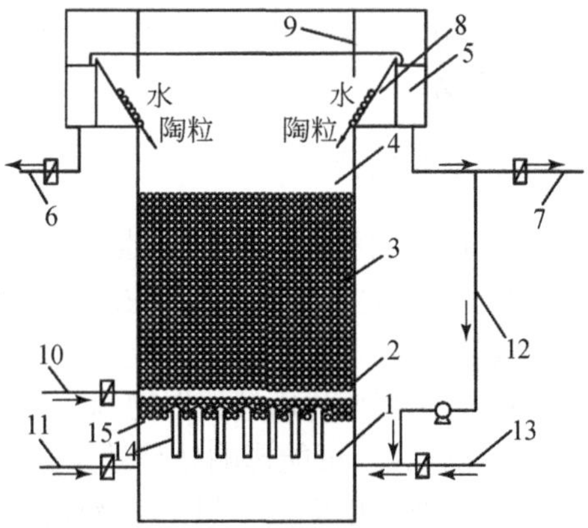

图 4-41　曝气生物滤池的构造[91]

1. 缓冲配水区；2. 承托层；3. 滤料区；4. 出水区；5. 出水槽；6. 反冲洗排水管；7. 净化水排出管；8. 斜板沉淀区；9. 栅形稳流板；10. 曝气管；11. 反冲洗气管；12. 反冲洗气管；13. 滤池进水管；14. 撑料板；15. 滤头

进行一般城市污水或工业废水的二级或三级处理。其工艺流程根据不同的出水水质要求，可分为脱碳生物滤池、硝化生物滤池、反硝化生物滤池等工艺。结合化学法还可以实现同步脱氮除磷。现如今已小规模应用于微污染河水治理。针对城市地表水污染严重的情况，如何治理和控制城市地表水的高污染负荷已成为城市水污染治理的重要问题。目前，对生物滤池的研究主要在进一步增大滤床截污能力及降低反冲洗频率，研究开发质轻、性能好、价廉的新型滤料，降低生物滤池运行成本。另外，生物滤池理论结合实践，在实际过程中的应用需要考虑到实际情况[91]。当河道中汇入浓度较高有机废水时，生物滤池可以结合其他物理化学技术对河水进行处理[76]。在河道周边空间有限的条件下，可尝试水流方向设计为垂直流，选择当地易获取的填料，如砾石、卵石等，结合河道周边条件，应用成品设备或改造河岸土地，针对不同污染物的去除要求，选用适宜填料[66]。

1. 技术优点

1）高效性：生物滤池利用微生物分解有机物，具有较高的处理效率，能够降低污水中的有机物浓度，提高水质。

2）易维护：生物滤池的设备简单，运行稳定，维护管理相对简单，日常运行只需定期清洗填料和更换滤网等。

3）节能性：生物滤池采用自然通风供氧，无须机械曝气，因此具有较低的运行能耗。

4）适应性强：生物滤池对水质和水量变化的适应性强，可以处理不同类型和浓度的污水。

2. 技术缺点

1）占地面积大：生物滤池需要较大的场地，因此占地面积较大。

2）对布水要求高：生物滤池的布水系统要求高，如果布水不均匀，可能影响处理效果。

3）对负荷变化敏感：生物滤池对负荷变化较为敏感，如果污水中的有机物质浓度变化较大，可能影响处理效果。

4）需要定期更换填料：生物滤池的填料需要定期更换，如果更换不及时，可能影响处理效果。因此，生物滤池的维护管理要求较高。

3. 生物滤池工艺应用实例

以受污染的城市河道新运粮河为例，中国地质大学朱擎等[93]开展了微曝气生物滤池（BAF）-多级土壤渗滤系统（MSL）工艺的河道旁路示范工程研究（图4-42）。示范工程中微曝气生物滤池尺寸为4m×4m×3.5m，采用向上流。滤池为半地下式，池体采用砖混结构，采用重质陶粒作为滤料，周边种植水生植物，以增加景观效果。微曝气生物滤池处理最大规模为1600m^3/d，其最大水力表面负荷为4.2m^3/（m^2·h）。结果表明，BAF-MSL工艺对TN的去除效果明显，TN去除率达到了87.56%，TN水质指标能够满足地表水Ⅴ类水质标准。BAF段和MSL段分别较好地完成了硝化和反硝化过程，该工艺对有机物也具有一定的去除能力，有机物去除率达到了35.99%，达到了《地表水环境质量标准》（GB 3838—2002）Ⅳ类水质标准。在进水TP浓度波动较大的水质条件下，示范工程对TP的去除效果良好，TP去除率达到了57.69%，且TP的去除主要在BAF段完成。

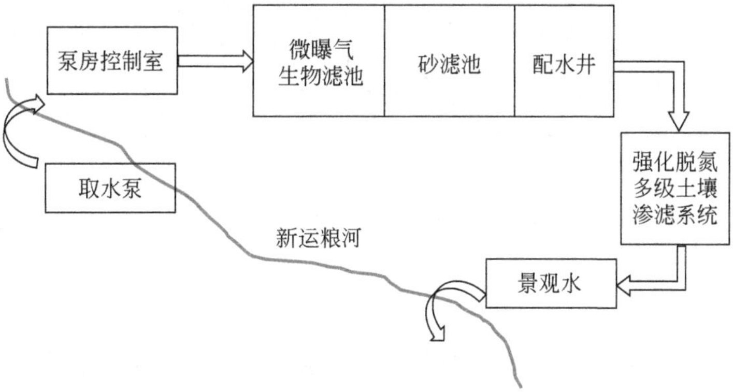

图4-42 示范工程工艺流程图[93]

以重庆市溉澜溪水体治理工程为例，采用磁混凝和曝气生物滤池为核心的组合工艺解决溉澜溪黑臭水体。曝气生物滤池采用上向流形式（图4-43），能将水中的NH_3-N氧化为NO_3-N。生物滤池工艺的核心在于滤料，本项目采用污水处理专用球形多孔轻质陶粒滤料作为生物滤池的滤料，球形多孔轻质陶粒滤料表面粗糙多微孔，适于微生物的生长繁殖。设置2座曝气生物滤池，每座4格，单座尺寸为60.75m×6.65m×6.90m。单格过滤面积为95m^2，硝化容积负荷为0.15kg NH_3-N/（m^3·d），水力负荷为3.3m^3/（m^2·h），设计滤速为3.3m/h，强制滤速为3.8m/h。每格生物滤池对应1台曝气风机，每台曝气风机的曝气量为5.9m^3/min，滤料层厚度为3m，球形多孔轻质陶粒滤料规格为ϕ3～5mm，气水联冲时水冲强度为3L/（m^2·s），气冲强度为15.0L/（m^2·s）。设置3台反冲洗风机，两用一备，单台流量为65.53m^3/min，风压为0.085MPa，功率为110kW。设置3台反冲洗潜水泵，两用一备，单台流量为890m^3/h，扬程为10m，电机功率为37kW。经水质检测，河道COD_{Cr}、NH_3-N、TP 3项水质指标稳定达到准Ⅳ类标准，其中COD_{Cr}出水指标稳定在20mg/L以下，NH_3-N出水指标稳定在0.2mg/L以下，TP出水指标稳定在0.2mg/L以下。实际运行证明，该组合工艺在进水量超过设计规模50%的情况下运行，出水仍能稳定达标，溉澜溪已彻底消除黑臭，重现清水绿岸、鱼翔浅底的美丽景象[83]。

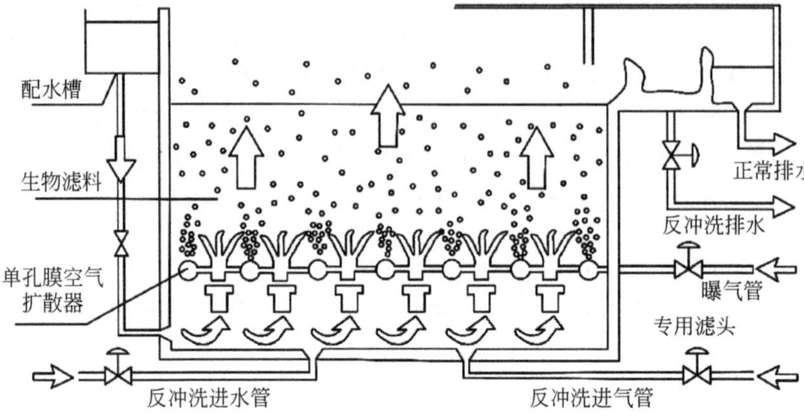

图 4-43　曝气生物滤池工艺原理[87]

4.3.6　稳定塘

稳定塘是一种利用天然净化机制处理污水的技术[84]，基于水体的自净能力而开发出的一种生物处理工艺，通过改造现状废弃的鱼塘、沼泽、滩涂等天然塘体而完成[76]。其原理是在人工建造的塘体中，通过微生物、植物和土壤等自然界的生态系统的协同作用，对污水进行净化（图 4-44）[84]。稳定塘中发挥关键作用的是塘体中的微生物，水流在稳定塘中流动的过程中，与稳定塘中的微生物充分接触，微生物将水中的污染物分解，从而达到去除水中污染物的作用[76]。在河道治理中，稳定塘可作为旁路处理技术的一种选择[84]，利用重力沉淀、微生物分解转化和水生动植物的吸收作用对河道中的污水进行净化处理[58]。

一般来说单一的稳定塘中生物量很少，微生物的活性也较差，所以其对污染物的去除能力有限。但多年来研究者经过不懈努力，在传统稳定塘的基础上进行了很多改进，形成了许多高效的稳定塘技术，按照生化反应类型，可以将稳定塘分为曝气塘、好氧塘、厌氧塘和兼性塘 4 种类型[76]。用于污染河流治理的稳定塘可利用河道附近的洼地、鱼塘经适当改建而成；对于中小河流，还可以直接在河道上筑坝拦水，成为河道滞留塘（在河流上游的又称前置库）。河道滞留塘在国外已有应用实例。一条河流可以构建一级或者多级滞留塘，它们在污染源的生态拦截及污染水质的就地净化中可以发挥重要作用[94]。稳定塘技术治理河道在国内外已有多年的研究和实践，目前在原有稳定塘技术的基础发展了很多新型塘和稳定塘组合工艺，如美国的高级综合稳定塘、我国串联结构的综合生物塘等。稳定塘技术对黑臭水体具有较高的处理效率，在黑臭水体预处理基础上，通过底泥的生物氧化、水体增氧、水体生态恢复等技术手段，对河道进行生物修复，能有效消除水体黑臭，提高河涌水体自净能力[58]。

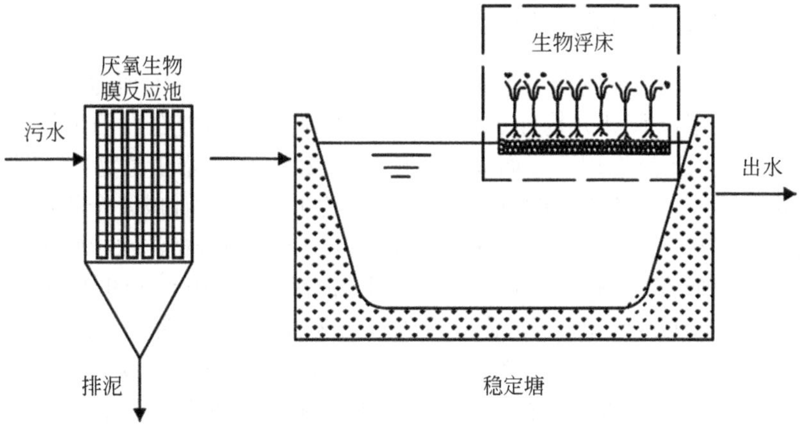

图 4-44　稳定塘污水处理技术工艺流程[95]

1. 技术优点

1）成本较低：稳定塘的建造和运行成本相对较低，只需利用现有的土地资源，建造塘体并种植物即可。同时，稳定塘中的微生物和植物可以自然生长与繁殖，节省了人工投入。

2）生态环保：稳定塘是一种生态环保的处理方法，利用自然界的生态系统进行净化，减少了对环境的影响。同时，稳定塘中的生物物种可以增加生物多样性和生态平衡。

3）处理效率较高：稳定塘具有较高的处理效率，能够去除污水中的有机物、氮、磷等污染物，以及重金属等有害物质。处理后的水质可以得到明显改善。

4）适应性强：稳定塘对污水的水质和水量变化具有较强的适应性，可以处理不同类型和浓度的污水。

2. 技术缺点

1）处理周期长：稳定塘的处理周期较长，一般需要数天到数周的时间才能完成净化过程。因此，对于需要快速处理的污水，稳定塘可能不适用。

2）占地面积大：稳定塘需要较大的场地，因此占地面积较大。在城市地区，土地资源有限，因此可能会限制稳定塘的应用。

3）管理难度大：稳定塘的运行管理相对复杂，需要定期维护和监测。如果管理不当，可能会影响处理效果。

4）对环境要求高：稳定塘对环境的要求较高，如果周围环境恶劣（如温度低、风大等），可能会影响处理效果。

3. 稳定塘技术应用实例

中国科学院水生生物研究所黄亮等[96]在净化滇池入湖河道污水项目中，基于旁路净化的思路设计并构建了包括水生植物塘和养殖塘在内的生物稳定塘系统。预处理塘由闲置农田改建而成，面积约为 2200m^2，水生植物塘（图 4-45）紧邻预处理塘，面积约为 2000m^2，平均水深约 1.5m，设计成 4 个相通的功能区域，按照水流方向依次为功能区 1～4。功能区 1～2 内种植浮水植物水芹菜，功能区 3～4 内种植沉水植物狐尾藻。养殖塘的面积约 2200m^2（图 4-46），由两个连通但水深不同的区域组成，塘内靠近进水口区域的最大水深为 1.5m，靠近出水口区域的平均水深为 2.0m。沿堤岸由上到下立体栽种鸢尾、再力花和风车草，其中鸢尾的种植密度为 20～25 株/m^2，再力花和风车草的种植密度为 16～20 株/m^2。塘中还搭配放养了鲢鱼、鲫鱼等经济鱼类共 500kg，对水体中的养分和其他代谢物起到控制作用。用该系统处理大清河污水，对 TN、TP、NO_3-N、NH_3-N 的平均去除率分别为 25.3%、50.6%、38.4%、35.6%，明显改善了水质，为今后利用生物/生态方法治理河道污水提供了科学依据。

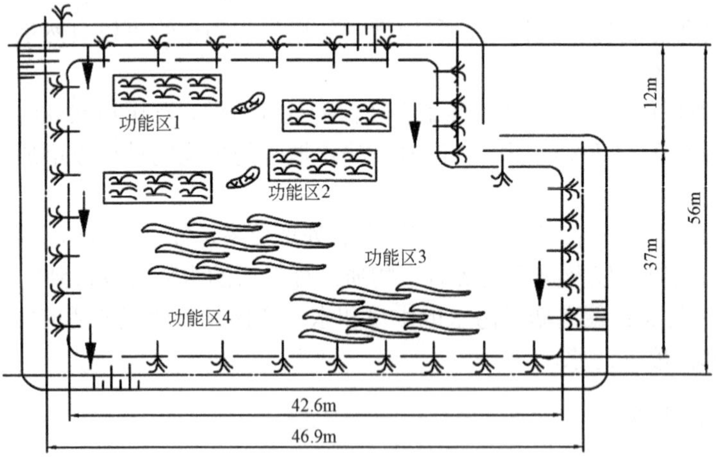

图 4-45　水生植物塘平面布置[96]

中国市政工程华北设计研究总院有限公司吕美丽和杨贝贝[97]在桃源县延溪河综合整治工程中，采用人工湿地与稳定塘有机组合的生态修复技术，稳定塘位于进水端，总面积为 2450m^2，其中深水区与浅水区的比例为 1∶1，面积分别为

1225m²，深水区的水深平均为 2.5～3m，浅水区的水深为 1～1.5m。浅水区种植挺水植物以及沉水植物，挺水植物以芦苇为主，种植面积为 186m²，沉水植物种植面积为 480m²，以苦草、金鱼藻和狐尾藻为主，种植比例为 2∶1∶2。深水区以沉水植物为主，种植面积分别为苦草 168m²、金鱼藻 144m²、狐尾藻 168m²。水生植物种植面积占稳定塘水面面积的 47%，实现了提升河道生态系统、河道整治、水清岸绿的目标。

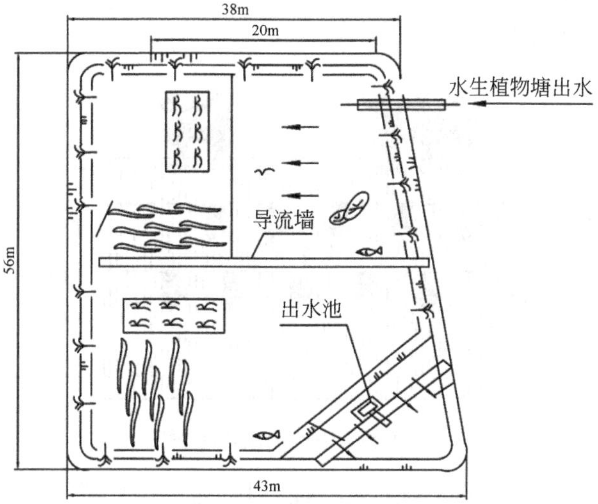

图 4-46　养殖塘平面布置[96]

4.3.7　土地渗滤

土地渗滤是利用土地与林地、农田等组成的土壤-微生物-植物系统进行水处理工作的生态工程技术，其主要去除原理为系统生物所参与的生化反应、物理截留等作用将水中的氮、磷等污染物去除，将污水中的营养盐资源化利用的同时达到水质净化的作用[76]。对污染物的去除过程包括土壤的过滤截留、物理和化学吸附、化学分解和沉淀、植物和微生物摄取、微生物的氧化降解、蒸发等[98]。在河道治理中，土地渗滤可以作为旁路处理技术的一种选择，对河道中的污水进行净化处理。土地渗滤系统主要由三部分组成：预处理设施、渗滤系统和后续处理设施[99]（图 4-47）。

传统的土地渗滤主要有慢速渗滤、快速渗滤、地表漫流和地下渗滤等。目前传统土地渗滤系统已广泛应用于生活污水、河流湖泊水质改善及面源污染控制等多个领域，对有机物去除效果好，经济性强，但传统的土地处理法仍存在很多局限性，堵塞就是主要问题之一。为了进一步提高土地渗滤系统的工作效率，日本研究开发出一种新型的土地处理系统——多级土壤渗滤系统（图 4-48）。核心理念是将土壤模块化并呈砖块累积状搭建，在周围空隙内填充粒径较大的填料如沸石、砂砾等形成渗滤层，系统内填料粒径、结构的差异可有效地解决土地处理系统的堵塞问题。在工程应用方面，多级土壤渗滤系统技术已在日本应用于污染河流的治理，并取得显著的效果，尤其是在氮、磷去除方面。在国内水资源短缺和河流湖泊污染日益严重的情形下，多级土壤渗滤系统技术作为低成本污水处理生态工程技术，可有效地缓解土地处理系统的堵塞问题并提高其使用年限，具有进行深入研究的理论意义与实用价值[100]。

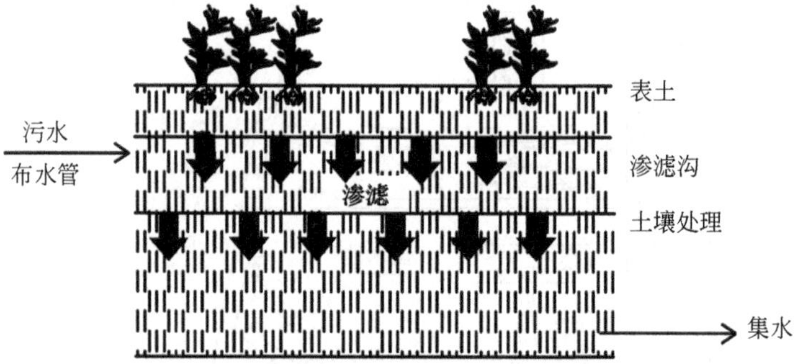

图 4-47　土壤渗滤系统[95]

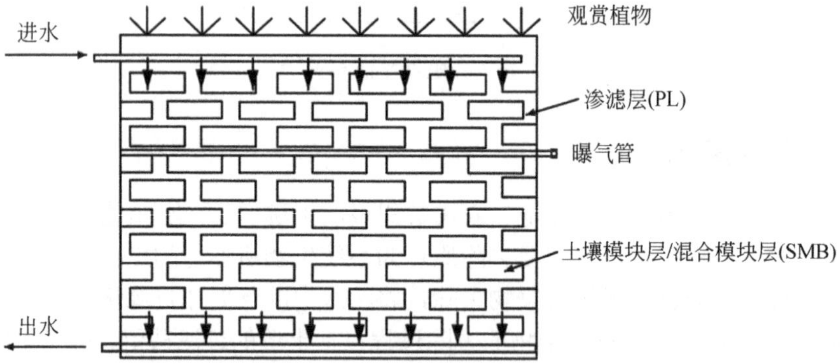

图 4-48　多级土壤渗滤系统剖面结构图[100]

1. 技术优点

1）成本较低：土地渗滤系统的建造和运行成本相对较低，只需利用现有的土地资源，对土地进行适当改造即可。同时，土地渗滤系统中的微生物和植物可以自然生长和繁殖，节省了人工投入。

2）生态环保：土地渗滤是一种生态环保的处理方法，利用自然界的生态系统进行净化，减少了对环境的影响。同时，土地渗滤系统中的生物物种可以增加生物多样性和生态平衡。

3）处理效率较高：土地渗滤系统对污水中的有机物、氮、磷等污染物，以及重金属等有害物质，具有一定的去除效果。处理后的水质可以得到一定改善。

4）适应性强：土地渗滤系统对污水的水质和水量变化具有较强的适应性，可以处理不同类型和浓度的污水。

5）能充分利用水、肥资源：土地渗滤系统实现污水充分净化的同时，能使水、肥资源循环再生和有效利用，达到污水的处理与利用相结合的目的。处理后的水可相应作为城市供水水源、杂用水及工农业用水等，这对水资源短缺的地区更为重要。

2. 技术缺点

1）处理效果不稳定：土地渗滤系统的处理效果受土壤性质、气候条件、水文地质等多种因素影响，处理效果不够稳定。

2）占地面积大：土地渗滤系统需要较大的场地，因此占地面积较大。在城市地区，土地资源有限，因此可能会限制土地渗滤系统的应用。

3）管理难度大：土地渗滤系统的运行管理相对复杂，需要定期维护和监测。如果管理不当，可能会影响处理效果。

4）对环境有潜在影响：虽然土地渗滤系统利用了自然生态系统的净化作用，但是过量的污水可能会对土壤和地下水造成污染；在运行过程中产生的气溶胶、散发的臭气等会对周边地区造成环境卫生问题。

5）水力负荷低：由于传统土地渗滤系统的核心是利用天然土层作为渗滤介质，因此土地渗滤系统水力负荷低。

6）在寒冷地区的季节性问题：北方一些比较寒冷的地区，土地渗滤系统在冬季往往无法运行。系统运行的季节性与废水排放的连续性矛盾在一定程度上限制了土地渗滤系统在北方地区的应用。

3. 土地渗滤系统工程应用实例

北京大学魏才倢等[101]在处理滇池入湖河水工程中，采用多级土壤渗滤系统（图 4-49）。多级土壤渗滤系统中的渗滤层和承托层采用了粒径较大的沸石，可有效防止系统内的堵塞现象；混合模块层则利用当地的资源优势，填充了陶结（50%）、木炭（35%）、石灰石（10%）和铁屑（5%）的组合滤料。渗滤和模块净化层总高为 1.2m，其中混合模块层的模块规格均为 0.295m×0.215m×0.075m。运行结果表明，在曝气条件下，对 NH_4^+-N 和 TP 的去除效果影响较小，但曝气可明显提高系统对有机物的去除效果；在非曝气的条件下，对 COD、NH_4^+-N、TN

和 TP 的平均去除率分别在 50%、90%、80%和 70%以上，出水 NH_4^+-N 和 TP 浓度可达到《地表水环境质量标准》（GB 3838—2002）的Ⅲ类标准。

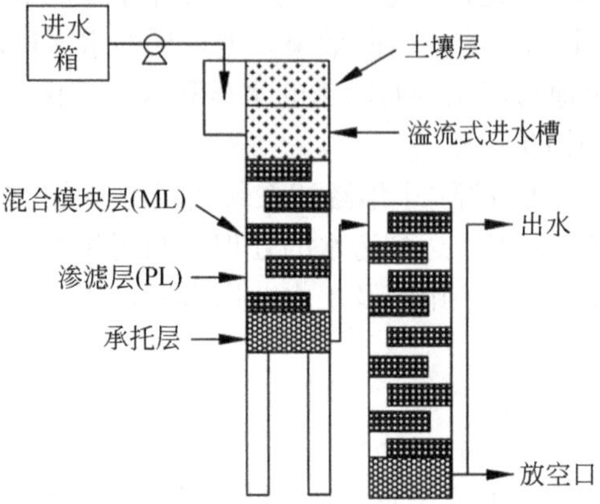

图 4-49　多级土壤渗滤系统示意图[101]

湖南大学陈佳利等[102]针对受污染的流入滇池的河流河水问题，采用具有曝气段和缺氧段的两段式多级土壤渗滤系统，开展了在缺氧段添加非水溶性可生物降解多聚物（BDPs）材料聚丁酸丁二醇酯（PBS）颗粒的强化脱氮除磷中试研究。运粮河河道污水由水泵提升至高位水箱，经初次沉淀后，由计量泵配水，依次流过模拟曝气段、非曝气段，再通过上流式出水管流出系统，其中，曝气段通过微型空气压缩机接曝气软管曝气，曝气软管置于承托层上部，非曝气段采用上流式出水，使其维持淹水水位。好氧段尺寸为 0.4m×0.3m×0.7m（长×宽×高），缺氧段尺寸为 0.4m×0.3m×1.0m（长×宽×高）。曝气段、非曝气段渗滤层、土壤混合层填

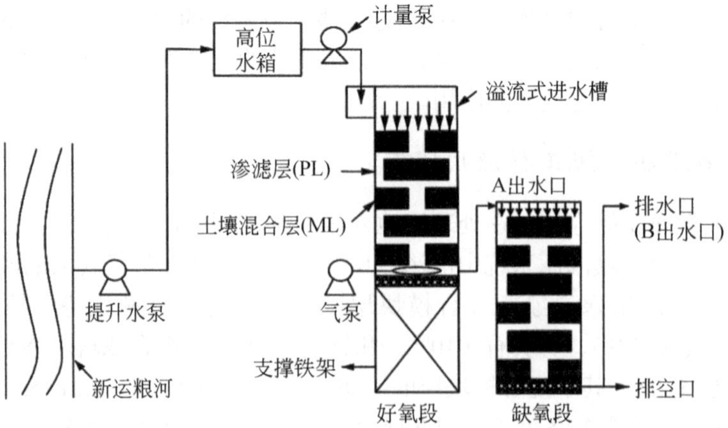

图 4-50　多级土壤渗滤系统中试模拟实验装置示意图[102]

料内部的相对空间结构（图 4-50）。曝气段土壤混合层包含两种不同规格模块，尺寸分别为 0.3m×0.2m×0.1m（长×宽×高）和 0.15m×0.2m×0.1m（长×宽×高），分别由陶砂（30%）、红壤（40%）、锯木屑（10%）、石灰石（10%）、铁屑（5%）、木炭（5%）组成，渗滤层填料为沸石；缺氧段土壤混合层土壤模块规格为 0.3m×0.28m×0.08m（长×宽×高），分别由陶砂（30%）、红壤（40%）、PBS（10%）、石灰石（10%）、铁屑（5%）、木炭（5%）组成，土壤混合层填料为陶粒。

4.3.8　人工湿地

旁路人工湿地是指在河道旁边或河道两侧建设人工湿地，通过引导部分河水流经湿地，达到净化水质和调节水量的目的[64]。湿地通常处于陆地生态系统和水生生态系统之间的过渡区域，它一般由湿生、沼生和水生植物、动物、微生物等生物因子以及与其紧密相关的阳光、水分、土壤等非生物因子构成。处理水污染物的基本原理：人工湿地系统运行稳定后，基质表面和植物根系生长了大量的微生物并形成了生物膜，污水流经湿地时，大量的污染物被基质和植物根部截留，有机物则通过生物膜的吸附、吸收、同化及异化作用而得到去除。同时，通过植物的收割，也将部分污染物从水中去除。湿地系统中植物根系对氧的传递释放，使其周围的环境依次呈现好氧、缺氧和厌氧状态，通过硝化和反硝化可有效地提高湿地系统的脱氮能力。人工湿地融合了自然净化和生物膜法优点，将污水净化、污水资源化及美化环境有机结合起来[65]，同时可以通过其储水和渗透能力，调节河水的流量和水质，因而受到广泛关注[64]。

人工湿地技术已被研究与应用多年，20 世纪 50～70 年代，欧美地区逐渐出现了各类型人工湿地的应用案例，而亚洲只有少量的中试规模的表面流湿地；到了 80 年代，欧洲在人工湿地中的应用集中在水平流人工湿地，并发布了潜流湿地的设计指南，美国则集中于表面流人工湿地的应用，而其他地区的人工湿地应用也逐渐兴起；90 年代，人工湿地技术在世界各地迅速发展，并被广泛应用于各类污废水的处理中，而对人工湿地净化功能的强化需求也愈发突出；进入 21 世纪以来，人工湿地技术在填料开发、模型构建和微生物学特性分析等领域均取得了巨大进展[66]。人工湿地分自由表面流人工湿地、垂直潜流人工湿地、水平潜流人工湿地三类[58]。垂直潜流人工湿地比自由表面流人工湿地抗有机污染物负荷冲击更强，对于处理较高有机负荷的污染水体，应优先选择垂直潜流人工湿地。北方地区冬季气温较低，无法维持生态系统正常运行或出水效果，应就地选取适合的植物，并充分考虑过冬问题。该技术也可用于居住分散、土地宽裕的村镇分散污水处理，可充分利用农村空地，以户或村为单位，建设分散性人工湿地[68]。在人工湿地技术的应用中，其选择使用的水生植物的耐污和净化性能是这一技术能否正常发挥污染治理效能的关键所在[58]。

1. 技术优点

1）净化水质：利用湿地植被和土壤的吸附和过滤作用，可以有效去除水中的悬浮物、氮磷和有机物等污染物质。湿地植物的根系和微生物可以吸收和降解污染物质，使水质得到净化。

2）调节水量：具有较强的储水和渗透能力，可以储存和渗透部分河水，减缓洪峰流量，缓解河道的洪水风险。湿地植被的蓄水和土壤的渗透能力可以起到调节水量的作用，提高河道的水资源利用效率。

3）生态效益：可以提供适宜的生境条件，促进生物多样性的增加，恢复和改善生态系统功能。湿地植被为鸟类、昆虫等提供了栖息地，增加了生物多样性，同时具有较好的景观效果。

4）建设成本低：人工湿地工程建造成本低廉，其建设成本与运营成本仅占普通污水处理厂的10%。

5）抗水力冲击负荷能力强。

2. 技术缺点

1）占用土地资源：旁路人工湿地需要占用额外的土地资源，特别是在城市等土地紧缺的地区，建设难度较大。此外，人工湿地的面积和规模也会受到土地限制的影响，可能无法满足治理需求。

2）处理效果不稳定：人工湿地的处理效果受气候条件、污水水质、植物生长等因素影响，处理效果不够稳定。

3）水质净化效果受限：通过引导部分河水流经旁路人工湿地，所以其净化效果受到水量和流速的限制。在水量较大、流速较快的情况下，其净化效果可能无法完全达到预期。

4）湿地填料堵塞：北方受低温影响，基质可能会造成堵塞问题，同时要预防植物腐败和微生物繁衍造成的湿地堵塞。

3. 人工湿地工程应用实例

华东地区某水系黑臭水体整治项目中，采用水平潜流人工湿地工艺，同时辅以表面流人工湿地和生态涵养湖形成组合处理工艺［图 4-51（a）］。旁路人工湿地案例建设于现状水系旁现状带状绿地［图 4-51（b）］，绿地宽度约 20m，长度约 280m，整体坡向河道。潜流人工湿地分五组单元并联运行［图 4-51（c）］，总面积 848m^2，设计负荷 1.42m^3/（m^2·d）。每个人工湿地单元采用穿孔花墙布水，沿填料层竖向均匀布水，设计坡度为 1%，出水区放置粒径为 40～80mm 的卵石和砾石，长度为 0.5m，深度为 0.5m，宽度同湿地床宽。在垂直高度上分为覆盖层、填料层和防渗层。覆盖层设计厚度为 30cm，选用优质土壤作为覆盖层。填料层设计厚度为 70cm，覆盖层与填料层间设置透水土工布，选用砾石作为主要填料，粒径为 10～30mm，掺和钢渣作为强化介质，砾石与钢渣体积比按 9∶1 设计。防渗层采用聚乙烯膜，膜厚度采用 1mm。案例旁路人工湿地自 2021 年 7 月投入运行以来，出水水质稳定，处理效果良好（图 4-52），近期运行数据表明各项指标基本可达到《地表水环境质量标准》（GB 3838—2002）V类水标准[70]。

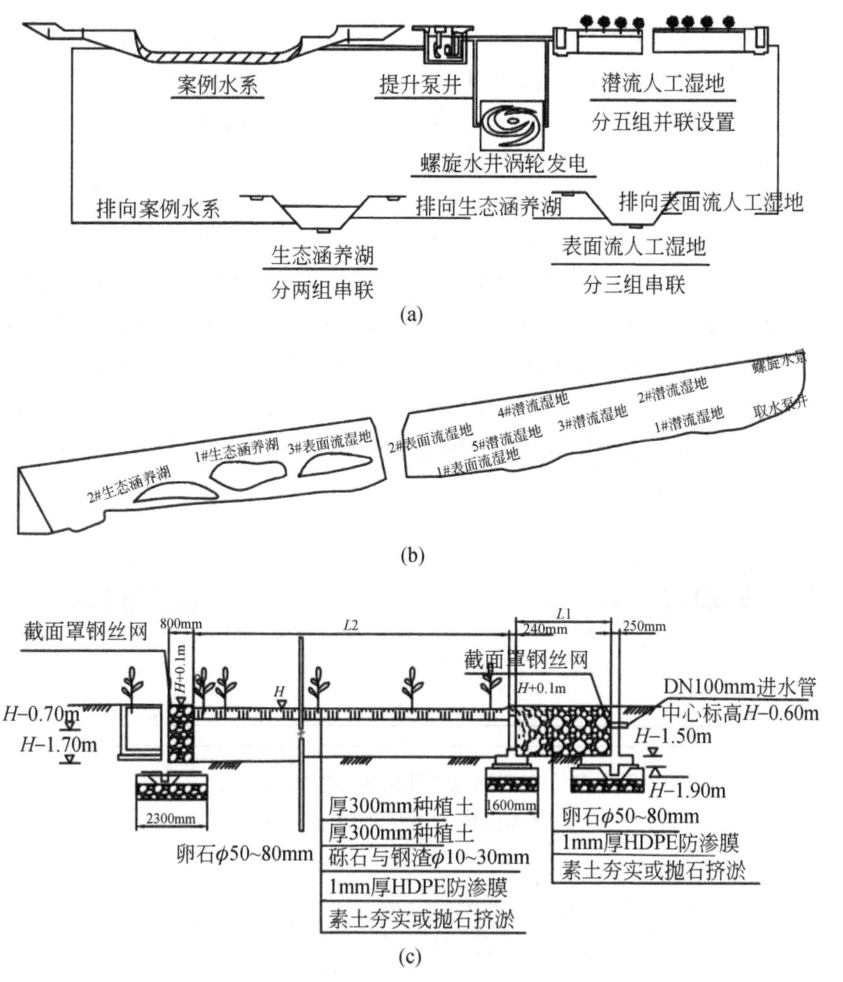

图 4-51　案例旁路人工湿地工艺流程（a）、案例旁路人工湿地总平面布置图（b）及潜流人工湿地断面示意图（c）[70]

图 4-52　案例旁路人工湿地实景图[70]

华北地区某重要湖泊入湖支流综合治理项目，采用兼性塘+水平潜流湿地+表面流湿地+好氧塘组合处理工艺（图 4-53、图 4-54），水平潜流湿地宽约为 100m，设计采用多级配水、多级集水相交互的配水方式，其中配水干渠宽 10m，深 1.5m；配水支渠宽 5m，深 1.5m。表流湿地分为 3～4 级处理，各级湿地之间通过配水干渠配水，每级湿地采用多级配水、多级集水相交互的配水方式。配水干渠宽 10m，深 2m；配水支渠宽 5m，深 2m。每个处理单元一侧增加应急排水通道，其宽 5m，深 3m，坡度比为 1∶3。水平潜流湿地区填料深度为 1.5m，自上而下依次为覆盖层（300mm 厚 5～8mm 粒径的碎石）、过渡层（300mm 厚 8～16mm 粒径的碎石）、吸磷层（600mm 厚 10～20mm 粒径的碎石和钢渣混合料）和排水层（300mm 厚 16～32mm 粒径的碎石）。运行结果表明，当冬季进水水质达到Ⅳ类（总磷浓度为 0.3mg/L）时，出水总磷浓度为 0.19mg/L，总磷去除率达 36.67%，满足总磷去除率不小于 30%的目标[72]。

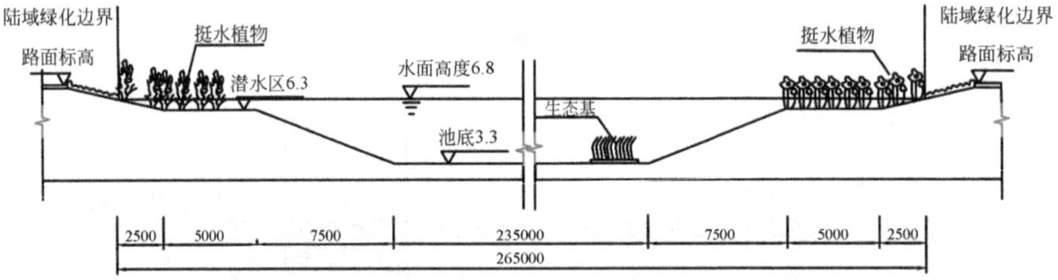

图 4-53　案例湿地兼性塘典型断面示意图[72]

高程单位为 m，标注尺寸单位为 mm

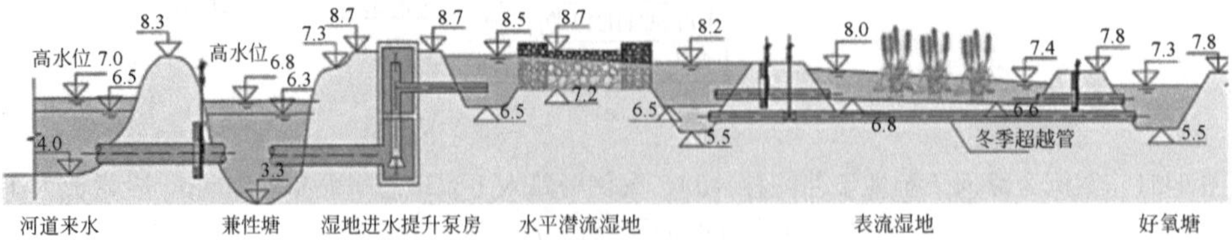

图 4-54　案例湿地竖向高程设计[72]

高程单位为 m

4.4 除 藻 技 术

4.4.1 化学药剂氧化除藻

化学药剂氧化除藻是一种常用的河道治理技术，其主要原理是利用化学药剂的氧化作用，去除水体中的藻类。常用的化学药剂有氯气、臭氧、过氧化氢等。这些化学药剂可以杀死或抑制藻类的生长，从而达到除藻的目的。

氧化型除藻剂是能通过氧化作用杀灭藻类的化学试剂。目前，蓝藻水华处置中常用的氧化型除藻剂包括次氯酸钠、二氧化氯、过氧化氢、臭氧等。次氯酸钠是一种常用的消毒剂，其对藻类也有较好的杀灭作用，但会产生消毒副产物，存在二次污染问题[103]。新型消毒剂二氧化氯具有强氧化性和广谱的杀菌功效，实验证明其能有效杀灭藻类，新型消毒剂二氧化氯具有强氧化性和广谱的杀菌功效，实验证明其能有效杀灭藻类，且杀藻效果与浓度有关[104, 105]（图 4-55）。过氧化氢分解生成水和氧气，是一种无害环保氧化剂，通过喷洒过氧化氢，无锡某无名小型水体的蓝藻水华得到了有效控制，水体透明度迅速提高，蓝藻和叶绿素 a 含量显著降低[106]。臭氧在水体中不稳定，分解为氧气并产生氧化能力极强的新生态氧［O］和羟基自由基（ •OH），能够破坏藻细胞，具有极强的杀藻作用[107, 108]。臭氧氧化除藻技术基本原理示意图见图 4-56。低浓度臭氧可使藻细胞失活但仍保持完整的细胞形态，臭氧投加量持续增加可使藻细胞形态发生变化，其表面逐渐收缩不再光滑，有少部分细胞解体，直至细胞裂解去除藻，但仍有藻细胞碎片残留，胞内物质也因此进入水体。

刚投加二氧化氯沉淀效果

持续预氧化运行效果

预氧化之后效果，滤前水浊度0.3NTU左右

图 4-55　二氧化氯预氧化效果图[104，105]

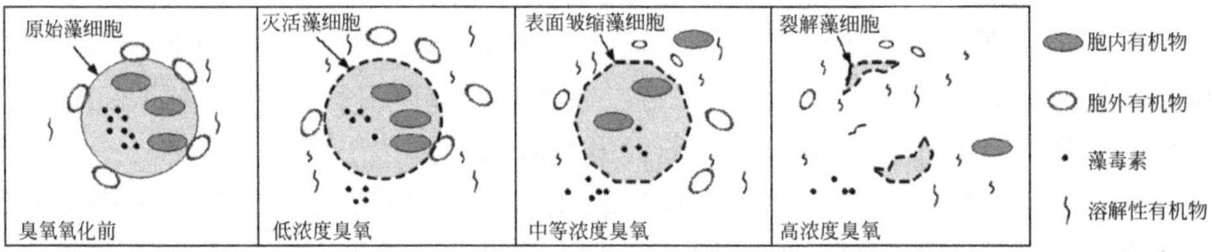

图 4-56　臭氧氧化除藻技术基本原理图[107，108]

除被直接用于除藻外，氧化剂还可以作为预处理手段，改善藻类的絮凝性能[109]。对比研究表明氯、高锰酸钾以及高锰酸钾复合药剂几种氧化剂不同程度地破坏了藻细胞的表面结构，同时还使胞内物质释放出来，其中高锰酸钾复合药剂除藻除浊效果较为明显[110]。研究发现，过氧单磺酸盐能够产生 SO_4^-•和 HO•，并通过氧化破坏藻细胞表面的胞外有机物破坏其稳定性，从而提高铁盐对藻类的絮凝效果[111]。

1. 技术优点

1）使用成本低：氧化型除藻剂开发较为成熟，成本及工程应用成本较低，施工周期短。

2）操作简便：氧化型除藻剂的使用非常方便，只需要加药装置及混合装置便可以在各种水体环境下使用。

3）见效快，除藻效果好：施用氧化型除藻剂后藻类去除率显著提升，短时间内可以达到大量去除藻类的效果。

2. 技术缺点

1）可能引发二次污染：向水中投加大量氧化类物质，可能导致次生污染事件，造成水体内菌藻平衡被打破。

2）生态风险难以预估：大量氧化型除藻剂进入水体，对水中微生物进行无差别地去除，导致河道生态环境受到影响。

3）作用时间短：部分氧化型除藻剂反应迅速，无法对水体内藻类进行持续性控制，河道内藻类数量容易出现反弹现象。

3. 化学药剂氧化除藻应用实例

福建省环境保护厅边归国等[112]在我国南方一处风景区人工湖中暴发小范围水华时期，在火速多次投加 ClO_2 和漂白粉等氧化剂后，湖中一些甲藻和颗粒直链藻均被漂白或杀死，藻细胞中的叶绿体也遭到完全破坏，观察悬浮后的底泥样本，未发现具有活性的甲藻，此人工湖的甲藻水华从此完全消失，且对生态环境没有破坏性，该方法为今后处理类似的由甲藻造成的水华提供了值得借鉴的经验。

陈卫等[113]研究了高锰酸钾复合药剂对水中蓝藻等藻类物质的氧化去除效果，在针对太湖梅梁湾和五里湖湖区的高藻量湖水的研究中，针对当地营养盐含量高造成的水华频繁的问题，通过高锰酸钾氧化作用和聚合氯化铝的混凝作用，使高锰酸钾复合药剂强化混凝，能有效地去除水中的蓝藻和降低水的色度，拓宽了混凝剂最佳投加量范围。高锰酸钾投加后，藻类的去除效果特别显著，当投加量为 1.0～2.0mg/L 时，藻类去除率最高达 97%，镜检可观察到藻类活性降低，迅速收缩，这与纯培养水样试验的结果一致。在不破坏生态平衡的基础上大大降低了当地水华暴发的风险。

4.4.2 化学絮凝除藻

化学絮凝除藻技术是一种利用化学药剂的絮凝作用去除水体中藻类的技术。化学药剂通常包括絮凝剂、助凝剂和调理剂等，化学絮凝除藻法是近年来研究热门的一种方法，主要操作是向蓝藻水体中投加一定量的絮凝剂，与水体中的胶粒成分发生凝聚或者絮凝，在水体中形成一定的絮凝体，使蓝藻吸附在絮凝体上，然后通过沉淀或气浮分离，达到净化效果，这种方法具有安全、有效的特点，并能够保证出水水质稳定达标，因此，化学絮凝除藻技术是一种很有前途的除藻技术[114, 115]。絮凝过程采用的絮凝剂可分为有机絮凝剂、无机絮凝剂、微生物絮凝剂和复合絮凝剂。化学絮凝除藻技术被大量用于大面积除藻，它能够快速且经济有效地处理蓝藻水华暴发严重的水域[103]（图 4-57）。化学絮凝除藻技术原理是通过絮凝剂或直接改变蓝藻周围的环境条件，使得藻细胞表面的电子层中

图 4-57 在水体中施用絮凝剂[103]

和或改变，破坏其稳定双电子层形态的悬浮体系，从而使其被絮凝剂吸附并形成絮体（图 4-58）[116]。絮凝剂是指能和水中的胶体或悬浮颗粒作用产生絮状物沉淀的水处理药剂，按化学成分类别可分为有机絮凝剂、无机絮凝剂、复合絮凝剂三大类[117]，主要作用机理包括压缩双电子层、电荷中和、吸附架桥和网捕卷扫作用等[118]。

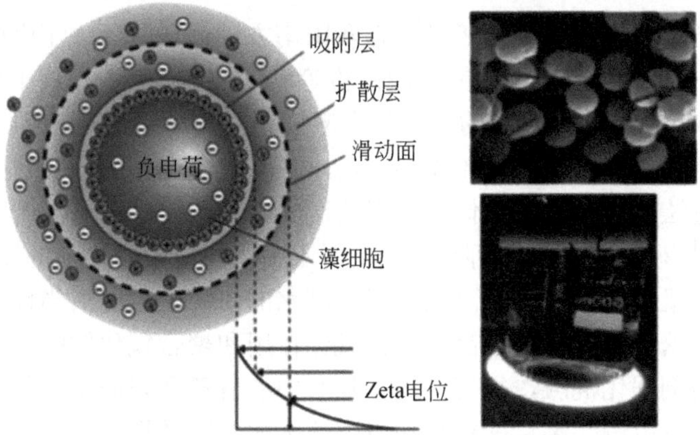

图 4-58　化学絮凝除藻技术原理[116]

虽然絮凝剂在去除水体中污染物方面效果明显，但不能忽视的是，絮凝剂的使用在短期内是高效的、不残留的，但利用其除藻是一个长期且必要的方式，长期使用会造成金属离子残留，但长时间使用给环境带来的生态风险很少有人研究[119, 120]。

1. 技术优点

1）高效性：化学絮凝除藻技术可以快速减少水体中的藻类数量和悬浮物，提高水体的透明度。

2）适用范围广：该技术适用于各种水体，包括静止的水体和流动的水体。

3）操作简单：絮凝剂的投加和监测相对简单，操作方便。

4）可以处理大量水体：化学絮凝除藻技术可以用于处理大量的水体，适用于河道、湖泊等大型水域。

2. 技术缺点

1）环境污染：絮凝剂可能对水体和周边环境产生一定的污染，例如絮凝剂使用过量可能会对水生生物造成毒性影响。

2）成本较高：化学絮凝除藻技术的成本较高，需要购买化学絮凝剂，并且需要专门的技术人员操作。

3）可能产生二次污染：絮凝剂在使用过程中可能会对水体和周边环境产生二次污染，如絮凝剂的残留和未沉淀的絮体等。

4）效果短暂：化学絮凝除藻技术只是一种暂时的解决方案，如果水体中营养物质没有得到有效控制，藻类还可能再次大量繁殖。因此，该技术不能从根本上解决水体富营养化问题。

3. 化学絮凝除藻应用实例

生态环境部华南环境科学研究所的陈思莉等[121]针对 2018 年 8 月广东某湖暴发蓝藻水华事件，对比化学除藻剂硫酸铜、高锰酸钾、PAC 的除藻效果，结果表明 PAC 的效果相对更好，见效快、成本低、操作简便，但这种方法仅用于蓝藻水华的应急治理，不能从根本上解决富营养化问题。

中国科学院上海药物研究所的陈静等[122]研究了一种新型赤泥复合剂对太湖夏季水华原水、实验室培养海洋赤潮藻及模拟海水的絮凝除藻降浊性能。结果表明，赤泥复合剂中的铝、铁、钙等金属离子能迅速水解，生成多种带正电荷的聚合形态化合物，此外赤泥复合剂中硅含量较高且多为带负电荷的阴离子，它们可以与铁、铝离子结合成链状或网状聚集体，相关结果能为治理水华和海洋赤潮提供参考。

广东工业大学的王志红等[123]针对华南地区 3 个典型的高藻湖水，研究了高锰酸钾预氧化对水质净化的影响作用。结果表明，预氧化有利于去除藻类有机物（AOM），藻细胞经过预氧化和混凝后团聚形成絮体，而铁、锰会被氧化形成氢氧化铁与二氧化锰，它们使得藻细胞团聚并且形成了更大的颗粒（图 4-59）。

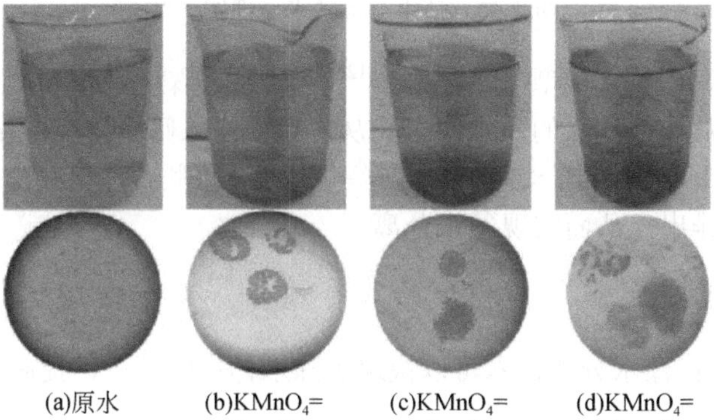

(a)原水　(b)$KMnO_4$= 0mg/L　(c)$KMnO_4$= 1.5mg/L　(d)$KMnO_4$= 2.5mg/L

图 4-59　化学絮凝除藻技术处理含藻污水效果图[123]

4.4.3 藻水分离技术

藻水分离技术是一种利用物理、化学和生物方法去除水体中藻类的技术。该技术的主要原理是通过增加水体中的密度，使藻类颗粒与水体产生分离。通常地，该技术包括以下几个步骤：首先，通过机械搅拌增加水体的紊流，使藻类颗粒从水体中分离出来；其次，通过添加絮凝剂等化学物质，使藻类颗粒形成较大的絮体；最后，利用过滤、沉淀等物理方法将藻类絮体从水体中分离出来。

藻水分离技术主要有化学分离和物理分离两种（图 4-60）。化学分离方法首先把富藻水抽吸集中到固定集藻池中，然后向集藻池中投放大量高分子絮凝剂，使集藻池内的藻浆絮凝浓缩。化学分离方法藻水分离的效率高、规模大，但是需要建造集藻池集中处理，并且化学分离需要投入大量絮凝剂，存在一定环境污染风险[124]。物理分离方法无须添加絮凝剂，并且处理规模可根据实际需要灵活设计。沈银武等[125]采用物理分离方法对滇池富藻水进行藻水分离，首先将富藻水利用重力斜筛过滤，其次通过卧螺离心机对藻水混合物进行藻水分离，分离后的藻浆经“烘干法”测定含水率达 91%，但是当藻类较多时，离心机筛网易被堵塞，需要频繁清洗筛孔或者更换筛网，影响工作效率。

图 4-60 藻水分离技术原理图[124]

藻水分离振动装置模型（图 4-61）[126]主要由支架、筛箱和激振系统等组成。从干渠拦截或从边坡清除的藻水混合物从进料口进入筛箱，在激振系统的振动激励和重力作用下，藻水混合物被分离为藻浆和水，水顺着筛箱底部的出水管流出，藻浆从出藻口排出，从而实现藻水分离。

1. 技术优点

1）高效性：藻水分离技术可以快速去除水体中的藻类，提高水体的透明度，改善水生态环境。

2）适应性广：藻水分离技术适用于各种水体环境，如静止的水体和流动的水体，河流、湖泊等大型水域。

3）操作简单：藻水分离技术的操作相对简单，可以通过自动化设备进行连续处理。

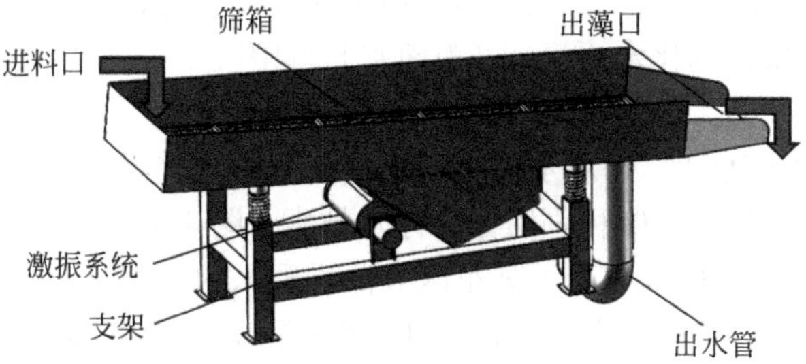

图 4-61　藻水分离振动装置模型[126]

4）维护方便：藻水分离技术的设备维护较为简单，需要定期清洗和更换部件。

2. 技术缺点

1）能耗较高：藻水分离技术需要使用电力等能源来驱动机械搅拌和过滤等设备，因此能耗较高。

2）成本较高：藻水分离技术的设备投资和运行成本较高，需要购买相关设备和药剂，需要专门的技术人员进行操作和维护。

3）可能会对水体产生二次污染：添加絮凝剂等化学物质可能会对水体造成二次污染，需要严格控制絮凝剂的使用量和使用方法。

4）对水体的自净能力有一定影响：藻水分离技术通过物理、化学和生物方法去除藻类，可能会对水体的自净能力造成一定的影响。

3. 藻水分离技术应用实例

合肥工业大学熊鸿斌等[127]采用的筛网过滤-投加絮凝剂-卧螺离心机脱水、浓缩成藻泥工艺较为理想，藻泥含水率为 89%。整套机械清除、藻水分离处理量大，操作简单、适于大规模生产。2011 年 5～10 月在巢湖运用上述方法清除湖面水华蓝藻，共处理富藻水 1.62 万 t，得到含水率为 89%的藻泥 970t，累计清除蓝藻 106.7t（干重）。按照所清除蓝藻的总氮、总磷、有机质的平均含量计算，相当于从湖中移除了氮 6.25t、磷 2.1t，各项污染物都达到了非常好的去除效果。

南水北调中线工程干渠藻类滋生，从干渠内拦截或者从边坡抽吸的藻水混合物数量很大，由于场地制约和环保要求必须对藻水混合物进行藻水分离。华北水利水电大学的王文团队利用振动筛的工作原理，由激振系统产生的激振力带动筛箱振动，通过高密度筛网实现藻水分离，分离后的水可直接流回干渠或灌溉干渠两侧绿化带，对分离后的藻浆进行收集外运。针对藻类浓度的变化，可以改变藻水分离振动装置激振系统的频率和振幅，实现可调频、可调幅的振动分离功能。

该装置可以与干渠节制闸自动化拦藻设备或渠道边坡除藻车配合使用，实现拦藻、除藻和藻水分离同步进行。结果表明，该装置性能稳定、运行安全可靠，藻水分离效果良好，机械自动化水平高，可为南水北调中线工程环境维护节约大量人力、物力和财力。

河海大学蔡炎等[128]针对水体富营养化产生的藻类问题，采用新型微米级超顺磁性生物质炭（BFC）磁种强磁分离净水技术（图 4-62），该技术可以有效降低水中的藻浓度。将该技术应用于某小区高藻景观水的处理，对藻类的去除率达到 95%，对 COD 的去除率可达 45%，对 TP 的去除率可达 40%，对 SS 的去除率可达 30%，直接处理成本为 0.134 元/m^3，相比传统强磁工艺，处理成本降低 33%。因此，将新型 BFC 磁种强磁分离净水技术应用于高藻水的处理可行且有效。

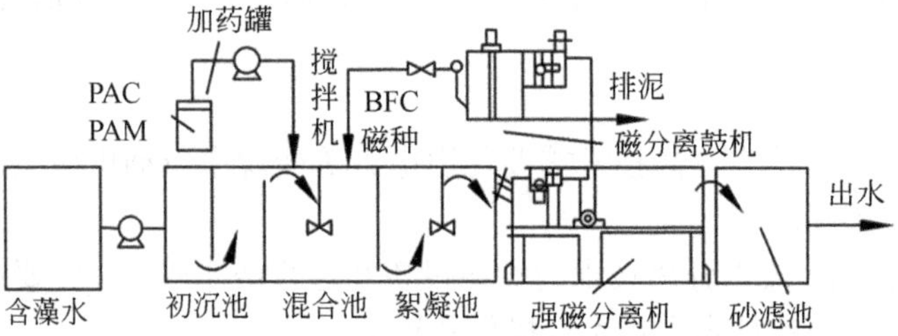

图 4-62　新型微米级超顺磁性生物质炭（BFC）磁种强磁分离净水技术[128]

4.4.4　人工（机械）清捞

人工（机械）清捞是一种直接通过手工或机械方式从河道中清除藻类的方法。这种常用的除藻技术，通常需要大量的人力和物力。在机械清捞中，可以使用各种专门的机械设备，如割草机、捞藻船等，来清除水中的藻类。人工（机械）清捞采用人工和机械手段直接将藻类从水体中打捞上岸，是目前国内大中型湖库清除蓝藻的主要措施之一。有学者提出“湖前、湖内、湖后、湖侧”的打捞思路，分别采用蓝藻暴发池、高效蓝藻打捞船、固定式蓝藻打捞站等对湖库的不同位置进行打捞，使得蓝藻打捞效率明显提高[129]。人工（机械）清捞可以直接削减蓝藻数量、减轻蓝藻暴发程度，同时能够大幅度减少水体中氮、磷含量[130]。机械化、智能化打捞是今后蓝藻水华应急处理技术的发展趋势，提高打捞装备工艺水平、提高打捞作业效率、降低能耗等是该技术发展的根本要求[131]。

人工（机械）清捞较为适于河流富营养化问题的解决。除藻技术已由过去的人工打捞发展为臭氧/超声波除藻技术。臭氧/超声波除藻技术是利用超声波使藻类细胞破裂，破坏藻类细胞中的气囊，从而使其沉淀下来，达到除藻的目的。

1. 技术优点

1）直接有效：人工（机械）清捞可以直接从河道中清除大部分藻类，有效改善水体环境。

2）灵活性强：人工（机械）清捞可以根据不同地区、不同水体的具体情况，采取针对性的清捞措施。

3）成本较低：相较于其他除藻技术，人工（机械）清捞的成本较低，不需要额外的化学药剂和复杂设备。

2. 技术缺点

1）劳动强度大：人工（机械）清捞需要大量的人力，且工作环境往往比较恶劣，对人体有一定的影响。

2）效率较低：人工（机械）清捞的效率较低，不能在短时间内处理大量藻类。

3）无法处理大范围的水体：人工（机械）清捞由于劳动强度和效率限制，无法处理大范围的水体。

4）容易造成二次污染：在人工（机械）清捞过程中，如果不注意环保，可能会造成二次污染，例如清理的藻类随意堆放，会对环境造成污染

3. 人工（机械）清捞应用实例

2007 年以来太湖流域蓝藻暴发，为配套蓝藻打捞及拦截设备的有效工作，亟须装配高效的运藻船。由于太湖流域水深极浅，开发大吨位级运藻船一直是个难题，目前最大吨位运藻船仅为 60t 级，运力严重不足。中船重工集团七零二研究所先后完成实验室科技攻关与“太湖一号”蓝藻打捞船工程原理样机的研制及综合试验，较好地解决了可调式高浓度表面藻水收集及吸取技术、特种藻水分离及浓缩技术，开发了浮动式藻水吸头、倾斜式旋转筛、聚乙烯（PE）管等多种专用设备的原理样机，制造了一艘从收集到分离再到浓缩的功能配套的“太湖一号”蓝藻打捞船工程原理样机[132]。经湖上多次作业试验，证明了选用的捞藻作业工艺流程合理，能完成应急除藻（图 4-63）。

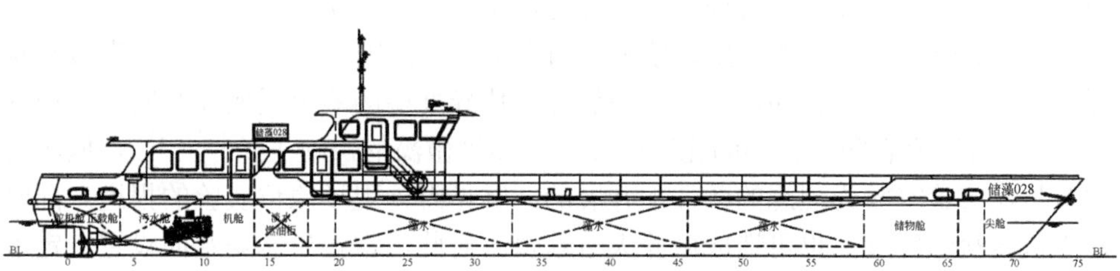

(a)全船侧视图

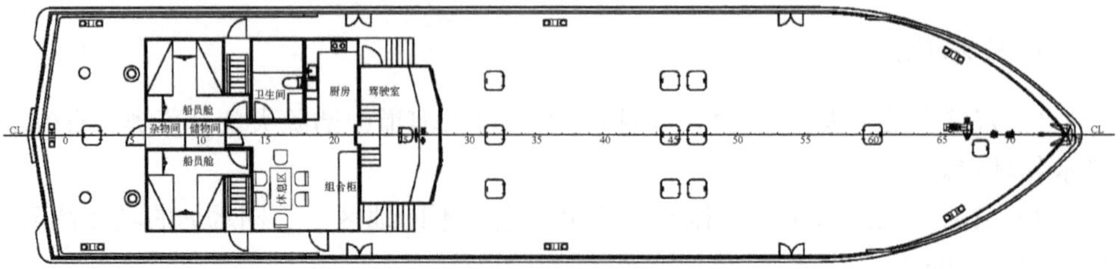

(b)上甲板俯视图

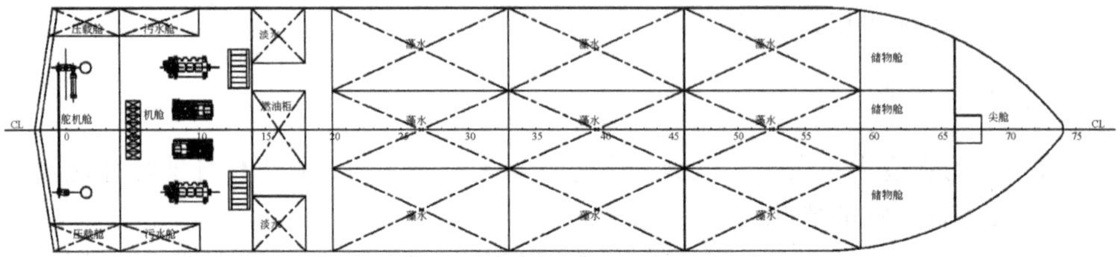

(c)下甲板俯视图

图 4-63 “太湖一号”蓝藻打捞船工程原理样机设计图[132]

标注尺寸单位均为 m

人工（机械）清捞还可以利用超声波使藻类细胞破裂，破坏藻类细胞中的气囊，从而使其沉淀下来，达到除藻的目的。臭氧/超声波除藻技术已被屠清瑛等[133]运用于北京什刹海后海的治理实验中。该技术所用设备成本相对较低，操作简便，最为优越的是修复过程不会产生二次污染，且不会影响其他水生生物的生长繁殖。

2001～2002 年在滇池实施水华蓝藻机械清除工程与研究工作中，中国科学院水生生物研究所采取一种复合工艺：喇叭口式吸藻槽抽吸富藻水-振动重力斜筛过滤脱水成藻浆-卧螺离心机脱水、浓缩成藻泥工艺。效果较为理想，处理量大，操作简便，适于规模化生产运作。

4.4.5 遮光抑藻技术

遮光抑藻技术是一种通过遮挡阳光或减少水体中的光照强度，抑制藻类生长的技术。该技术通过使用遮光材料，如黑色塑料布、水泥挡板等，来遮挡阳光或减少水体中光照强度，从而抑制藻类的光合作用，达到除藻的目的。

光照和营养是影响微藻生长繁殖的两个重要生态因子[134, 135]。光照直接影响藻细胞内的光合电子传递、代谢途径调控、特异性酶的酶促反应和细胞的通透性等[136]。有研究表明，较小的光照强度就可满足微藻的快速生长[137, 138]，但研究大多是在实验室较为理想的条件下开展的，鲜见野外现场原位实验的报道。同时水中营养盐浓度过高也可造成微藻大量繁殖。对此，常在生态塘水面设置一定水面面积的生物浮床，用来净化水质及通过遮光影响浮游植物的繁殖。遮光对微藻繁殖有一定抑制效果，但较少的光照也可满足微藻快速繁殖并形成水华，工程上单独依靠遮光控制微藻大量繁殖的难度很大，需和其他措施组合应用共同抑制水华的暴发。

1. 技术优点

1）操作简单：遮光抑藻技术操作简单，只需将遮光材料放置在水中或水表面，便可达到抑制藻类生长的目的。

2）成本较低：遮光抑藻技术只需要使用一些简单的遮光材料和一些劳动力，因此成本相对较低。

3）抑制效果好：遮光抑藻技术可以有效地抑制藻类的生长，改善水体环境。

2. 技术缺点

1）治标不治本：遮光抑藻技术只是通过遮挡阳光来抑制藻类生长，并没有从根本上解决水体富营养化等问题，因此可能无法长期有效地抑制藻类生长。

2）影响水生生物：遮光抑藻技术可能会影响水生生物的正常生长和繁殖，因为它们也需要光照来进行光合作用。

3）难以实施：如果河道过大或过深，遮光抑藻技术就难以实施，因为需要大量的遮光材料和劳动力。

3. 遮光抑藻技术应用实例

扬州大学司傲等[139]以洪泽湖原水为研究对象，探明以洪泽湖为原水的某蓄水型备用水源地藻类生长情况，探索原位控藻方法，进行了为期 1 年的藻类数量测定，通过长期监测探明蓄水型备用水源地藻类生长规律，结合备用水源地实际，研究遮光法和清浑混合法控制藻类繁殖的效果和参数，对水源地藻类控制相关研究有重要意义（图 4-64）。

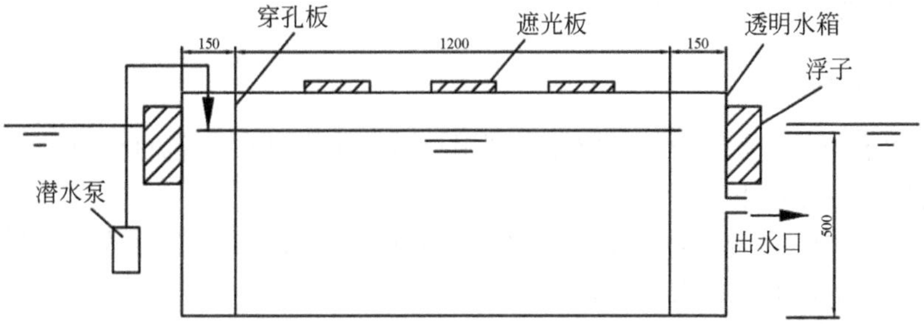

图 4-64　应用于洪泽湖水体的遮光除藻装置[139]

标注尺寸单位均为 mm

自然资源部第三海洋研究所汤坤贤等[140]在福建省某海岛一个生活污水处理的生态塘开展原位试验。结果表明，遮光对微藻繁殖有一定抑制效果，遮光率越大，叶绿素 a 浓度越小，但较少的光照也可使微藻快速繁殖并形成水华，单纯通过遮光控制水华的难度很大。微藻快速生长对水中的 NH_3-N、溶解态无机磷（DIP）及粪大肠菌群等有良好的去除效果，保持一定的微藻密度对净化水质有促进作用。

云南大学周起超等[141]研究了（太阳）光强与水华藻类增殖的关系，并探讨了光强调节措施对水华的控制效果，2014 年 3～4 月在滇池（草海）开展了基于围隔试验的水华早期遮光控藻效果的研究，结果表明水华控制中遮光率的选择需因控制目标、水华阶段性与地域特点制宜。

4.4.6 水生动物调控技术

水生动物调控技术是一种利用水生动物的自然生态习性来控制藻类数量和改善水体环境的技术。该技术通过引入或培养特定种类的水生动物，如鱼类、贝类、滤食性动物等，来摄食藻类或其他浮游生物，从而减少水体中的藻类密度，达到除藻的目的。采用生态系统中食物链方法或植物之间通过竞争作用夺取养分和阳光等生存必要条件，食物链方法无害且简单易行，就是在水环境中放入一些以食藻为生的鱼、虾、螺来抑制藻类生长。

水生动物调控技术是利用水生动物能够大量吞食藻类和浮游动物的作用，抑制浮游生物和藻类的大量繁殖。贾柏樱和马华[142]在预沉池中放养鲢鱼，利用生物操纵技术结合常规的絮凝处理工艺，可以使藻类得到较彻底的去除效果；特别是对于以蓝藻为优势种的夏季原水，该技术对藻类的去除效果更为明显。Yin 等[143]探讨了不同鲢鱼饲养密度对太湖蓝藻的控制程度，结果发现饲养密度为 35～70g/m^3 的鱼类，对控制微囊藻水华，促进渔业生产、改善水环境最有效。依靠水体中食物链能量传递来实现该技术，而水体中初级生产力受营养物质控制[144]和消费者的影响[145]（图 4-65）。

1. 技术优点

1）生态友好：水生动物调控技术利用自然的生态过程，避免化学物质的引入，因此对环境友好，不会产生二次污染。

2）控制藻类数量：通过引入或培养特定的水生动物，可以有效地控制藻类的数量，提高水体的透明度和改善水质。

3）经济效益：水生动物调控技术不需要太多的设备和资金投入，因此具有较高的经济效益。

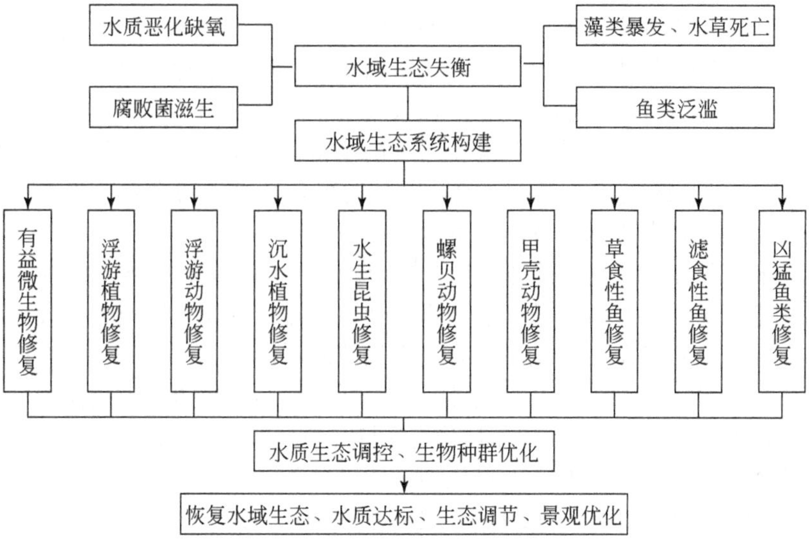

图 4-65　水生生态系统结构图[144，145]

2. 技术缺点

1）实施难度大：水生动物的引入或培养需要考虑到生态系统的平衡和物种的多样性，实施起来较为复杂，需要专业的生态工程设计。

2）时间需求长：水生动物调控技术需要一定时间才能显现效果，可能需要数年甚至数十年时间。

3）长期维护困难：需要持续监控和管理来确保水生动物的健康和生态系统的稳定性，长期维护有一定的难度和成本。

3. 水生动物调控技术应用实例

针对巢湖夏季暴发严重的蓝藻水华，水体富营养化日趋严重的现状，安徽农业大学温超男[146]使用经典生物操纵的调控措施对巢湖水体进行水生态修复试验研究（图 4-66），同时对巢湖展开为期一年的水质及浮游动物群落结构组成的监测。通过对围隔水体水质及浮游动物群落变化特征进行观测，同时结合全湖水质及浮游动物、渔业结构特征对在全湖范围内实施生物操纵的可行性进行分析讨论。

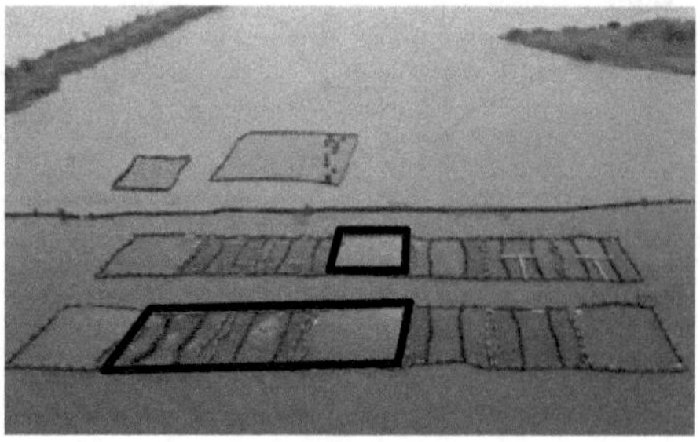

图 4-66　水生动物调控技术应用于巢湖[146]

粗框表示围挡

为了治理湖水的富营养化，松辽流域水环境监测中心等单位[147]于 1989 年开始利用水生生物对湖水中的有机物、无机盐吸收和转化进行研究，同时开展了利用鱼、螺、食草性浮游动物直接和间接吸收水中营养盐类和藻类的小型试验。在此基础上又进行了中试实验，为综合治理南湖富营养化提供了科学依据。1991～1992 年在南湖小区进行了现场试验，即利用草食性水生动物来净化富营养化水质，为治理湖水富营养化开辟出一条新的途径。

云南省玉溪市红塔区水库管理所[148]利用水生动物调控技术，2009 年在飞井水库应用非经典生物操纵方法开展洁水渔业，通过放养滤食性鱼类直接控制藻类数量，利用滤食性鱼类特殊的摄食方式直接清除浮游植物，成效显著，抑制了水体藻类生长。自 2010 年以来，飞井水库过去每年 3～4 月、8～10 月阶段性出现的蓝藻水华得到了控制，飞井水库水质稳定保持《地表水环境质量标准》（GB 3838—2002）Ⅲ类水质标准。同时，通过放养杂食性鱼类，减少了水体有机碎屑，移除水体中的营养物质，2010～2020 年，飞井水库捕捞鲢鳙鲜鱼 265t，除去投放鱼种 138t，从水库净移除有机质 127t。

4.4.7　水生植物修复技术

水生植物修复技术是一种利用水生植物的生态特性来吸附、吸收、降解水体中的污染物，从而改善水体环境的技术。该技术主要通过种植特定的水生植物，如沉水植物、漂浮植物、挺水植物等，来吸收和富集水体中的营养物质，同时通过植物的根系和茎叶的遮蔽作用来抑制藻类的生长（图 4-67）。

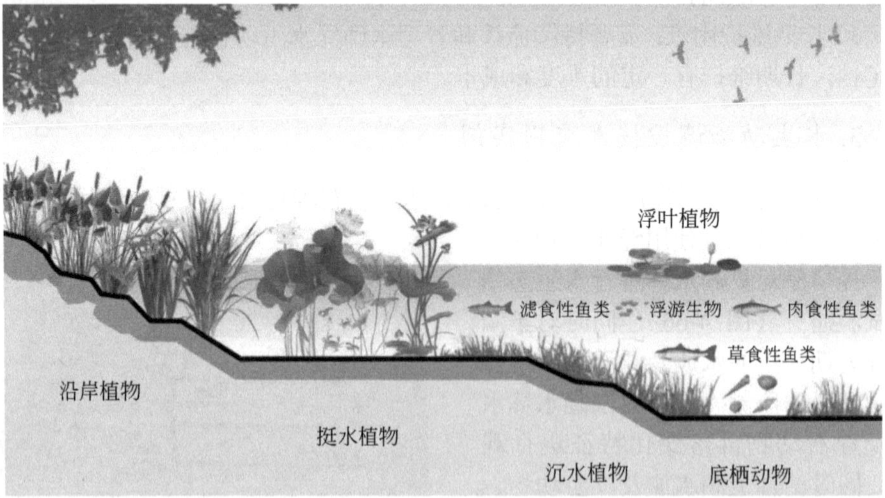

图 4-67　水生植物修复技术示意图

沉水植物作为湖泊、河流等生态系统的主要高等植物，在修复富营养化水体中的作用日益受到重视，合理利用沉水植物是去除富营养化水体氮磷的有效途径。沉水植物对水体氮磷的迁移转化影响包括生长和腐解两个阶段。研究表明有沉水植物分布的水域，其水-沉积物界面的DO浓度高，能有效抑制沉积物中的磷向上覆水释放[149]，沉水植物生物量较高且沉积物中具有较高比例的好氧微生物和真菌，微生物的存在又有利于沉水植物本身的生长[150]。水体营养盐浓度特别是TP浓度的下降，对浮游植物生物量的影响很大，同时沉水植物对藻类存在化感作用，能抑制浮游植物的生长，降低藻类现存量及多样性[151，152]。沉水植物盖度的增加有利于水质的改善[153]，沉水植物与浮游植物都是水生生态系统中的重要组成部分，两者的生态位重合度高，因此在空间、光照、营养等生存资源方面存在激烈的竞争。

与物理、化学、物化等方法相比，水生植物净化技术因简单易行、运行维护成本低、对环境扰动小，且兼具景观效应，在富营养化水体修复中得到了广泛的研究和应用[154，155]。

1. 技术优点

1）生态友好：水生植物修复技术利用自然的生态过程，避免化学物质的引入，因此对环境友好，不会产生二次污染。

2）改善水质：水生植物可以吸收和富集水体中的营养物质，有助于降低水体中的氮、磷等营养盐含量，从而改善水质。

3）抑制藻类生长：水生植物的遮蔽作用和竞争作用可以抑制藻类的生长，有助于防止水体富营养化。

2. 技术缺点

1）受环境条件限制：水生植物的生长受水体的温度、光照、水质等因素影响，不同环境条件下需要选择不同的水生植物种类。

2）维护管理难度大：需要定期对水生植物进行收割和清理，避免植物过度生长，影响水体环境和生态系统稳定。

3）适用范围有限：对于一些污染严重或存在大量悬浮物、泥沙等杂质的水体，水生植物修复技术的效果可能不佳。

3. 水生植物修复技术应用实例

中国科学院大学华映肖等[156]在云南滇池大泊口开展的引水换水工程和微滤净化（除藻）工程，降低了营养盐浓度、加速了水体交换，进而降低了藻类生物量以及发生藻源性污染的风险，再通过沉水植物修复工程进一步净化水质，为形成稳定的草型湖泊提供条件。他们认为沉水植物修复工程是上述工程中最为直接、经济和长效的手段措施；将大泊口典型水域的水质和草海、外海水质进行比较，可以认为在相同的地理及气候条件下，大泊口东南水域的生态修复取得了一定的成功。大泊口部分湖区可作为重度富营养化藻型湖区成功修复的案例，其生态修复经验对持续推进大泊口、草海甚至整个滇池的生态环境修复具有重要的借鉴和参考价值（图 4-68）。

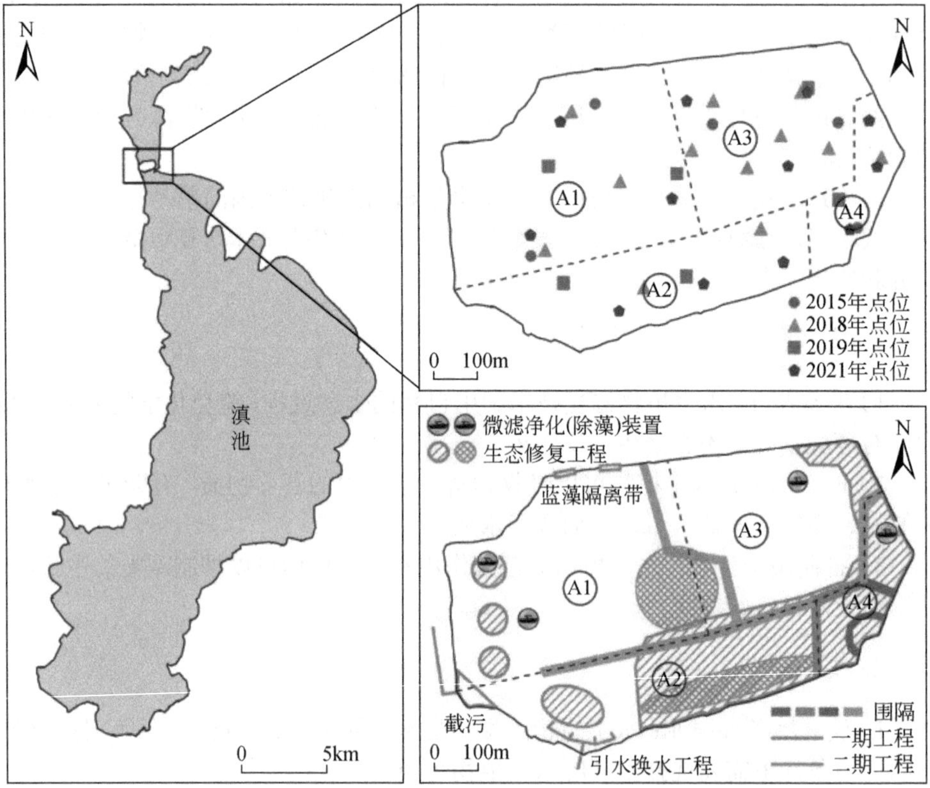

图 4-68 云南滇池的引水换水工程和微滤净化（除藻）工程[156]

根据工程开展情况以及水生态状况将大泊口水域划分为四部分(A1～A4 水域)

4.4.8 微生物调控技术

微生物调控技术是一种利用微生物的生命活动来转化、降解水体中的污染物，从而达到净化水质、除藻目的的技术。该技术主要通过向水体中投加具有特定功能的微生物菌剂，如藻类抑制剂、反硝化细菌等，来抑制藻类的生长，同时促进水体中污染物的降解和转化。

微生物控藻主要是通过微生物的摄食或分泌胞外化学物质损伤、破坏藻细胞，有些微生物可分泌絮凝物质，使藻细胞聚集下沉，从而使水中的藻细胞生物量减少，达到控藻的效果[157]。研究发现，部分原生动物、溶藻菌、病毒、噬菌体、真菌等微生物对藻类生长均有抑制效果，但目前实际用于控藻的微生物主要包括原生动物、溶藻菌等，控藻作用方式见表4-1。

表4-1　不同微生物除藻工艺的区别[157]

微生物种类	细菌	真菌	病毒	原生动物
作用方式	直接接触或侵入藻细胞，释放酶类物质使其溶解；间接抑藻：分泌胞外活性物质、与藻类竞争营养物质、抑制藻类光合作用	分泌活性物质如抗生素等抑藻：寄生到藻细胞中	直接侵染藻细胞，引起细胞裂解	通过摄食藻细胞来控制藻密度
限制性	无明显限制性，是目前国内外应用率最高的控藻微生物类别	控藻效果一般	难以实现高感染率和高特异性	摄食能力受自身生长速率、其他原生动物捕食等影响

用于控藻的复合菌种制剂常见于由多种微生物或多种微生物、酶、氨基酸、维生素、促生因子、载体等复合而成，主要包括以芽孢杆菌为主的复合菌种制剂、以乳酸菌为主的复合菌种制剂（粉状、液体状）、其他类型复合菌种制剂。其市场价格普遍高于上述单一菌种制剂，为每千克几元到上百元不等。工程实际中由于大多数控藻微生物制剂不能直接起到快速杀藻的作用，在治理水体藻类水华时还得配合使用氧化剂、絮凝剂等处理措施综合运用才能达到较好的除藻效果[158]。

工程实践表明，氧化型除藻剂确实能够较好地破坏藻细胞壁，使藻胶团分解，可作为藻华水体应急处理的第一步措施。而藻细胞被氧化剂破坏后，破碎细胞及其代谢产物在水中往往呈悬浮状态，导致水体变浑，透明度降低；另外，由于细胞裂解，一些藻毒素类物质会被释放进入水体，若不采取后续处理则会带来更大的生态问题[159]。为了解决这个问题，在工程应用中，投加除藻剂后会及时投加絮凝剂（微生物絮凝剂是未来的选择趋势），使水中悬浮物絮凝沉淀至水体底部。一段时间后再选择合适的控藻微生物制剂，如微生物溶藻剂、营养盐分解型微生物制剂等，定期投加，使其快速分解水体中的有机质，调控水体pH，逐渐改善水体的富营养化状态，达到抑制水体中藻类的过度繁殖，打造良好的水域生态环境的长远目的。

1. 技术优点

1）高效性：微生物调控技术利用了微生物的强大生物活性，可以迅速转化和降解水体中的污染物，从而达到净化水质的目的。

2）环保性：微生物调控技术不引入化学物质，完全依靠自然生态过程实现水体净化，因此对环境友好，不会产生二次污染。

3）针对性强：可以根据水体的具体污染情况和藻类问题，选择适当的微生物菌剂，具有很强的针对性和应用性。

2. 技术缺点

1）受环境条件影响：微生物的活动受水体的温度、pH、氧气含量等环境条件影响较大，因此在应用微生物调控技术时需要考虑环境因素的影响。

2）投入成本较高：微生物调控技术需要使用微生物菌剂，而这些菌剂的制备和投加需要一定的设备和人力投入，因此该技术的投入成本相对较高。

3）技术要求高：微生物调控技术的应用需要考虑微生物菌剂的种类、投加量、投加时机等因素，因此对该技术的要求较高，需要专业人员进行操作和管理。

3. 微生物调控技术应用实例

清华大学段云岭等[160]开发了一种利用微生物进行水质净化的治理方法，针对养殖水体中的污染负荷，实时调控水体中有益微生物的数量，提高了养殖水体的自净能力、改善了河道水体水质，实施养殖水体污染的源头治理，达到了养殖水体的生物平衡，大幅度提高了养殖成活率，可实现农业生产养殖的可持续发展目标，在宁夏银川市贺兰县相关养殖鱼塘水体应用成功。

北京科技大学吕乐等[161]在北京市延庆区妫水现场围隔水体中，对投加由芽孢杆菌、酵母菌、乳酸菌、放线菌和沼泽红假单胞菌组成的环境有效微生物菌剂（EM 菌剂）治理蓝藻水华污染的效果进行了研究，发现投加 EM 菌剂不仅可以快速降低蓝藻数量，使蓝藻生物量减少 55%以上，而且能够迅速降低水体中的氨氮、亚硝酸氮、总氮和磷酸盐浓度并维持在较低水平波动，从而降低了形成蓝藻水华所需要的氮和磷营养元素，因此控制了蓝藻水华的发展，具有重要的应用价值（图 4-69）。

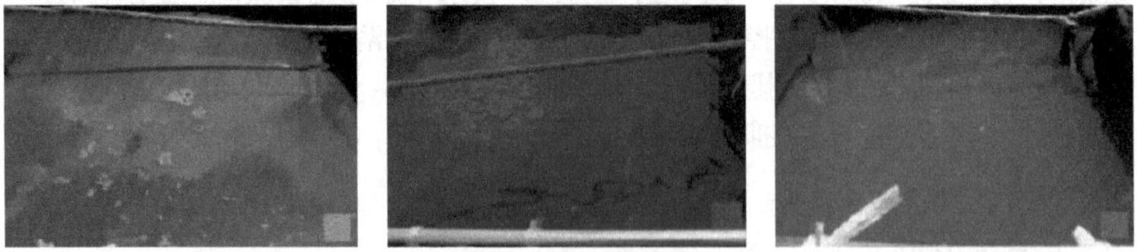

(a)对照　(b)千分之一EM菌剂　(c)万分之一EM菌剂

图 4-69　投加 EM 菌剂对水华的处理作用[161]

4.5　污染物稀释技术

4.5.1　引清调水技术

早期的调水工程建设是以调整水资源的时间、空间分布不均和解决水运交通等问题为特征的。其中特别是一些跨流域的调水工程，因其工程规模大、涉及范围广、经济效益明显等备受世人关注[162]。随着环境问题的日益严重和人们对生态环境的重视，出现了以改善水环境为目标的水资源调度（引清调水）。引清调水技术是向受污水体中引入相对清洁的水体，通过稀释和置换等作用，改善水环境的重要辅助措施。它既可以增加清水量，稀释污水，降低污染物的浓度；又可以调活水体，增大流速，提高受纳水体的复氧、自净能力，加快污染物的降解，并使污水不会长期积存，达到改善水质的目的[163]。

引清调水技术是一种通过引入清洁水源，以稀释和净化河道中原有水体的技术。该技术通常涉及通过管道、渠道或其他设施，将清洁水源引入河道，再与原有水体混合，以降低污染物浓度、改善水质。引清调水技术适用于各种类型的河道治理，包括自然河流、人工湖泊、水景等。

1. 技术优点

1）改善水质：通过稀释作用，降低污染物浓度，改善河道水体的水质。对于污染较严重的河道，引清调水技术可以迅速提高水质，改善河道的整体环境。

2）灵活性高：可根据治理需要，灵活调整清洁水源的引入量、引入位置和混合方式。通过优化方案，可以最大限度地发挥稀释作用，提高净化效果。

3）治理效果显著：引清调水技术适用于各种类型的河道治理，具有显著的效果。它可以迅速改善河道水体的颜色和透明度，提高河道的生态功能。

4）资源利用：可以利用现有的水资源，实现水资源的合理利用。同时，通过合理的调度和管理，可以实现水资源的可持续利用，促进河道生态系统的长期稳定。

2. 技术缺点

1）对水资源要求较高：需要引入清洁水源，因此需要充足的水资源作为保障。对于水资源短缺的地区，引清调水技术的实施存在一定的困难。

2）工程量大：需要建设相应的输水工程和混合设施，工程量较大，投资成本较高。

3）环境影响：引清调水技术可能会改变河道水体的流速和水位，对河道生态系统产生一定的影响。如果调度不当，可能会对河道的生态环境造成负面影响。

3. 引清调水技术应用实例

余明勇等[164]以湖北省长湖为研究对象，探讨了浅丘区大型浅水湖泊的污染物稀释扩散和净化规律，采用水质模型分析计算了长湖水环境需水量；针对水环境需水量亏缺的状况，提出了引清济湖方案，为长湖引清调水工程的实施提供科学依据和技术支持（图 4-70）。

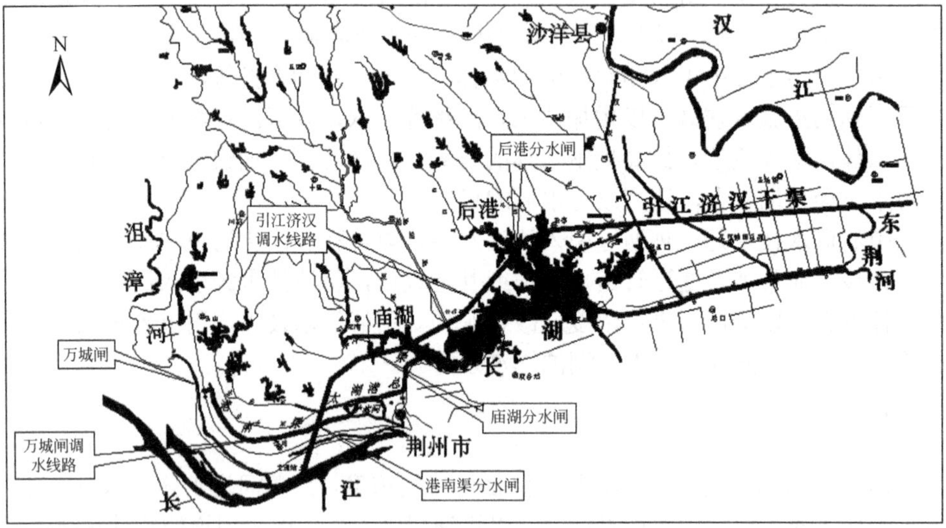

图 4-70 长湖引清调水工程规划图[164]

上海市青浦区白鹤水务管理所[165]针对白鹤镇内河水系水动力条件差、水体黑臭的现状，为确保白鹤镇防汛安全，切实改善白鹤镇水质、调活水体，根据白鹤镇各水利控制片泵闸坝分布，结合各河道水质情况，提出白鹤镇引清调水方案。通过一年多的实施论证，随着水利设施管理机制的逐步优化，引清调水工作已初见成效，圩区河道水质有了较明显改善。研究结果可用以优化现有调水方案，并为区域水系规划和建设提供依据。

4.5.2 水系连通技术

水系连通技术是一种通过增加河道与周边水体的连通性，以促进水体交换和稀释污染物的方法。该技术通过修建闸坝、水闸或引水渠道等设施，将河道与周边水体（如湖泊、河流、水库等）连接起来，使得水体能够在不同区域之间流动和交换。水系连通技术适用于改善水质、增强生态功能、提高水生生物多样性等河道治理目标。

近年来，许多城市尝试通过外部引调水，构建河湖水系置换通道，加快水资源循环更新速度，提高水体自净能力、改善水环境质量[165, 166]。由于自然环境下河湖海库边界不规则，水体运动状态与物质迁移扩散十分复杂，定量认识水体流动在物质输运中的作用，需要研究与流场密切相关且反映其本质的时间尺度参量，进而理解水动力过程的环境效应。因此，以水环境改善为目标的水系连通性研究需要选择合适的水体交换时间尺度参量。

1. 技术优点

1）改善水质：通过促进水体交换，将清洁水源与污染水体混合，从而稀释污染物，降低污染物浓度，改善水质。同时，流动的水体有利于氧气传输，有助于提高水体的自净能力。

2）增强生态功能：水系连通性增加促使水生生物的多样性和数量增加，促进水生生态系统的稳定。通过水体交换，可以平衡水体中的营养物质，避免水体富营养化等问题。

3）提高水资源利用效率：实现水资源的合理调配，满足不同区域的水资源需求。通过优化水资源配置，可以提高水资源的利用效率和生产效益。

4）兼顾防洪与生态治理：在实现生态治理的同时，也可以兼顾防洪功能。通过合理设计连通渠道和工程措施，可以降低河道的洪峰流量，减轻防洪压力。

2. 技术缺点

1）工程量大：需要修建相应的水利工程和引水渠道，工程量较大，投资成本较高。同时，由于复杂的水系和地形条件，设计难度较大。

2）对环境影响大：可能会改变水体的流速和水位，对河道生态系统造成一定的影响。如果设计不当，可能会破坏水生生物的栖息地和迁徙路径，影响生态系统的平衡。

3）管理难度大：需要定期进行水源调度和管理，防止水体污染和生态破坏。对于多个连通区域和水源，管理难度较大，需要制定科学合理的调度方案和管理措施。

4）适用范围有限：适用于具有一定自然条件和水资源基础的地方。对于干旱、半干旱或水资源短缺的地区，水系连通技术的实施存在一定的困难。

3. 水系连通技术应用实例

自天台县水系连通试点项目 2021 年 10 月试点启动以来，天台县统筹利用县域水系资源，跳出单纯水利思维，以现代化和合文化为核心，按照“一心、两廊、三区、多脉”的总体布局，汇聚百里河合生态廊、山水融合唐诗廊两廊，协同山水和合养心区、田园农耕康养区、佛道文化修养区三区，连通始丰溪支流溪涧河道融合全域乡镇水生态水文化空间，综合整治农村水系 31 条，水系连通 5 处，建设范围涉及全县 87%乡镇（街道）和 20%村庄，惠及 7 万余人[167]。

广州市增城区以城市水源调配、防洪排涝、水环境改善为重点，将增塘水库与挂绿湖连通，从而实现增江、挂绿湖、增塘水库和西福河连通[168]。一方面，通过合理连通增城区城市河湖库水系，加强了广州市备用水源工程建设，提高供水保障能力，保障城市供水安全，构建区域功能完备、工程优化、保障有力的河湖库水系连通格局。另一方面，通过挂绿湖、增塘水库引水、换水调度运行，增强了区域水体流动性，提高了区域水资源互通互济调控水平，有助于构建现代水网络体系。

4.5.3　活水循环技术

针对黑臭水体的成因，活水循环技术可通过在水体中加设循环泵站等方式，加速水体的内循环，或改造水体的水力条件，使得溶解氧与有机污染物充分接触，也能促使大气中的氧气对消耗掉的溶解氧进行补充，消除这些黑臭水体形成的风险。

活水循环技术在实际案例中，通常与其他治理技术相结合。例如，可通过截污清淤等手段，加强水域的流动性，加快氧气溶于水的速度，促进水中有机物的降解，恢复生态功能，如果要进一步加快降解速度，还可以在水中或河底泥附近使用曝气机通入空气，但将曝气机在这个环节使用，可能会大幅度增加成本。此外，还可以向原水体引入干净的地表水、雨水或城市再生水，促进整个水域的水循环，利用补充水源中的溶解氧降解有机污染物。除补充水源外，活水循环技术并未向水体中添加新物质或微生物，仅利用物理手段使得空气中的氧气和溶解氧更高效地参与有机污染物的降解，这也是该技术相对其他技术的优势。因此，在黑臭水体治理的各类技术中，属于物理与生物-生态技术相结合的技术[169]。

活水循环技术能够使水生生态系统快速恢复，并自主完成对污水的净化。在运用该技术时，通常并不需要购买过多的设备，也不需要大规模的投资，可以实现对资源的节约，治理成本也会降低。在自然的状态下，黑臭水在复氧之后生态系统和自净能力需要数月时间恢复。而黑臭水可以在保持水体中氧气溶解充足与稳定的情况下缩短这一过程。活水循环技术可以在水体中形成一个新的微生态系统，使其具有强大、持续的生态净化能力，对蓝藻等藻类植物的繁殖也起到了明显的抑制作用[170]。除此之外，活水循环技术还可以通过引水补水、栽植水生植物、投放浮游藻类等方式促进水生生态系统的健全，使其具有较强的活力与自净能力。与其他的黑臭水治理方式相比，活水循环技术可以达到标本兼治的效果。

黑臭水的内容物十分复杂，要想做到科学治理，需要充分认知黑臭水的内容物，结合具体的内容物选择科学有效的治理方式进行治理。黑臭水治理方案需要坚持人与自然和谐相处的要求，根据污染程度的差异选择合理的技术进行治理，不要刻意地进行影响甚至改变环境，否则也难以实现黑臭水的治理效果，甚至会适得其反[171]。

1. 技术优点

1）改善水质：通过促进水体循环，增加水中的溶解氧含量，提高水体的自净能力，从而改善水质。同时，流动的水体有利于悬浮物和污染物的稀释与扩散，降低污染物浓度。

2）增强生态功能：促进水生生物的多样性和数量增加，增强水生生态系统的稳定性和自然修复能力。同时，流动的水体为水生生物提供了更好的生存环境和迁徙通道，提高了水生生态系统的生产力。

3）提高水资源利用效率：实现水资源的合理调配，满足不同区域的水资源需求。通过增加水体的流动性，可以改善灌溉和排水条件，提高水资源的利用效率和生产效益。

4）兼顾景观与生态治理：通过增加水体的流动性和美观度，可以创造优美的水景，为城市景观增添特色。同时，活水循环技术也可以实现生态治理的目标，改善河道生态环境。

2. 技术缺点

1）能耗较高：需要借助机械装置或泵站等设备，增加能源消耗和运行成本。对于缺乏电力或其他能源支持的地区，实施存在一定的困难。

2）对环境影响大：需要改变水体的流动状态，可能会破坏原有的生态系统和水文条件。如果设计不当，可能会影响水生生物的栖息地和迁徙路径，对生态系统的平衡产生不良影响。

3）维护管理难度大：需要定期进行设备的维护和管理，防止设备故障和生态破坏。对于多个设备和运行环节，维护管理难度较大，需要制定科学合理的维护管理方案。

4）适用范围有限：适用于具有一定自然条件和水资源基础的地方。对于干旱、半干旱或水资源短缺的地区，活水循环技术的实施存在一定的困难。同时，也需要良好的地理环境和地质条件，才能实现长期稳定的水体循环和生态治理效果。

3. 活水循环技术应用实例

白马大氹为东莞南城白马社区的排水通道，整治前，白马大氹向周边居民区散发异味，其透明度、溶解氧浓度、氨氮浓度等常用水质参数均在重度黑臭水的标准范围内。山东新汇建设集团有限公司周鹏程[172]针对白马大氹黑臭水成因，制定了修复方案。为了恢复黑臭水的水动力系统，建立以泵井为核心形成的水体内循环系统，让水体以足够的流速流经人工湿地，在外源得到控制的情况下，氹内的水质将会得到改善，2017 年底白马大氹综合治理工程完工并开始运行后，配合有效管理，两年多后，水体黑臭现象已基本稳定消失，甚至有部分指标达到《地表水环境质量标准》（GB 3838—2002）Ⅴ类标准。

南京水利科学研究院丁瑞等[173]以苏州狮山河水系为研究对象，通过表流湿地建设，构建清水型生态系统，组合天狮湖泵站与装配式溢流堰等水动力调控设施，形成河道与湖泊水体循环流动体系。以天狮湖为中心，建设表流湿地涵养净化水体，建设管路连通天狮湖与狮山河，在狮山河与连通管路交汇口建设天狮湖泵站，形成狮山河—天狮湖—北裤子浜—狮山河的水体循环流动体系（图 4-71）。通过天狮湖、狮山河、北裤子浜表面流湿地建设，构建清水型生态系统。水体循环应兼顾内部水体循环与外部水体交换，通过狮山河泵闸、狮山河堰、北裤子浜堰的联合调度，使 80%水体流量内部循环，20%流量通过狮山河堰、北裤子浜堰向东、向南溢流，惠及周边河网。

图 4-71 狮山河水系水体循环流动体系[173]

4.5.4 再生水补水技术

再生水补水技术是一种利用污水处理厂处理后的再生水，作为河道补水的一种水体净化技术。通过将再生水输送到河道中，增加河道的水量，从而稀释污染物浓度，改善水质。该技术适用于缺水地区或需要增加水量的河道治理。城市污水再生利用具有不受气候影响、水源可靠、保证率高等优点，是开源节流、减轻水体污染、改善生态环境、解决城市缺水问题的有效途径之一，已成为当今世界各国解决缺水问题的共识（图 4-72）。

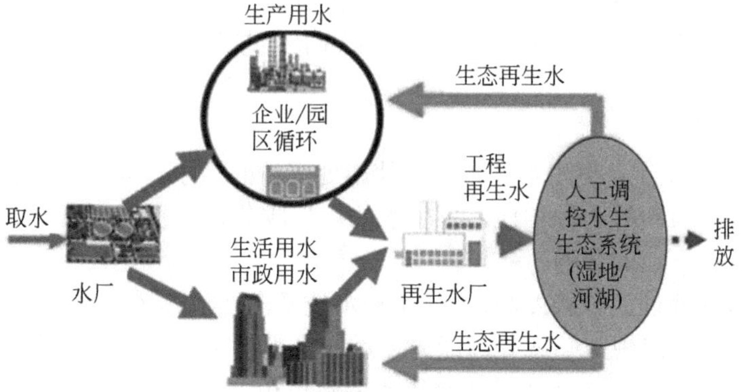

图 4-72　再生补水系统示意图[174]

再生水河湖生态利用在国内外已有大量应用案例，早在 1932 年美国旧金山污水处理厂就将出水回用于公园湖泊观赏用水。此后，包括日本、以色列、新加坡、澳大利亚在内的众多国家也将再生水作为城市河湖景观回用、绿化灌溉等[174]。相比国外，我国将城市再生水回用于城市景观水体的研究最早开始于“七五”国家科技攻关计划[175]。此后，先后在北京、天津、泰安、西安、合肥和石家庄等城市建成了一系列再生水回用补给景观河道、湖泊的示范工程，取得了一定的社会效益和环境效益。

基于水质原因导致氮、磷浓度偏高而形成的河湖水体富营养化问题是限制再生水安全回用的主要风险。现行再生水回用水质标准中氮、磷浓度偏高，导致污染物本底值相对较高，在水体的自净能力较天然景观水体差的情况下，容易形成水体富营养化。因此，采用针对性强的改善措施才能实现其安全回用[176]。

1. 技术优点

1）增加水量：再生水补水技术可以为河道增加水量，有助于改善河道的生态环境，增强水体的自净能力。对于水资源短缺或季节性缺水的河道，该技术可以有效缓解水量不足的问题。

2）稀释污染物：通过增加河道的水量，再生水补水技术可以稀释污染物浓度，提高水质。对于污染较为严重的河道，该技术可以改善水环境，减轻水体污染程度。

3）节约水资源：再生水补水技术使用处理后的再生水，可以减少对新鲜水源的消耗，实现水资源的循环利用。对于水资源紧张的地区，该技术具有很高的经济效益和环境效益。

4）改善生态环境：通过增加河道水量，可以促进水生生物的多样性和数量的增加，增强水生生态系统的稳定性和自然修复能力。同时，流动的水体为水生生物提供了更好的生存环境和迁徙通道，提高了生态系统的生产力。

2. 技术缺点

1）水质不稳定：再生水补水技术使用处理后的污水作为水源，水质可能存在不稳定情况。与新鲜水源相比，再生水的化学成分较为复杂，可能对水生生物和河流水质造成一定的影响。

2）对污水处理厂依赖度高：再生水补水技术需要依赖污水处理厂的处理能力，如果污水处理厂出现故障或处理能力不足，将影响该技术的实施效果。

3）投资成本高：再生水补水技术需要建设相关的输水管道和配套设施，增加工程量和投资成本。同时，污水处理厂的日常运行和维护也需要一定的费用，增加了该技术的经济成本。

4）对环境可能产生负面影响：虽然再生水补水技术可以实现水资源的循环利用，但如果处理不当或使用过量，可能会对环境造成负面影响。例如，输水管道破裂或泄漏可能造成二次污染，影响河流水质和生态环境。

3. 活水循环技术应用实例

昆明市五华区翠湖目前水体流动性低、死水区域较大且易发生水华，薛祥山等[176]针对以上现象，采取再生水循环补水工程，补偿水体蒸发和渗漏等损失，维持一定的水面高度，并适时对水体进行更换，保证水生动植物赖以生存的水质条件。首先，结合昆明市基本水文资料，通过分析翠湖水量源、汇项，进行翠湖的水量平衡计算，按照水量平衡计算结果来确定翠湖的基本补水量。其次，在基本补水量不变的前提下，科学计算翠湖的每日排水量，建立翠湖水体补充排放的循环过程，改善翠湖的水动力条件，提升翠湖水体的自净能力。

由于缺少稳定的补水，青岛市李村河下游三角地至胜利桥河段多个断面存在断流现象。基于李村河水量少、水质差的现状，在河道沿线实施控源截污的前提下，杨仲韬等[177]通过引调清洁水源对河道进行生态补水，从而改善河道水动力循环条件，恢复河道生态、保障河道水质，利用李村河污水处理厂的再生水对李村河下游进行生态补水，在补水规模为 20 万 m^3/d 时可维持李村河下游的最小生态流速和最小生态水深，保障河道生态性，进而逐步建立河道生态系统。结合河道沿线控源截污工作的有效开展，可保障国控断面水质达标（图 4-73）。

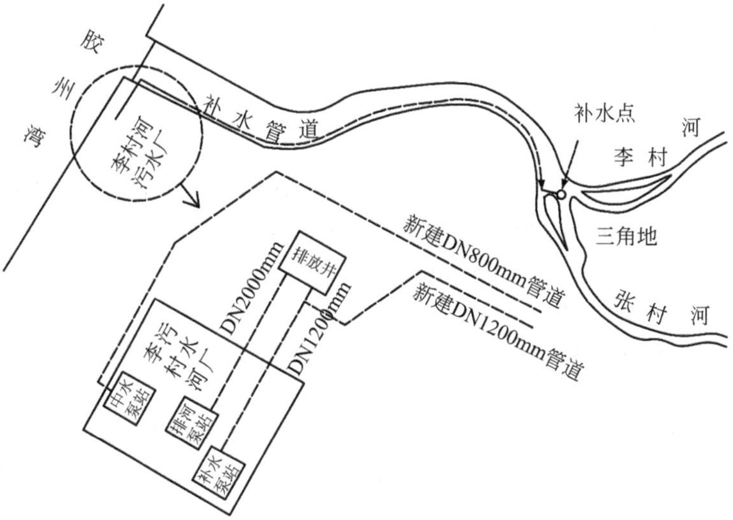

图 4-73　李村河再生水补水工程概况图[177]

参 考 文 献

[1] 孙柏忠. 伊通河城区段污染水体河岸辅助净化生态工程研究[D]. 长春: 东北师范大学, 2014.

[2] 刘科军, 吕锡武. 跌水曝气生物接触氧化预处理微污染水源水[J]. 水处理技术, 2008(8): 55-58, 62.

[3] 姜湘山, 王春雷. 跌水曝气——改进型填料(滤料)排水系统处理屠宰废水的设计[J]. 环境工程, 2002(6): 3，25-26.

[4] 王左良. 跌水曝气(充氧)效果的影响因素试验研究[D]. 重庆: 重庆大学, 2006.

[5] Nakasone H, Ozaki M. Oxidation-ditch process using falling water as aerator[J]. Journal of Environmental Engineering, 1995, 121(2): 132-139.

[6] 伍培, 彭江华, 陈一辉, 等. 对跌水曝气及跌水曝气生物滤池研究和应用的探讨[J]. 工业安全与环保, 2016, 42(2): 25-28, 50.

[7] 姬保江. 生物除锰技术在生活饮用水中应用[J]. 工业用水与废水, 2002(6): 22-24.

[8] 高洁, 刘志雄, 李碧清. 生物除铁除锰水厂的工艺设计与运行效果[J]. 给水排水, 2003(11): 1, 26-28.

[9] 杨丽, 廖传华, 朱跃钊, 等. 微纳米气泡特性及在环境污染控制中的应用[J]. 化工进展, 2012, 31(6): 1333-1337.

[10] 吕宙, 从善畅, 程婷, 等. 微纳米气泡曝气技术在生活污水处理中的应用研究[J]. 广州化工, 2014, 42(7): 122-124, 168.

[11] 李杏. 微纳米曝气技术在污染水体净化中的应用研究[J]. 资源节约与环保, 2023(3): 94-97, 101.
[12] 邓晓辉, 许晶禹, 吴应湘, 等. 动态微气泡浮选除油技术研究[J]. 工业水处理, 2011, 31(4): 89-90.
[13] Chu L B, Xing X H, Yu A F, et al. Enhanced ozonation of simulated dyestuff wastewater by microbubbles[J]. Chemosphere, 2007, 68(10): 1854-1860.
[14] 梁静波, 岳会发, 杨振奇, 等. MABR+微纳米曝气技术在马厂减河治理中的应用[J]. 工业水处理, 2022, 42(12): 160-164.
[15] 张玲玲, 特日格乐, 李婧男, 等. 超微气泡富氧+生物活化技术在黑臭水体治理中的工程应用[J]. 环境工程, 2020, 38(11): 66-71, 156.
[16] 陈平, 倪龙琦. 曝气技术在黑臭河道上的研究进展[J]. 化学工程师, 2020, 34(5): 37, 63-65.
[17] 蔡芝斌, 蔡宇翔, 阮兴苗, 等. 绍兴污水处理厂生活污水鼓风机系统的优化改造与应用[J]. 城镇供水, 2023(1): 85-88.
[18] 母瑞林, 唐也平, 姜国栋. 污水处理用曝气鼓风机的发展趋势[J]. 风机技术, 2002(4): 47-50.
[19] 刘延泽, 侯红梅. 污水处理行业曝气鼓风机技术发展趋势[J]. 通用机械, 2014(4): 30-33.
[20] 邱勇, 田宇心, 李冰. 污水处理厂鼓风曝气系统的压力损失分析与应用[C]//中国环境科学学会. 2016中国环境科学学会学术年会论文集(第二卷). 北京: 中国环境科学出版社, 2016: 1751-1756.
[21] 严俊泉, 张颖, 杨益军, 等. 汤汪污水处理厂二期工程曝气系统的改造[J]. 中国给水排水, 2014, 30(14): 103-105.
[22] 于宏滨. 浅谈大凌河义县段河道水生态治理修复技术[J]. 地下水, 2021, 43(3): 219-220.
[23] 杨兆华, 何连生, 姜登岭, 等. 黑臭水体曝气净化技术研究进展[J]. 水处理技术, 2017, 43(10): 49-53.
[24] 李佳晶, 张亚雷, 周雪飞, 等. 纯氧曝气工艺在 Cagnes-sur-Mer 污水处理厂的应用案例[J]. 净水技术, 2012, 31(4): 134-138.
[25] 董卫华, 杨健, 张淑芬, 等. 纯氧曝气的研究进展[J]. 中国资源综合利用, 2006(11): 28-30.
[26] 凌晖, 王诚信, 史可红. 纯氧曝气在污水处理和河道复氧中的应用[J]. 中国给水排水, 1999(8): 49-51.
[27] 江雪姣. 纯氧曝气系统中活性污泥特性研究[J]. 文山学院学报, 2020, 33(3): 37-39, 105.
[28] 郭跃华, 程浪, 李瑞博, 等. 纯氧曝气在河道排污口应急处理上应用效果探究[J]. 绿色科技, 2019(10): 70-73.
[29] 李伟杰, 汪永辉. 曝气充氧技术在我国城市中小河道污染治理中的应用[J]. 能源与环境, 2007(2): 36-38.
[30] 张绍君. 纯氧曝气快速消除河流黑臭工程效果及河道影响因素研究[D]. 北京: 清华大学,

2010.
[31] 卢义玉, 陆朝晖, 王洁, 等. 射流曝气技术在脱硫浆液氧化工艺中的应用[J]. 重庆大学学报, 2013, 36(3): 128-134.
[32] 张佳晔. 供气式低压射流曝气器的能耗分析及性能优化研究[D]. 西安: 陕西科技大学, 2018.
[33] 吴益锋, 林建翔, 费乐民, 等. 某污水处理厂氧化沟射流曝气工程改造效果分析[J]. 广州化工, 2021, 49(11): 92-94.
[34] 田凤国, 吴江, 章明川, 等. 射流曝气技术在湿法脱硫中的应用研究[C]//中国工程热物理学会传热传质学学术会议论文集(下册). 北京: 国工程热物理学会, 2003: 1006-1009.
[35] 贺磊. 微生物强化修复技术在锦州市河道治理中的应用[J]. 中国水能及电气化, 2017(3): 18-21.
[36] 钟仁超, 陆天友. 氧化沟曝气设备性能比较[J]. 贵州大学学报(自然科学版), 2009, 26(1): 140-142.
[37] 何云芳, 朱建荣. 推流式曝气增氧活性污泥法处理针织漂染废水[J]. 给水排水, 2002(6): 1, 32-34.
[38] 王庆亮. 新型河道水域生态治理技术应用[J]. 建筑工程技术与设计, 2016(15): 193, 202.
[39] 黄鹏. 太阳能曝气强化湿地技术[C]//中国环境保护产业协会水污染治理委员会, 环境保护部对外合作中心. "十三五"水污染治理实用技术. 北京: 化学工业出版社, 2017: 102-104.
[40] 田润泽, 武涛. 曝气技术在河道生态修复中的应用——以纳米气溶技术在上海走马塘河道水质提升为例[J]. 低碳世界, 2019, 9(9): 21-23.
[41] 刘双发, 安德荣, 张勤福, 等. 新型微生物菌剂在生活污水处理中的应用研究[J]. 环境工程学报, 2008(9): 1177-1180.
[42] 陶芳, 高尚, 陈诚, 等. 菌剂及酶制剂在特殊有机工业废水处理中的研究及应用进展[J]. 净水技术, 2009, 28(1): 7-10.
[43] 搜狐. 如何使用 ZIPBIO 生物倍增菌方与生物蜡块_水体_细菌_自然环境[EB/OL]. https://news. sohu. com/a/www. sohu. com/a/732896770_121180554[2023-12-26].
[44] 杜聪, 冯胜, 张毅敏, 等. 微生物菌剂对黑臭水体水质改善及生物多样性修复效果研究[J]. 环境工程, 2018, 36(8): 1-7.
[45] 李晓粤, 奚健. 城市河流污染治理与原位修复技术探讨[C]//中国环境科学学会学术年会. 2010 中国环境科学学会学术年会论文集（第一卷）. 北京: 中国环境科学出版社, 2010: 4.
[46] 微生物促生剂究竟是何方神圣？[EB/OL]. http://www.changlongkeji.cn/news/gongsixinwen/367. html[2023-12-26].
[47] 李开明, 刘军, 江栋, 等. 古廖涌黑臭水体生物修复及维护试验[J]. 应用与环境生物学报, 2005(6): 742-746.
[48] 徐亚同, 史家, 袁磊. 上澳塘水体生物修复试验[J]. 上海环境科学, 2000(10): 480-484.

[49] 赵方莹, 李璐, 刘骥良, 等. 城市污染河道生态治理模式探讨——以北京市丰台区葆李沟为例[J]. 北京水务, 2019(3): 3-8.
[50] 高月香, 杜聪, 张毅敏, 等. 碳素纤维生态草协同微生物菌剂净化黑臭水体研究[J]. 水利水电技术, 2020, 51(12): 188-194.
[51] 洪伟. 复合强化生态滤床治理污染河流中试试验研究[D]. 哈尔滨: 哈尔滨工业大学, 2011.
[52] 李兰, 索帮成, 常布辉, 等. 碳素纤维改性及其在富营养化水体中的挂膜实验[J]. 中国农村水利水电, 2013(3): 53-57, 61.
[53] 陆立海, 莫文旭, 覃思跃, 等. 人工水草对黑臭水体的修复效果及其机理研究[J]. 轻工科技, 2022, 38(2): 104-107.
[54] 李东晓. 基于四种原位修复技术优化组合处理黑臭水体的研究[D]. 镇江: 江苏大学, 2020.
[55] 周勇. 生物填料在苏州重污染河道治理中的应用研究[D]. 南京: 河海大学, 2007.
[56] 单景有. 生物填料在重污染河道治理中的应用研究[J]. 黑龙江科技信息, 2016(13): 223.
[57] 王乐阳, 张瑞斌, 潘卓兮, 等. 菌藻填料强化生态浮床在河道治理中的应用[J]. 中国环保产业, 2020 (1): 44-46.
[58] 程士兵. 生物—生态组合技术对黑臭河流原位修复的研究[D]. 重庆: 重庆大学, 2012.
[59] 李玲宇. 基于生物浮岛的寒旱区水生态修复技术及应用[D]. 西安: 西安工业大学, 2023.
[60] 薛扬扬. 珠江三角洲典型河涌黑臭水体污染特征及生态浮岛原位修复技术研究[D]. 广州: 华南理工大学, 2022.
[61] 刘斯荣, 李慕文. 生态浮床在人工湿地景观中的设计应用——以武汉市塔子湖为例[J]. 美术教育研究, 2021(10): 86-87.
[62] 长江日报. 加快打造绿色生态美丽河湖新格局 构建人水和谐相融“诗画江城”[EB/OL]. https: //swj. wuhan. gov. cn/hdjl/hygq/202306/t20230605_2211254. html[2023-12-28].
[63] 孙紫童, 周汉娥, 胡胜华, 等. 生态修复技术在城市景观水体治理中的应用——以武汉市南湖幸福湾为例[J]. 环境生态学, 2022, 4(11): 85-90.
[64] 周志华, 温明霞, 李广志. 物理-生物-生态技术相结合治理污染河道水体研究[J]. 北京水务, 2007(3): 28-31.
[65] 仇丽娟. 原位生物生态组合技术改善景观水体水质研究[D]. 扬州: 扬州大学, 2010.
[66] 卢珊, 李兆欣, 蔡春利, 等. 北京市河道水质维护技术研究及应用进展[J]. 北京水务, 2019(1): 7-11.
[67] Jan Vymazal, 卫婷, 赵亚乾, 等. 细数植物在人工湿地污水处理中的作用[J]. 中国给水排水, 2021, 37(2): 25-30.
[68] 范波, 秦少波. 城市黑臭水体旁路治理技术[J]. 科技视界, 2019 (12): 99-100.
[69] 中建水务环保有限公司. 深圳第一！中建水务打造碧水环绕美丽鹏城[EB/OL]. http: //office. h2o-china. com/news/320283. html[2023-12-28].
[70] 吉驰. 河道旁路处理技术应用探索与工程实践[J]. 城市道桥与防洪, 2023(6): 20, 140-143.

[71] 胶东在线. 远环保打出治污“组合拳” 还原界河生态美[EB/OL]. https://www.jiaodong. net/aixin/system/2018/11/15/013778583. shtml[2023-12-28].
[72] 宋凯宇, 吕丰锦, 张璇, 等. 河道旁路人工湿地设计要点分析——以华北地区某河道旁路人工湿地为例[J]. 环境工程技术学报, 2021, 11(1): 74-81.
[73] 李艳君, 康萍萍. 河流悬浮物治理的降速促沉技术研究[J]. 水土保持应用技术, 2013(2): 17-18.
[74] 袁晓兰. 旁路系统对黑臭河道水体净化效果研究[D]. 太原: 太原理工大学, 2020.
[75] 杨改. 一种污水高效处理沉淀过滤装置[P]: 中国专利, CN201810035977. 5. 2018-06-29.
[76] 贾文杰. 老运粮河水质时空变化特征及旁路净化中试研究[D]. 昆明: 云南大学, 2017.
[77] 陈飞华, 陈云兰. 城市化地区河道生态治理探索与实践——以闸北区徐家宅河生态治理为例[J]. 城市道桥与防洪, 2015(7): 17, 162-164.
[78] 袁文璟, 王朝勇, 刘洁, 等. 混凝沉淀/超滤工艺改善苏州河道水的感官品质[J]. 中国给水排水, 2019, 35(23): 78-84.
[79] 余天云, 李鑫, 阮慧敏, 等. 一种高效混凝沉淀池[P]: 中国专利, CN20101059627. X. 2011-04-20.
[80] 杨蓉, 胡细全, 黄纤. 混凝沉淀+微曝气滤池净化河道水体工艺研究[J]. 水处理技术, 2021, 47(5): 94-97.
[81] 宋连朋. 混凝沉淀法处理景观水体污染水的试验研究[D]. 天津: 河北工业大学, 2012.
[82] 江苏京源环保市政磁介质混凝沉淀设备[EB/OL]. http://tianzhuo.huisoutui.cn/com/jingyuanhuanbao/sell/itemid-623. html[2023-12-28].
[83] 吴秀伟, 蒲文鹏, 刘旭, 等. 超磁分离净化技术在 J 河道治理中的应用研究[J]. 绿色科技, 2017(22): 49-52.
[84] 黄鹤, 李铁军. 磁混凝-曝气生物滤池组合工艺在重庆市溉澜溪水体治理的应用[J]. 低碳世界, 2023, 13(7): 4-6.
[85] 杜成银, 初振宇, 马振强, 等. 长春市伊通河流域水环境综合治理工程-伊通河流域中段的创新设计与经验总结[C]//2018 海绵城市建设国际研讨会论文集. 西安: 中国城镇供水排水协会中共西安市委. 2018: 535-539.
[86] 张辉, 温东辉, 李璐, 等. 分段进水生物接触氧化工艺净化河道水质的旁路示范工程研究[J]. 北京大学学报(自然科学版), 2009, 45(4): 677-684.
[87] 焦恒恒. 接触氧化旁路处理工艺净化重度污染河水的研究[D]. 哈尔滨: 哈尔滨工业大学, 2019.
[88] 生物接触氧化法与曝气生物氧化池的异同点以及应用[EB/OL]. https://www.docin.com/p-478789283. html[2023-12-28].
[89] 张友德, 戴曹培, 章蕾, 等. 生物接触氧化工艺实际应用效果分析——以合肥某河道水质提升项目为例[J]. 环境保护与循环经济, 2022, 42(5): 43-46.

[90] 吴晓辉, 孟庆义, 周巧红, 等. 北运河中游重污染河段污染源控制及水质改善技术研究与应用[J]. 北京水务, 2013(S2): 36-42.
[91] 董春枝. 生物滤池反应器技术处理城市河道水的研究[D]. 上海: 上海师范大学, 2015.
[92] 张建, 刘伟凤, 张成禄, 等. 三维级配曝气生物滤池[P]: 中国专利, CN201010502211. 7. 2011-04-13.
[93] 朱擎, 杨飞飞, 吴浩恩, 等. 微曝气生物滤池-多级土壤渗滤系统强化脱氮处理新运粮河水[J]. 环境工程学报, 2015, 9(7): 3497-3502.
[94] 吴林林. 黑臭河道净化试验研究及综合治理工程应用[D]. 上海: 华东师范大学, 2007.
[95] 中华人民共和国住房和城乡建设部. 中南地区-农村生活污水处理技术指南(试行)[EB/OL]. https://max.book118.com/html/2019/0228/7101005121002011. shtm [2023-12-28].
[96] 黄亮, 唐涛, 黎道丰, 等. 旁路生物稳定塘系统净化滇池入湖河道污水[J]. 中国给水排水, 2008, 24(19): 13-15.
[97] 吕美丽, 杨贝贝. 桃源县延溪河河道综合整治方案[J]. 陕西林业科技, 2018, 46(4): 94-97, 101.
[98] 崔程颖. 新型人工强化土地渗滤系统工艺及技术研究[D]. 上海: 同济大学, 2007.
[99] 赵英海, 唐文晶, 莫锐, 等. 土地渗滤系统与膜分离系统组合处理农村生活污水研究[J]. 水处理技术, 2022, 48(10): 127-130.
[100] 魏才倢, 吴为中, 杨逢乐, 等. 多级土壤渗滤系统技术研究现状及发展[J]. 环境科学学报, 2009, 29(7): 1351-1357.
[101] 魏才倢, 吴为中, 陶淑, 等. 多级土壤渗滤系统处理滇池入湖河水的研究[J]. 中国给水排水, 2010, 26(9): 104-107, 111.
[102] 陈佳利, 吴为中, 杨春平, 等. 基于 BDPs 的多级土壤渗滤系统处理受污染河水的试验研究[J]. 环境科学学报, 2012, 32(4): 909-915.
[103] 王铮, 王珂, 夏萍. 二溴海因与次氯酸钠杀菌除藻效果对比研究[J]. 净水技术, 2016, 35(S1): 39-41.
[104] 李绍秀, 夏文琴, 赵德骏, 等. 二氧化氯杀灭拟柱孢藻的研究[J]. 环境科学与技术, 2012, 35(6): 152-156.
[105] 赵德骏, 李绍秀, 夏文琴, 等. 二氧化氯杀灭水中铜绿微囊藻的影响因素[J]. 净水技术, 2013, 32(1): 6-9, 33.
[106] 王永平, 郭萧, 谢瑞, 等. 过氧化氢消除小型水体蓝藻水华的效果评价[J]. 人民珠江, 2019, 40(11): 95-98.
[107] 赵以军, 王旭, 谢青, 等. 滇池蓝藻“水华”微囊藻毒素的分离和鉴定[J]. 华中师范大学学报(自然科学版), 1999(2): 250-254.
[108] 史小丽, 杨瑾晟, 陈开宁, 等. 湖泊蓝藻水华防控方法综述[J]. 湖泊科学, 2022, 34(2): 349-375.

[109] Xie P, Chen Y, Ma J, et al. A mini review of preoxidation to improve coagulation[J]. Chemosphere, 2016, 155: 550-563.

[110] 王立宁, 方晶云, 马军, 等. 化学预氧化对藻类细胞结构的影响及其强化混凝除藻[J]. 东南大学学报(自然科学版), 2005(S1): 182-185.

[111] Yang X, Yao L, Wang Y, et al. Simultaneous removal of algae, microcystins and disinfection byproduct precursors by peroxymonosulfate (PMS)-enhanced Fe(Ⅲ) coagulation[J]. Chemical Engineering Journal, 2022, 445: 136689.

[112] 边归国, 刘国祥, 林联锦, 等. 二氧化氯和漂白粉应急处置甲藻水华[J]. 中国应急管理, 2010(7): 49-51.

[113] 陈卫, 李圭白, 邹浩春. 高锰酸钾复合药剂去除太湖水中蓝藻的室内试验研究[J]. 哈尔滨建筑大学学报, 2001(3): 72-74.

[114] 朱进. 浅谈絮凝剂在污水处理中的应用[J]. 山西化工, 2019, 39(6): 161-163.

[115] 孙永军, 吴卫杰, 肖雪峰, 等. 絮凝法去除水中藻类研究进展[J]. 化学研究与应用, 2017, 29(2): 153-159.

[116] Zhu G , Zheng H , Chen W , et al. Preparation of a composite coagulant: polymeric aluminum ferric sulfate (PAFS) for wastewater treatment[J]. Desalination, 2011, 285: 315-323.

[117] 骆禹璐, 王啸天, 高敏, 等. 改性天然高分子絮凝剂制备的研究进展[J]. 高分子通报, 2022(8): 1-11.

[118] Ma M, Liu R P, Liu H J, et al. Mn(Ⅶ)-Fe(Ⅱ) pre-treatment for Microcystis aeruginosa removal by Al coagulation: simultaneous enhanced cyanobacterium removal and residual coagulant control[J]. Water Research, 2014, 65: 73-84.

[119] Lee C S, Robinson J, Chong M F. A review on application of flocculants in wastewater treatment[J]. Process Safety and Environmental Protection, 2014, 92(6): 489-508.

[120] 李威, 周启星, 华涛. 常用化学絮凝剂的环境效应与生态毒性研究进展[J]. 生态学杂志, 2007, 26(6): 943-947.

[121] 陈思莉, 邴永鑫, 常莎, 等. 除藻剂应急治理湖水蓝藻水华案例分析[J]. 中国农村水利水电, 2019(3): 20-23.

[122] 陈静, 王军, 赵颖, 等. 赤泥复合剂絮凝处理太湖水华藻与海洋赤潮藻[J]. 环境工程学报, 2011, 5(9): 1933-1936.

[123] 王志红, 植许鋆, 李炳萱, 等. $KMnO_4$ 强化混凝耦合超滤去除湖库水中共存铁锰藻[J]. 中国给水排水, 2022, 38(5): 1-8.

[124] Wang Z C, Li D H, Qin H J, et al. An integrated method for removal of harmful cyanobacterial blooms in eutrophic lakes[J]. Environmental Pollution, 2012, 160: 34-41.

[125] 沈银武, 刘永定, 吴国樵, 等. 富营养湖泊滇池水华蓝藻的机械清除[J]. 水生生物学报, 2004, 28(2): 131-136.

[126] 王文, 苗淳洋, 李昊, 等. 南水北调中线工程藻水分离技术研究[J]. 人民黄河, 2020, 42(7): 83-85.

[127] 熊鸿斌, 李耀耀, 张强. 巢湖蓝藻的机械清除工艺以及藻水分离实验研究[J]. 环境工程学报, 2014, 8(2): 599-604.

[128] 蔡炎, 陈卫, 刘成. 应对高藻水的新型BFC磁种强磁分离净水技术研究[J]. 中国给水排水, 2017, 33(23): 44-46.

[129] 邱学尧, 谢光娜. 蓝藻打捞新思路[J]. 有色金属设计, 2018, 45(4): 109-112.

[130] 朱喜, 胡明明. 中国淡水湖泊蓝藻暴发治理与预防[M]. 北京: 中国水利水电出版社, 2014.

[131] 王寿兵, 徐紫然, 张洁. 大型湖库富营养化蓝藻水华防控技术发展述评[J]. 水资源保护, 2016, 32(4): 88-99.

[132] 陈嘉伟, 张辉, 倪其军. 太湖流域200t级运藻船的研发[J]. 青岛理工大学学报, 2018, 39(2): 90-95.

[133] 屠清瑛, 章永泰, 杨贤智. 北京什刹海生态修复试验工程[J]. 湖泊科学, 2004, 16(1): 61-67.

[134] 卢碧林, 祁亮, 李明习. 光温培养条件对小球藻 *Chlorella* sp. 生长及产物的影响[J]. 可再生能源, 2014, 32(10): 1527-1532.

[135] Feng F, Li Y, Latimer B, et al. Prediction of maximum algal productivity in membrane bioreactors with a light-dependent growth model[J]. Science of the Total Environment, 2021, 753: 141922.

[136] 薛瑞萍, 蒋霞敏, 韩庆喜, 等. 温、光、盐对硅藻 STR01 生长、总脂、脂肪酸的影响[J]. 水生生物学报, 2019, 43(3): 670-679.

[137] 张青田, 王新华, 林超, 等. 温度和光照对铜绿微囊藻生长的影响[J]. 天津科技大学学报, 2011, 26(2): 24-27.

[138] González-Camejo J, Barat R, Pachés M, et al. Wastewater nutrient removal in a mixed microalgae-bacteria culture: effect of light and temperature on the microalgae-bacteria competition[J]. Environmental Technology, 2018, 39(4): 503-515.

[139] 司傲, 蒋新跃, 吴银杰, 等. 蓄水型备用水源地藻类生长趋势及控藻技术研究[J]. 环境污染与防治, 2023, 45(6): 771-776.

[140] 汤坤贤, 宋晖, 姜德刚, 等. 遮光处理对微藻繁殖及其水质指标的影响[J]. 环境科技, 2022, 35(3): 25-31.

[141] 周起超, 宋立荣, 李林. 遮光对滇池春季藻类水华的影响[J]. 环境科学与技术, 2015, 38(9): 53-59.

[142] 贾柏樱, 马华. 生物操纵技术控制原水藻类的应用研究[J]. 中国给水排水, 2017, 33(9): 11-15.

[143] Yin C J, Guo L G, Yi C L, et al. Physicochemical process, crustacean, and *Microcystis* biomass changes *in situ* enclosure after introduction of silver carp at Meiliang Bay, Lake Taihu[J]. Scientifica, 2017,2017: 9643234.

[144] 殷福才, 张之源. 巢湖富营养化研究进展[J]. 湖泊科学, 2003(4): 377-384.

[145] 种云霄, 胡洪营, 钱易. 大型水生植物在水污染治理中的应用研究进展[J]. 环境污染治理技术与设备, 2003(2): 36-40.

[146] 温超男. 鱼类生物操纵对水质影响的巢湖围隔试验[D]. 合肥: 安徽农业大学, 2021.

[147] 张喜勤, 徐锐贤, 许金玉, 等. 水潘净化富营养化湖水试验研究[J]. 水资源保护, 1998(4): 32-36.

[148] 歹雁, 潘家有, 张云. 非经典生物操纵方法在滇中高原饮用水水源地保水渔业的应用[J]. 农村实用技术, 2020(1): 71-72.

[149] Li Y, Wang L G, Chao C X, et al. Submerged macrophytes successfully restored a subtropical aquacultural lake by controlling its internal phosphorus loading[J]. Environmental Pollution, 2021, 268: 115949.

[150] Wang C, Liu S Y, Jahan T E, et al. Short term succession of artificially restored submerged macrophytes and their impact on the sediment microbial community[J]. Ecological Engineering, 2017, 103: 50-58.

[151] 姚远, 贺锋, 胡胜华, 等. 沉水植物化感作用对西湖湿地浮游植物群落的影响[J]. 生态学报, 2016, 36(4): 971-978.

[152] 李菲菲, 褚淑祎, 崔灵周, 等. 沉水植物生长和腐解对富营养化水体氮磷的影响机制研究进展[J]. 生态科学, 2018, 37(4): 225-230.

[153] Zhang X K, Zhang J W, Li Z F, et al. Optimal submerged macrophyte coverage for improving water quality in a temperate lake in China[J]. Ecological Engineering, 2021, 162: 106177.

[154] Melzer A. Aquatic macrophytes as tools for lake management[J]. Hydrobiologia, 1999, 395: 181-190.

[155] Xiao J B, Wang H M, Chu S Y, et al. Dynamic remediation test of polluted river water by Eco-tank system[J]. Environmental Technology, 2013, 34: 553-558.

[156] 华映肖, 潘继征, 杜劲松, 等. 富营养化高原浅水湖泊持续多年生态修复工程效果分析——以滇池大泊口为例[J]. 湖泊科学, 2023, 35(5): 1549-1561.

[157] Sun R, Sun P F, Zhang J H, et a1. Microorganisms-based methods for harmful algal blooms control: a review[J]. Bioresource Technology, 2018, 248: 12-20.

[158] 叶欣, 易春龙, 李泰来, 等. 水环境微生物制剂的应用研究现状[J]. 四川环境, 2021, 40(6): 240-245.

[159] 简敏菲, 简美锋, 李玲玉, 等. 鄱阳湖典型湿地沉水植物的分布格局及其水环境影响因子[J]. 长江流域资源与环境, 2015, 24(5): 765-772.

[160] 段云岭, 马金林, 王晓奕, 等. 针对淡水养殖排放水体污染的防治方法研究[J]. 华北水利水电大学学报(自然科学版), 2019, 40(2): 42-45.
[161] 吕乐, 尹春华, 许倩倩, 等. 环境有效微生物菌剂治理蓝藻水华研究[J]. 环境科学与技术, 2010, 33(8): 1-5.
[162] 郜会彩. 湖网调水改善水环境研究[D]. 武汉: 武汉大学, 2005.
[163] 徐贵泉, 褚君达. 上海市引清调水改善水环境探讨[J]. 水资源保护, 2001(3): 26-30, 60-61.
[164] 余明勇, 张海林, 余向京. 长湖水环境需水量与引清济湖研究[J]. 中国农村水利水电, 2013(6): 21-25.
[165] 黄晓庆. 白鹤镇重点圩区引清调水效果分析[J]. 北京水务, 2017(3): 15-18.
[166] 左其亭, 崔国韬. 河湖水系连通理论体系框架研究[J]. 水电能源科学, 2012, 30(1): 1-5.
[167] 王中根, 李宗礼, 刘昌明, 等. 河湖水系连通的理论探讨[J]. 自然资源学报, 2011, 26(3): 523-529.
[168] 陈世博, 罗琳, 严婷婷, 等. 浙江省天台县推进水系连通及水美乡村建设试点做法经验研究[J]. 水利发展研究, 2023, 23(12): 46-50.
[169] 周鹏程. 活水循环技术在黑臭水治理中的技术应用[J]. 山西化工, 2023, 43(4): 137-139, 142.
[170] 陈晨. 黑臭水治理活水循环技术分析[J]. 大众标准化, 2021(4): 153-155.
[171] 杨天娇. 关于黑臭水治理活水循环技术的分析[J]. 建材与装饰, 2019(6): 163-164.
[172] 周鹏程. 活水循环技术在黑臭水治理中的技术应用[J]. 山西化工, 2023, 43 (4): 137-139, 142.
[173] 丁瑞, 范子武, 李云, 等. 表流湿地与活水循环协同提升城市河网水环境品质——以苏州狮子山水系为例[J]. 湿地科学与管理, 2023, 19(5): 34-38.
[174] 敖冬. 缺水城市水体再生水补水与景观水质保障理论和技术研究[D]. 西安: 西安建筑科技大学, 2018.
[175] 李云开, 杨培岭, 刘培斌, 等. 再生水补给永定河生态用水的环境影响及保障关键技术研究[J]. 中国水利, 2012(5): 30-34.
[176] 薛祥山, 许申来, 郭玉梅, 等. 再生水回补景观水体的水质变化及其改善策略研究[C]//中国环境科学学会, 四川大学. 2014 中国环境科学学会学术年会论文集(第五章). 成都: 2014 中国环境科学学会学术年会, 2014: 453-459.
[177] 杨仲韬, 资强, 渠元闯, 等. 青岛市李村河下游生态补水方案[J]. 水利技术监督, 2019(4): 260-264.

第 5 章　水体自净技术

5.1　河道平面改造技术

5.1.1　营造蜿蜒河道形态

营造蜿蜒河道形态是一种河道平面改造技术，通过将河道改造成蜿蜒曲折的形态，增加河道的长度和河岸的复杂性（图 5-1），以促进河道的自然生态系统的恢复和增强[1]。天然河流一般都是蜿蜒曲折的，这是一种最稳定且有效率的状态[2]。因此，对被直线化河流进行营造蜿蜒河道形态，恢复河流的弯曲状态，促进河流自然过程的恢复，是河流生态修复方法之一（图 5-2）[3, 4]。

图 5-1　蜿蜒河道形态[1]

营造蜿蜒河道形态的方法主要有两种。其一是以小空间尺度为对象进行的修复。主要通过人工堆石，设置构造物，在河流横断面上设置倒流木等措施，恢复水流的蜿蜒特性[5]。构造物设置后水深、流速及溪床基质均会变化[6]，虽其效果只限于构造物的周围，但其因能在保证防洪的前提下简单易行，因此被广泛应用。其二是在河流的某段区间或更大尺度上的修复。即对于已被直线化的

图 5-2　河道形态改造[3]

河道，改变其河道的平面形状而营造出蜿蜒河道形态。伴随着河道弯曲状态的形成，创造出多变的滩渊构造，为生物创造了丰富多变的栖息环境。日本对标津川下游营造的蜿蜒河道形态实验表明，蜿蜒区间的水深、流速及河床材料等物理环境发生了变化。河道的横、纵断面多样化[7, 8]，具有储留粒状有机物、提高初级生产力[9]、增加鱼类多样性及栖息地等优点，但未能看到明显的滩渊结构，只能维持河流附近的河畔林构造[10]，主要原因可能是实施蜿蜒性恢复区间较小。

1. 技术优点

1）增强水体自净能力：营造蜿蜒河道形态可以增加水体的流速和湍流量，促进水体中的污染物与水生生物之间的接触和相互作用，从而增强水体的自净能力。

2）改善水质：营造蜿蜒河道形态可以促进水体的流动和更新，增加水体中的溶解氧含量，从而改善水质。

3）提高生物多样性：营造蜿蜒河道形态可以为水生生物提供更多的栖息地和繁殖场所，增加水生生物的种类和数量，从而提高生物多样性。

2. 技术缺点

1）投资成本高：营造蜿蜒河道形态需要进行大量土方工程和水利工程，需要投入大量人力、物力和财力，因此投资成本较高。

2）技术难度大：营造蜿蜒河道形态需要考虑地形、地貌、水流等因素，需要进行科学规划和精细施工，技术难度较大。

3）存在一定环境影响：营造蜿蜒河道形态需要改变河道原有的形态和结构，可能会对河道周边的环境和生态系统造成一定的影响，需要充分考虑生态效应和环境评估。

3. 营造蜿蜒河道设计应用实例

瑞士雷维苏河前后两次改造河道逐渐被直线化（图虚线位置）直到 1985 年，又通过河道生态改造，恢复了河道的蜿蜒性，通过重新改造河道浅滩、深潭、河岸坡度恢复了河道的景观生机（图 5-3）[11]。

河海大学张玮等[12]研究了顺直河道低水生态修复理念与方法，在他们的研究中，通过在河道底部设置生态修复建筑物，形成低水蜿蜒河槽形态，以营造低水期河水蜿蜒流动状态。布置生态修复建筑物需首先确定设计参数，主要包括水文参数、形态参数等；水文要素主要有设计水位、设计流量等，形态参数包括断面上的蜿蜒河宽和平面上的蜿蜒形态特征值。在该设计案例中，按照设计好的河道水文参数及形态参数布置生态修复建筑物，营造出低水蜿蜒水流形态，得出如下结论：在空间受限、防洪为主的顺直河道中，用生态修复建筑物形成低水蜿蜒流动形态有着良好的适用性，使河道不仅仍然具有行洪、排涝等传统功能，还具备景观、休闲、娱乐、生态等功能，产生很高的社会效益、经济效益、生态效益，具有很好的应用前景，可在一些类似河道中推广应用。

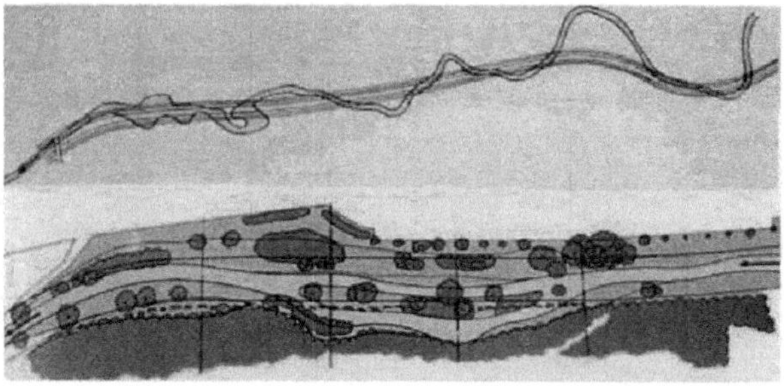

图 5-3　瑞士雷维苏河将渠化河道进行的生态改造对比图[11]

5.1.2　控制裁弯取直

控制裁弯取直（图 5-4）是一种河道平面改造技术，其目的是通过调整河道的弯曲程度使水流更加顺畅，以提高水体的自净能力[1]。具体实施方式包括在河道转弯处修建堤坝使水流逐渐变直，或者在河道中间修建人工水槽（图 5-5）使水流沿着预定方向流动[13, 14]。

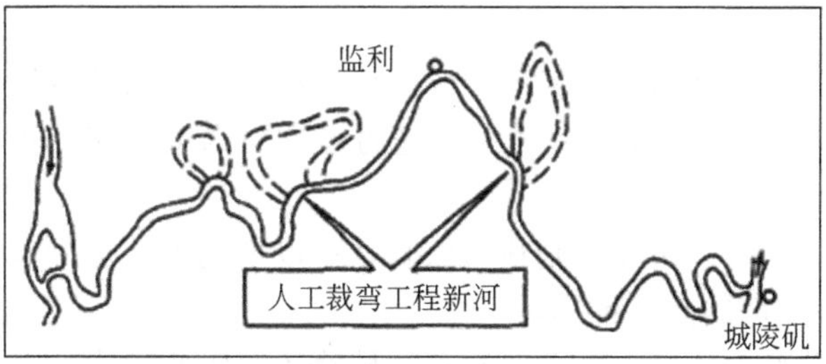

图 5-4　人工裁弯取直工程示意图[1]

人工裁弯取直的方式分为内裁和外裁两种。内裁与上下游连成 3 个弯道，外裁与上下游形成 1 个大弯道。内裁一般是通过狭颈最窄处，线路较短，可节省土方量。外裁的引河进出口与上下游弯道难以达到平顺衔接的要求，且线路较长，故较少采用[15]。当采用内裁方式时，进口应布置在上游弯道顶点稍下方，交角越小越好，这样可以使引河顺乎自然地迎接上游弯道导向下游的水流[16]。根据卫运河人工裁弯工程经验，交角为 0°～25°的引河均能冲开发展，而交角为 30°～110°的引河均被淤死。引河出口则应布置在下游弯道顶点的上方，形成引河导流，下

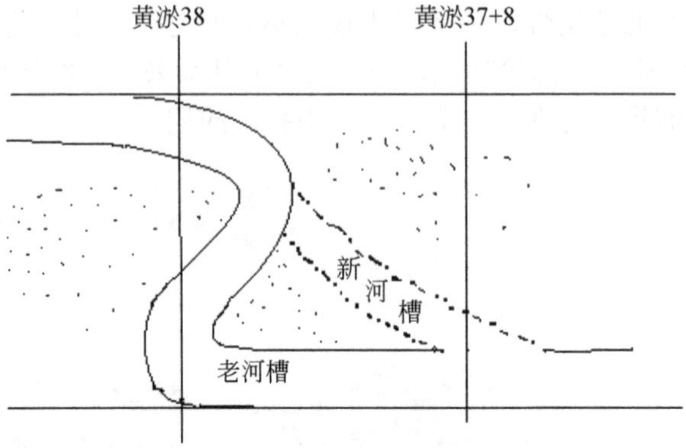

图 5-5　裁弯取直平面示意图[13]

游河弯迎流的河势使出口水流平顺同时可以利用下游弯道深槽水流将引河冲出来的泥沙带往下游。出口处交角也不宜大，否则易引起下游河势发生较大变化。裁弯段老河轴线的长度与引河轴线长度的比值，称为裁弯比。根据卫运河人工裁弯工程经验，裁弯比一般控制在 3～7。裁弯比太小则引河线路长，工程量大，经济效益不好，而且由于引河的比降增加不多，流速较小，引河可能冲不开或发展缓慢；裁弯比过大，引河线路虽短，但引河比降增加过大，冲刷剧烈，引河发展太快，不但引河本身不易控制，还可能造成下游河势变化过于剧烈[17]。

1. 技术优点

1）增强水体自净能力：控制裁弯取直可以减少河道弯曲程度，使水流更加顺畅，从而增加水体的流速和湍流量，促进污染物与水生生物之间的相互作用，提高水体的自净能力。

2）提高防洪能力：通过控制裁弯取直，可以使河道更加顺畅，减少洪水泛滥的可能性，提高河道的防洪能力。

3）减少河道水生植物：河道中的水生植物可以吸收水中的营养物质，控制裁弯取直可以减少水生植物的生长和繁殖，从而减少水体中营养物质的含量，改善水质。

2. 技术缺点

1）投资成本高：控制裁弯取直需要进行大量的土方工程和水利工程，需要投入大量的人力、物力和财力，因此投资成本较高。

2）技术难度大：控制裁弯取直需要考虑地形、地貌、水流等因素，需要进行科学规划和精细施工，技术难度较大。

3）存在一定环境影响：控制裁弯取直会改变河道原有的形态和结构，可能会对河道周边的环境和生态系统产生一定的影响，需要充分考虑生态效应和环境评估。

4）河道裁弯取直可能会影响到周边居民的生活和生产用水，需要做好相关协调工作。

3. 控制裁弯取直设计应用实例

兰州理工大学南军虎等[18]研究了基于砾石群布置的河道生物栖息地自然化改造，对裁弯取直前后的河床（图 5-6）行网格划分，输入边界条件计算出河道内流场的水深、流速等水力因素，通过鲢鱼的适宜性曲线获得栖息地模拟结果，发现金沙溪裁弯后河道上游进口水位降低 0.64m，下游出口水位降低 2.23m，有效降低了汛期洪水位，减小了汛期防洪负荷。但裁弯河道水流流速增大，水深减小，垂向流速差增大且水流流态呈现恶化的趋势，鲢鱼栖息地环境遭到了破坏。模拟结果验证了裁弯取直河道形成的湍急水流不利于鲢鱼的生存，在减小防洪负荷的同时对栖息地造成了较大的破坏。

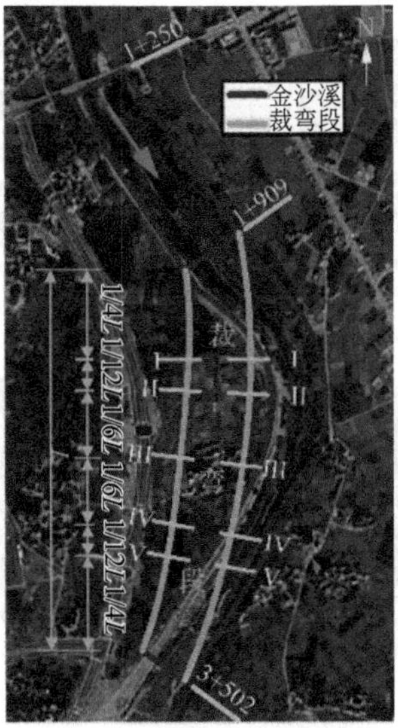

图 5-6　裁弯前后河道[18]

金沙溪位于江西省玉山县境内，研究河段位于十七都大桥至博士大道段，长约 2 km

李肖男等[19]在黄河内蒙古河段洪水演进与冲淤模拟研究中采用了串沟冲刷的裁弯模式。该模式下，洪水漫滩时，水流趋向比降最大的流路，因此会在滩地上塑造出一条连接河环起点和终点的串沟。由于初始地形存在发育不完全的串沟，延长计算的持续大流量过程使串沟进一步展宽和下切，最终完成裁弯，形成新的

主河，并发现裁弯后的输沙率明显大于裁弯前。图 5-7 为该裁弯河段不同阶段水

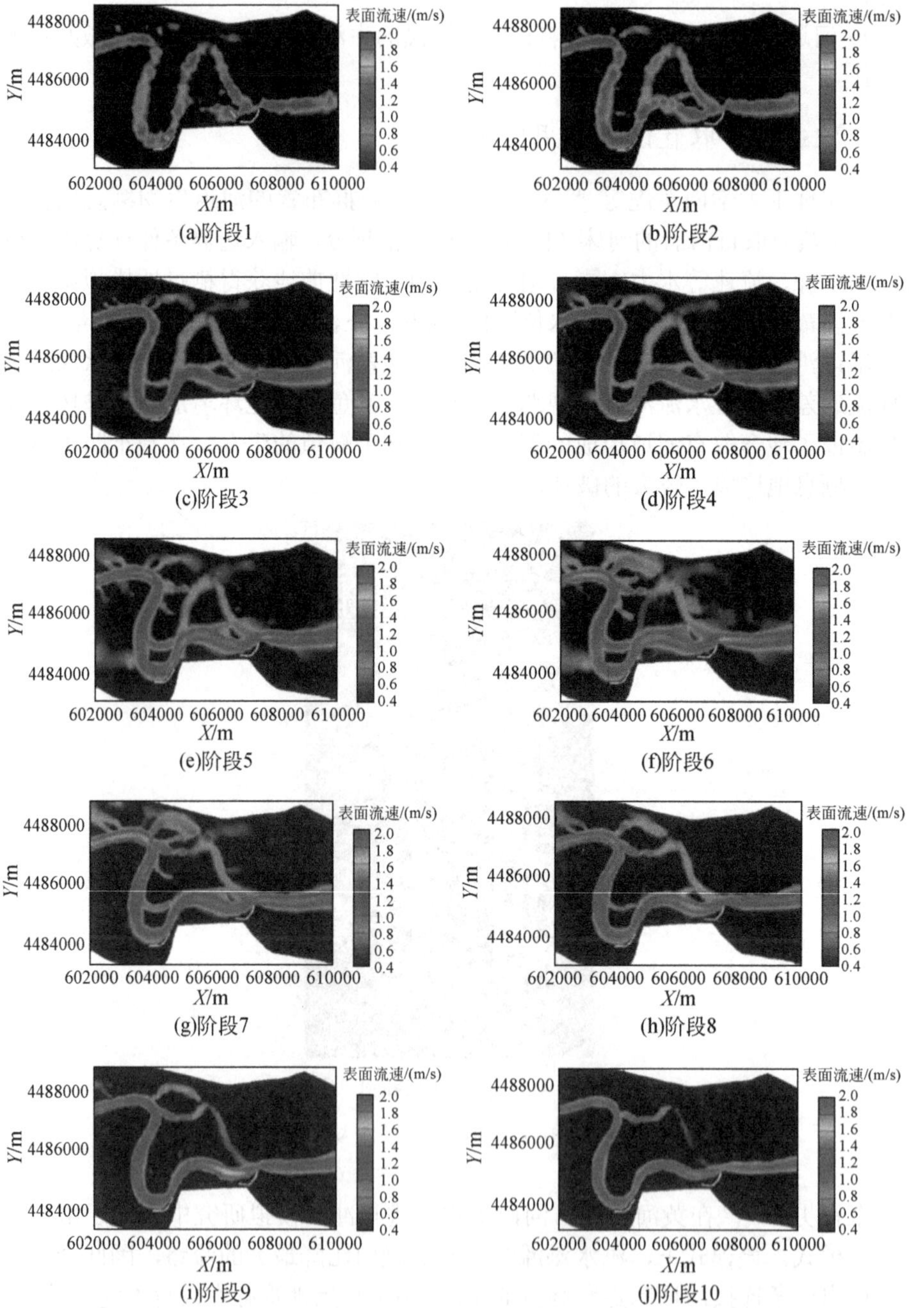

图 5-7 裁弯河段不同阶段水深和表面流速的变化过程[19]

深和表面流速的变化过程。因此，对于该研究河段的畸形河弯，裁弯取直可显著提高河道的输沙效率，通过必要的工程布局促进河道裁弯取直的发展，不失为提高内蒙古弯曲河段水沙输送能力的有效手段。

5.1.3　河道比降调整

河流水砂条件决定了河流的床面形态（图 5-8）。例如，雅鲁藏布江床沙质多、河谷宽阔、比降大，导致游荡河型出现辫状；再如，平原区的河流床沙质少、比降小，摆动无约束，形成单流路的蜿蜒河型。总之，河道形态会不断进行调整以适应上游的水沙条件。调整的方法包括通过变化弯曲系数改变主流比降等。

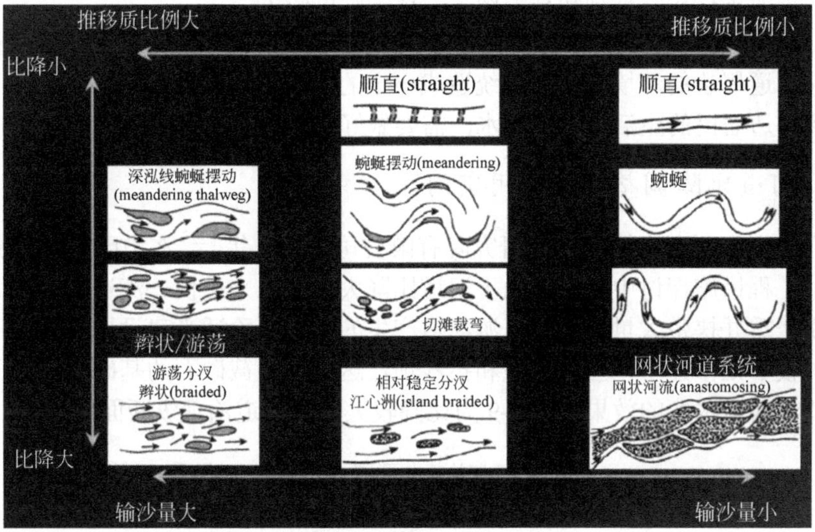

图 5-8　河流水砂条件与床面形态的关系示意图

资料来源：https：//www.zhihu.com/question/27696813/answer/126811452

河道比降调整是一种河道平面改造技术，通过调整河道沿水流方向单位水平距离河床高程差[1]，即河道比降[20, 21]，可以有效改变水流的流速、水深和水流方向，以实现水体自净能力的提高，具体实施方式包括修建堰坝、改造河床或改变河道中的障碍物等。

1. 技术优点

1）增强水体自净能力：河道比降调整可以改变水流的流速和流向，增加水体的湍流性和水生生物的混合程度，促进污染物的扩散和降解，从而提高水体的自净能力。

2）改善水质：河道比降调整可以改善河床的通气条件，增加水中的溶解氧含量，有助于降解水中的污染物，改善水质。

3）提高防洪能力：通过调整河道比降，可以改变洪峰流量和洪水过程线，降低洪水峰值，减轻洪水对下游地区的冲击，提高河道的防洪能力。

2. 技术缺点

1）投资成本高：河道比降调整需要进行一定的工程改造和建设，如修建堰坝、改造河床等，需要投入一定的资金和人力，因此投资成本相对较高。

2）技术难度大：河道比降调整需要考虑河道的自然条件、地质地貌、水流等因素，需要进行科学规划和精细施工，技术难度较大。

3）存在一定环境影响：河道比降调整可能会改变河道原有的形态和结构，可能会对河道周边的环境和生态系统造成一定的影响。此外，河道比降调整可能会影响到周边居民的生活和生产用水，需要做好相关协调工作。

3. 河道比降调整设计应用实例

广东省水利电力勘测设计研究院有限公司么振东等[22]在山区中小河流治理的典型工程措施探讨中，对于由于河道比降大、洪水来去快、流速大，水流对岸坡冲刷严重并挟带大量砂石使下游河道产生的淤积，除适当建设护岸外，还在河道相对较窄处修建了一些格栅坝和拦沙坝，达到在拦截砂石的基础上降低河道比降，改善河道水流的效果。图 5-9 为比降较大冲刷河道治理纵断面图。

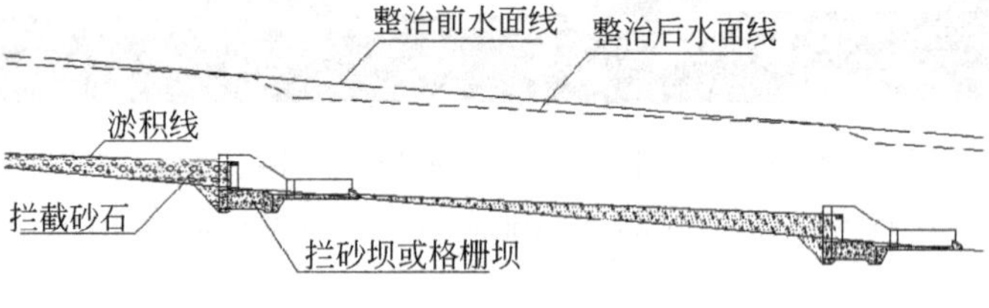

图 5-9　比降较大冲刷河道治理纵断面图[22]

5.2　河道断面改造技术

5.2.1　矩形断面改造

矩形断面改造是一种河道断面改造技术，通过对河道进行矩形化改造，使河道的水流通道变为规则的矩形形状，以达到改善水质、提高水体自净能力的目的[1]。

河道矩形断面改造需修建挡土墙（图 5-10）来维持两岸的稳定[23]，通常用于村庄段、邻近重要建筑物等拆迁占地难度大的河道[24]。此外，挖方较大河段采用矩形断面结构形式施工、运行管理比较方便[25, 26]。

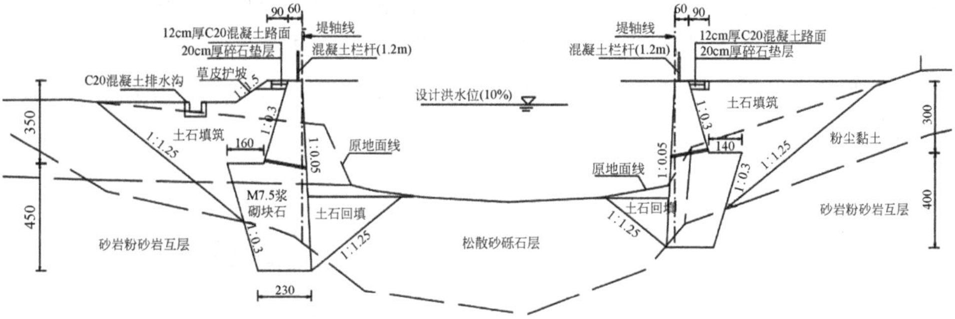

图 5-10　矩形断面衡重挡墙防洪堤[23]

标注尺寸单位均为 mm

1. 技术优点

1）提高水体自净能力：矩形断面改造可以增加水体的表面积和体积，提高水体的复氧能力和水生生物的生存空间，从而提高水体的自净能力。

2）改善水质：矩形断面改造可以改变水流的流速和流向，促进水体的混合和污染物降解，从而改善水质。

3）提高过水能力：矩形断面改造可以使河道的水流通道更加规则和顺畅，减小水流的阻力，从而提高河道的过水能力。

2. 技术缺点

1）工程量大：矩形断面改造需要大量的土石方工程，施工工作量较大，同时还需要进行河岸的防护和加固工程，因此工程的投资成本较高。

2）对生态环境有一定影响：矩形断面改造可能会破坏原有的河道生态环境，改变水生生物的栖息地和河流的自然形态，影响生态系统的平衡。

3）可能加剧洪水灾害：矩形断面改造可能会使河道的洪水过流能力得到提高，但也可能会使洪峰流量加大，加剧洪水灾害的风险。因此，在进行矩形断面改造时，需要考虑如何降低洪水灾害的影响。

5.2.2　梯形断面改造

梯形断面改造是一种河道断面改造技术，通过对河道进行梯形化改造，使河道的水流通道变为规则的梯形，以达到改善水质、提高水体自净能力的目的[1]。

梯形断面是最常用的断面形式，其断面形式简单[27]，景观效果也较为单一[28]，但在农田水利工程中，大流量沟渠主要采用梯形断面形式[29, 30]。梯形断面［图 5-11（a）］还适用于河道较宽、洪水流量较大的丘陵区河道、山区明流河道[31]。梯形断面边坡坡比一般为 1∶2～1∶3.5，该断面虽占用土地资源较多，但其护岸结构用料较少，经济性较好。采用梯形断面设计［图 5-11（b）］应结合城镇建设、市政景观要求，兼顾市民休闲、近水亲水，绿化美化河道两岸，与城镇沿岸景观相融合[32]。

(a)

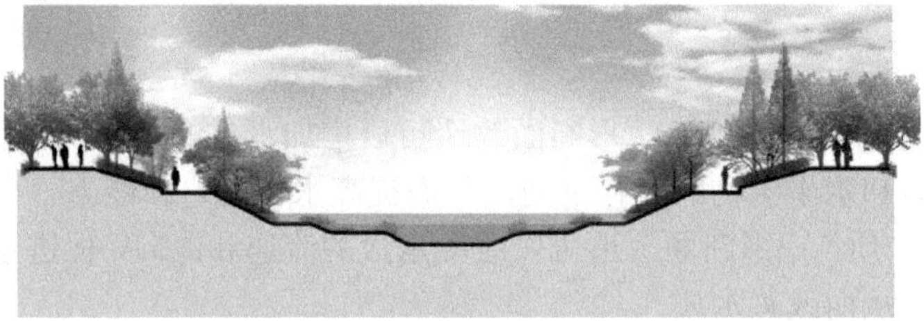

(b)

图 5-11　梯形断面图（a）及优化梯形断面图（b）[30]

1. 技术优点

1）提高水体自净能力：梯形断面改造可以增加水体的表面积和体积，提高水体的复氧能力和增加水生生物的生存空间，从而提高水体的自净能力。

2）改善水质：梯形断面改造可以改变水流的流速和流向，促进水体的混合和污染物降解，从而改善水质。

3）提高过水能力：梯形断面改造可以使河道的水流通道更加规则和顺畅，减小水流的阻力，从而提高河道的过水能力。

2. 技术缺点

1）工程量大：梯形断面改造需要大量的土石方工程，施工工作量较大，同时还需要进行河岸的防护和加固工程，因此工程的投资成本较高。

2）对生态环境有一定影响：梯形断面改造可能会破坏原有的河道生态环境，

改变水生生物的栖息地和河流的自然形态，影响生态系统的平衡。

3）可能加剧洪水灾害：梯形断面改造可能会使河道的洪水过流能力得到提高，但也可能会使洪峰流量加大，加剧洪水灾害的风险。因此，在进行梯形断面改造时，需要考虑如何降低洪水灾害的影响。

3. 梯形断面改造设计应用实例

北京市城市规划设计研究院宋万祯等[33]在以大羊坊沟治理方案为例的城市河道治理思考中，对大羊坊沟规划横断面的规划并不单一采用传统的梯形断面，而是结合小雨时排水、蓄涝、生态景观和公园休憩等功能进行设计。规划河道的主槽采用梯形断面（图 5-12），底宽为 20m，深约 2m，边坡系数为 2，上口宽为 28m。在现状及规划道路之间的河段，河道主槽两侧为二层台，二层台宽度随河道上口宽变化，二层台以上边坡系数为 2，深约 2m，整体河道上口宽为 36～58m；在道路穿河处，采用标准的梯形断面，底宽为 20m，深约 4m，边坡系数为 2，上口宽为 36m。这种河道断面充分利用防护绿地，河道中间设计主槽，对主槽两侧进行拓挖，河道岸线在满足要求的条件下进行优化，同时主槽以外的滩地改造为城市公园，供游人休憩，有效利用了高速公路防护带，极大地提升了区域景观，一举多得。

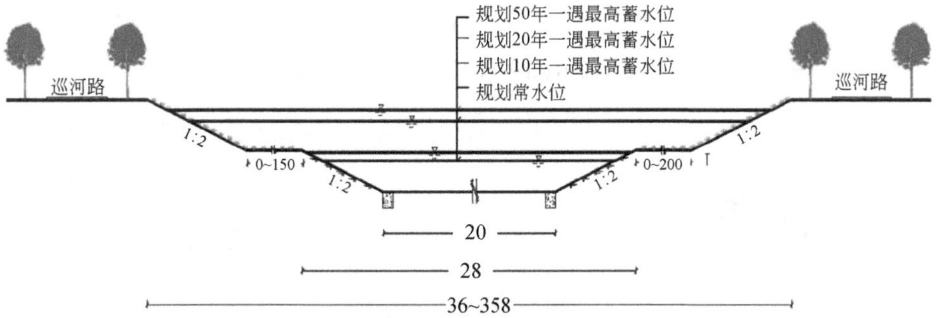

图 5-12　规划大羊坊沟规划横断面设计图[33]

标注尺寸单位均为 m

5.2.3　复式断面改造

复式断面改造是一种河道断面改造技术，通过在河道的主流道两侧设置深槽和浅槽，使河道的水流通道变为复式梯形形状（图 5-13），以达到改善水质、提高水体自净能力的目的。

在实际工程中，一般选用复式断面满足城市河道的生态性、景观性和亲水性的要求。复式断面能够满足枯水位、常水位、洪水位等波动变化的亲水性要求，有效消除景观视觉欣赏受不同水位变化的影响作用（图 5-14）[34, 35]。复式断面按河道水位特征设置分级护坡和平台，占地面积略大，适合场地较充裕的河道[36]。这种断面容易构建利于生态系统恢复的基底条件，因地制宜设置了边坡和平台，有利于河道水生动植物的生长，生态亲和性较佳（图 5-15）[37, 38]。

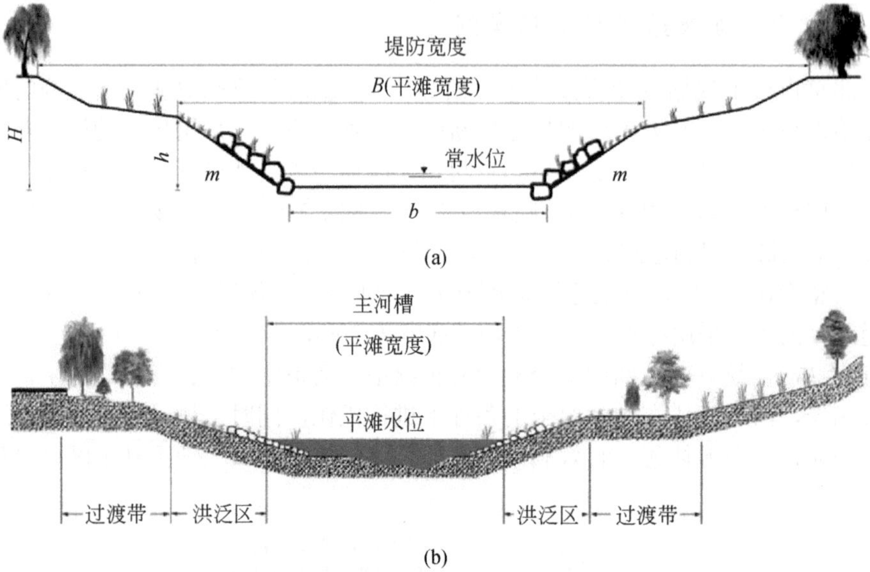

图 5-13　河流复式断面示意图（a）及缓坡复式断面概念设计（b）[1]

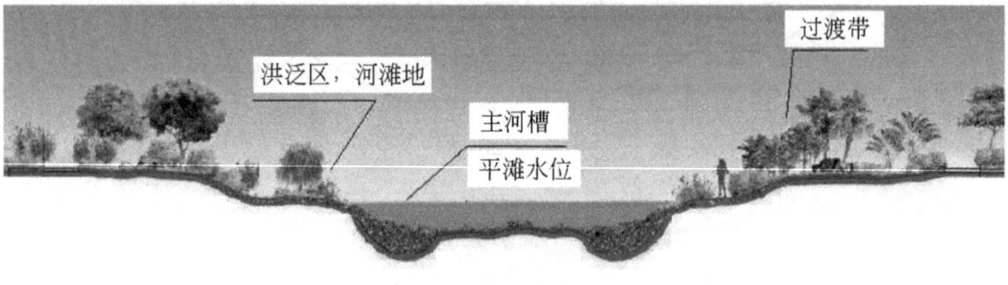

图 5-14　复式断面示意图[35]

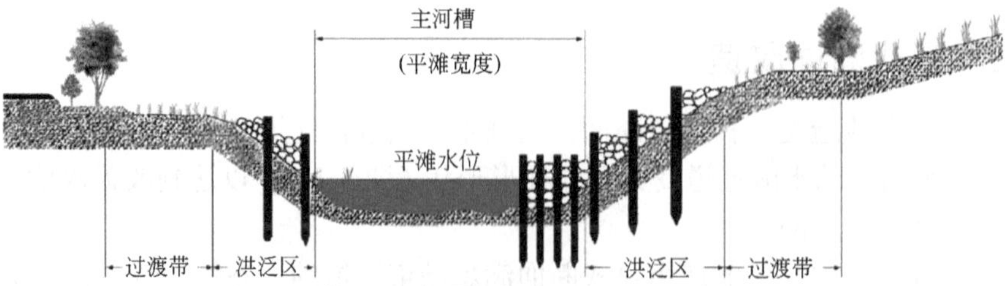

图 5-15　阶梯复式断面概念设计[1]

1. 技术优点

1）提高水体自净能力：复式断面改造可以增加水体的表面积和体积，提高水体的复氧能力和水生生物的生存空间，从而提高水体的自净能力。同时，复式断面改造还可以使河道的水流更加均匀，促进水体的混合和污染物降解，从而进一步改善水质。

2）适应水位变化：复式断面改造可以使河道适应不同的水位变化，保证河道的主流道和深槽能够根据水位变化进行调节。同时，浅槽的设置也为低水位或枯水期的河道提供了良好的生态条件。

3）提高过水能力：复式断面改造可以使河道的水流通道更加规则和顺畅，减小水流的阻力，从而提高河道的过水能力。同时，复式断面的设置还可以使河道的洪水过流能力得到提高。

2. 技术缺点

1）工程量大：复式断面改造需要更多的土石方工程和结构物工程，施工工作量较大，因此工程的投资成本较高。

2）对生态环境有一定影响：复式断面改造可能会破坏原有的河道生态环境，改变水生生物的栖息地和河流的自然形态，影响生态系统的平衡。同时，结构物工程的设置也可能会对河道周围的景观造成一定的影响。

3）维护管理难度大：复式断面改造需要更多维护和管理，如及时清理河道、定期检查结构物等。如果维护管理不到位，可能会影响河道治理的效果和生态环境的恢复。

3. 复式断面改造设计应用实例

广东省水利水电科学研究院、广东省大坝安全技术管理中心刘金涛等[39]在中小河流治理工程中护岸的应用范围与形式探讨中得出结论，复式断面尽量采用生态护坡、雷诺护垫、生态砌块等透水性较好、变形协调能力较强且便于水生动植物栖息繁衍的护岸措施（图5-16），优点为既能满足河道岸坡的稳固，又能兼顾生态治理理念。此外，复式断面一般应用在流经村庄且两岸有位置放坡的河段，此类河段对防冲需求较高，且河道相对宽阔，两岸没有被侵占。

东莞市运河治理中心黄民玉[40]在城市河道水环境综合整治设计与实践研究中，采用断面为复式断面，以桥陇河河道综合整治工程为研究背景，分析了河道现存淤积、雨污合流以及水环境污染问题，为此进行了复式断面河道的拓宽、治堤、清障、截污、桥涵重建等主要整治措施，增大了河道过流断面，并增强了防洪能力。

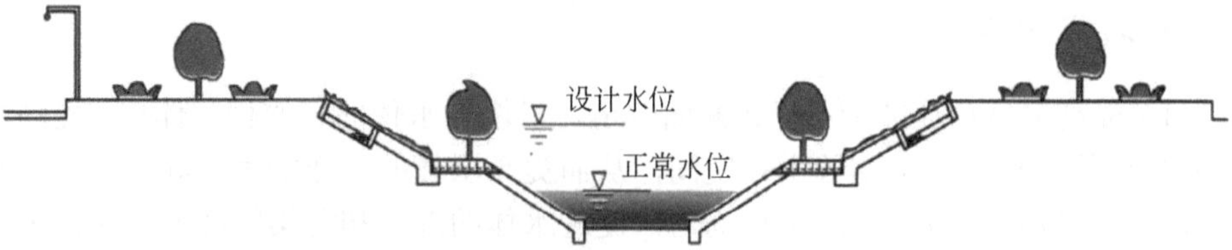

图 5-16　复式断面示意图[39]

5.3　河底微地形改造技术

5.3.1　深潭-浅滩设计

深潭-浅滩设计是一种在河道治理中使用的河底微地形改造技术，通过在河床中设计深潭和浅滩，形成不同的流速带和水流条件，以促进水体的自然净化过程。深潭和浅滩的布局与设计可以改变水流的速度及方向（图 5-17）[41]，增强水体的浑浊度和溶解氧含量，从而有利于水生生物的繁殖和水质的改善（图 5-18）[42, 43]。

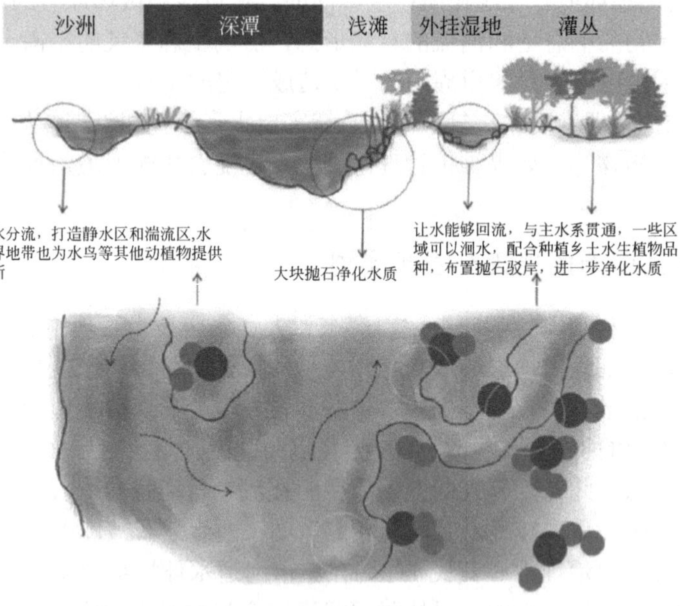

图 5-17　深潭、浅滩、沙洲示意图[41]

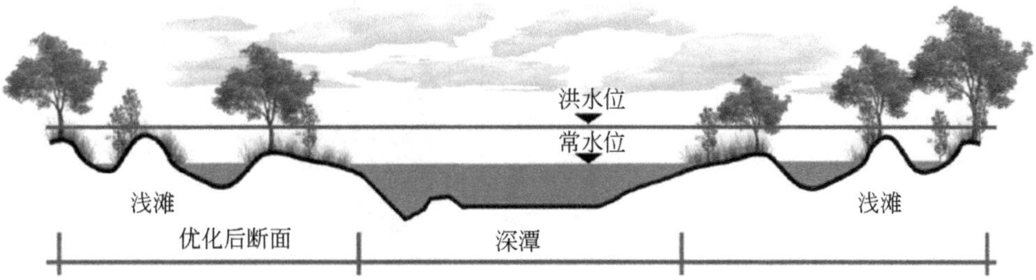

图 5-18　深潭、浅滩示意图[43]

自然河道中紊动的水流对河床的不均匀作用常使河床发育出凹凸不平的起伏。河流地貌学中，一般将河床中凸起的区域称为浅滩，将河床中凹陷的区域称为深潭或深槽（图 5-19）[44, 45]。浅滩-深潭序列是蜿蜒型河流基本的形态学特征，是中等坡度混合砂砾石河床的典型自然地貌特征，对蜿蜒型河流的形成和发展起到了关键作用，也是多样化流速和水深的基础，有效地支撑了鱼类和无脊椎动物的繁殖[46]。同时，浅滩和深潭能形成水的紊流，有利于氧气溶入水中，增加水体中溶解氧含量[47]。浅滩和深潭结构的重塑有助于植被的良好发育和构建多样性的生物栖息地，还可以营造天然的河流景观（图 5-20）[48, 49]。

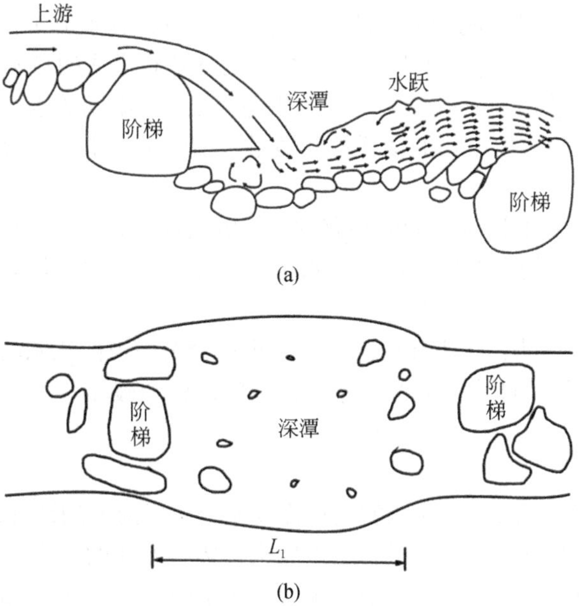

图 5-19　深潭-浅滩序列的阶梯-深潭多级效能系统侧视图（a）及阶梯-深潭多级效能系统俯视图（b）[45]

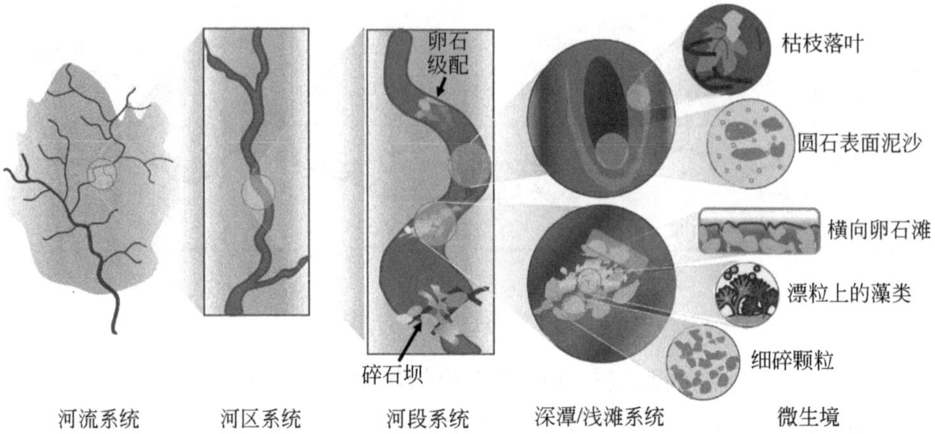

图 5-20　河流生境尺度示意图[49]

深潭与浅滩的大小及其组合应根据水力学原理来确定，按照弯道出现的频率来成对设计，即一个弯曲段，配有一对深潭与浅滩，每对深潭-浅滩可按下游河宽的 5～7 倍距离来交替布置[50]。

1. 技术优点

1）促进自然净化：利用河床的地形特征，通过改变水流条件，促进水体的浑浊度和溶解氧含量的变化，有助于水生生物的繁殖和水质的自然净化。

2）增加生物多样性：提供多样化的生态环境，为不同的水生生物提供栖息地和繁殖场所，增加水生生物的多样性和数量，增强水生生态系统的稳定性和自然修复能力。

3）改善水质：促进水体的流动和混合，增加水中的氧气含量，有助于改善水质。同时，多样化的生态环境可以为水生生物提供更多的食物来源，减少水体中的污染物。

4）增强抗洪能力：深潭和浅滩的设计可以调节河道的洪水流量，减少洪峰流量，增强河道的抗洪能力，减少洪水对河道的冲刷和破坏。

2. 技术缺点

1）设计难度大：深潭和浅滩的设计需要充分考虑河道的地理位置、水流条件、生态需求和水质要求等因素，设计难度较大，需要专业的技术和经验支持。

2）施工成本高：深潭和浅滩的设计需要对河床进行工程改造，需要进行施工和安装等环节，需要投入一定的人力和物力资源，因此施工成本较高。

3）需要长期维护和管理：如果管理不当或维护不及时，可能会影响河道生态系统的稳定性和自然净化效果。

3. 深潭-浅滩设计应用实例

伊利诺伊大学厄巴纳-香槟分校 Rodríguez 等[51]在美国的一条河流中，通过对鱼类生境条件的调查研究，在河流的不同位置制造出不同的浅滩和深潭（图 5-21），为鱼类提供了一个生长繁殖和栖息的场所。

图 5-21　浅滩-深潭的构建[51]

香港大学 Huang 和 Chui[52]通过综合考虑河流流量、床体几何形状、河床渗透系数和地下水流量，来推导经验方程，从而预测单个浅滩-深潭序列中河流的尺度、水力停留时间和通量。研究结果表明这些方程式解释了影响潜流交换的多种因素，包括河流流量、床体几何形状、水力传导系数和地下水流量。因此，它们可以用于快速了解物理化学和生物学对潜流交换的影响，这对河流修复过程中的水质预测和潜流交换恢复等过程是有益的。

5.3.2　小型构筑物建设

小型构筑物建设是在河道治理中使用的河底微地形改造技术之一[1]。该技术通过在河床中建设小型的水工建筑物，如堰［图 5-22（a）］、坝［图 5-22（b）］、堤、人工岛［图 5-22（c）］等，以改变水流的速度、方向和水位，创造出不同的水深和水流条件，从而促进水体的自然净化过程[53]。

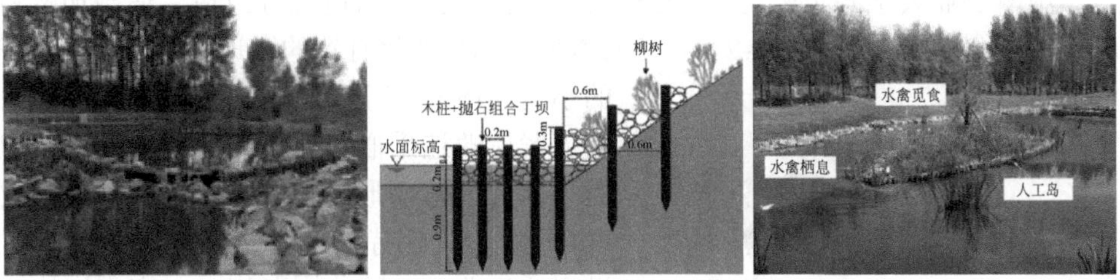

(a)　(b)　(c)

图 5-22　溢流堰的近自然效果（a）、丁坝剖面示意图（b）及人工岛实景图（c）[53]

1. 技术优点

1）增强净化效果：通过改变水流状态和水位，增强水体的浑浊度和溶解氧含量，有助于提高水体的自然净化效果。例如，堰、坝等建筑物可以增加水流的落差和摩擦力，从而增加水中的溶解氧含量。

2）改善水质：创造不同的水深和水流条件，为水生生物提供栖息地和繁殖场所，促进水生生物的繁殖和水质的改善。例如，堤防可以形成浅水区，为水生植物和鱼类提供栖息地。

3）调控洪水流量：调节河道的洪水流量，减小洪峰流量，缓解洪水对河道的冲刷和破坏。例如，堰、坝等建筑物可以调节河流的流速和流量，从而控制洪水。

4）提高河流生态系统的稳定性：为水生生物提供更多的食物来源和栖息地，增加水生生物的多样性和数量，增强水生生态系统的稳定性和自然修复能力。

2. 技术缺点

1）设计难度大：小型构筑物建设需要充分考虑河道的地理位置、水流条件、生态需求和水质要求等因素，设计难度较大，需要专业的技术和经验支持。

2）施工成本高：小型构筑物建设需要对河床进行工程改造，进行施工和安装等环节，需要投入一定的人力和物力资源，因此施工成本较高。

3）可能影响行洪能力：小型构筑物建设可能会改变河道的行洪能力，如果设计不当或施工不合理，可能会影响河道的行洪能力，造成防洪安全隐患。

4）需要长期维护和管理：小型构筑物建设需要长期维护和管理，如果管理不当或维护不及时，可能会影响河道生态系统的稳定性和自然净化效果。

3. 小型构筑物建设设计应用实例

湖南农业大学齐玉婷等[54]在研究中对园区内的河道进行改造，适当加宽河道，拉缓河道土驳岸（图 5-23），使河道形成起伏变化有致的微地形，可形成良好的小气候环境，创造出丰富多样的立地环境。河流驳岸改造采取自然型驳岸，即由自然卵石、木桩、植物形成多种驳岸形式。驳岸坡度自然舒缓，保持在土壤自然安息角范围内，沿岸适当置石，既稳固驳岸，又突出岸线的曲线美。卵石间形成种植池，可种植湿生、水生植物。植物、河石、木桩、水体融成一体，形成自然生态景观，同时为水中动物和微生物提供栖息地。

图 5-23　挺水植物驳岸[54]

中水珠江规划勘测设计有限公司马卓荦等[55]在以珠海市大镜山水库为例的库尾湿地构建探索研究中，结合大镜山水库库尾区域地形特点，在其天然小岛南侧堆填两座生态控岛（图 5-24），并在岛与岛之间、岛与岸之间修建生态岛堰，以拦挡梅溪水库来水，使得大镜山水库在汛期低水位运行时，湿地也能保持相对稳定的水面。

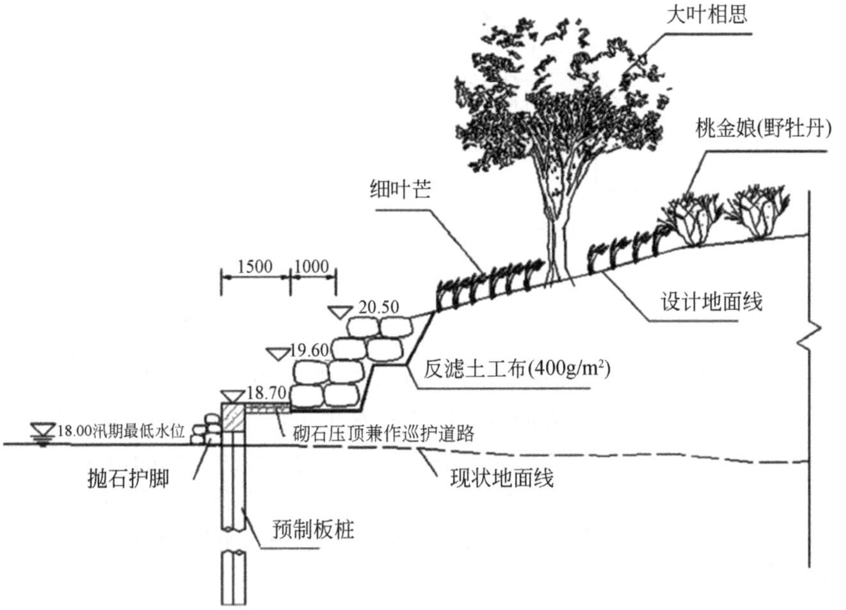

图 5-24　生态控岛断面形式图[55]

高程单位：m；尺寸单位：mm

5.4　硬质护岸改造技术

5.4.1　客土植生法

客土植生法基本原理是在硬质护岸上覆盖一层由保水剂、黏合剂、抗蒸发剂、植物纤维、复合肥料和腐殖质机械混合成的客土，并在客土中添加植物种子和生长介质，通过植物的生长和覆盖，达到改善水质、增强水体自净能力的目的（图 5-25）[56]。客土植生需要根据护岸位置、坡度、岩石性质、酸碱度及绿化要求等确定客土和种子的组成比例，并根据生物生长特性优选植绿种子，将冷季型草种和暖季型草种进行混合使用。该法适用于整体稳定、具有一定坡度的岩石护岸[57]。

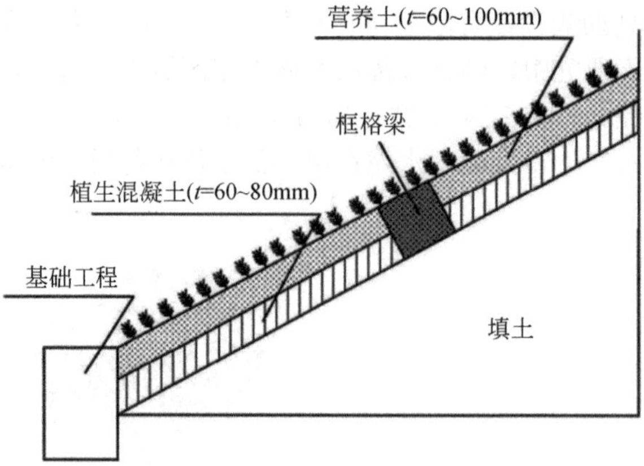

图 5-25　客土植生法示意图[58]

1. 技术优点

1）增强水体自净能力：客土植生法通过在硬质护岸上种植植物，增加了水体的表面积和体积，提高了水体的复氧能力和水生生物的生存空间，从而增强了水体的自净能力。同时，植物的根系可以吸收污染物，促进水体的净化。

2）美化环境：客土植生法通过植物的覆盖，可以美化河道周围的环境，增加绿量，改善小气候，提高生态系统的稳定性。同时，植物的根系还可以加固土壤，防止水土流失。

3）适应性强：客土植生法可以适应不同的硬质护岸类型和环境条件，可以根据实际情况选择适宜的植物种类和种植方案。

4）施工简单：客土植生法施工相对简单，且工期较短，成品护坡的透气性较好，有助于绿植生长；同时，其因机械化程度较高，在现阶段应用较为广泛，且在后期不需要频繁进行维护操作，节约了后期维护管理成本[59]。

2. 技术缺点

1）对原有生态系统造成破坏：客土植生法可能会对原有的生态系统造成一定的破坏，改变原有的植被和生态环境。因此，需要在改造过程中注意保护原有的生态系统和生物多样性。

2）投资成本较高：客土植生法需要一定的投资成本，包括客土、植物种子、生长介质等材料和人工费用。虽然其长期效益较高，但初始投资相对较高。

3）存在局限性：客土植生法要求边坡稳定、坡面冲刷轻微，边坡坡度大的地方，以及长期浸水地区均不适合，现阶段只能应用于河道护坡的背水面[59]。

3. 客土植生法应用实例

温州市青少年活动中心广场南侧岩质边坡采用客土植生法进行防护绿化。该工程采用壤土、腐殖质、长效肥、保水剂、黏合剂、杀菌剂 6 种材料按比例配制成客土，混合播种冷、暖季型 4 种草种，并用镀锌铁丝网与三维土工网垫进行防护（图 5-26）。施工完成后，经 60d 喷水养护，成功实现绿草成坪，此后基本不必人工养护。1 年后经检验，混合料没有发现裂缝、脱落及冲沟现象，边坡混合料胶结良好，证明客土植生法对岩质边坡防护和绿化效果满足设计要求，技术可行[57]。

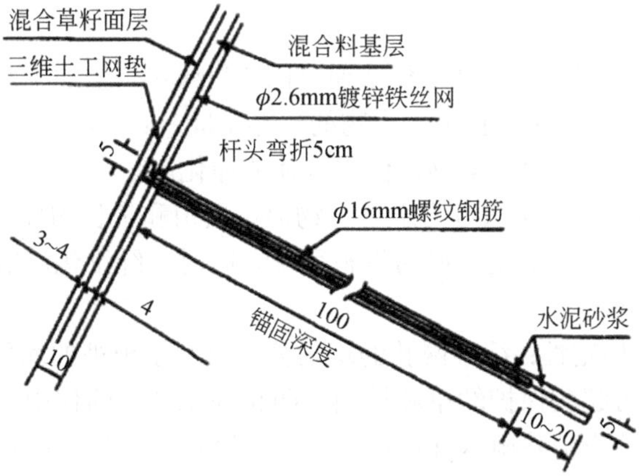

图 5-26　锚杆、混合料、岩层结点示意图[57]

标注尺寸单位均为 cm

江西武吉高速公路 A 段 13 标 K59+890～+930 左侧二级岩质边坡种采用中层基材客土植生（厚度为 6～8cm）。通过合理搭配混合植物种子，植物表现出良好的抗旱和抗病虫性能，施工完成后仅喷水养护 50d 便实现绿草成坪，其完全覆盖岩石坡面，此后基本无须人工养护。施工结束半年后，植物根系已经将基材和岩面紧紧相连，抵抗了多次暴雨冲刷，工程效益良好[60]。

5.4.2　纤维化法

纤维化法基本原理是在硬质护岸上固定一定密度的纤维网，植物的根系可从整个网垫中顺利穿过，植被、网垫和泥土形成一种牢固的复合体系（图 5-27），在河道坡面构建一个具备自修复能力的功能系统，可在保护岸坡抵御侵蚀的同时，改善栖息地环境，从而促进水体生物的繁殖和生长，达到改善水质、增强水体自净能力的目的[61]。

图 5-27　植物纤维毯示意图[62]

1. 技术优点

1）增强水体自净能力：纤维化法通过固定纤维网，增加了水体的表面积和体积，提高了水体的复氧能力和水生生物的生存空间，从而增强了水体的自净能力。同时，纤维网还可以吸附污染物，促进水体的净化。

2）生态修复：纤维化法可为水生生物提供繁殖和生长的环境，促进水生生物的繁殖和生长，有助于恢复受损的生态系统。同时，纤维化法的实施还可以增加河道的绿化和美观度。

3）提高坡面稳定性：纤维网孔的均匀分布有利于植被的均匀生长。在植被幼小阶段，纤维网可起到保护幼草和坡面、防止雨水冲刷的作用。植被覆盖可有效利用其枝叶和根茎来消除雨水冲击能量，也可降低径流速度；植被根系可使土壤渗透性增加，从而雨水可迅速渗透，减小坡面冲蚀的可能性；同时，根系形成的植物纤维网能起到一定的反滤作用，可防止发生渗透破坏[63]。此外，纤维网与植物庞大的根系连接在一起，形成一个板块结构，从而增加防护层的抗拉强度和抗剪强度，限制在冲蚀情况下引起的“逐渐破坏”现象扩散，最终限制边坡浅表层滑动和隆起的发生[64]。

4）施工简单：纤维化法的施工相对简单，只需按照一定的规范将纤维网固定在硬质护岸上即可。同时，纤维化法的维护管理也比较方便，只需定期检查和维护纤维网。

2. 技术缺点

1）易受环境影响：纤维化法的效果受到环境因素如水流速度、水质污染程度、气候条件等的影响较大。在某些情况下，纤维网可能会被冲刷或污染，影响其净化效果。

2）维护管理难度大：纤维化法的维护管理相对复杂，需要定期检查和维护纤维网。如果纤维网出现损坏或污染，需要及时修复和清理，否则可能会影响其净化效果。

3）投资成本较高：纤维化法需要一定的投资成本，包括纤维网、固定设施等材料和人工费用，初始投资相对较高。

3. 纤维化法应用实例

英国威弗利煤炭生态恢复工程[62]采用铺设植物纤维毯于河床和岸坡的方案，以此提高河床稳定性（图 5-28）。当沟渠过水时，植物纤维毯表面的网状结构可以有效过滤和防冲，保护植物根系及其周边土壤；过水结束后，促进植物继续生长。此外，植物纤维毯在沟渠底部形成的生态系统为植物根系的生长提供了适宜的环境，根系的良好发育进一步增强了沟渠河床的稳定性。

图 5-28　植物纤维毯河床护底示例（英国英格兰约克郡威弗利煤矿生态恢复工程）[62]

中国科学院李占斌教授团队采用坦萨植被网生态护坡技术，对济平干渠防护堤开展了生态修复工程[64]。该工程在防洪堤边坡上铺一层坦萨植被网，并将其用 U 形钉固定［图 5-29（a）］，随后在网上先铺一层种植土，然后种植草籽、草皮，当植被生长茂盛后，高强坦萨植被网可以使植物更均匀、紧密地生长在一起，形成牢固的网、植物、土整体铺盖，对坡面起到浅层加筋的作用，从而防止坡面被暴雨冲刷并阻止坡面表层土体滑动，提供堤坡一个永久稳固的冲蚀防护覆盖。施工完毕 2 个月后，护坡草坪即形成，植草成活率在 95%以上，植被根系深入土中、茎叶长势茂盛，覆盖稳定，与坦萨植被网相互缠绕，形成了根系、坦萨植被网、茎叶组成的三维立体防护体系［图 5-29（b）］。

(a)

(b)

图 5-29　坦萨植被网布设照片（a）及工程防护效果图（b）[64]

5.4.3　透水砖

透水砖采用特殊材料和工艺制成，具有透水性和保水性，可以铺设在河道的岸边或底部，通过其透水性将水体与护岸连接起来，同时保持水体的湿度和溶解氧含量，从而改善水体环境和自净能力（图 5-30）[65]。

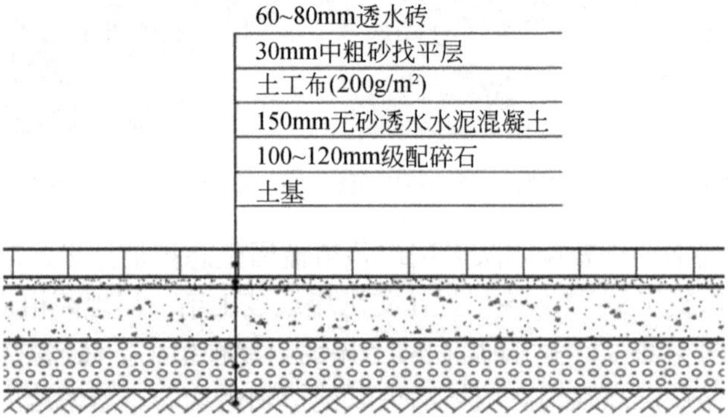

图 5-30　透水砖结构设计图[66]

1. 技术优点

1）绿色低碳，环保利废：透水砖大部分采用建筑废料、陶瓷废弃物、沙漠沙土等作为原料，可减轻工业废料对生态环境的污染并有利于沙漠治理[65]。

2）增加水体自净能力，提高水质：透水砖的透水性可以让水体充分地接触大气，促进水体和大气之间的气体交换，从而增加水体的复氧能力和自净能力；透水砖可以吸附和过滤水中的污染物，提高水质。同时，透水砖铺设在河道底部可以防止底部淤积，改善河道的水流状态。

3）调节水文环境，生态修复：透水砖可以保持水体的湿度和温度，减少河道的温差变化，有助于调节河道的水文环境；透水砖铺设在河道中还可以为水生生物提供繁殖和生长的环境，促进水生生物的繁殖和生长，有助于恢复受损的生态系统。

2. 技术缺点

1）易受材料和工艺限制：透水砖需要采用特殊的材料和工艺制成，对于不同种类的污染物需要不同的透水砖材料，因此应用范围受到一定限制。

2）铺设和维护难度大：透水砖铺设需要精细的施工和安装技术，对于不同的情况需要按照不同的铺设方案和维护管理要求，因此铺设和维护难度相对较大。

3）投资成本较高：透水砖需要特殊的材料和工艺制成，因此价格相对较高，同时铺设和维护也需要一定费用，因此投资成本较高。

3. 透水砖应用实例

北京奥林匹克公园中心区铺装了由透水砖（透水面层）、透水毛管、渗滤沟、排水管等组成的雨水渗滤及回用系统（图 5-31），实现了雨水“先下渗净化，再回收利用”的目的，解决了收集雨水进行净化的高成本问题。雨水通过透水砖、透水性黏结找平层、透水垫层、级配碎石、无纺布反滤层、全透型排水管后得到多重净化，再输送到雨水收集池，确保收集的雨水水质清洁。该系统安装后，仅 2007 年雨季收集到的雨水就达到 15 万 m^3，且 2007 年 9 月后，收集到的雨水各项污染物指标均达到Ⅲ类地表水的水质要求，雨水就地下渗、净化、回用的综合利用率达到 80%以上，对水资源循环利用具有重大意义[67]。

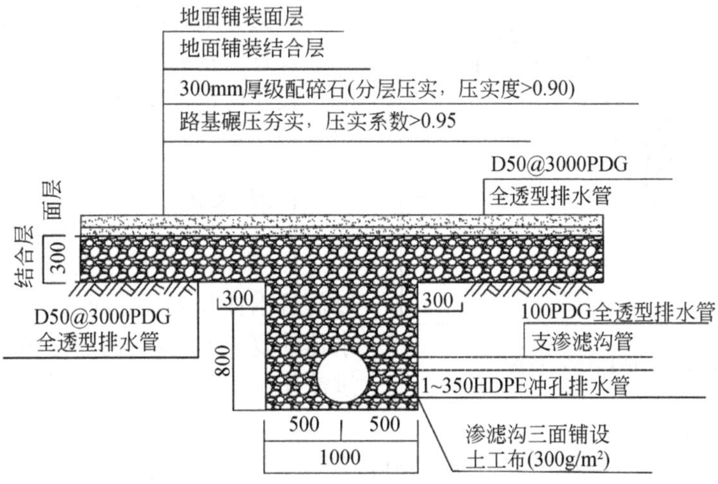

图 5-31　雨水渗滤及回用系统部分结构示意图[67]

标注尺寸单位均为 mm

北京玉渊潭公园采用级配碎石作为透水砖铺装基层（图 5-32），使得透水系统各功能层都具有较好的透水、透气性。铺设透水系统一方面减少因地表径流产生的路面积水，增强路面的抗滑能力；另一方面吸收水分与热量，达到调节地表局部空间温湿度，缓解热岛效应，减少能源消耗的目的。为今后透水步道的铺设提供良好的实施参考[68]。

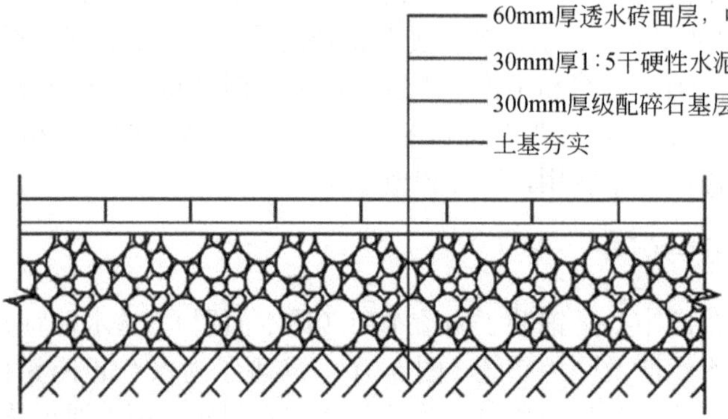

图 5-32　透水砖做法示意图[68]

5.4.4　绿植挡墙技术

绿植挡墙技术是利用植物的根系和生长情况，结合生态混凝土等材料，构建一种具有生态修复功能的护岸结构（图 5-33）。该技术主要是在河道的岸边或底部设置一定高度的绿植挡墙，通过植物的生长和繁殖，实现对河道水体的净化、修复和保护[69]。

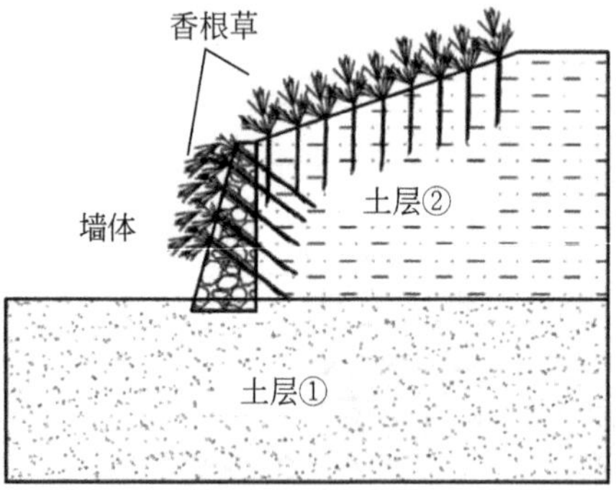

图 5-33　绿植挡墙示意图[70]

1. 技术优点

1）提高水体自净能力：绿植挡墙可以促进水体和大气之间的气体交换，增加水体的复氧能力，同时通过植物的吸收和过滤作用，减少水中的污染物含量，提高水体的自净能力。

2）生态修复：绿植挡墙中的植物可以改善河道的水质，同时为水生生物提供繁殖和生长的环境，促进水生生物的繁殖和生长，有助于恢复受损的生态系统。

3）美化环境：绿植挡墙不仅可以改善河道的水质和生态环境，还可以美化河道周围的环境，为人们提供一处宜人的休闲场所，还可使落水者攀爬自救。

4）施工简单：绿植挡墙的施工相对较为简单，只需按照设计要求进行植物种植和施工即可，对于不同的情况需要不同的铺设方案，因此适应性较强。

5）稳定性强：绿植挡墙的抗冲刷能力强，适用于河道迎流顶冲段及抗冲刷要求高的河段，能满足防止水土流失等的要求[71]。

2. 技术缺点

1）维护管理难度大：绿植挡墙中的植物需要定期修剪、施肥和浇水等维护管理措施，如果管理不当，可能会影响植物的生长和生态修复效果；且其对地基承载力要求高，工程量大，沉降量也相对较大[71]。

2）季节性因素影响：植物的生长会受到季节性因素的影响，因此在不同季节中，绿植挡墙的生态修复效果可能会有所不同。

3）适用范围有限：绿植挡墙虽然具有一定的生态修复作用，但是对于一些重污染的河道，可能需要采取其他治理措施才能达到理想的治理效果。

3. 绿植挡墙应用实例

广东省博罗县柏塘河建设绿植挡墙 4.1km，设计典型断面如图 5-34 所示。挡墙下部采用 C20 重力式挡墙结构，墙顶宽为 0.5m，墙高为 4.0m，墙身设置 Φ75mm 聚氯乙烯（PVC）排水管（间距为 2m，梅花形布置），墙背排水管进口设置碎石反滤包，墙趾设置 0.5m×0.5m 趾脚，为防止冲刷破坏墙趾外侧，设置抛石护脚增强；背水面为垂直式，迎水面采用台阶式，共 4 级台阶，迎水侧综合坡比为 1∶0.5，

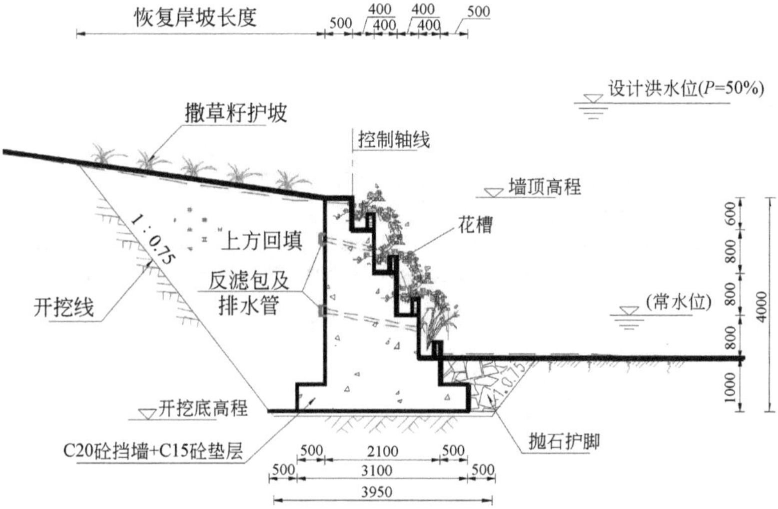

图 5-34　柏塘河绿植挡墙典型断面示意图[71]

标注尺寸单位均为 mm

并在台阶处设置花槽，花槽宽为 0.4m，槽深为 0.3m，花槽采用 120mm 厚砖砌结构，外侧采用 1∶2 水泥砂浆抹面，常水位下种植水生植物鸢尾，常水位以上种植爬藤植物蔷薇，增加生态景观效果，亦可为动物提供一个栖息地。此外，还通过现状岸坡与岸顶衔接，局部开挖部位重新播撒草籽，以增强岸坡抗冲能力[71]。

广东省恩平市太平河修筑植绿生态挡墙，以提高堤坝抗冲刷与生态性能。设计采用仰斜式植绿生态挡墙。在临水侧墙面上设置 4 排种植槽，上下两排相邻种植槽距 60～70cm，槽壁厚 15cm、槽净深 40cm、槽净宽 65cm，充填种植土厚 30cm，挡墙临水侧综合坡比为 1∶1.5，槽背综合坡比为 1∶0.6。工程采用的设计参数较为宽松，挡墙面较缓，相邻槽距较小，槽壁较厚，槽净宽也较大，为形成生态效果提供了较好的条件。为防止水流冲刷掏空墙脚，在挡墙墙脚设置宽厚各 1m 的干砌石护脚。为增加挡墙结构稳定性，墙身设置了间距 2m、直径 50mm 的 PVC 排水管，并开口于种植槽内，这在降低挡墙后地下水位的同时，还可将挡墙后方地下水引入种植槽，为槽内植物提供水分。为减少水流对种植槽土体的不利冲刷，种植槽中每隔 50m 砌筑一道隔墙，并在种植槽底部开设小孔排除槽内积水，以利于植物生长［图 5-35（a）］。为增加种植槽的结构稳定性，施工中还在槽壁混凝土中配置了间距为 0.5m、直径为 8mm 的竖向钢筋［图 5-35（b）］。植绿生态挡墙混凝土浇筑后，在种植槽内覆土，种植景观植物，最终效果如图 5-35（c）所示[72]。

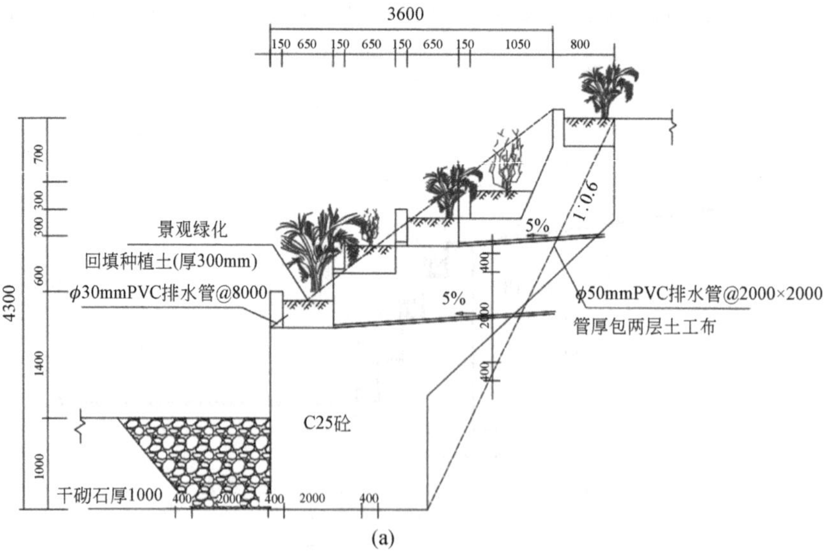

(a)

(b)　　　　(c)

图 5-35　桩号 K9+301～K9+485 出险堤段植绿生态挡墙设计示意图（a）、施工现场示意图（b）及施工效果图（c）[72]

标注尺寸单位均为 mm

5.4.5　生态护岸技术

生态护岸技术是指利用植物与工程建设相结合，对河道坡面进行防护的一种较新型防护形式，是在河道治理中使用的硬质护岸改造技术之一（图 5-36），它通过采用自然材料和生态工程措施，恢复和增强河岸的生态功能，提高河岸的抗冲刷能力和水土保持能力[73]。生态护岸应该同时具有岸坡稳定、透水透气、固土护坡、空间延伸的特点，有利于植物、动物及人类的生存发展。生态护岸技术包括植物护岸、生态混凝土护岸、石笼护岸、土壤固化护岸等，需根据不同的河道岸坡条件进行技术选择，例如植物护岸主要适用于河道岸坡相对较缓、稳定较好、土层较厚和种植层与地下层相连的护岸防护，且河段断面平均流速宜小于 2m/s，在流速较低的平原区河道顺直河段、临水面及背水面均可应用植物护岸技术[74]。

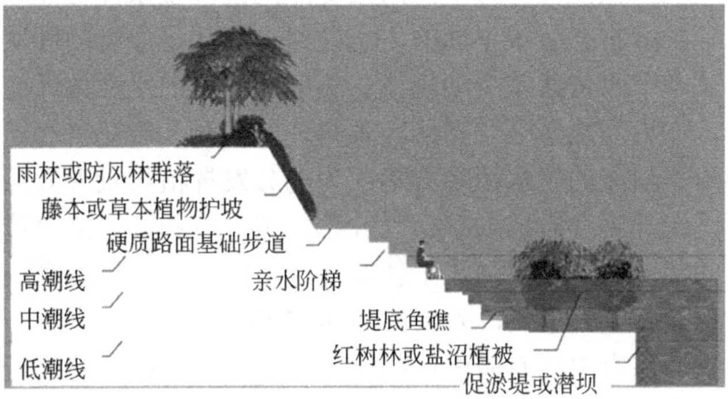

图 5-36　生态护岸技术示意图[75]

1. 技术优点

1）增强河岸稳定性：采用自然材料和生态工程措施，增强河岸的稳定性，提高河岸的抗冲刷能力和水土保持能力，有效防止河岸坍塌和滑坡等问题。

2）提高水质：通过恢复河岸的植被和湿地等自然生态系统，增强水体的自净能力，提高水质。同时，有效减少水土流失和面源污染，进一步改善水质。

3）改善生态环境：为水生生物和陆生生物提供栖息地和繁殖场所，促进生物多样性的提高。

4）具有景观效应：恢复河岸的自然景观和生态功能，可以为周边环境和城市景观增添自然元素。

2. 技术缺点

1）适用范围有限：适用于具有一定自然生态价值和相对较稳定的河道段。对于一些特殊的地形和地质条件，如陡峭的河岸、松散的土质等，适用性和效果可能不佳。

2）需要长期维护和管理：生态护岸需要长期维护和管理，以确保其稳定性和生态功能的持续发挥。

3）施工难度较大：需要细致的施工和精确的工程设计，相对于传统的河道治理方法，施工难度较大，需要更高的技术和经验支持。

4）成本较高：需要采用一些自然材料和生态工程措施，成本较高，影响其在一些资金紧张的地区的推广和应用。

3. 生态护岸应用实例

广州市采用生态护岸技术对大冲口涌、东塱涌、地铁 A 涌三处的传统硬质航道护岸进行了改造。该工程针对不同河段堤岸周围环境条件与堤岸结构特点，使用鱼巢生态砖、护壁生态砖等不同的生态砖组合替代了原有的硬质浆砌石护坡。工程还根据丰枯季节水位落差变动规律、不同潮位下的水文条件变化规律和生物群落演替原理，在沿岸涨落区选择柳叶菜科、龙胆科、旋花科等浮水根生植物群落，以及蓼科耐旱耐淹的挺水植物群落；为充分发挥植物景观效益，工程还采用下部种植藺草、上部混合撒播藺草、三叶草、黑麦草和高羊茅等植物的方式进行种植。该工程的实施对于恢复河流生物多样性、改善流域生态系统健康以及提高河岸带生态景观具有重大意义，效果如图 5-37 所示[76]。

深圳市新大河原有浆砌石防洪墙和硬化河床，虽提高了河道行洪能力，但削弱了河道的自然修复功能。在确保新大河安全行洪、蓄洪的同时，改善水体、保护和恢复滨水区生态系统的结构和功能，深圳市采取了护岸生态化的改造方案。该工程将原有硬质驳岸拆除，采用三维土工网垫、生态袋、干砌石、格宾石笼护脚等生态护岸形式进行改造。①非感潮段河道护岸生态化改造方案：生态袋护坡+格宾石笼基脚。②非感潮段河道护岸生态化改造方案：三维土工网垫+格宾石笼基

图 5-37　大冲口涌（a）、地铁 A 涌（b）、东塱涌（c）硬质护岸改造效果图[76]

脚。③感潮段河道护岸生态化改造方案：上层干砌石下层砂卵石护坡+格宾石笼基脚。④感潮段河道护岸生态化改造方案：BSC 生物基质混凝土护坡+格宾石笼基脚。⑤泛洪区河道护岸生态化改造方案：无砂混凝土块种植护坡+格宾石笼基脚。通过防洪、水质和生态景观的综合治理，新大河的生态景观与防洪、治污、坡岸修复结合，延伸了河道的功能，并拓展了城市的空间[77]。

5.5　水生植物构建技术

5.5.1　挺水植物

挺水植物是指根生长在水的底泥之中，茎、叶挺出水面；其常分布于 0～1.5m 浅水处，其中有的种类生长于潮湿的岸边[78]。挺水植物是水生植物构建技术中

图 5-38　挺水植物

常用种类，主要是指在水中根系固定，茎和叶部分伸出水面的植物，包括如芦苇、荷花、水葱等（图 5-38）。这些挺水植物可以有效地吸收水中的污染物，同时可以为水生生物提供栖息地和繁殖场所，增加水中的生物多样性[79]。

1. 技术优点

1）生态适应性强：具有较强的生态适应性，能够适应不同水质和水位的环境。

2）稳定河岸：它们的根系和茎部可以有效固定土壤，防止水土流失，稳定河岸。

3）增强水体自净能力：挺水植物可直接吸收营养盐，增加水体的净化能力，增加美化环境与景观效果[78]；挺水植物的茎和叶部分提供了栖息地并起到了遮阴作用，促进水生生物的多样性和生态平衡，增强水体的自净能力。

4）增加水体溶解氧含量：大多数挺水植物的根系比较发达，根系释放氧气，沉积物吸收氧气，改善了沉积物氧化还原条件，减少磷等营养盐的释放，还给微生物提供良好的有氧环境，增加了微生物的活性和生物量[78]。

5）拦截陆源污染物：挺水植物可拦截由陆地输入河流的污染物，降低入河污染物浓度。

6）景观效应：挺水植物可固定水中沉积物，减少沉积物悬浮，美化水面环境[78]；还可美化河道两岸的环境，在河道两岸种植挺水植物，可以形成自然景观带，为城市增添美丽的风景线。

7）生态效应：挺水植物为许多生物提供了活动的生境，如可为鸟类提供栖息地，可为鱼类提供产卵、躲避场所，增加生态系统的多样性和稳定性[78]。

2. 技术缺点

1）悬浮物质去除能力较差：水面至河床底部随着枝叶的减少，水流受植物的影响减小，流速增大，造成对泥沙的悬移质去除能力的下降。

2）受季节和气候影响：挺水植物的生长受季节和气候的影响较大，不同的季节和气候条件下需要选择不同的挺水植物种类与种植方式。

3）需要定期维护和管理：挺水植物的根系和茎部容易积聚水中的悬浮物与有机物，需要定期清理和维护。

3. 挺水植物应用实例

南京市朱家店河、张村河、芝麻河的河道两侧因周边居民不合理开发、占地种植农作物、河岸断面坡度不理想等问题，滨岸带基本无挺水植物，水陆交界带功能缺失；又由于周边长时间排污、农业污染、地表径流污染，河道水体环境较差，水体透明度低，水生动植物量不足且品种单一，缺乏物种多样性，水体自净能力弱。为恢复河道水生生态系统原有功能，保护水资源，改善区域的生态环境，三条河采取了以水生生态系统构建为主导的治理方案。在水陆交界带，三条河沿河岸带种植挺水植物 2600m^2，选择拦截污染物能力强、净化效果好、景观效果佳的黄菖蒲、水生美人蕉、梭鱼草、常绿水生鸢尾、旱伞草等。治理完成后，河道恢复水体自净能力，提高了河道承载污染负荷的环境容量，实现了水质与生态的良性互动，效果[80]如图 5-39 所示。

图 5-39　河岸水生生态系统构建效果[80]

为改善河道整个生态系统，使其稳定发挥水体自净能力，以提升、改善干流水质，广东省龙川县鹤市河实施了河道生态治理工程。该工程采取构建生态透水坝［图 5-40（a）］、松木桩维护挺水植物种植池［图 5-40（b）］的方式，以防止河水对植被的冲刷，保证种植挺水植被的成活与生长，同时不影响水生植被对河道污染物降解作用的发挥[81]。

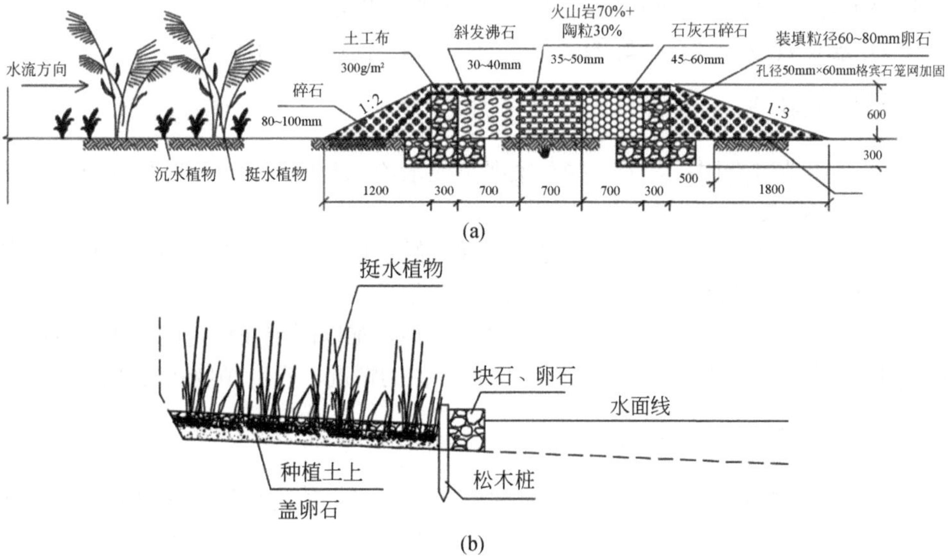

图 5-40　生态透水坝（a）及挺水植物种植池（b）[81]

标注尺寸单位均为 mm

5.5.2 浮叶植物

浮叶植物是水生植物构建技术中的常用种类，其在水中生长，茎和叶部分漂浮在水面上，根状茎发达，无明显的地上茎或者茎较为细弱而不能直立（图5-41）；常见的浮叶植物有睡莲、荇菜、芡实、萍蓬草等[82, 83]。这些植物的茎和叶可以漂浮在水面上为生物提供栖息平台，同时根系可以吸收水中的污染物[83]。

图 5-41 浮叶植物实景图

1. 技术优点

1）降低水体富营养化风险：浮叶植物具有较强的营养物质吸收能力，能够有效减少水中的营养物质和有机物的浓度，降低水体富营养化的风险[84]。

2）易管理和维护：浮叶植物的生长和管理相对较为容易，只需要定期清理植物的枯萎茎叶和防治病虫害即可。同时，浮叶植物不需要像挺水植物那样需要固定在土壤中，减少了管理和维护的难度。

3）提高生物多样性：为水生生物提供了生存和繁殖的场所，同时可以为水生生物提供食物来源，促进水生生态系统的平衡和稳定。

4）景观效应：具有很好的景观效应，美化河道两岸的环境。

2. 技术缺点

1）适用范围有限：对于一些污染严重或水流湍急的河道，浮叶植物可能无法正常生长或难以发挥其净化作用[85]。

2）受季节和气候影响：生长受季节和气候的影响较大，不同的季节和气候条件下需要选择不同的浮叶植物种类与种植方式。

3）难以固定：浮叶植物由于其漂浮的特性，难以固定在特定的位置，可能会随着水流而漂走。对于一些需要固定位置种植的情况，浮叶植物可能不适用。

3. 浮叶植物应用案例

许昌市中水淮河规划设计研究有限公司采取水生植物构建法在柳叶江、文化河、运粮河、小泥河等 7 条河道及中水入干渠处（37+350）与干渠平交沟口处上下游各 400m 实施生态修复措施。该工程选用挺水植物黄花鸢尾（24 芽/m^2）、香蒲（30 株/m^2）与浮叶植物耐寒睡莲（4 株/m^2）分段间隔种植，沉水植物苦草（60

株/m^2）、黑藻（80 株/m^2）、狐尾草（40 株/m^2）、马来眼子菜（20 株/m^2）和金鱼藻（20 株/m^2）紧靠挺水植物、浮叶植物布置，如图 5-42 所示。其中，挺水植物、浮叶植物种植在岸坡上的连锁砖内，须在洞内挖大于 10cm 深坑种植，并用纱网在植物根部包土球，土球大小根据植物根系大小确定，种植坑上覆一层土，种植后根据植物生长情况浇水养护；种植沉水植物时需借助与边坡泥土紧密接触的植物网，以确保植物扎根前不会被水流冲走。该工程在与其他综合整治工程措施的共同作用下，解决了水体富营养化等问题，技术上是可行的，经济上是合理的[86]。

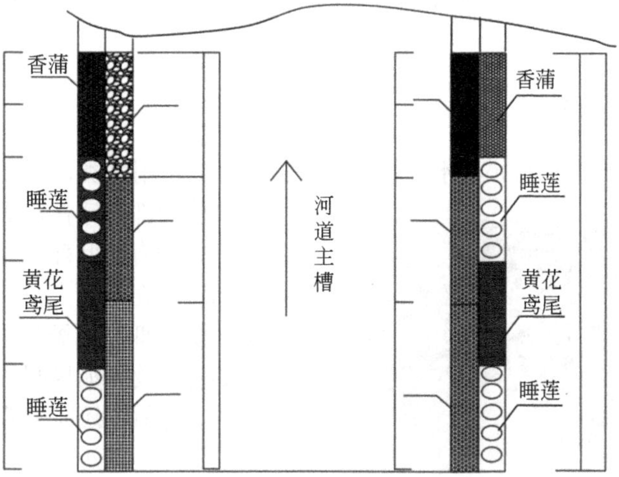

(a)

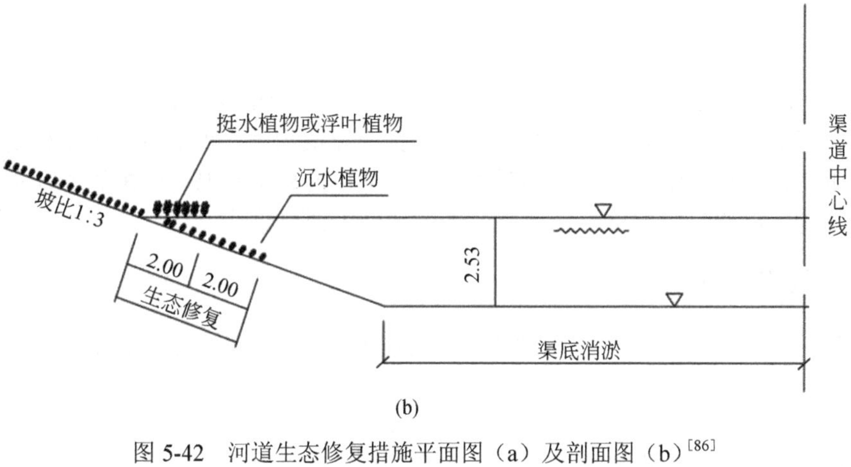

(b)

图 5-42　河道生态修复措施平面图（a）及剖面图（b）[86]

标注尺寸单位均为 m

云南省生态环境科学研究院采取水生植物构建法对滇池草海东风坝及老干鱼塘湖滨带进行了生态修复工程。该工程选用芦苇、茭草、水葱、菖蒲等挺水植物种植于湖滨区水深小于1.5m、带宽为20～130m的沿岸带、面积为21hm^2的水域，种植密度为4丛/m^2；选用荇菜、菱角、睡莲荷花、水鳖等浮叶植物种植于挺水植物区外侧、面积约2.9hm^2的水域，种植间距为1～2m；选用金鱼藻、黑藻、狐尾藻等沉水植物种植于水深2m左右的浮叶植物区外侧与湖心区，恢复及修复面积为70hm^2，种植密度为4丛/m^2。最终湖滨带从近岸到远岸形成由挺水植物-浮叶植物-沉水植物群落系列构成的水生植被带，使湖滨带过滤沿岸面源污染、净化水质、抑制蓝藻水华、提高生物多样性及改善自然生态景观等多种生态功能得到恢复[87]。

5.5.3 漂浮植物

漂浮植物（图5-43）是水生植物构建技术中的常用种类，主要是指在水中生长，整个植物都漂浮在水面上的植物，常见的漂浮植物有槐叶萍、浮萍、凤眼莲等。这些植物可以在水面上漂浮生长，遮蔽射入水中的阳光抑制藻类生长；同时可以吸收水中的污染物，如凤眼莲，可吸收水体中的总磷、总氮，还能吸收水体中的重金属；根系也能拦截污染物，促进微生物分解吸收污染[82, 83]。

图5-43　漂浮植物

漂浮植物的环境适应能力强，应当作优势品种予以优先考虑，在适宜范围大量配置；特别是要重点配置于含N量高的区域，因为漂浮植物对N的吸收利用率高，可以很好地降低局部区域内富N含量。选择漂浮植物进行种植时应根据植物季节性休眠特性进行搭配，冬季低温时配置水芹菜，而夏季高温时则配置水葫芦、大薸等植物，以避免搭配单一出现季节性的功能失调现象[88]。

1. 技术优点

1）抑制藻类生长：能够快速生长，迅速覆盖水面，减少水体光照，从而抑制藻类生长。

2）适应性强：可以在不同的水质和环境中生长，对于一些污染严重或水流湍急的河道，漂浮植物也能够正常生长并发挥其净化作用。

3）提高生物多样性：为水生生物提供了生存和繁殖的场所，为水生生物提供食物来源，促进水生生态系统的平衡和稳定，减少水体富营养化等问题。

4）景观效应：漂浮植物具有很好的景观效应，可以美化河道两岸的环境。

2. 技术缺点

1）控制不当可能造成二次污染：虽然漂浮植物具有净化水质的作用，但是如果控制不当，漂浮植物过度繁殖，反而会成为新的污染物。

2）需要定期清理：由于漂浮植物的生长速度较快，因此需要定期进行清理。如果清理不及时，可能会导致植物枯萎腐烂等问题，影响水体的自净效果。

3）对水位水质要求较高：水位过高或过低，或者水质过于浑浊或污染严重，可能会影响漂浮植物的生长和净化效果。

4）被大风或水流冲走：由于漂浮特性，漂浮植物可能会被大风或水流冲走，对于一些需要固定位置种植的情况，漂浮植物不适用。同时，如果河道两岸的阻挡不够牢固，也可能会导致漂浮植物被冲走。

3. 漂浮植物应用案例

江苏省农科院农业资源与环境研究所张志勇团队利用漂浮植物深度净化城镇污水处理厂尾水，取得了很好的氮、磷削减效果。该团队利用南京市高淳区东坝镇污水处理厂北侧旁的闲置土地构建了三级串联尾水净化塘，各级净化塘设置若干单元间断式种养漂浮植物（图 5-44）。其中，一级净化塘内设置 4 个种养单元，长和宽分别为 25m 和 22m，种养单元间隔约 4m；二级、三级净化塘内分别设置 2 个种养单元，长和宽分别为 43m 和 13m，中央单元间隔约 8m，每个种养单元用尼龙网片固定。净化塘构建完成后，同年 6 月按 0.60kg/m^2 交替投放水葫芦和水浮莲种苗于种养单元扩繁，形成水葫芦、水浮莲组合种养三级串联净化塘生态治理工程模式。该模式下漂浮植物覆盖净化塘水面比例为 80%，尾水 TN、TP 平均去除率分别为 90.37%、70.53%，每组合种养 5～6m^2 即可处理 1t 一级 A 尾水达到《地表水环境质量标准》（GB 3838—2002）V 类标准[89, 90]。

同济大学李田团队利用漂浮植物塘配合化粪池处理农村分散生活污水取得较好效果。该团队在上海浦东新区北蔡镇某村的宅河种植了初始鲜重约为 500kg 的大薸，种植 1 月后水面基本被大薸覆盖，随后根据大薸生长情况对其进行收割与清捞。试验监测期间，COD、TN 和 TP 的平均去除率分别达到 68.5%、89.9%和 85.2%，平均浓度均达到 1 级 A 的标准[91]。

5.5.4　沉水植物

沉水植物是指在水底生长的水生植物，整株植物沉入水中，因此，沉水植物对水的透明程度有一定的要求，水质浑浊的条件下容易生长不良。常见的沉水植物包括苦草、黑藻、金鱼藻等。这些植物在水中生长密集，可以吸收水中的营养物质和污染物，同时为水生生物提供栖息和繁殖的场所，从而改善水质和增强水体的自净能力[82, 92]。

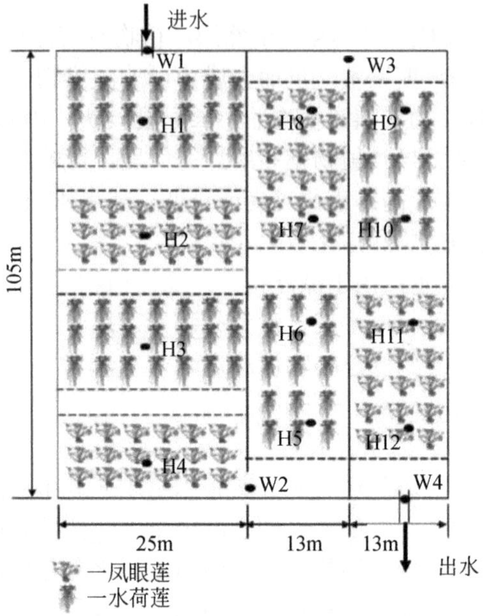

图 5-44　三级净化塘示意图[89]

1. 技术优点

1）净化水质：沉水植物可以吸收水中的各种污染物，如氮、磷、重金属等，从而有效地改善水质。通过种植沉水植物，可以降低水体中的污染物含量，提高水体的透明度和溶解氧含量。

2）增加水体氧气：沉水植物可以进行光合作用，产生氧气，从而增加水体中的溶解氧含量，这对于维持水生生物的生存和繁殖是至关重要的。

3）适应性强：沉水植物的适应性较强，可以在不同的水质和环境中生长，对于一些污染严重或水流湍急的河道，沉水植物也能够正常生长并发挥其净化作用。

4）维持水生生物多样性：沉水植物为水生生物提供了生存和繁殖的场所，同时可以为水生生物提供食物来源。通过种植沉水植物，可以促进水生生态系统的平衡和稳定，减少水体富营养化等问题。

5）景观效应：沉水植物具有很好的景观效应，可以美化河道两岸的环境，提高城市的生态环境质量。在河道两岸种植沉水植物，可以形成自然景观带，为城市增添美丽的风景线。

2. 技术缺点

1）控制和管理难度大：沉水植物的生长速度较快，如果不及时修剪和清理，可能会造成河道堵塞等问题。同时，沉水植物的季节性生长和枯萎也可能影响其净化效果。

2）对水质要求较高：沉水植物的生长对于水质的要求较高，如果水质过于浑浊或污染严重，可能会影响沉水植物的生长和净化效果。

3）可能被水流冲走：由于沉水植物的生长位置较为固定，可能会被大风或水流冲走，对于一些需要在固定位置种植的情况，沉水植物可能不适用。

3. 沉水植物应用案例

中交上海航道有限公司江苏交通建设工程分公司采用“控源截污+沉水植物+微孔曝气+仿生生物帘+生态浮床”对江苏省扬中市某黑臭河道进行了治理。其中，沉水植物选用了净水能力强、景观效果好、不会泛滥生长的苦草、伊乐藻、金鱼藻、黑藻、圆币草、聚草等。种植密度分别为，苦草：高度 30～40cm，60～80 株/m^2；伊乐藻：高度 30～40cm，40～60 株/m^2；金鱼藻：高度 30～40cm，30～50 株/m^2；黑藻：10～15 芽/丛，9～12 丛/m^2；圆币草：高度 30～40cm，25 株/m^2；聚草：高度 30～40cm，25 株/m^2。种植总面积为 19500m^2。经治理，河道水质全部指标达到《地表水环境质量标准》（GB 3838—2002）Ⅴ类标准，部分指标还可达到Ⅲ类标准，成功改善了河道水体的颜色，消除了异味和河道黑臭现象，提高了水体自净能力。依据运行数据，运行费用约为 0.01 元/（m^2·d），运行费用较低[93]。

为解决武汉市东湖生态系统功能退化的问题，武汉航发瑞华生态科技有限公司对其进行了水生态修复工程。该水生植被恢复工程以种植沉水植物为主，局部点缀浮叶植物和挺水植物。沉水植物恢复区主要分布在水深 2m 左右，水体透明度较高、近岸底质适合、风浪较小且远离航道的地区，修复面积约 3.2km^2。修复物种优先选择具有强抗干扰能力的乡土种，具有耐污性强、净化效果好、满足环境要求、定植能力强等特点的沉水植物，最终确定种植苦草、轮叶黑藻、狐尾藻、金鱼藻、马来眼子菜、微齿眼子菜这 6 种常见的沉水植物。种植沉水植物前，首先需使用不透水围隔将种植区与主湖区隔开，降低外界环境对种植区的影响；其次清除不透水围隔内的杂物、水面漂浮物、杂草，并采用生态驱鱼手段，将草食性和大规格的杂食性底层鱼类驱赶至修复区外，防止鱼类摄食、扰动影响沉水植物的生长；最后采取投加絮凝剂的方式对水体透明度不达标的区域进行改善。沉水植物种植方式采取抛种法和扦插法，局部水深较深的区域采用沉床法种植。工程结束后，东湖水环境提升效果明显，沉水植物生长良好，水下森林初现，水质与围隔外区分明显，围隔内水体透明度显著提高，总体观感效果较佳，不透水围隔内沉水植物覆盖度可达 70%以上，透明度可达 120cm，修复区沉水植物生长情况如图 5-45 所示。该工程可为其他大型湖泊生态修复工程提供参考[94]。

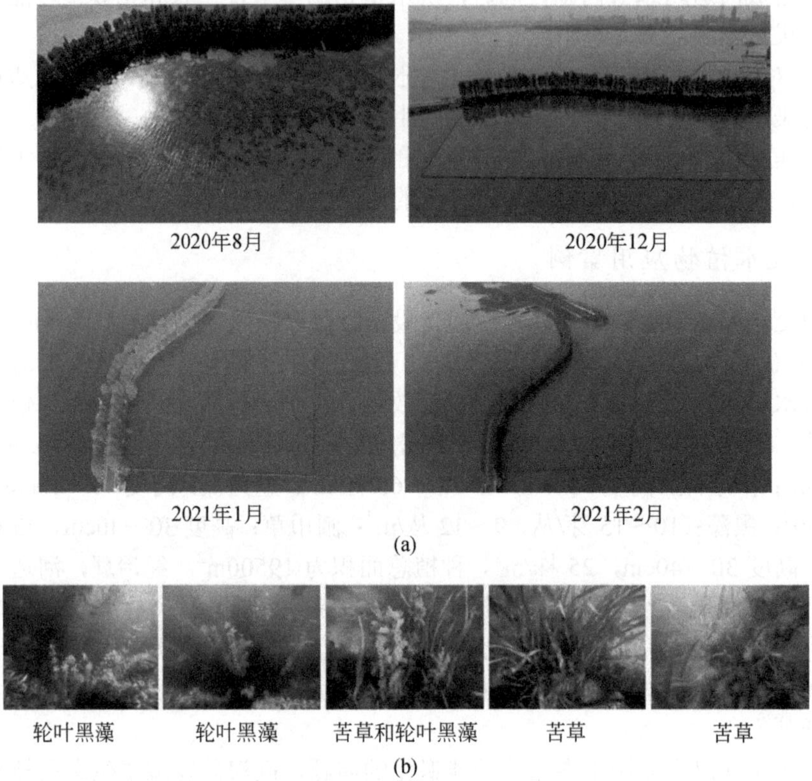

图 5-45 武汉东湖沉水植物种植区航拍图（a）及水下摄影（b）[94]

5.6 水生动物构建技术

5.6.1 经典生物操纵技术

经典生物操纵技术是一种基于鱼类的“下行效应”[95]，通过重建生物群落，利用水生动物的生命活动和行为来减少藻类生物量，保持水质清澈并提高生物多样性，实现改善水质、促进水体自净目的的技术（图 5-46）[96, 97]。经典生物操纵的核心部分包括两方面：大型浮游动物对藻类的摄食及其种群的建立。浮游动物作为浮游植物的直接捕食者，其作用在藻类上的“下行效应”对调节藻类种群

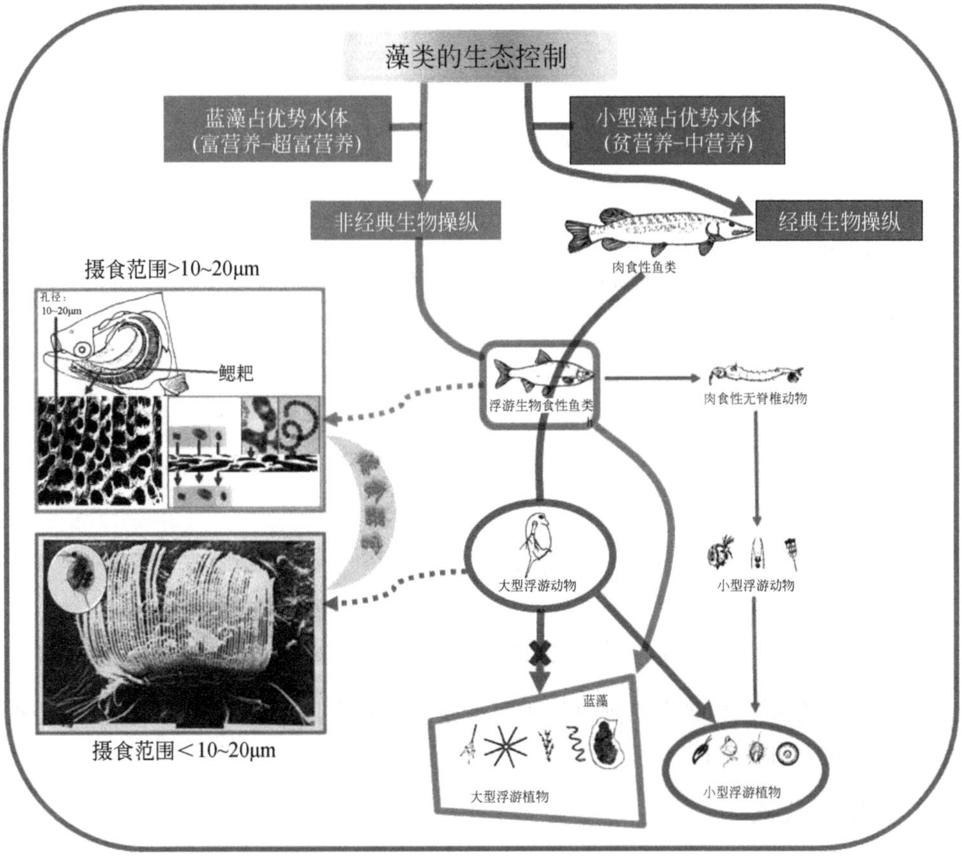

图 5-46　藻类生态控制的技术路线图

结构有重要作用，图 5-47 表示了浮游动物摄食藻类后 N、P 的去向[98]。为保证其对浮游植物的摄食效率，目前主要有以下两种方法：①放养凶猛鱼类来捕食浮游动物食性鱼类或者直接捕杀、毒杀浮游动物食性鱼类；②为避免生物滞迟效应，在水体中人工培养或直接向水体中投放浮游动物。

1. 技术优点

1）生态环保：经典生物操纵技术利用水生动物的自然生态习性和行为，不会对水体造成二次污染，反而能够促进水体的自然生态平衡。

2）长期有效：只要合理地调整水生动物的种类和数量，经典生物操纵技术就能够长期有效地改善水质，提高水体的自净能力。

3）综合治理：经典生物操纵技术不仅可以净化水质，还能够调整水体的营养结构，抑制水体中藻类的生长，有助于维护水体的生态平衡。

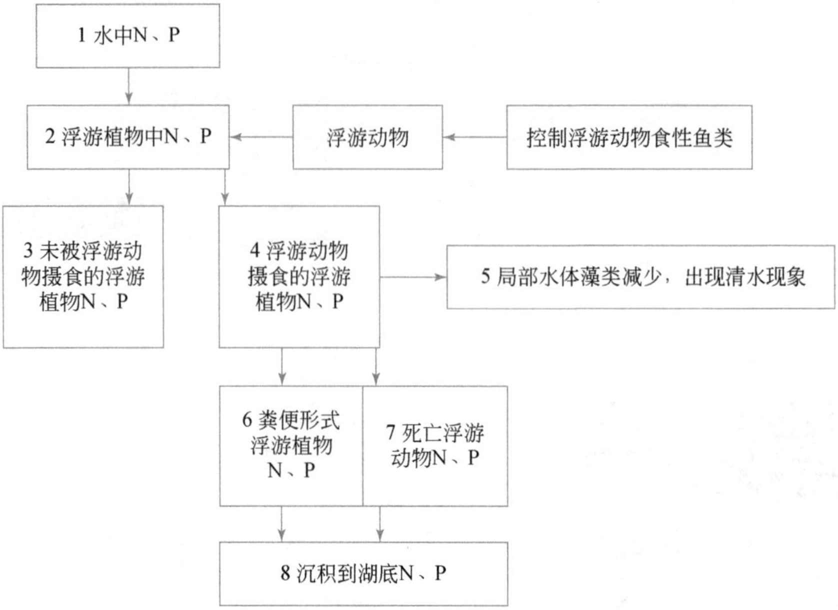

图 5-47　浮游动物摄食藻类后 N、P 的去向[98]

4）科学依据：经典生物操纵技术有着坚实的科学依据，其理论和实践已经得到了广泛的应用和验证。

2. 技术缺点

1）实施难度大：经典生物操纵技术的实施需要充分了解水生生态系统的特点和运行规律，同时需要合理地选择和培养水生动物，实施难度较大。

2）管理要求高：经典生物操纵技术需要定期对水生动物进行监测和管理，如果管理不当，可能会影响水质改善的效果。

3）适用范围有限：经典生物操纵技术适用于一些特定的情况和环境，如小型湖泊、池塘等，对于大型河流等复杂的水体可能难以达到理想的治理效果。

3. 经典生物操纵技术应用实例

北京大学环境科学中心的陈济丁等[99]在利用大型浮游动物控制浮游植物的试验中发现，大型溞在群落水平上能有效地控制浮游植物的过量生长，能去除藻类生物量的 90%以上，甚至可达 96.2%，使藻类生物量处于极低的水平；而在种群水平上，大型溞能同时减少多种藻类的数量，对藻类群落结构影响较小。同时水体营养程度越高，所需的浮游动物密度也越大。

明尼苏达大学湖泊研究中心[100]在美国圆湖（Round Lake）通过引入鱼食性

鱼类使其与浮游生物食性鱼类的比例由 1∶165 增加为 1∶2.2，两年后最终达到了 TN、TP、叶绿素 a 浓度都有不同程度的下降，透明度上升的良好效果。结果显示，浮游动物丰度下降到原来的 1/6，而浮游动物的体积则增大了 1 倍。由此可见，体型较大的浮游动物对控制浮游植物的数量贡献更大。但从鱼食性鱼类的放养，到浮游动物食性鱼类的减少，再到浮游动物种群的发展，这其中存在一定的生物滞迟效应，对藻类的抑制作用取得显著效果需时较久。因此，往往在放养凶猛鱼类的同时，向水体中投放人工培养的浮游动物，以此在短时间内增加水体中浮游动物的数量。

5.6.2 非经典生物操纵技术

非经典生物操作技术利用有特殊摄食特性、消化机制且群落结构稳定的滤食性鱼类来直接控制水华[97, 101-103]，主要方法为投放食浮游生物的鱼类来直接控藻或者减少凶猛鱼类数量间接控藻（图 5-48）。该技术不局限于利用水生动物的生命活动和行为，还通过调节水体中的生物群落结构、微生物活性等，来影响水体中的物质循环和能量流动，从而达到净化水质的目的。在非经典生物操纵技术应用实践中，鲢、鳙因人工繁殖存活率高、存活期长、食谱较宽以及在湖泊中不能自然繁殖而种群容易控制等优点成为最常用的种类，图 5-49 表示了鲢、鳙摄食蓝藻后 N、P 的去向[98]。

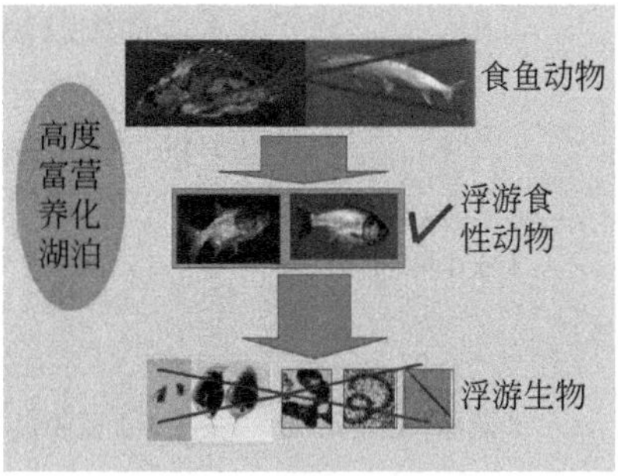

图 5-48　利用滤食性银鲫对蓝藻水华进行生物操作的概念图[97]

1. 技术优点

1）全面改善水质：非经典生物操纵技术通过调节水体中的生物群落结构和微生物活性，可以更全面地改善水质，包括减少污染物质、增加溶解氧含量、降低 pH 等多方面。

2）科学依据较充分：相比经典生物操纵技术，非经典生物操纵技术的科学依据更加充分，其理论和实践已经得到了广泛的应用与验证。

3）适用范围广：非经典生物操纵技术适用于各种类型的河道和水体，包括大型河流、湖泊、水库等，治理效果较为显著。

2. 技术缺点

1）技术复杂：非经典生物操纵技术涉及的生态学和生物学问题比较复杂，需要充分了解水体生态系统的特点和运行规律，以及不同生物之间的相互作用机制（图 5-50）。

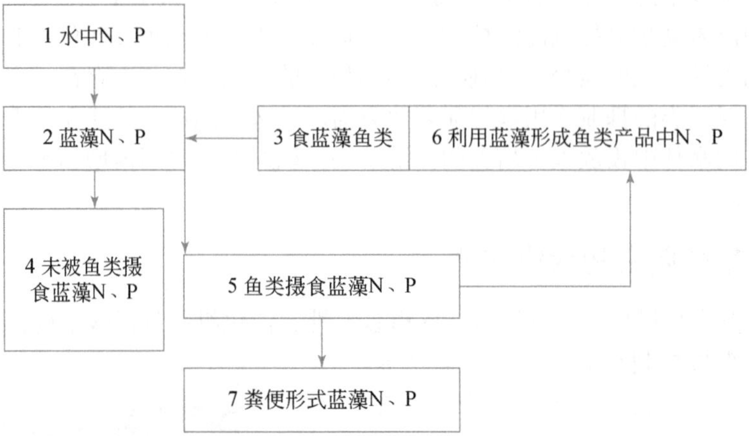

图 5-49　鲢、鳙摄食蓝藻后 N、P 的去向[98]

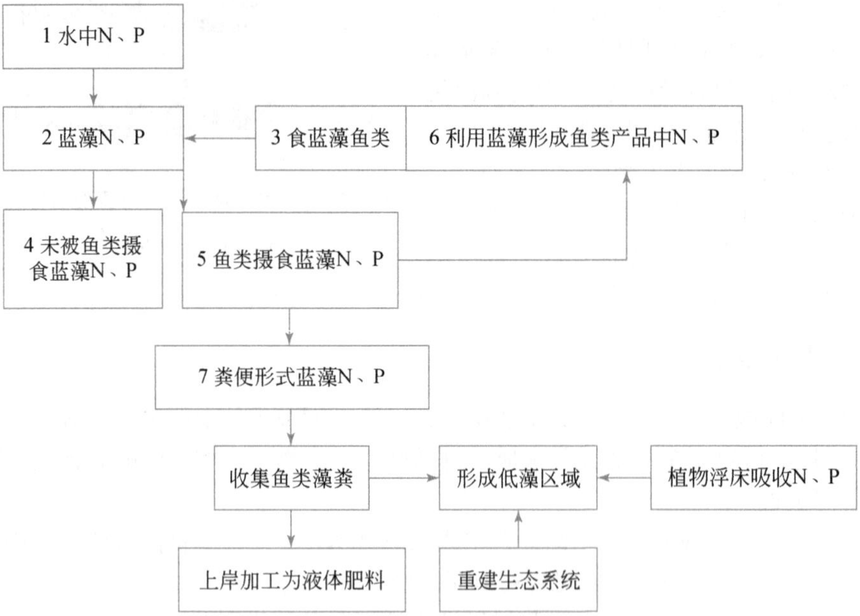

图 5-50　鱼类控制蓝藻存在的问题及解决途径[98]

2）管理要求高：非经典生物操纵技术需要采取多种手段和措施进行综合治理，管理要求较高，需要专业的技术人员进行管理和维护。

3）经济成本较高：相比经典生物操纵技术，非经典生物操纵技术的经济成本较高，需要投入更多的资金和人力来实施和维护。

3. 非经典生物操纵技术应用实例

中国科学院水生生物研究所的 Xie 和 Liu[97] 通过围隔实验发现，鲢、鳙控制蓝藻水华的作用机制主要有两点，即改变藻类群落结构以及导致小型藻类占优势。他们在原位围隔实验中发现，没有放养鲢、鳙的围隔内，出现蓝藻水华；而在放养鲢、鳙的围隔内，藻类的生物量处于低水平，并且蓝藻未能成为优势种群。而在另一项实验中，在发生蓝藻水华的围隔中加入了鲢、鳙后，蓝藻水华在短期内消失。由此得出了鲢、鳙等滤食性鱼类能够控制蓝藻水华的结论。另外，鲢、鳙在成功控制了蓝藻水华之后，也有效降低了东湖的磷内源负荷。

5.7　源头区保护与涵养技术

5.7.1　构建防护林

构建防护林是一种在河道治理源头区保护与涵养技术中的一种方法，其主要目的是通过种植防风固沙植物，防止水土流失，涵养水源，保护水源地的生态环境，进而提高水体的自净能力[104]。造林种草，恢复地面植被，减少雨水对地面的直接冲击，减少径流对土壤的冲刷，并使地表径流入渗为地下水，涵养水源，减免水旱灾害，是防治水土流失的根本措施[105, 106]。水土保持树种、草种以能耐干旱瘦瘠、速生粗生，并以根系发达、枝叶茂密、凋落物量高、种苗来源丰富、繁殖容易的品种最为适宜[107-109]。

1. 技术优点

1）保护土壤：防护林能够有效地防止风沙和水土流失，保护土壤不受侵蚀，从而减少河道的泥沙淤积，提高水质。

2）涵养水源：防护林能够通过根系和林地的水分循环，涵养水源，提高地下水位，减缓河道水位的季节性波动。

3）改善生态环境：防护林能够为野生动植物提供一个良好的生存环境，增加生物多样性，同时也能发挥休闲和观赏价值。

4）增加水体自净能力：防护林的构建能够改善河道的生态环境，减少污染物质进入河道，从而提高水体的自净能力。

2. 技术缺点

1）选址要求高：构建防护林需要选择适宜的地理位置和环境条件，对于土壤、气候、水资源等条件要求较高。

2）施工难度大：构建防护林需要经过科学的设计和施工，涉及的工程量较大，需要大量的人力和物力投入。

3）管理要求高：防护林建成后，需要定期养护和管理，对管理的要求较高，需要专业的技术人员进行管理和维护。

3. 构建防护林应用实例

中国科学院广西植物研究所的姚月锋等[110]围绕漓江流域日益突出的水资源问题，针对上游水源林退化、水源涵养下降等生态问题，通过试验研究，筛选具有多功能的水土涵养植物种类，构建复合的水土保持防护林体系配套模式，在生态系统退化山地构建促进水分下渗，增加水分壤中流的人工植被生态系统，集成配套技术；在生态严重退化的河岸带进行水土保持型植被恢复与重建，优化河岸水土保持林技术体系和模式。为保障漓江流域水资源安全、促进漓江上游生态建设提供技术支撑和示范模式。同时，在漓江上游流域兰田瑶族乡建立了示范区。

东北林业大学的陈祥伟等[111]采用模拟盆栽试验与田间调查相结合的研究方法，通过林木个体水平上水分生理生态指标、林分水平上水源涵养能力指标以及试验树种根系拉力指标的测定与分析，建立了水土保持树种选择评价指标，提出了基于保水固土目标的河岸带水土保持型植被构建生态关键种苗期选择技术，筛选出了大、小兴安岭水源涵养与水土保持林构建的适应树种，提出了大兴安岭流域尺度上水源涵养林空间高效配置技术。通过不同立地类型、整地方式、造林季节、栽植方法、密度结构以及幼林抚育等多组合田间试验，组装、集成提出了河岸带水土保持防护林构建技术，筛选出河岸带水土保持防护林配置模式。

5.7.2　拦沙坝/谷坊构建

拦沙坝/谷坊构建的主要目的是通过构建人工堤坝或挡土墙，改变微地形，拦挡河道中的泥沙，减缓水流速度，来防止坡面水土流失、就地拦蓄雨水，为农作物或植被生长增加土壤水分，促进水体自净和河道的自然生态修复，同时可将未完全拦蓄的地表径流引入小型蓄水工程，进一步加以利用（图 5-51）[112，113]。

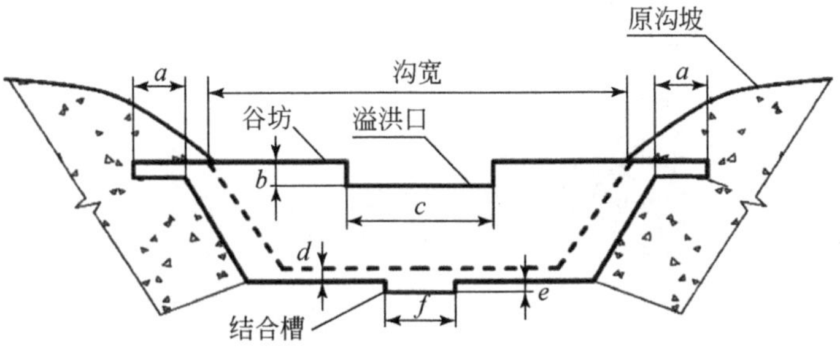

图 5-51　谷坊横断面示意图[113]

1. 技术优点

1）拦沙固沙：拦沙坝/谷坊能够有效地拦挡河道中的泥沙，减少河床的淤积，保护河道的通畅，降低河道维护的难度。

2）减缓流速：拦沙坝/谷坊的构建能够减缓河道水流速度，有利于水体自净和水生生物的栖息与繁殖。

3）改善水质：拦沙坝/谷坊的构建能够改善水质，减少水体中的泥沙含量，提高水体的透明度和溶解氧含量。

4）增加生物多样性：拦沙坝/谷坊的构建能够为水生生物提供一个良好的生存环境，增加水生生物的种类和数量，提高河道生态系统的稳定性。

2. 技术缺点

1）影响水流：拦沙坝/谷坊的构建可能会影响河道的水流，导致部分河道水流不畅，影响河道的水动力条件。

2）维护难度高：拦沙坝/谷坊需要定期维护和管理，对管理的要求较高，需要专业的技术人员进行管理和维护。

3）工程量大：拦沙坝或谷坊的构建需要占据一定的河道空间，工程量较大，需要大量的人力和物力投入。

3. 拦沙坝/谷坊构建应用实例

河北省丰宁满族自治县头道营小流域综合治理[114]采用土石山区坡面和沟道治理方案，工程措施布局做到因地制宜、因害设防，生物措施做到适地适树；工程措施与生物措施有机结合，形成完整的水土流失防护体系。在沟道治理中，于沟头上方 3～5m 处修筑防护沟埂，并栽植沙棘护埂，沟埂根据水势方向蓄排结合，防止径流侵蚀沟头。边沟岸主要栽植沙棘、绵槐等小灌木，防止沟岸扩张。沟底闸沟筑坝垫地，主沟道则留出水道，并建防护性护岸工程，在此基础上，沟道内栽植速生杨树（图 5-52）。

图 5-52　丰宁满族自治县生态治理项目

资料来源：http://www.fengning.gov.cn/art/2016/7/12/art_ 3203_162709.html

黄土高原水土保持与生态保护的主要沟道工程措施是以淤地坝为代表的谷坊工程[115]。淤地坝主要通过拦截洪水和抬升侵蚀基准面两方面作用发挥减水减沙功能（图 5-53）。在淤地坝运行期间，沟壁坍塌和沟道扩展是坝地泥沙的主要来源，重力侵蚀和沟道侵蚀是主要侵蚀类型。淤地坝在黄河流域减水减沙、生态环境改善、滞洪减灾等方面发挥了重要作用，其中减沙的效用最为明显。通过修建淤地坝有利于地下水转换，增加陆地生态系统碳汇，促进退耕还林还草。坝地土壤肥沃，通过淤地坝蓄水可以实现农业及果园高效节水灌溉、应急抗旱等综合利用。

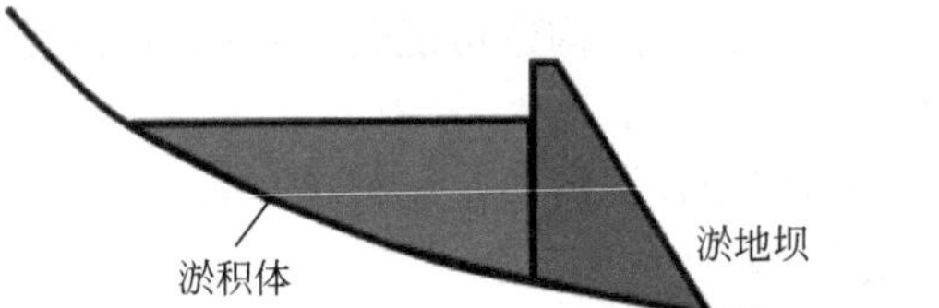

图 5-53　淤地坝对地貌形态改造原理示意图[115]

天津市蓟县黄土梁子试点小流域[116]立足本地土地类型特点，划分生态修复区、生态治理区、生态保护区（图 5-54），针对分区内水土流失、水环境状况、水土资源开发利用情况以及人类活动的特点，结合生态清洁小流域建设目标，对不同的功能区采取不同的预防保护与治理措施，因地制宜进行了工程措施布设，形成了坡面以水平梯田、鱼鳞坑、水平沟为主，沟道以谷坊、塘坝为主的工程措施体系。

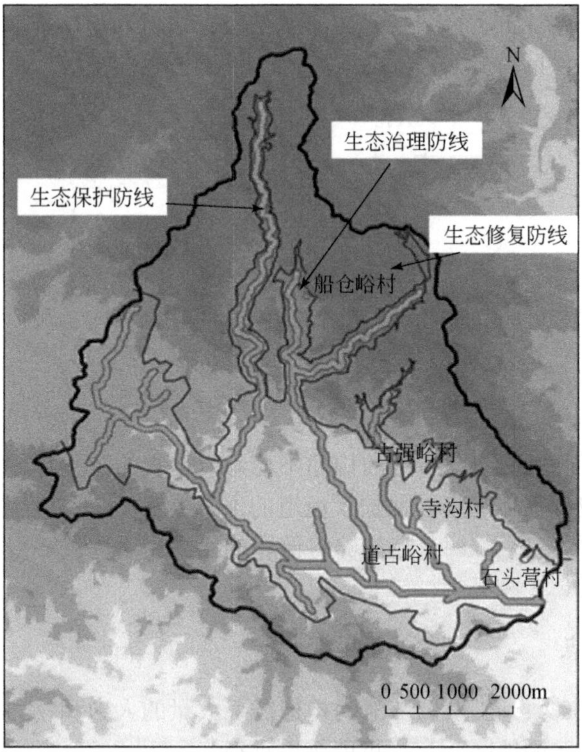

图 5-54　小流域“三道防线”划分[116]

5.8　地下调蓄技术

5.8.1　蓄水/调节池

蓄水/调节池是一种在河道治理水体自净技术中的地下调蓄技术[117]，其主要目的是通过在地表下建设蓄水/调节池，将洪水或雨水暂时储存，能有效削减雨洪净流量和洪峰流量，起到削峰填谷的作用，减少地表的洪涝灾害，还能控制初期雨水污染，同时利用储存的水源进行灌溉、发电等，是一种综合性的生态型雨洪控制与利用方案[118]。地下雨水调蓄池结构如图 5-55 所示。

1. 技术优点

1）储存水源：蓄水/调节池能够有效地储存洪水或雨水，将水资源转化为地下水资源，解决了雨季和洪水季节的水资源浪费和地表水泛滥的问题。

2）削峰填谷：蓄水/调节池能够在短时间内储存大量的水，从而降低了洪峰流量，减轻了洪涝灾害。同时，在干旱季节时，可以利用储存的水源进行灌溉和发电等，缓解了干旱问题。

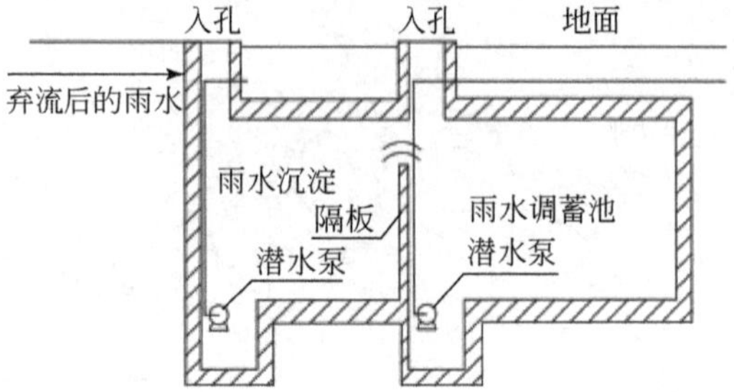

图 5-55 地下雨水调蓄池结构[119]

3）生态环保：蓄水/调节池的构建不会影响地表的自然环境，同时能够有效地净化水质，减少水体污染，保护了河道的生态平衡。

4）综合利用：蓄水/调节池能够将储存的水源用于灌溉、发电等，实现了水资源的综合利用。

2. 技术缺点

1）工程投资大：蓄水/调节池的构建需要大量的人力和物力投入，工程投资较大，对于一些贫困地区而言，可能难以承担。

2）地质条件要求高：蓄水/调节池的构建需要一定的地质条件，对于一些地质条件不良的地区而言，可能存在安全隐患。

3）管理难度大：蓄水/调节池需要专业维护和管理，对管理人员的要求较高，需要制定科学的管理方案并加强日常维护。

3. 蓄水/调节池应用实例

20 世纪 60 年代，荷兰为解决地下水超采导致的水资源短缺、海水入侵等问题，在赞德福特镇建立了大型人工补给系统，从莱茵河引取河水，通过回灌补给地下水，涵养地下水资源[119, 120]。20 世纪后期，日本对有坝地下水库进行研究，建造了世界第一座有坝地下水库[121]。美国也在地下水回灌存储和开采利用上投入大量人力和物力，制定了含水层储存与回采技术（ASR），对地下水资源有规划地保护利用[122, 123]。

为改善我国华北地区地下水供水环境，恢复受损的生态环境系统，修建了北京潮白河地下水库[124]等。水利部松辽水利委员会的张宇等[125]以潮白河冲洪积扇为研究对象，基于 GMS 与 GOCAD 软件平台，构建三维地质模型及地下水库补给与消耗的动态模拟展示模型，形象地模拟及展示了研究区地下水库地质结构特征及地下水库人工调蓄动态演变过程，为地下水库工程前期论证和建设提供了设计依据。结果表明，北京市潮白河冲洪积扇中上部地区现分布有众多水源地，可利用其水文地质条件建设地下水库。在水源地调整开采，人工地下水回灌条件下，潮白河地下水库出现了大面积的地下水位抬升（图 5-56），实施调蓄对地下水资源的恢复起到了良好的作用。

图 5-56　回灌后地下水位抬升展示[125]

5.8.2　地下水补水

地下水补水技术的主要目的是通过建设地下水补水工程，将地表水补充到地下含水层中，提高地下水位，同时利用地下水的自然净化作用，改善河道水质[126]。

地下水人工补给方式可分为直接补给与间接补给两种（图 5-57）[127]。地下水人工补给的直接补给可分为地面入渗法、地下灌注法以及地下径流调节法等几种方式。直接补给法以完成地下水人工补给为直接目的；间接补给法则是指在工程设施达到其自身构建的既定目标后，同时对地下水起到补给作用，使得地下水储量得到补充或增加的地下水补给方法。

1. 技术优点

1）水质改善：地下水补水技术能够有效地提高地下水位，减少了地表水与地下水的交换，减轻了水体污染，改善了河道水质。

2）水资源储蓄：地下水补水技术能够将地表水补充到地下含水层中，增加了地下水资源储蓄量，提高了水资源的利用效率。

3）生态环保：地下水补水技术的实施不会影响地表的自然环境，同时能够有效地净化水质，保护了河道的生态平衡。

4）工程成本低：地下水补水技术所需的工程投资相对较小，施工难度较低，因此具有较低的成本。

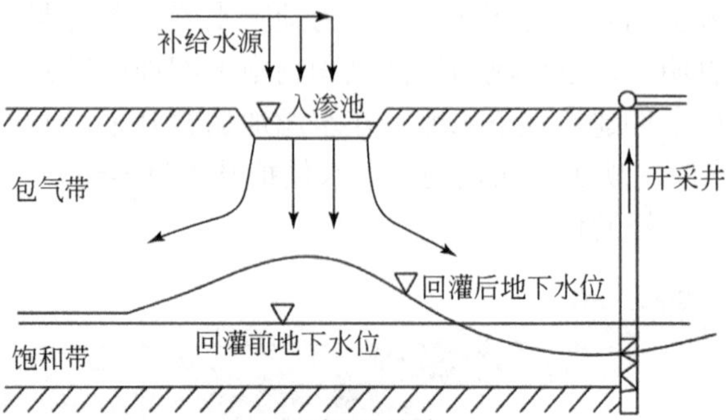

(a)地面入渗法

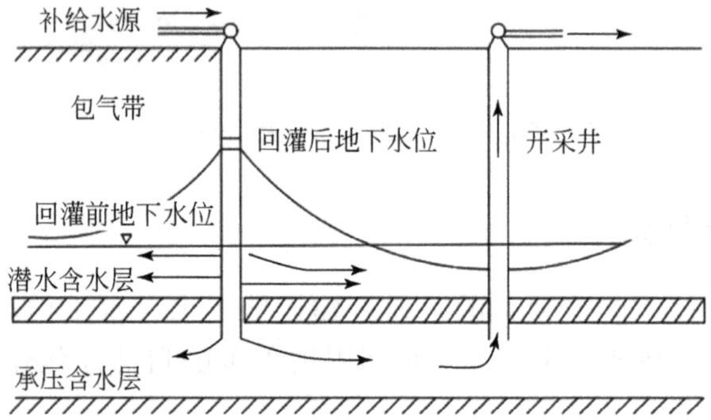

(b)管井注入法

图 5-57　常用地下水人工补给方式[127]

2. 技术缺点

1）管理难度高：地下水补水技术需要专业的维护和管理，对管理人员的要求较高，需要制定科学的管理方案并加强日常维护。

2）地质条件要求高：地下水补水技术的实施需要一定的地质条件，对于一些地质条件不良的地区而言，可能存在安全隐患。

3）水资源分配问题：地下水补水技术可能会导致地下水资源分配不均，对于一些地区而言，可能存在水资源不足的问题。

3. 地下水补水技术应用实例

长安大学的周维博团队[128]通过对比分析渗渠、渗水坑、反滤回灌井 3 个回灌工艺的特点，结合研究区回灌补给适宜性评价结果和三维地质模型，在人工补给高适宜性区域和较高适宜性区域选择合适的补给方式进行组合布设，以取得最大的回灌效果。具体的人工补给方式见图 5-58。

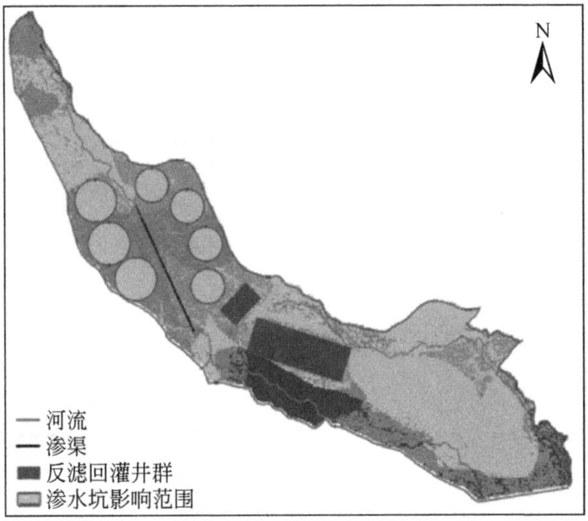

图 5-58　石川河河谷区地下水人工补给方式[128]

长安大学的卢艳莹[129]针对雨水入渗产生的堵塞问题，研发了地下水的入渗技术，设计了地下水促渗工艺，通过数值模拟论证了雨洪调蓄效果（图 5-59）。综合考虑雨水入渗效率、运行时间及清淤复杂程度，选择促渗井作为关键技术，确定填料及结构为上层铺设浅层中砂，下层铺设粗砂，系统前放置可拆卸拦沙消力坎，以延长系统运行时间。

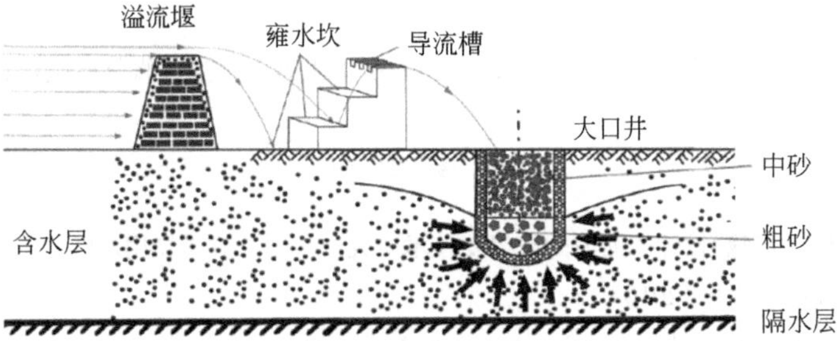

(a)

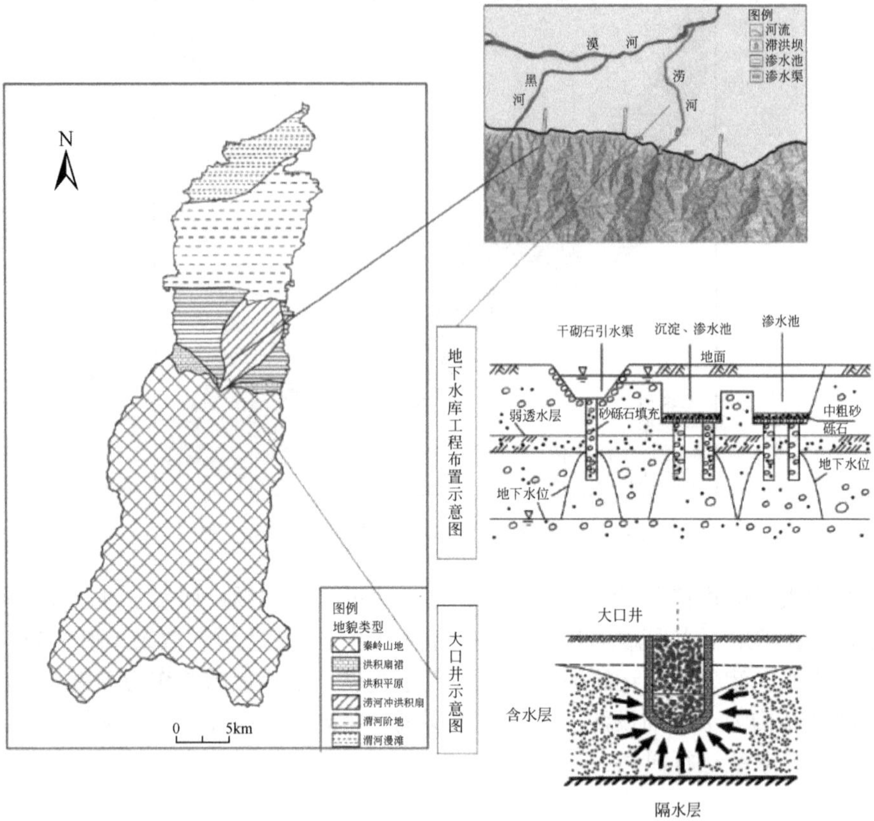

(b)

图 5-59　促渗技术设计及入渗补给过程图（a）及地下水调蓄区生态修复措施示意图（b）[129]

参考文献

[1] 刘大鹏. 基于近自然设计的河流生态修复技术研究——以长春市饮用水源地入库河道为例[D]. 长春: 东北师范大学, 2010.

[2] Petersen M M. A natural approach to watershed planning, restoration and management[J]. Water Science and Technology, 1999, 39(12): 347-352.

[3] 吴漫, 陈东田, 郭春君, 等. 通过水生态修复弹性应对雨洪的公园设计研究——以新加坡加冷河—碧山宏茂桥公园为例[J]. 华中建筑, 2020, 38(7): 73-76.

[4] 米艳杰, 何春光, 王隽媛, 等. 河流地貌多样性修复技术研究[J]. 水利水电技术, 2010, 41(10): 15-17, 30.

[5] 萱場祐一, 赴傅田正利, 田中伸治, 等. 直線河道における魚類生息境の元の試みとその効果—自然共生研究センタ実験河川を利用して—[C]. //河川技術論文集 7. 2002: 97-102.

[6] 柳井清治, 長坂有, 佐藤弘和, 等. 都市近郊渓流における木製構造物による流路とサクラマス生息境の改善[J]. 用生工学, 2004, 7(1): 13-24.
[7] 河口洋一, 中村太士, 萱場祐一. 標津川下流域で行った試験的川の再蛇行化に伴う魚類と生息境の変化[J]. 用生工学, 2005, 7(2): 187-199.
[8] 渡辺康玄, 長谷川和, 義森明巨, 等. 標津川蛇行元における 2way 河道の流況と河道変化[J]. 用生工学, 2005, 7(2): 151-164.
[9] 萱場祐一, 野崎健太郎, 河口洋一, 等. 標津川の再蛇行化が一次生産過程に及ぼす影響の評価[J]. 用生工学, 2009, 12(1): 37-47.
[10] 傅甫潤也, 岡村俊邦, 堀岡和晃, 等. 北海道低地5で区別された河道内的乱作用と河畔林の構造との関係[J]. 用生工学, 2006, 9(1): 3-20.
[11] 史琼. 城市建成区内既有河道生态改造设计与研究——以海南屯昌生态河道设计为例[D]. 北京: 北京建筑大学, 2014.
[12] 张玮, 卓家军, 刘博雅, 等. 顺直河道低水生态修复理念与方法[J]. 科学技术与工程, 2015, 15(16): 91-95.
[13] 王普庆, 姜乃迁, 李婷. 潼关河段清淤疏浚对潼关高程的影响[C]//中国水利学会中国水力发电工程学会中国大坝委员会. 水电 2006 国际研讨会论文集. 昆明: 水电 2006 国际研讨会, 2006: 1131-1134.
[14] 钟春欣, 张玮. 基于河道治理的河流生态修复[J]. 水利水电科技进展, 2004(3): 12-14, 30-69.
[15] 王宁. 颍河河抱湾圩段裁弯取直分析研究[J]. 安徽农学通报, 2021, 27(13): 161-163, 196.
[16] 焦雨楠. 民初水政制度的近代转型: 以海河裁弯取直为例[J]. 学术研究, 2020(5): 138-145.
[17] 赵志民, 宁夕英. 浅议蜿蜒型河道裁弯取直工程[J]. 河北水利水电技术, 2002(2): 28-29.
[18] 南军虎, 张书峰, 袁福民, 等. 基于砾石群布置的河道生物栖息地自然化改造[J]. 水科学进展, 2021, 32(4): 608-617.
[19] 李肖男, 张红武, 钟德钰, 等. 黄河内蒙古河段洪水演进与冲淤模拟研究[J]. 水利学报, 2017, 48(10): 1206-1219.
[20] 刘东. 长江口航道整治参数研究[D]. 杭州: 浙江大学, 2016.
[21] 姚允龙. 长江下游干流南京至镇江河段水面比降分析[J]. 水文, 2008(2): 29, 78-79.
[22] 么振东, 鲁小兵, 陈广洲, 等. 山区中小河流治理的典型工程措施探讨[J]. 中国农村水利水电, 2017(1): 156-159.
[23] 廖敏, 双学珍, 邹得宝, 等. 基于四川某河道治理项目的断面选择与护坡形式分析[J]. 四川水利, 2021, 42(3): 63-65.
[24] 赵春会, 魏陆宏. 河道断面形式与护坡材料的选择分析[J]. 水利水电技术, 2019, 50(S1): 172-174.
[25] 马晓立. 克孜尔河中型灌区渠道横断面设计及方案比选分析[J]. 地下水, 2023, 45(3):

270-272.

[26] 单雪峰, 李相莉, 岳鹏. 青龙山灌区灌排结合沟渠灌排反向断面设计方法[J]. 水利科技与经济, 2021, 27(12): 59-61.

[27] 程琼. 不同断面形式在万安坝灌区渠道防渗改造中的应用[J]. 工程与建设, 2010, 24(5): 634-636.

[28] 张卫利. 杨桥干渠升级改造工程设计[J]. 中国水运(下半月), 2020, 20(4): 133-134.

[29] 刘庆胜. 汾东干渠防渗技术施工工艺研究[J]. 山西水利, 2009, 25(4): 62-63.

[30] 张盼. 弹性设计理念下的北方城市近郊型河道景观构建策略研究——以西安市灞河为例[D]. 西安: 西安建筑科技大学, 2020.

[31] 程亚利. 弧底梯形渠道衬砌在宝鸡峡灌区更新改造中的应用[J]. 杨凌职业技术学院学报, 2010, 9(2): 50-51.

[32] 余长洪, 周明耀, 姜健俊, 等. 灌区节水改造中防渗渠道断面的优化设计[J]. 农业工程学报, 2004(1): 91-94.

[33] 宋万祯, 魏保义, 杨舒媛, 等. 城市河道治理思考: 大羊坊沟治理方案为例[C]//中国城市规划学会, 重庆市人民政府. 活力城乡 美好人居——2019 中国城市规划年会论文集(3 城市工程规划). 重庆: 2019 中国城市规划年会, 2019: 357-365.

[34] 高立新. 基于海城河河道治理断面的优化设计研究[J]. 水利科学与寒区工程, 2023, 6(8): 133-135.

[35] 杨志. 基于MIKE FLOOD的城市内涝耦合模型应用研究——以深圳市黄沙河片区为例[D]. 合肥: 安徽建筑大学, 2021.

[36] 魏玉翠, 薛晶, 鲍书娜, 等. 山丘区河道综合整治实例[J]. 水利科学与寒区工程, 2023, 6(9): 110-113.

[37] 镇江市工程勘测设计研究院有限公司. 句容市 2019 年第二批中央大中型水库移民后期扶持资金项目——何庄村“美丽库区幸福家园”项目二期初步设计报告[R]. 镇江: 镇江市工程勘测设计研究院有限公司, 2020.

[38] 王国超. 生态护岸在中小河流治理中的应用探讨[J]. 建筑工程技术与设计, 2020(12): 3117.

[39] 刘金涛, 陈仲策, 王庆. 在中小河流治理工程中护岸的应用范围与型式探讨[J]. 珠江水运, 2022(17): 40-42.

[40] 黄民玉. 城市河道水环境综合整治设计与实践研究[J]. 云南水力发电, 2023, 39(3): 32-36.

[41] 张梦书. 基于弹性景观理念的海南三亚河东河段国家湿地公园景观规划设计[D]. 呼和浩特: 内蒙古农业大学, 2022.

[42] 林欢, 王丽, 杨胜发, 等. 广阳坝河段连续浅滩-深潭式仿自然生境修复技术研究[J]. 水电能源科学, 2023, 41(4): 85-87, 96.

[43] 张小虎. 基于“生态适应性”策略下的山西省贫水地区河道景观设计研究[D]. 重庆: 重庆大学, 2022.

[44] 王强, 袁兴中, 刘红. 山地河流浅滩深潭生境大型底栖动物群落比较研究——以重庆开县东河为例[J]. 生态学报, 2012, 32(21): 6726-6736.
[45] 李星烨. 北方地区径流式电站减水段生态流量计算及修复方案研究——以丰宁县李家沟门电站为例[D]. 保定: 河北农业大学, 2022.
[46] 王宏涛, 董哲仁, 赵进勇, 等. 蜿蜒型河流地貌异质性及生态学意义研究进展[J]. 水资源保护, 2015, 31(6): 81-85.
[47] 杨芸. 论多自然型河流治理法对河流生态环境的影响[J]. 四川环境, 1999, 1: 19-24.
[48] 倪晋仁, 刘元元. 论河流生态修复[J]. 水利学报, 2006, 37(9): 1029-1037, 1043.
[49] 廖致凯. 长江上游朝天门至丰都段鱼类栖息地水流与地形特征研究[D]. 重庆: 重庆交通大学, 2021.
[50] 董哲仁, 赵进勇, 孙东亚. 河流地貌多样性的修复方法[J]. 水利水电技术, 2007(2): 78-83.
[51] Rodríguez J F, García M H, Bombardelli F A, et al. Naturalization of Urban Streams Using In-Channel Structures[M]//Building Partnerships. Minneapolis: American Society of Civil Engineers, 2000: 1-10.
[52] Huang P, Chui T F M. Empirical equations to predict the characteristics of hyporheic exchange in a pool-riffle sequence[J]. Ground Water, 2018, 56(6): 947-958.
[53] 朱明星, 朱帅堂, 周杰. 浅谈微地形处理和格宾石笼施工技术在河道治理工程中的应用[J]. 治淮, 2019(7): 32-33.
[54] 齐玉婷, 龙岳林, 孙虹, 等. 基于观光休闲需求的乡村小河流景观改造设计——以四季田园生态农业园为例[J]. 湖南农业大学学报(自然科学版), 2012, 38(S1): 27-29.
[55] 马卓荦, 代晓炫, 黄文达, 等. 库尾湿地构建探索——以珠海市大镜山水库为例[J]. 亚热带水土保持, 2022, 34(4): 11-16.
[56] 李盛斌. 公路工程中生态护坡的方法以及基质选择[J]. 四川水泥, 2017(1): 97.
[57] 黄三强. 客土植生法防护绿化岩质边坡的应用实践[J]. 路基工程, 2003(4): 65-66, 77.
[58] 吕涛. 冻融循环与动力冲刷交替作用下生态混凝土的试验研究[D]. 镇江: 江苏大学, 2018.
[59] 孙仁骏. 基于生态保护的护岸边坡设计[J]. 工程建设与设计, 2023(18): 20-22.
[60] 邵国霞, 谢建花. 基材客土植生在高速公路石质边坡生态防护中的应用[J]. 公路交通科技(应用技术版), 2010, 6(5): 213-215.
[61] 谢三桃, 朱青. 城市河流硬质护岸生态修复研究进展[J]. 环境科学与技术, 2009, 32(5): 83-87.
[62] 陈雅雯, 蒋小雨, 邵钱宇, 等. 植物纤维材料在河道护坡工程中应用研究综述[J]. 水利与建筑工程学报, 2023, 21(2): 27-35.
[63] 赵占军. 重庆市长寿区城市河岸生态修复技术研究[D]. 北京: 北京林业大学, 2011.
[64] 郑良勇. 输水干渠工程生态修复原理与模式研究[D]. 咸阳: 中国科学院研究生院(教育部水土保持与生态环境研究中心), 2012.

[65] 马高, 曹琼方, 刘欢, 等. 路面透水砖的研究应用现状与展望[J]. 公路工程, 2021, 46(6): 56-60, 120.

[66] 赵夏, 夏立新, 林清娴. 海绵城市技术措施在厦门市保障性安居工程中的应用[C]//2019(第十四届)城市发展与规划大会论文集. 郑州: 2019(第十四届)城市发展与规划大会, 2019: 1098-1102.

[67] 邓卓智, 赵生成, 宗复芃, 等. 基于水体自然净化的北京奥林匹克公园中心区雨水利用技术[J]. 给水排水, 2008(9): 96-100.

[68] 张晓瑞. 透水性铺装在海绵型公园建设中的应用研究[J]. 城市建设理论研究(电子版), 2023(11): 46-48.

[69] 赵笑研. 潮白河河道修复治理中植物生态修复技术的应用[J]. 新农民, 2022(14): 66-67.

[70] 罗日洪, 袁以美, 张志伟, 等. 香根草根系对挡土墙的固坡效果分析[C]//《环境工程》编委会, 工业建筑杂志社有限公司.《环境工程》2019 年全国学术年会论文集(下册). 北京:《环境工程》2019 年全国学术年会, 2019: 813-817.

[71] 周鑫, 羊海明. 新型植绿生态混凝土挡墙设计及应用[J]. 广东水利水电, 2022(3): 36-40.

[72] 袁以美, 何民辉. 植绿生态挡墙在太平河堤防加固工程中的应用[J]. 广东水利水电, 2020(7): 33-37.

[73] 靳新红. 北京市山区河道生态治理工程设计体会[J]. 中国水土保持, 2016(5): 16-18.

[74] 张洋, 王超. 河道治理及生态护岸工程措施研究[J]. 工程技术研究, 2022(18): 56-58.

[75] 刘亮, 王厚军, 岳奇. 我国海岸线保护利用现状及管理对策[J]. 海洋环境科学, 2020, 39(5): 723-731.

[76] 汤渭清. 航道硬质护岸生态修复技术应用研究[J]. 中国水运(下半月), 2014, 14(6): 150-151, 175.

[77] 陈沛璇. 生态护岸在新大河小流域综合整治工程中的应用[J]. 黑龙江水利科技, 2021, 49(4): 167-170, 246.

[78] 樊小玲. 浅谈瀍河挺水植物的选择与配置[J]. 花卉, 2019(10): 131.

[79] 王晓晨, 王玮晨, 杜忠文. 保定市百草沟河流环境及其水质 COD 变化研究[J]. 广州化工, 2019, 47(13): 151-153.

[80] 杨贤群. 水生态系统构建在朱家店河等三条河的应用[J]. 广东化工, 2021, 48(6): 97-98.

[81] 陈家林. 南方山区河道生态治理设计典型问题探讨[J]. 供水技术, 2021, 15(1): 33-37.

[82] 杨媛. 水生植物在河道生态治理中的应用[J]. 现代园艺, 2023(6): 155-157.

[83] 武亚南, 周连兄, 李丹雄. 城乡河道生态治理与景观修复——以河北省滦平县牤牛河为例[J]. 中国水土保持, 2021(5): 17-20.

[84] 耿兵, 张燕荣, 王妮珊, 等. 不同水生植物净化污染水源水的试验研究[J]. 农业环境科学学报, 2011, 30(3): 548-553.

[85] 李燕彬. 城市小微湿地景观植物配置技术初探——以北京市北辰中心花园小微湿地为例[J].

现代园艺, 2021, 44(15): 26-31.

[86] 赵殿, 艾蕾, 杨安邦. 许昌市颍汝干渠生态修复工程设计[J]. 治淮, 2021(8): 22-24.

[87] 陈静, 和丽萍, 赵祥华, 等. 滇池草海东风坝水域生态修复技术工程应用[J]. 四川环境, 2007(3): 34-40.

[88] 雷改平. 南阳地区人工湿地植物的选择与配置模式[J]. 现代园艺, 2015(19): 98.

[89] 徐寸发, 刘晓利, 闻学政, 等. 基于污水处理厂尾水深度净化的漂浮植物生态治理工程模式比较研究[J]. 生态环境学报, 2020, 29(4): 786-793.

[90] 徐寸发, 闻学政, 张迎颖, 等. 漂浮植物组合生态处理污水处理厂尾水的效果及植物生理响应[J]. 环境污染与防治, 2019, 41(11): 1335-1340.

[91] 杨少平, 陆斌, 王珊珠, 等. 漂浮植物塘处理农村分散生活污水的应用[J]. 环境工程学报, 2013, 7(6): 2111-2115.

[92] 姚璐, 王雪红, 刘懿. 北方季节性河流水环境综合治理方案与思考[J]. 水资源开发与管理, 2021(8): 26-31.

[93] 丁付革, 甘雁飞, 张骏, 等. 江苏某黑臭河道综合治理水质提升工程实例[J]. 水处理技术, 2023, 49(10): 153-156.

[94] 周汉娥, 胡胜华, 冯智, 等. 大型城市富营养化湖泊沉水植物修复工程实践——以武汉东湖为例[J]. 绿色科技, 2022, 24(12): 81-83, 87.

[95] 倪冬生. 城区河段水生态修复与治理模式研究——以妫水河世园段为例[J]. 地下水, 2021, 43(6): 135-136, 168.

[96] Shapiro J. Biomanipulation: the next phase-making it stable[J]. Hydrobiologia, 1990, 200(1): 13-27.

[97] Xie P, Liu J K. Practical success of biomanipulation using filter-feeding fish to control cyanobacteria blooms: a synthesis of decades of research and application in a subtropical hypereutrophic lake[J]. The Scientific World, 2001(1): 337-356.

[98] 刘恩生. 生物操纵与非经典生物操纵的应用分析及对策探讨[J]. 湖泊科学, 2010, 22(3): 307-314.

[99] 陈济丁, 任久长, 蔡晓明. 利用大型浮游动物控制浮游植物过量生长的研究[J]. 北京大学学报(自然科学版), 1995(3): 373-382.

[100] With J S, Wright D I. Lake restoration by biomanipulations: Round Lake, Minnesota the first two yeas[J]. Freshwater Biology, 1984, 14: 371-383.

[101] 方程, 张建禄, 黄吉芹, 等. 滤食性鱼类对淡水生态系统修复作用的研究进展[J]. 河北渔业, 2022(3): 41-44.

[102] 刘建康, 谢平. 揭开武汉东湖蓝藻水华消失之谜[J]. 长江流域资源与环境, 1999(3): 312-319.

[103] 刘建康, 谢平. 用鲢鳙直接控制微囊藻水华的围隔试验和湖泊实践[J]. 生态科学, 2003(3):

193-198.
[104] 李凤林. 汤旺河水质时空变化规律及污染防治对策研究[D]. 哈尔滨: 哈尔滨工业大学, 2018: 94.
[105] 巴中市自然资源和规划局. 巴中市国土空间生态修复规划(2021-2035 年)[Z]. 2023-06-05.
[106] 金华市住房和城乡建设局. 金华市绿地系统专项规划(2021-2035 年)草案公告[Z]. 2023-10-08.
[107] 唐克丽. 中国水土保持[M]. 北京: 科学出版社, 2004.
[108] 左明光. 浅谈平原地区水土流失危害及防治[J]. 陕西水利, 2019(5): 119-120.
[109] 唐玉芝, 邵全琴. 乌江上游地区森林生态系统水源涵养功能评估及其空间差异探究[J]. 地球信息科学学报, 2016, 18(7): 987-999.
[110] 姚月锋, 何成新, 何悟生, 等. 漓江上游水源涵养和水土保持防护林体系配置技术研究[Z]. 广西壮族自治区, 广西壮族自治区中国科学院广西植物研究所, 2016-11-11.
[111] 陈祥伟, 谷会岩, 金凤新, 等. 流域水源涵养和界江水土保持防护林体系配置技术[Z]. 黑龙江省, 东北林业大学, 2014-11-21.
[112] 陈默. 阜新市细河污染综合治理浅析[J]. 陕西水利, 2017(2): 42-43.
[113] 赵婷. 京津水源区生态输水型与传统型水土流失治理模式水沙关系变化研究[D]. 咸阳: 中国科学院研究生院(教育部水土保持与生态环境研究中心), 2012.
[114] 李秀彬, 马志尊, 姚孝友, 等. 北方土石山区水土保持的主要经验与治理模式[J]. 中国水土保持, 2008(12): 57-62.
[115] 李占斌, 李鹏, 于坤霞, 等. 黄土高原淤地坝风险形成机理与预警[J]. 中国水利, 2023(18): 40-44.
[116] 汪绍盛, 笪志祥. 基于 DEM 的小流域信息提取技术在生态治理中的应用——以天津市蓟县黄土梁子为例[J]. 南水北调与水利科技, 2014, 12(6): 145-148.
[117] 许卫卫, 贾立章. 基于海绵城市理念下的城区河道治理提升措施研究[J]. 绿色科技, 2022, 24(6): 54-56.
[118] 杜新强, 廖资生, 李砚阁, 等. 地下水库调蓄水资源的研究现状与展望[J]. 科技进步与对策, 2005(2): 178-180.
[119] Stuyfzand P J. Trace element patterns in Dutch coastal dunes after 50 years of artificial recharge with Rhine River water[J]. Environmental Earth Sciences, 2015, 73(12): 7833-7849.
[120] Tielemans M W M. Artificial recharge of groundwater in The Netherlands[J]. Water Practice and Technology, 2007, 2(3): wpt 2007064.
[121] 李旺林, 束龙仓, 殷宗泽. 地下水库的概念和设计理论[J]. 水利学报, 2006(5): 613-618.
[122] 邓铭江, 裴建生, 王智. 干旱区内陆河流域地貌单元特征及地下水储水构造[J]. 水利学报, 2006(11): 1360-1366.
[123] Kelley V, Turco M, Deeds N, et al. Assessment of subsidence risk associated with aquifer

storage and recovery in the Coastal Lowlands Aquifer System, Houston, Texas, USA[J]. Proceedings of the International Association of Hydrological Sciences, 2020, 382: 487-491.
[124] 韩笑笑. 潮白河冲洪积扇地下水流数值模拟与参数敏感性分析[D]. 北京: 中国地质大学, 2021.
[125] 张宇, 黄鹤, 吕军, 等. 潮白河冲洪积扇地质结构与地下水库动态模拟研究[J]. 东北水利水电, 2019, 37(11): 51-53, 72.
[126] 董鹤, 刘翠珠, 杨帆, 等. 潮白河与永定河生态补水效果分析综述[J]. 北京水务, 2022(6): 5-8.
[127] 孙厚云. 德阳市基于湿地系统的地下水人工补给研究[D]. 成都: 成都理工大学, 2016.
[128] 范芷若, 王煜莹, 欧阳卫, 等. 石川河河谷区地下水人工补给潜力与补给方式[J]. 南水北调与水利科技(中英文), 2023, 21(3): 491-500.
[129] 卢艳莹. 秦岭山前典型河流雨洪地下调蓄生态修复技术研究[D]. 西安: 长安大学, 2022.